新版

Teach Yourself C

独習C

arton 著

SE
SHOEISHA

本書内容に関するお問い合わせについて

このたびは翔泳社の書籍をお買い上げいただき、誠にありがとうございます。弊社では、読者の皆様からのお問い合わせに適切に対応させていただくため、以下のガイドラインへのご協力をお願い致しております。下記項目をお読みいただき、手順に従ってお問い合わせください。

●ご質問される前に

弊社Webサイトの「正誤表」をご参照ください。これまでに判明した正誤や追加情報を掲載しています。

正誤表　https://www.shoeisha.co.jp/book/errata/

●ご質問方法

弊社Webサイトの「刊行物Q&A」をご利用ください。

刊行物Q&A　https://www.shoeisha.co.jp/book/qa/

インターネットをご利用でない場合は、FAXまたは郵便にて、下記"翔泳社 愛読者サービスセンター"までお問い合わせください。

電話でのご質問は、お受けしておりません。

●回答について

回答は、ご質問いただいた手段によってご返事申し上げます。ご質問の内容によっては、回答に数日ないしはそれ以上の期間を要する場合があります。

●ご質問に際してのご注意

本書の対象を越えるもの、記述箇所を特定されないもの、また読者固有の環境に起因するご質問等にはお答えできませんので、あらかじめご了承ください。

●郵便物送付先およびFAX番号

送付先住所　〒160-0006　東京都新宿区舟町5

FAX番号　03-5362-3818

宛先　（株）翔泳社 愛読者サービスセンター

※本書に記載されたURL等は予告なく変更される場合があります。

※本書の出版にあたっては正確な記述につとめましたが、著者や出版社などのいずれも、本書の内容に対してなんらかの保証をするものではなく、内容やサンプルに基づくいかなる運用結果に関してもいっさいの責任を負いません。

※本書に掲載されているサンプルプログラムやスクリプト、および実行結果を記した画面イメージなどは、特定の設定に基づいた環境にて再現される一例です。

※本書に記載されている会社名、製品名はそれぞれ各社の商標および登録商標です。

※本書の内容は、2017年12月執筆時点のものです。

はじめに

本書は、最新の規格であるC11に基づいたプログラミング言語Cの入門書です。

Cの魅力は、何と言ってもプログラムを使ってコンピュータを操作している感覚の生々しさにあります。一方、その分だけ記述しなければならないコード量は多く、簡単にバグが入ってクラッシュしやすく、しかも移植性の高さの裏返しとして標準ライブラリが貧弱という欠点もあります。

たとえばこれがJavaの入門書であれば、サンプルプログラムはウィンドウを使った操作がメインとなるでしょう。最後のほうではAndroidで動くサンプルが出てくるかもしれません。ところが本書では、最初から最後までコマンドプロンプトを使った［Enter］キーを押すまで反応しないプログラムしか出てきません。WindowsとmacOSとLinuxで共通に利用できるサンプルプログラムではそこまでしかサポートできないからです。ましてスマートフォンで動くプログラムなど最初から想定外です。残念ながら、最初からそういった格好いいプログラムを作りたいのであれば、別のプログラミング言語を学習したほうがよいと思います。

しかし、仕事で必要なのでCを学習する、あるいはコンピュータの深淵にダイブするにはCを知る必要がある、そういった事情であれば話は別です。幸か不幸かCはまだ現役のプログラミング言語で、適合したプログラミング分野も残されています。

本書では、著者の能力で可能な限り、読者の皆様がCのプログラムを読み書きすることができるように必要な情報と、例、意味のある演習問題を用意しました。それなりの歯ごたえがあると自負しています。

Cは、元々がベル研究所のコンピュータの達人たちが好き勝手にUnixを作り上げるために、プログラミングの達人である自分たちのためだけに作ったプログラミング言語です。その後の年月を経て洗練されてきたとは言え、洗練の方向は必ずしも実行時の安全性や開発のしやすさではなく、主にコンパイル後の実行速度のほうに向いているように見えます。つまり、少しも初心者にフレンドリーなプログラミング言語ではありません。

つまり、現在の他の多くのプログラミング言語がスムーサー付き5枚刃の髭剃りや電動シェーバーだとしたら、Cは刃がむき出しのカミソリに相当します。切れ味は抜群で、研ぎ直すことで何度でも利用できる、まさしくプロフェッショナルの道具です。しかし、素人が毎朝の髭剃りに使うには実に厄介きわまりないしろものです。

ということを肝に銘じたうえで、ぜひとも本書でCを学習してください。

2018年2月吉日

arton

サンプルファイルについて

● 本書で利用しているサンプルファイルは、以下のページからダウンロードできます。

```
https://www.shoeisha.co.jp/book/download/9784798150246
```

● ダウンロードサンプルは、以下のようなフォルダ構造となっています。

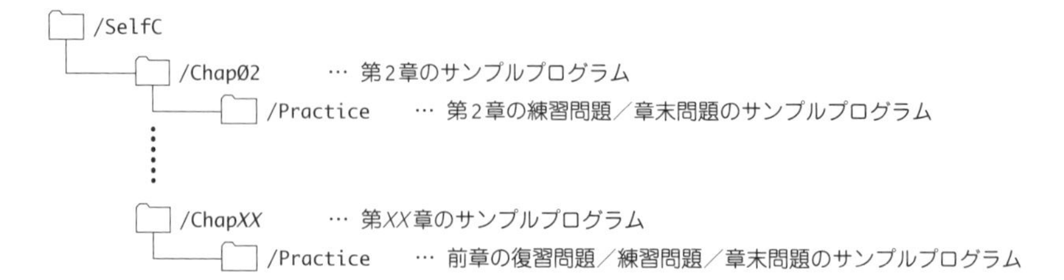

特典について

本書の特典ファイルは、以下のページからダウンロードできます。

https://www.shoeisha.co.jp/book/present/9784798150246

動作確認環境

本書内の記述／サンプルプログラムは、以下の環境で動作確認しています。

Windows

- Windows 10 Home 64bit
- Visual Studio Community 2017 Ver.15.5.1 (Clang/C2)
- clangバージョン：clang with Microsoft CodeGen version 3.8.0
- 実行環境：開発者コマンドプロンプト for VS2017

macOS

- macOS Sierra 10.12.6 + Xcode 9.2（リスト7.5はXcode 8.2.1でも検証）
- clangバージョン：Apple LLVM version 9.0.0 (clang-900.0.39.2)
- 実行環境：システム標準「ターミナル」

Linux

- Ubuntu 17.10
- clangバージョン：clang version 4.0.1-6 (tags/RELEASE_401/final)
- 実行環境：システム標準「端末」

本書の構成

本書は全14章で構成されています。各章では、学習する内容について、実際のコード例などをもとに解説しています。書かれたプログラムがどのように動いているのかを、実際に試しながら学ぶことができます。

■練習問題

各章は、細かな内容の節に分かれています。途中には、それまで学習した内容をチェックする練習問題を設けています。その節の内容を理解できたかを確認しましょう。

■前章の復習問題

第3章から第14章では、前の章の復習問題を設けています。理解できているか確認しておきましょう。

■この章の理解度チェック

各章の末尾には、その章で学んだ内容について、どのくらい理解したかを確認する理解度チェックを掲載しています。問題に答えて、章の内容を理解できているかを確認できます。

本書の表記

■全体

紙面の都合でコードを折り返す場合、行末に➡を付けます。

■書式

本書の中で紹介するCの書式を示しています。

書式 return文

```
return 式;
```

■note／Column／注意

関連する項目や知っておくと便利な事柄、注意事項などを紹介します。

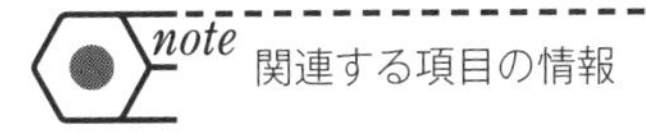

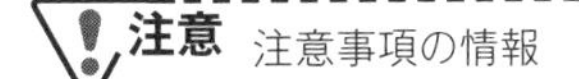

目　次

はじめに iii
サンプルファイルについて iv
特典について iv
動作確認環境 iv
本書の構成 v
本書の表記 v

第1章 学習の準備 1

1.1 Cの背景 2
1.1.1 CはなぜCなのか 2
1.1.2 なぜCを学習するのか 3
1.1.3 Cの規格 4

1.2 C学習の準備 6
1.2.1 Cプログラムが実行可能なプログラムになるまで 6
1.2.2 本書の学習の進め方 8
1.2.3 エディターの用意 9
1.2.4 C言語処理系の選択とセットアップ 10
1.2.5 Windows用clangのインストール（Visual StudioとClang） 10
1.2.6 macOS用clangのインストール 16
1.2.7 Linux用clangのインストール 18
1.2.8 Linux用gccのインストール 19
1.2.9 ソースファイルから実行ファイルを作成する方法 19
1.2.10 統合開発環境（IDE） 25

第2章 Cの基礎 27

2.1 最初のCプログラム 28
2.1.1 ソースファイルの作成からコンパイルと実行まで 29
2.1.2 プログラムの構成要素 31
2.1.3 Cプログラムのポイント 35

2.2 コメント 36
2.2.1 /* ～ */形式のコメント 36
2.2.2 //形式のコメント 37
2.2.3 コメント記述のルール 38

2.3 #includeディレクティブ 39

2.4 式、宣言、文 41
2.4.1 式 41
2.4.2 宣言 43
2.4.3 文 45

2.5 main関数 48

2.6 return文 51

2.7 関数の呼び出し 54

この章の理解度チェック 56

第3章 数と変数 57

前章の復習問題 58

3.1 算術式と計算 58
3.1.1 単項演算 59

3.1.2 2項演算（四則演算） 60
3.1.3 2項演算（代入演算子） 63
3.1.4 2項演算（複合代入） 65

3.2 特殊な演算子 67

3.3 データの型 70
3.3.1 2進数 70
3.3.2 8進数 71
3.3.3 16進数 72
3.3.4 補数（負値） 74
3.3.5 符号付き整数と符号なし整数 75
3.3.6 整数の大きさ 78
3.3.7 浮動小数点数 82

3.4 #defineプリプロセッサディレクティブ（マクロ） 84

3.5 キャスト 90

この章の理解度チェック 92

第4章 制御文：真偽と条件分岐 93

前章の復習問題 94

4.1 ブール型と真偽値 95

4.2 if文 97

4.3 else文 99

4.4 関係演算子と等価演算子 101

4.5 論理演算子 105

4.6 switch文 …… 109
4.7 条件演算子 …… 113
この章の理解度チェック …… 114

第5章 制御文：配列とループ 115

前章の復習問題 …… 116
5.1 配列の宣言 …… 117
5.2 for文 …… 124
5.3 break文 …… 129
5.4 continue文 …… 132
5.5 goto文 …… 134
この章の理解度チェック …… 139

第6章 制御文：条件付きループ 141

前章の復習問題 …… 142
6.1 while文 …… 143
6.2 do文（do～while文） …… 147
6.3 多次元配列（高度なトピック） …… 150
この章の理解度チェック …… 153

第7章 文字と文字列 155

前章の復習問題 156

7.1 文字型 156

7.2 文字列 167

7.3 文字列操作 174

この章の理解度チェック 183

第8章 アドレスとポインター 185

前章の復習問題 186

8.1 変数とポインター変数 187

8.1.1 ポインター変数 187

8.1.2 アドレス演算子（&） 189

8.1.3 間接演算子 191

8.2 Cプログラムの言語要素の復習 198

8.2.1 定数 198

8.2.2 リテラル 199

8.2.3 変数 199

8.2.4 ポインター変数 199

8.2.5 配列 200

8.2.6 関数 201

8.3 ポインター演算 203

8.4 関数ポインター 210

この章の理解度チェック 215

第9章 関数の作成 217

前章の復習問題 218

9.1 関数の定義 220

9.2 関数宣言 226

9.3 関数のパラメータ 233

9.4 関数の本体 241

9.5 関数の返り値 247

9.6 関数と同じ位置に定義された変数、複合文内で定義した変数 251

この章の理解度チェック 257

第10章 IO 261

前章の復習問題 262

10.1 コンソールIO（標準入出力） 263

10.2 ファイルIO 277

この章の理解度チェック 294

第11章 構造体 297

前章の復習問題 298

11.1 構造体 299

11.2 メモリーの確保と解放 315

この章の理解度チェック ... 325

第12章 共用体とビットフィールド 327

前章の復習問題 ... 328

12.1 共用体 ... 329

12.2 ビットフィールド ... 336

この章の理解度チェック ... 341

第13章 高度なデータ型、演算子 343

前章の復習問題 ... 344

13.1 列挙型（enum） ... 345

13.1.1 定数の定義方法 ... 346

13.2 ビット演算子 ... 351

13.2.1 論理演算子との違いに注意 ... 353

13.3 シフト演算子 ... 358

この章の理解度チェック ... 365

第14章 プリプロセッサ 367

前章の復習問題 ... 368

14.1 プリプロセッサディレクティブの原則 ... 369

14.2 ソースファイル制御 370
14.3 関数的マクロのパラメータ 378
14.4 関数的マクロの注意点 383
14.5 既定のマクロと#error 387
この章の理解度チェック 389

付録A 「練習問題」「前章の復習問題」「この章の理解度チェック」解答 391

第2章の解答 ... 392
第3章の解答 ... 395
第4章の解答 ... 403
第5章の解答 ... 411
第6章の解答 ... 418
第7章の解答 ... 424
第8章の解答 ... 431
第9章の解答 ... 437
第10章の解答 ... 450
第11章の解答 ... 457
第12章の解答 ... 473
第13章の解答 ... 481
第14章の解答 ... 485

付録B 標準ヘッダーファイル 489

B.1 標準ヘッダーファイル ... 490

B.1.1 表明 ... 491
B.1.2 浮動小数点数環境 ... 492
B.1.3 整数型 ... 492
B.1.4 代替記号 ... 494
B.1.5 数学 ... 495
B.1.6 大域脱出 ... 496
B.1.7 シグナル／割り込み ... 498
B.1.8 ジェネリック数学関数 ... 498

B.1.9　スレッド関数 499
B.1.10　ワイド文字型 499

付録C　キーワード　501

C.1　キーワード 502
C.1.1　なぜboolではなく_Boolなのか 503
C.1.2　キーワードの種類 504
C.1.3　_Generic 506
C.1.4　_Static_assert 508

索引 510

コラム目次

Visual C++がサポートしているCのバージョン 16
キーワード 35
複合文のコーディングスタイル 47
main関数のパラメータ名argcとargv 50
使ってはいけないgoto文 138
文字コード 161
ポインター変数の初期化子に定数や変数を指定すると? 197
再帰関数 244
構造体のメンバーの並び順 309

学習の準備

この章の内容

1.1 Cの背景
1.2 C学習の準備

本書の目的は、読者の皆さんが独習でCプログラミングができるようガイドすることです。そのため、読者の皆さんが必要とする情報をできるだけ完全に、かつ噛み砕いたかたちで説明していきます。

C言語はプログラミング言語の1つですが、プログラミング言語が果たしている役割は歴史に応じて変化しています。特にCのようにほぼ半世紀近くも使用されている言語であれば、その変化の度合いは相当大きくなっています。

このため、10年前にCを学習した先輩たち、20年近く前にCを学習した先生など、読者の皆さんの周りのCの熟達者の方から得られる情報と本書の情報が大きく異なることがあるかもしれません。逆に、読者の皆さんが本書から得た知識が10年後には古色蒼然としたものに見られたり、トンデモ扱いされたりする可能性もあります。

その場合は、「プログラミング言語はプログラムを開発するためにある、プログラムは人々（ここにはプログラミングをする読者の皆さん自身も含まれます）の生活をコンピュータを利用して楽（安全、容易）にするためにある」という原点に立ち返るようにしてください。何が変わっても当然なのか、何が変わってはならないのかを自問しながら、その時点で最適な答えを導き出し、それに従ってください。正しい答えは1つではありませんし、常に変化します。

1.1 Cの背景

1.1.1 CはなぜCなのか

「C」はプログラミング言語の名前です。Cの開発はおよそ1971年頃に始まり、1973年頃に完成したと言われています。開発したのはベル研究所のデニス・リッチーです。

当初、Unixの開発に使用されていたのはデニス・リッチーの同僚のケン・トンプソンが開発したプログラミング言語Bと機械語でした。Cの開発理由は、Bでは当時新たに導入されたDEC社のPDP-11という新しいミニコンピュータを適切に扱えなかったことと、Unixカーネル自体を機械語ではなく高級言語で記述しようと考えたことが理由です。なぜCという名前なのかと言うと、「B」の次なので「C」ということでほぼ間違いないようです。

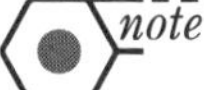

BはCと異なり、コンパイルを必要としませんでしたが、直接機械語を出力できませんでした。なぜBがBなのかの説明はここでは省略します。当時の開発状況について知りたい方は、藤田昭人著『Unix考古学 Truth of the Legend』（アスキードワンゴ、2016年）を参照してください。

以降、メインのプログラミング言語としてCを採用したUnix自体がOSとして研究所や大学を通して広まったことから、Cは1980年代には最もメジャーなプログラミング言語として広く使用されるようになりました。Cの仕様がコンパクトなことと、ソースファイルから機械語への変換が比較的単純だったことから、さまざまな種類のコンピュータに移植されました。このこともCの普及に貢献しています。

1980年代のコンピュータ市場は、Unixに代表される研究用のミニコンピュータとは別にビジネス用途のメインフレームが大きな勢力を持っていました。ビジネス分野でのメジャーなプログラミング言語はPL/IとCOBOLでした。

現在では、Cの仕様もそれなりに大規模なものとなり、コンパイラ技術の進展によりソースコードから生成される機械語も最適化によってまるで別物のように変わることがあるため、当初の特徴である仕様のコンパクトさとソースコードと機械語の対応関係の可視性はほとんど残っていません。

しかし、Cというプログラミング言語の真髄はそれほど変わっていません。たとえば言語仕様が大規模化したと言っても、他のプログラミング言語と比較すると相当コンパクトです。また、OSのカーネルやデバイスドライバ、組み込みシステムといったメモリー使用量や実行タイミングなどを意識した比較的低レベルな記述が可能といった特徴は失われてはいません。実際には、コンパイラの最適化により、記述したソースから生成される機械語が透けて見えるようなことはありませんが、仮想的なコンピュータを「平易な機械語」で記述するような感覚は維持されています。

「平易な機械語」で記述することは、必ずしもよい点とは言えません。その分、ソースコードの記述量が多くなる、抽象化した記述ができない、といった短所にもなるからです。

1.1.2 なぜCを学習するのか

まず最初に理解すべき点は、世の中には無数のプログラミング言語があることです。

筆者が2012年にオープンソースリポジトリのGitHubのプログラミング言語別プロジェクト数を調査した時点では、言語数は100近くありました。GitHubで公開されているという極めて限定されたプロジェクトだけで100言語なので、全体の数は途方もないものになります。

これからCを学ぼうという皆さんに対して水を差すようですが、その中で学習するプログラミング言語としてCを選択するというのは、21世紀現在、最大・最良の選択肢というわけではありません。就職に有利であったり、プログラムを高速化させられたり、より安全に実行できるプログラミング言語は他にもあります。具体的にはJavaScript、C#、Java、Ruby、Pythonなどです。

その一方でCを学習したほうが圧倒的に有利な点もあります。それは、世の中の、特に20世紀中に開発された多くのシステムやソフトウェアがCで記述されていることです。もし、Linuxのカーネルのソースコードを読もうと考えたら、Cを読めなければ話になりません。なぜなら、LinuxのカーネルのソースコードはCで書かれているからです。同様にJavaScriptやC#、Javaなどのソースコードも、一部C++の場合もありますが、Cで記述されたものがほとんどです。

その理由は、これらのソフトウェアが開発された時点で、最も利用されていたプログラミング言語がCだったからです。しかしそれだけではありません。さまざまなコンピュータアーキテクチャやOSに対するCプログラムの移植性の高さや、元々のCの開発理由がUnixというOSのプログラミングのためだったという点も重要です。

つまり、Cの仕様自体が機械語と親和性が高く、比較的コンパクトにまとまっていて、しかも記述能力が高い点から、種々のコンピュータに移植され、その結果最もよく使われるプログラミング言語となったということです。

言語利用者の立場から見ると、Cを学習すれば、Linuxや各種言語処理系、ツールといった多数のソフトウェア資産をバイナリーレベルではなく、ソースコードレベルで自由に使えるようになります。

Cの学習から得られる知見には、現時点のコンピュータアーキテクチャとの親和性の高さに由来するものもあります。しばしば「C学習の壁」と言われているポインターはその最たるものです。ポインターを難しく感じるのは、逆の言い方をすればコンピュータアーキテクチャそのものが難しいということです。

Cは、CPUとメモリーをバスで結合したノイマン型コンピュータをシンプルにプログラミング言語でモデル化したものです。したがって、メモリー上へデータとプログラムが配置されるというノイマン型コンピュータの仕組みさえ理解できれば、ポインターは実に明解な仕様だと感じるでしょう。

コンピュータの仕組みを理解するのが容易ということと、バグがないプログラムを書くのが容易ということには関連がありません。ポインターが原因のバグは非常に多いということは覚えておいてください。ポインターについては第8章で詳しく解説します。

1.1.3 Cの規格

Cのように広く使われているプログラミング言語には、統一された規格が必要です。そうでなければ、開発したソースコードを複数の種類のコンピュータ上で再利用したり流通させたりすることができません。さらには、せっかく覚えたプログラミングの知識が特定の環境にロックインされてしまうことになります。

本書執筆時点では、最新のCの規格は2011年に制定されたISO（国際標準化機構）によるISO/IEC 9899:2011（制定年を使って「**C11**」と略称します）です。本書は、C11によって定義された仕様をもとに記述します。

日本では日本工業規格（JIS）によってJIS 3010:2003が制定されています。この規格はC11の1世代前のISO/IEC 9899:1999に基づいています。この規格はC11と同様に制定年を使って「**C99**」と呼ばれています。

C99とC11の主な相違点はマルチスレッド、Unicodeのサポートなどです。さらにC11では最近のプログラムに求められる機能が新たに規格化されています。オプションとして、安全なプログラミングのためのライブラリの規格も追加されています。

本書の学習範囲では、特に注記がない限り、C99に準拠したコンパイラであれば動作します。

1.2 C学習の準備

それではCを学習するための準備を始めましょう。

一般的なコンピュータでは、プログラムを開発するための準備はされていないことがほとんどです。このため、最初に行うのはプログラミングに必要なソフトウェアのセットアップです。

プログラミングには最低でも次の2つのソフトウェアが必要です。

- **エディター**
  エディターは、プログラムを記述し、ファイル（ソースファイル）を作成するためのソフトウェアです。

- **言語処理系**
  言語処理系は、対応するプログラミング言語のソースコードから実行可能なプログラムを生成したり、直接実行したりするためのソフトウェアです。本書ではCを学習するので、C言語処理系が必要です。

note 初期のUnixやLinuxのディストリビューションには必ずC言語処理系が含まれていました。同様に初期のパソコンには標準でBASICが搭載されていました。まだソフトウェア市場が充実していなかったため、ユーザーがプログラムを手作りする必要があったからです。しかし現在では、プログラミング用のソフトウェアが最初から含まれていることはほとんどありません。

なお本書では、記述したプログラムを**ソースコード**、ソースコードを格納したファイルを**ソースファイル**と呼びます。また、ソースコードの一連のかたまりは**ソースコードリスト**または単に**リスト**と呼びます。

プログラミングでは、エディターや言語処理系とは別に、処理系を実行するための**コンソール**や**統合開発環境**（**IDE**）も必要となります。

note コンソールは、ターミナル、コマンドラインインターフェイス、コマンドプロンプト、端末などとも呼ばれますが、本書では「コンソール」と呼ぶことにします。

1.2.1 Cプログラムが実行可能なプログラムになるまで

プログラミングに必要なソフトウェアを用意する前に、Cプログラムから実行可能なファイルを生成するまでに必要な手順を説明します。Cで記述したソースファイルから実行ファイルを生成するには、次の図の**1**から**3**で示しているステップを踏みます（図1.1）。

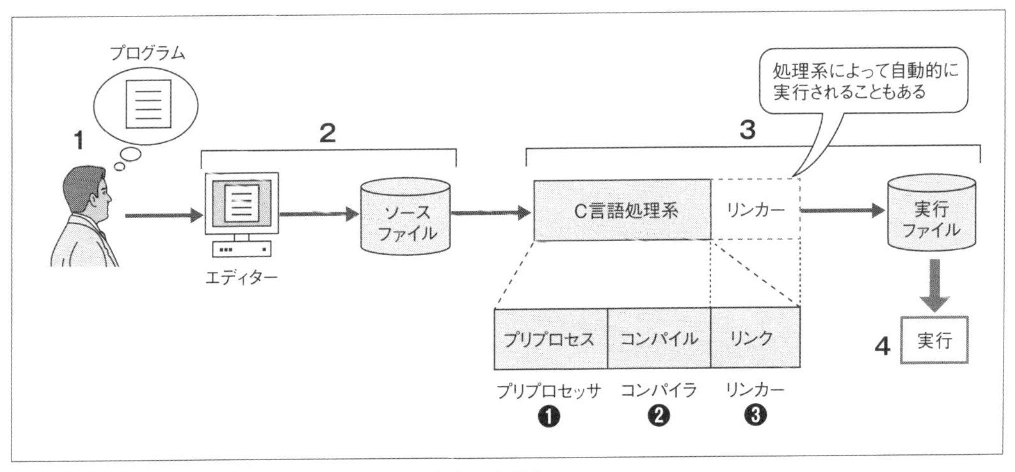

❖図1.1　プログラムの設計から実行ファイルの出力・実行まで

実行ファイルの実行を含めた、一連の手順は以下のようになります。

1. **どういうプログラムを作るか設計する**
2. **設計したプログラムのソースコードをエディターで記述し、ソースファイルに出力する**
3. **C言語処理系へソースファイルを入力して、❶❷❸の処理を経て、実行ファイルを出力する**
4. **実行ファイルを実行する**

これらのステップは必ずしも一直線に進むとは限りません。**1**と**2**の間を往復することはよくあります。頭の中で考えていた方法では、うまくコードに落とし込めないことがあるからです。

3から**2**、あるいは**3**から**1**へ戻ることもよくあります。C言語処理系は、タイプミスや覚え違いなどによって、処理不可能な、つまりCのソースコードとは認められないコードを発見するとエラーを出力して処理を中止します。このエラーを**コンパイルエラー**と呼びます。コンパイルエラーが発生した場合、**2**へ戻ってタイプミスを修正したり、**1**へ戻って最初から設計をやり直したりしないと先へ進めません。

4から**1**、**2**へ戻ることもよくあります。プログラムの内容にエラー（**バグ**）があれば、設計どおりには動作しません。このためバグを除去する（これを**デバッグ**と呼びます）必要があります。

バグには**3**のステップで発見できなかったタイプミスが原因の場合もあります。たとえば書き間違えたキーワードがたまたま他のキーワードと同じになってしまい、Cのソースコードとしては正しくなっている場合です。これによって設計したプログラムとは異なる動作になってしまった場合、**2**へ戻ってソースコードの修正が必要です。

そもそも設計が間違っている場合もあります。その場合は実行結果を検討して、**1**へ戻って設計をやり直さなければなりません。

3のステップはさらに3段階に分かれます。

❶ **Cプリプロセッサが、ソースコードの一部を他のソースコードへ置き換える**

このステップについては、第2章「Cの基礎」や第14章「プリプロセッサ」で説明します。

❷ **コンパイラによって、ソースコードを機械語へ変換する**

処理系の設計方針によって、一度仮想機械用の中間言語を生成したあとにターゲットとなるコンピュータの機械語へ変換したり、一度アセンブリ（note参照）を生成してからアセンブラを使用して機械語へ変換したり、さらに詳細なステップへ分かれますが、本書ではこれ以上の深追いはしません。このステップで必要に応じて出力されるファイルを**オブジェクトファイル**（拡張子が**.o**や**.obj**のもの）と呼びます。

❸ **リンカーによって、ライブラリと❷で生成した**（生成されない場合もある）**中間的なファイルを結合して、OSが処理可能な実行ファイルを生成する**

ライブラリとは、さまざまなプログラムの共通処理をまとめたオブジェクトファイルのことで、拡張子は**.lib**や**.a**がよく使われています。伝統的にUnix系OSでは出力される実行ファイル名は**a.out**となります。Windowsでは**a.exe**またはソースファイル名に拡張子.exeが付加されたものとなります。

現在の処理系、特に本書の範囲では1コマンドで、❶〜❸のステップを一気に実行できます。このため、本書では特別に区別が必要な場合を除いてプリプロセスからリンクまでの全工程を一括して「**コンパイルする**」と表現します。

プリプロセッサによって変換されたソースファイルを確認したい場合は、❶のステップで終了できます。また、複数のソースファイルから1つの実行ファイルを作成する場合は、各ソースファイルごとに❷のステップまで実行し、対応するすべてのオブジェクトファイルを作成してから、最後にまとめて❸のステップを実行します。

機械語はコンピュータが利用可能なバイナリーデータです。アセンブリ（言語）は人間がソースコードとして機械語を記述できるように定義したニーモニックやラベルの規約で、CPUアーキテクチャごとに存在します。アセンブリのソースファイルから機械語を生成するプログラムをアセンブラと呼びます。

1.2.2 本書の学習の進め方

本書を使った学習の進め方は、基本的に以下のようになります。

1. 最初に、学習する項目について部分的なソースコードを示し、コードの内容について説明します。

2. サンプルとして、学習する項目を含んだソースコード全体を示します。このソースコードをエディターで入力すると、コンパイル可能なソースファイルとなります。エディターでの編集方法などについての説明は省略します。

3. **2**で入力したファイルをC言語処理系で処理して実行可能なファイルを作成し、動作を確認します。動作確認の方法についての説明は省略します。

4. **1**で示した学習項目を使った練習問題を示します。このとき、**2**で示したソースファイルが参考となるでしょう。

エディターで編集したソースファイルから実行ファイルを生成する具体的な方法については、本章の1.2.4項「C言語処理系の選択とセットアップ」で説明します。

1.2.3 エディターの用意

プログラムを入力してソースファイルを作成したり、作成済みソースファイルを編集するにはエディターを利用します。文章の体裁を整えることが主眼となるワープロと異なり、エディターは表組みや文字飾りなどの情報を含まず、テキストだけを入力したり編集したりすることに特化したソフトウェアです。単にソースファイルを作成するだけであれば、Windowsには「メモ帳」(Notepad.exe)、macOSであれば「テキストエディット」(TextEdit) が標準で添付されているので、これらを利用してもよいでしょう。

しかし、プログラミング作業に特化したエディターを利用すると、プログラミング言語の文法に即した色分け表示を行う**シンタックスハイライト**、自動的にプログラムの構造に応じた字下げを行う**オートインデント**といった機能が提供されます（図1.2)。

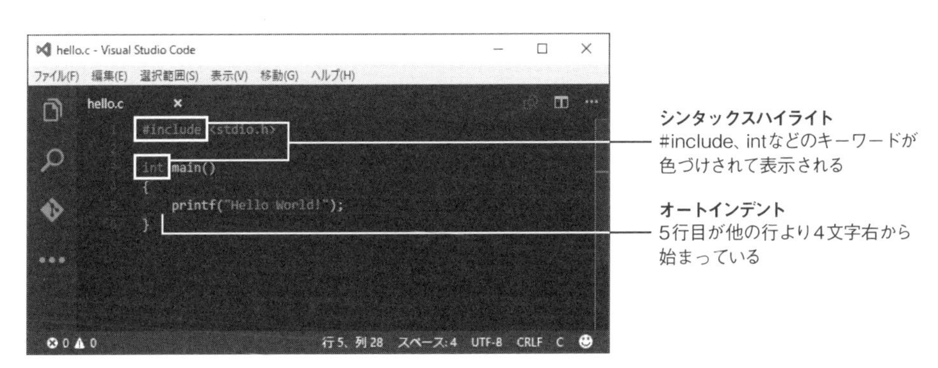

❖図1.2 エディターの便利な機能

これらの機能によって、プログラムの打ち込みミスを見つけやすくしたり、少ないキー操作でソースコードを入力できるようになります。

プログラミング用のエディターには、上に挙げたもの以外にも便利な機能が多数搭載されています。プログラミングを学習するには専用のエディターを導入すべきでしょう。現在、フリーで入手可能な代表的なプログラミング用エディターを以下に示します。利用しているOSやユーザーインターフェイスの好みなどに応じて、気に入ったものを導入するようにしてください。

- **Visual Studio Code**
  https://code.visualstudio.com/
- **ATOM**
  https://atom.io/
- **Sublime Text**
  https://www.sublimetext.com/
  Sublime Textはフリーで試用できますが、本格的に使用する場合は購入してください。

1.2.4 C言語処理系の選択とセットアップ

Cは歴史があり、人気もあるプログラミング言語のため、フリーのもの、有償のものを含め、多数の処理系が存在します。本書を学習するには最新の規格であるC11（またはC99）に準拠するため、以下のいずれかの最新の処理系を用意してください。

- **clang（クラン）**
  clangは、LLVMというコンパイラのC、C++、Objective C、Objective C++用のフロントエンドです。clangとLLVMの関係については説明を割愛しますが、本書の範囲ではマルチプラットフォーム対応のCコンパイラと考えてかまいません。
  https://clang.llvm.org/
- **gcc（ジーシーシー）**
  gccは、フリーソフトウェア財団（FSF）によって開発されているCを含む言語処理系です。clangよりも厳密なライセンスを採用しているため、同じライセンスによるLinux以外の環境では有志による移植が主となります。このため初心者が単純にインストール、環境を維持することはハードルが高いため、本書ではLinux以外の環境へのインストールについては扱いません。
  https://gcc.gnu.org/

各プラットフォームでの、clangのインストール方法は以下のとおりです。

1.2.5 Windows用clangのインストール（Visual StudioとClang）

Visual Studioをインストールするには、ダウンロードページに移動し、エディションを指定してダウンロードしてください。Visual Studioには複数のエディションがありますが、エディションが2015以降であれば、どのエディションであっても利用可能です[1]。本書では「Visual Studio Community 2017」を利用します。[無償ダウンロード] をクリックします（図1.3）。

【1】 最新のVisual Studioについての情報はVisual Studioのサイト（https://visualstudio.microsoft.com/ja/）を参照してください。

❖図1.3　Visual Studioのダウンロードサイト

- **Visual Studio のダウンロード**
  https://www.visualstudio.com/ja/downloads/

なお、Visual Studioのバージョン（年度）によってclangのインストール方法が異なるため、「visual studio clang インストール {年度}」で検索してインストール方法を確認してください。検索キーワードの{年度}にはVisual Studio 2017であれば「2017」を指定します。

インストーラーをダウンロードしたら、ダブルクリックして起動します（図1.4）。

❖図1.4　Visual Studioのインストーラー

注意　Visual Studioのバージョン（年度）

Visual StudioおよびVisual Studio Installerは頻繁に改良されています。このため、ここに掲載しているスクリーンキャプチャは本書執筆時点（2017年12月）のものであり、今後も同じということはあり得ません。たとえばキャプションが英語と日本語で行き来したり、項目の位置の移動はよくあります。臨機応変に本書に書かれたキーワード（例：Clang/C2など）を元に画面に表示された内容から同じ意味となるものを探して実行してください。

ライセンスへの同意画面になるので［続行］ボタンをクリックします（図1.5）。

❖図1.5　ライセンスへの同意画面

インストール先（通常はCドライブ）を指定して、［個別のコンポーネント］タブをクリックします（図1.6）。

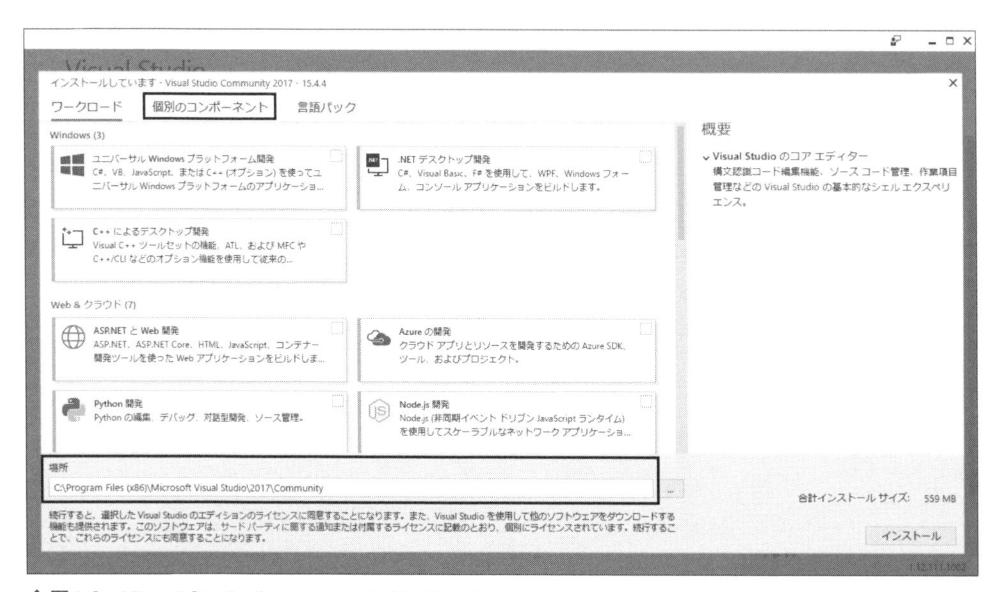

❖図1.6　Visual Studio Communityのインストーラー

「コンパイラ、ビルドツール、およびランタイム」の［Clang/C2(試験的)］、［標準ライブラリモジュール（試験段階)］、「SDK、ライブラリ、およびフレームワーク」の［デスクトップC++用Windows 10 SDK（10.0.15063.0）［x86およびx64］］にチェックを入れます。必要に応じて他の必須コンポーネントも自動的にチェックされます。［インストール］ボタンをクリックします（図1.7）。

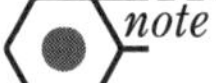

note **インストールに必要な容量**

Visual Studio Community 2017のインストールには約5.27GBの空き容量が必要です。

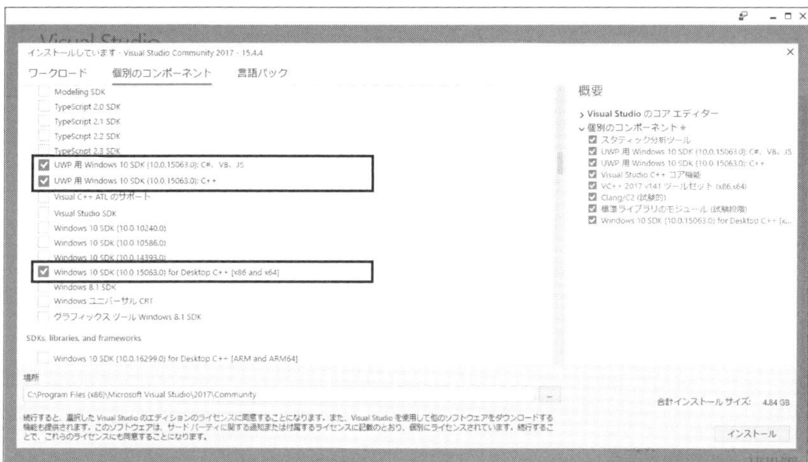

❖図1.7　[個別のコンポーネント] タブにおける追加

インストール完了画面になったら、[起動] ボタンをクリックします（図1.8）。

❖図1.8　Visual Studio Communityのインストール完了画面

Microsoft アカウントにログインを促す画面が表示されるので［サインイン］ボタンをクリックします（図1.9）。

❖図1.9　Microsoftアカウント

note
Microsoftアカウントを持っていない場合は、サインアップして登録してください。

Microsoftアカウントにログインしたら、［Visual Studioの開始］ボタンをクリックします（図1.10）。

❖図1.10　環境設定と配色テーマの選択

Visual Studio Community 2017が起動します（図1.11）。なお本書では統合開発環境（1.2.10項）は利用しませんので、閉じておきます。

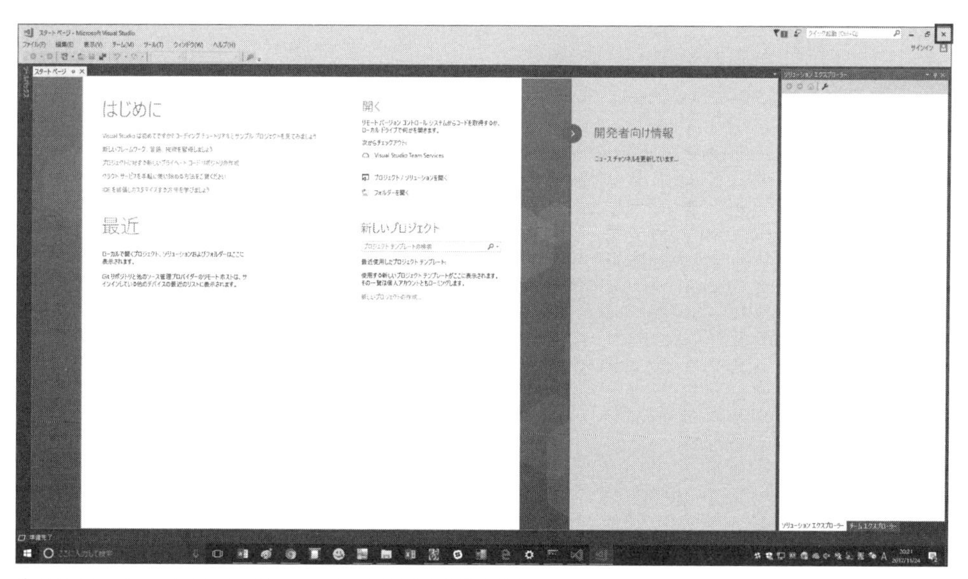

❖図1.11　Visual Studio Community 2017の起動画面

Column Visual C++がサポートしているCのバージョン

Visual C++がMSDN (Microsoft Developer Network) のドキュメントのレベルでサポートしているCは、ANSI C (C89またはC90) と、極めて古い規格です。

ただし最新のVisual C++では、C99の規格の一部を満たすように変わっています。問題は、MSDN内のドキュメントとして明確にされていないため、ソースコードをコンパイルしてエラーになるかどうかを調べない限りC99のソースコードが確実に使えるかどうかが判断できないことです。また、言語仕様の変更が完全にはドキュメント化されていないため、いつ動作が変わるかも判断できません。

Visual C++を利用するのであれば、限定的ではあるもののclangがサポートされているので、clangをインストールして利用してください。

なお、Windows Subsystem for Linux (WSL) を利用する場合は、Linuxの項 (1.2.7項) を参照してください。WSLを導入したあとは、Microsoft StoreからUbuntuなどのLinuxディストリビューション用のコンソール環境を入手して実行してください。

1.2.6 macOS用clangのインストール

macOSでclangを利用するには、Xcodeをインストールしてください。

Finderのメニューから[移動]→[アプリケーション]を選択して、[アプリケーション]フォルダを開き、「App Store.app」をダブルクリックします(図1.12)。

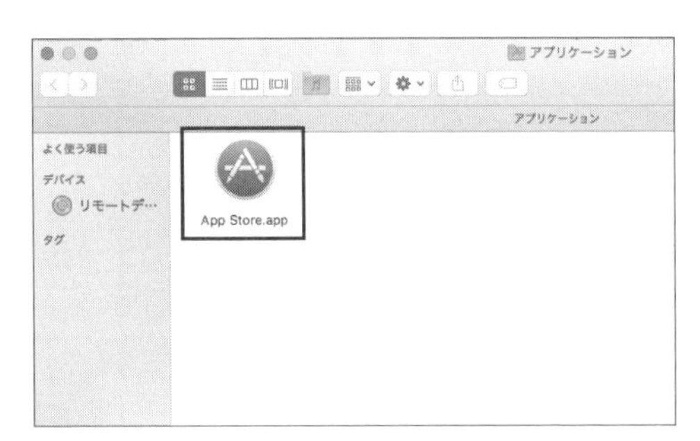

❖図1.12 [App Store.app] をダブルクリック

検索ボックスに「XCODE」と入力して、Xcodeアプリケーションを表示し、[インストール]ボタンをクリックします(図1.13)。

❖図1.13　Xcodeをインストール

［Xcode and iOS SDK License Agreement］ダイアログが表示されます。［Agree］ボタンをクリックして、Xcodeをインストールします（図1.14）。

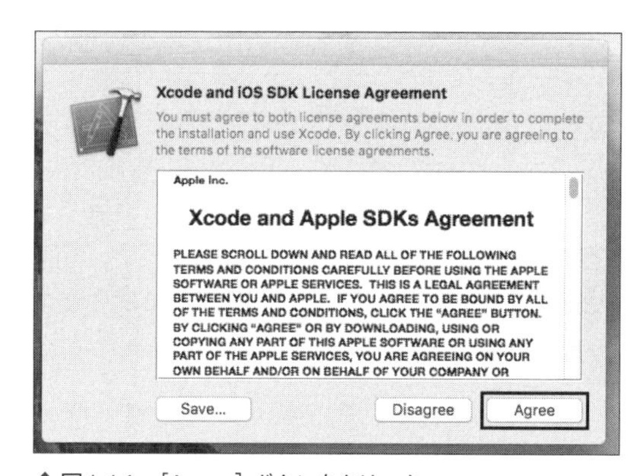

❖図1.14　［Agree］ボタンをクリック

Xcodeがインストールされると、図1.15の画面になります。これでXcodeと一緒にClangがインストールされました。Xcodeは閉じておきます。

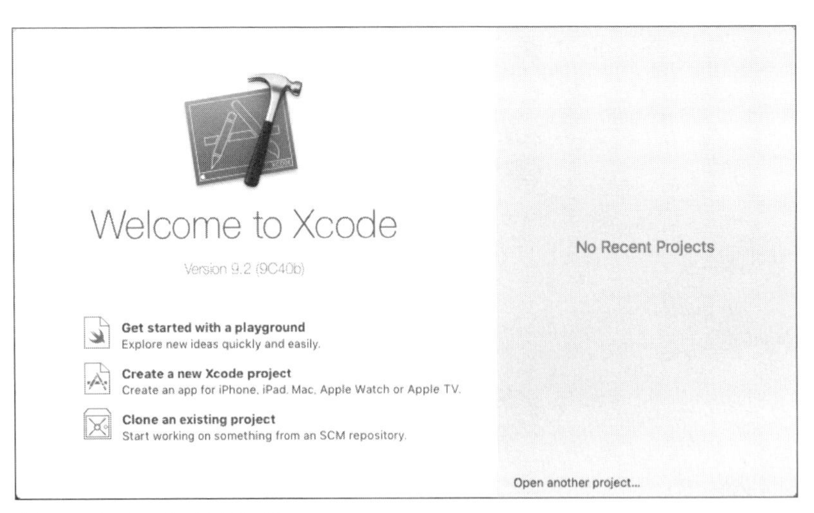

❖図1.15　Xcodeの起動画面

1.2.7　Linux用clangのインストール

パッケージを操作・管理するapt-getコマンドが利用できる環境であれば、sudo apt-get install clang lldbコマンドを実行してインストールしてください（図1.16）。

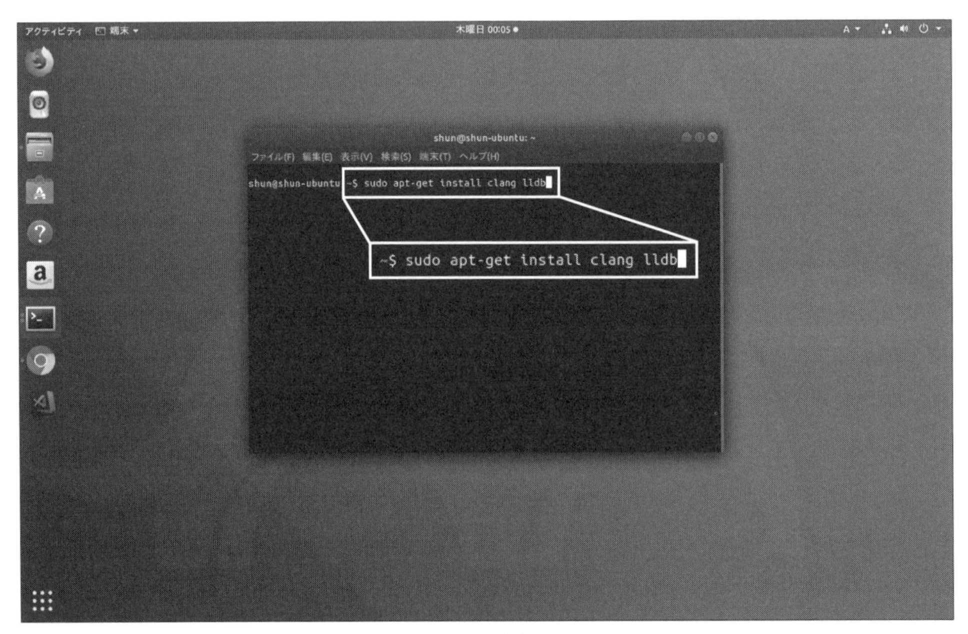

❖図1.16　sudo apt-get install clang lldbコマンドを実行

1.2.8　Linux用gccのインストール

通常、Linuxにはgccがインストールされています。されていない場合は、各ディストリビュートに付属しているパッケージマネージャを利用してインストールしてください。

1.2.9　ソースファイルから実行ファイルを作成する方法

clang

Windows（Visual Studio Community 2017とclang）の場合

手順1

スタートメニューの「Visual Studio（年度は省略）」フォルダを展開します（図1.17）。

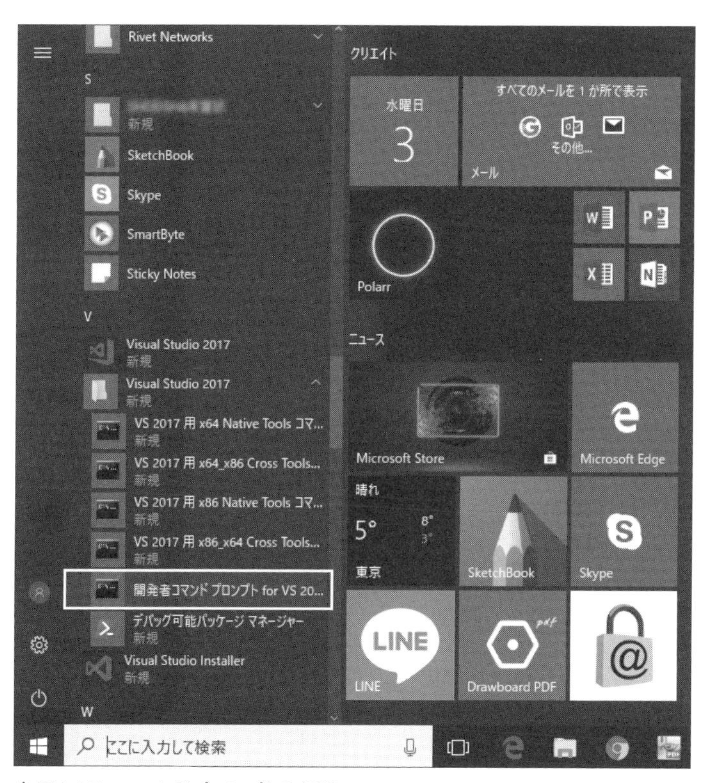

❖図1.17　コマンドプロンプトの起動

手順2

［開発者コマンドプロンプト for VS（年度は省略）］（図1.18）または［Developer Command Prompt for VS（年度は省略）］をクリックしてコマンドプロンプトを開きます（note参照）。このコマンドプロンプトはx86コンパイル用のライブラリやヘッダーファイルへの環境変数があらかじめ設定されています。

clangを実行する場合、必ず［開発者コマンドプロンプト for VS（年度は省略）］または［Developer Command Prompt for VS（年度は省略）］を利用してください。タスクバーにピン留めしておくとよいでしょう。

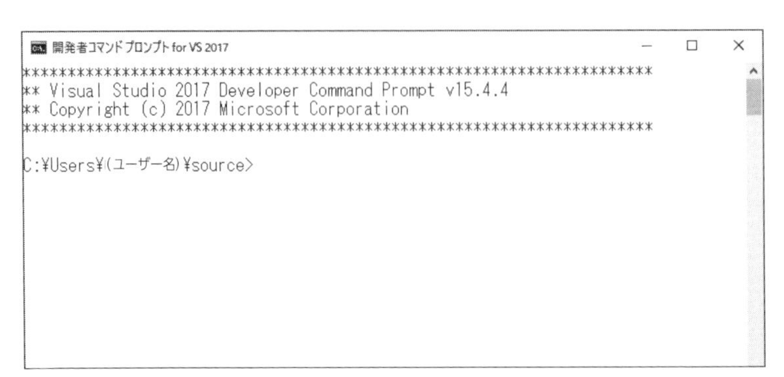

❖図1.18　開発者コマンドプロンプト for VS 2017

Windowsのバージョンやシステムセキュリティ構成によっては、[開発者コマンドプロンプト for vs2017] のショートカットメニューを開き、[管理者として実行] の選択が必要になるケースがあります。

手順3

clangの実行ファイルを起動できるようにPATH環境変数を設定します。

clangは、Visual Studioをインストールしたディレクトリの「VC」ディレクトリの下の「Clang*」という名前のディレクトリの下にインストールされます。

「*」の部分はインストールした時期や環境によって変化するのでエクスプローラーの検索機能を利用してclang.exeを探します。その結果からx86用のclang.exeが存在するディレクトリを探します。たとえば、筆者の環境でC:¥Program Files (x86)¥Microsoft Visual Studio¥2017配下のclang.exeを検索すると、次の2つのファイルが検索されます（図1.19）。

- C:¥Program Files (x86)¥Microsoft Visual Studio¥2017¥Community¥VC¥Tools¥ClangC2¥14.10.25903¥bin¥HostX64¥clang.exe
- C:¥Program Files (x86)¥Microsoft Visual Studio¥2017¥Community¥VC¥Tools¥ClangC2¥14.10.25903¥bin¥HostX86¥clang.exe

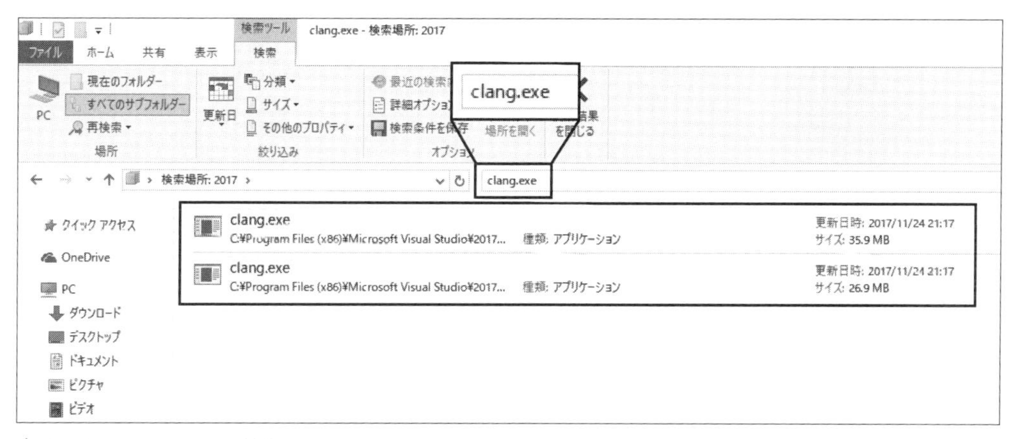

❖図1.19　clang.exeを検索

このうちHostX64はX64環境（64ビットWindows）用のclang.exeで、HostX86はX86環境（32ビットWindows）用のclang.exeです。

ここではx86用のclang.exeを探しているので、PATH環境変数に設定するディレクトリはC:¥Program Files (x86)¥Microsoft Visual Studio¥2017¥Community¥VC¥Tools¥ClangC2¥14.10.25903¥bin¥HostX86となります。

コマンドプロンプトへの入力は以下のようになります。なお、>はプロンプトを示します。

```
> set PATH="C:¥Program Files (x86)¥Microsoft Visual Studio¥2017¥Community¥VC¥ ⮕
Tools¥ClangC2¥14.10.25903¥bin¥HostX86";%PATH%
```

ディレクトリは""で囲み、末尾に以前のPATH環境変数をそのまま利用できるように「;」に続けて「%PATH%」を入力します。

コンソールを開くたびに上記のPATHを設定するのは間違いの元なので、[Windowsシステムツール]→[コントロールパネル]→[システム]→[システムの詳細設定]（note参照）で環境変数PATHに設定しておくか、あるいは上記のsetコマンドを格納したバッチファイルを作成しておくとよいでしょう。

note

Windows 10の場合、メニューから［Windowsシステムツール］→［コントロールパネル］→［システム］→［システムの詳細設定］をクリックして、［システムのプロパティ］ダイアログを開きます。［環境変数］ボタンをクリックして❶、［環境変数］ダイアログを開きます。「システム環境変数」の「Path」を選択して❷、［編集］ボタンをクリックします❸。［環境変数名の編集］ダイアログで［新規］ボタンをクリックして❹、ここでは上記のディレクトリの「C:¥Program Files (x86)¥Microsoft Visual Studio¥2017¥Community¥VC¥Tools¥ClangC2¥14.10.25903¥bin¥HostX86」を入力し❺、［OK］ボタンをクリックして❻、ダイアログを閉じます。

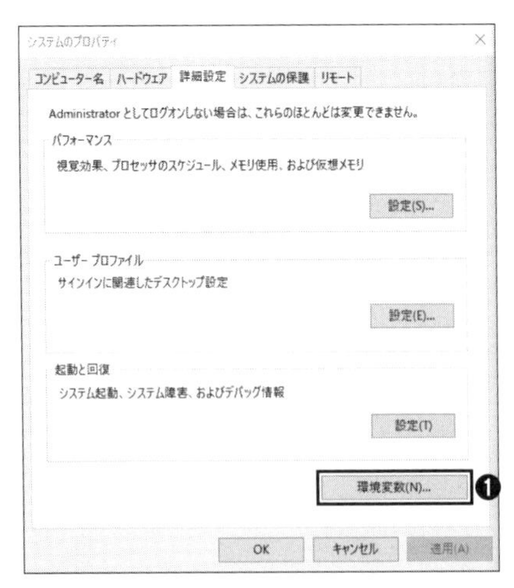

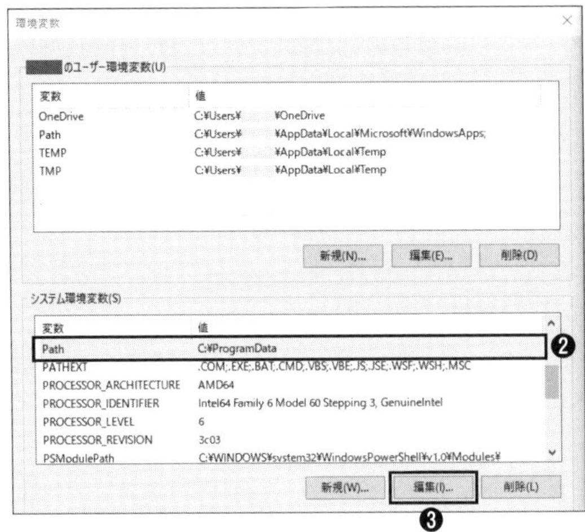

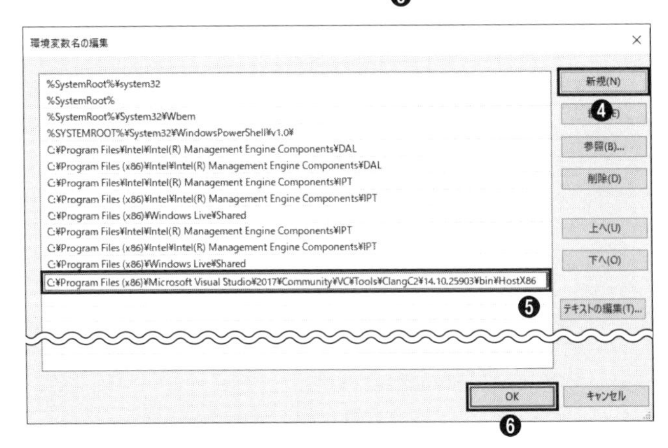

❖図1.20　環境変数Pathの設定

手順4

次にclangが内部で呼び出すリンカーのlink.exeを探します。Visual Studio 2017に統合されているclang.exeはリンカーを決め打ちで探すため、この手順が必要です。

clang.exeを検索したときと同じく、C:¥Program Files (x86)¥Microsoft Visual Studio¥2017の下でlink.exeを検索すると、実行環境と生成する実行ファイルの組み合わせごとに異なるlink.exeが存在します。たとえば、筆者のVisaul Studio Community 2017では以下の4つのlink.exeが存在します（図1.21）。

- C:¥Program Files (x86)¥Microsoft Visual Studio¥2017¥Community¥VC¥Tools¥MSVC¥14.12.25827¥bin¥Hostx64¥x86¥link.exe
- C:¥Program Files (x86)¥Microsoft Visual Studio¥2017¥Community¥VC¥Tools¥MSVC¥14.12.25827¥bin¥Hostx64¥x64¥link.exe
- C:¥Program Files (x86)¥Microsoft Visual Studio¥2017¥Community¥VC¥Tools¥MSVC¥14.12.25827¥bin¥Hostx86¥x64¥link.exe
- C:¥Program Files (x86)¥Microsoft Visual Studio¥2017¥Community¥VC¥Tools¥MSVC¥14.12.25827¥bin¥Hostx86¥x86¥link.exe

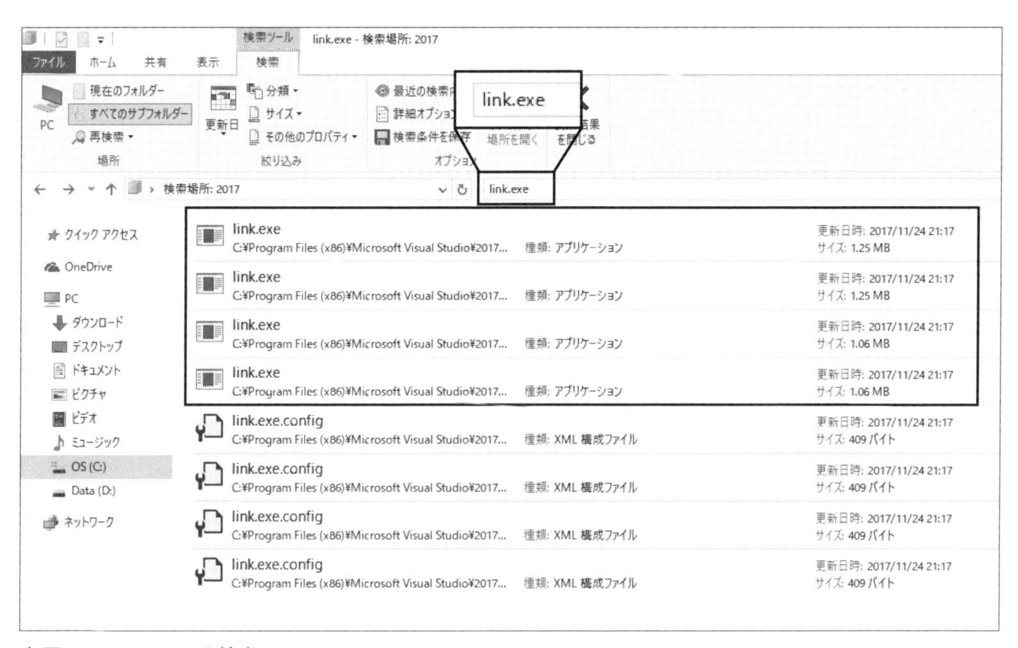

❖図1.21　link.exeを検索

ここでは実行環境x86用かつx86用の実行ファイル生成用を探しているので、Hostx86¥x86ディレクトリのlink.exeが求めているファイルです。

link.exeはPATH環境変数の設定だけでは正しく実行できないため、clangを実行するディレクトリ、つまりソースファイルを格納するディレクトリへ直接コピーしてください。

たとえば、C:¥Users¥yamada¥Documents¥src¥TYCディレクトリにソースファイルを作成するのであれば、開発者用コマンドプロンプトで、以下のコマンドを入力して、コピーします。

```
> cd C:¥Users¥yamada¥Documents¥src¥TYC
> copy "C:¥Program Files (x86)¥Microsoft Visual Studio¥2017¥Community¥VC¥Tools¥➡
MSVC¥14.12.25827¥bin¥Hostx86¥x86¥link.exe"
```

手順5

以下のコマンドを実行します。

```
> cd ソースファイルを保存したディレクトリ ―――― ソースファイルを保存したディレクトリへ移動する
> clang -std=c11 ソースファイル名 ―――― clangコマンドをC11モードで実行して、
                                        ソースファイルをコンパイルする
> a.exe ―――― 実行ファイルを起動する
```

macOS、Linuxの場合

macOSの場合はターミナルから、Linuxの場合はコンソール（Ubuntuでは端末）から、以下のコマンドを実行します。**$**はプロンプトを示します。

```
$ cd ソースファイルを保存したディレクトリ ―――― ソースファイルを保存したディレクトリへ移動する
$ clang -std=c11 ソースファイル名 ―――― clangコマンドをC11モードで実行して、
                                        ソースファイルをコンパイルする
$ ./a.out ―――― 実行ファイルを起動する
```

gcc

Linuxの場合はコンソール（Ubuntuでは端末）から、以下のコマンドを実行します。**$**はプロンプトを示します。

```
$ cd ソースファイルを保存したディレクトリ ―――― ソースファイルを保存したディレクトリへ移動する
$ cc -std=c11 ソースファイル名 ―――― ccコマンドをC11モードで実行して、
                                     ソースファイルをコンパイルする
$ ./a.out ―――― 実行ファイルを起動する
```

なお、すでに説明したように、C11とC99はほとんど同じ規格なので、特に明記していない限り、「-std=c11」を付けなくても本書のサンプルコードはコンパイル可能です。

出力ファイル名の変更方法

出力ファイル名を変えたい場合は、以下のように「-o 出力ファイル名」オプションを使用します。

Windows（Visual Studio Community 2017とclang）

```
> clang -std=c11 ソースファイル名 -o 出力ファイル名
```

このとき、出力ファイル名には他のファイルとの区別のために拡張子「.exe」を付けておくと、あとで間違うことがなくなるので推奨します。

macOS、Linuxの場合

```
$ clang -std=c11 ソースファイル名 -o 出力ファイル名
または
$ cc -std=c11 ソースファイル名 -o 出力ファイル名
```

本書の以降の説明では、プロンプトの表記は「**>**」で統一します。また、プログラムの起動に使用する名前は「**a.exe**」に統一します。他のOSの利用時は「**./a.out**」となります。-oオプションを指定して出力ファイル名を変えた場合はその名前に読み替えてください。

1.2.10 統合開発環境（IDE）

本書では、環境ごとに異なる操作が必要となる**統合開発環境**（Integrated Development Environment：**IDE**）については扱いませんが簡単に説明しておきます。

統合開発環境は、ソースファイルの編集、バージョン管理、実行ファイルの生成、デバッグ用の実行など、プログラム開発に必要となるソフトウェアを1つにまとめたソフトウェアパッケージです。

統合開発環境が提供する機能としては、以下のようなものがあります。

- ソースコードの編集時に、言語処理系のメタ情報、ライブラリ、プリプロセッサ用ファイルなどを参照してコードを補完する
- ソースコードの入力時に発見したコンパイルエラーの表示と修正候補の表示
- コンパイルエラーが発生した場合のソースファイルの対応行への移動
- ソースコード管理システムを利用したソースファイルのバージョン管理
- 実行時のソースファイルに対応する行での停止、再開などのデバッグ支援機能（ソースコードレベルデバッガー）
- 実行時のパフォーマンス計測によるボトルネックの検出機能（プロファイラー）

プログラミングを行うのであれば、あらゆる点で統合開発環境は優れています。したがって、実用的なプログラミング開発を行うのであれば、統合開発環境を利用してください。

ただし、すべてを1つのソフトウェアが処理するため消費するメモリー量も大きくなります。このため、搭載しているメモリーの容量が少ないコンピュータで統合開発環境を実行すると、あらゆる処理が遅くなる場合があります。統合開発環境を快適に利用するのであれば、最低でも8Gバイト、できれば16Gバイト以上のメモリー（ディスクではありません）を搭載したコンピュータを用意してください。

Chapter 2

Cの基礎

この章の内容

2.1 最初のCプログラム
2.2 コメント
2.3 #includeディレクティブ
2.4 式、宣言、文
2.5 main関数
2.6 return文
2.7 関数の呼び出し

本章では、Cプログラミングに必須となる基礎的な項目を中心に学習します。学習する項目によっては、名前と必要に応じてコードの紹介だけ行い、説明は後続の章に回しているものがあります。したがって、読んでみてよくわからない項目については、本章だけで理解しようとする必要はありません。むしろここでは、Cの文法にはどのような機能があり、どのように書けばよいのかといったCの枠組みに関する知識を得るようにしてください。まずは名前だけでも覚えておけば、あとからいくらでも調べられます。

この章で読者の皆さんに確実に身につけてほしいのは「正しいコードの書き方」です。なぜ、そう書くのかについてはCの開発者のデニス・リッチーがそういう文法にしたかったという以外の理由はありません。しかし、ある書き方をしたコードが実行時にどう動作するかは、あたかも歯車の組み合わせやピタゴラ装置[1]のようにかっちりと仕様によって規定されています。コードを読んでどう動作するかを推測することと、ある動作を実現するためのコードを設計することは、常に双方向で行えるようになりましょう。それができれば、コードを書くのもデバッグするのも自由自在です。

サンプルリストはできれば自分でエディターを使って入力して、実際にclangやgccを使ってコンパイルして実行してみてください。自ら入力してみると、タイプミスによるコンパイルエラーが発生することもあるでしょう。また、1行飛ばして入力してしまったのに正常にコンパイルが終了してしまい、実行時におかしな動きをすることもあります。

あえて苦労する必要はありませんが、こういったエラーを実際に経験することが大切です。どこがおかしいのか確認して修正し、再度実行してみる。このような作業を繰り返すことで、ソースコードと実際のプログラムの間合いのようなものを掴むことができるようになります。

2.1 最初のCプログラム

伝統的に、プログラミング言語の入門書の最初のプログラムは、起動するとコンソールに「Hello World!」を表示する簡単なものです。これは、カーニハンとリッチーによる入門書『プログラミング言語C』(原書1978年／邦訳1981年) 以来の伝統ですが、現在では、さすがにここから始めることに意味があるとは思えません。

本書で最初に示すプログラムは、もう少し複雑なものにします。もちろん、まだ何も説明していないので、読んでも意味がよくわからなくてかまいません。個々のコードがどういう意味を持つのかは、あとできちんと解説します。

【1】 ピタゴラ装置はNHK Eテレの児童向け番組「ピタゴラスイッチ」に出てくるからくり仕掛けのこと。最初のトリガーによって複数の装置が連鎖的に反応してラストを迎える。

2.1.1　ソースファイルの作成からコンパイルと実行まで

Cプログラムは、Cというプログラミング言語を使ってコンピュータに対する命令を記述したものです。

プログラミング言語には命令型のプログラミング言語の他に、Haskell（ハスケル）に代表される関数型のプログラミング言語があります。関数型プログラミング言語は、コンピュータに対する命令という形式を取りません。

コンピュータは基本的にソースファイルに記述された命令を上から下へと順番に実行します。ただし、プログラムするにあたって、記述する命令は2種類に分かれます。

1つは、プリプロセッサやコンパイラに対する命令です。この命令はコンパイル時に処理されて、実行時には影響しません。もう1つは、実行時にコンピュータを操作するための命令です。Cのプログラムには、これら2種類の異なる命令が含まれます。

実際のプログラムを使って、これらについて見ていきましょう。

最初のCプログラム　　※解答は次ページの下部に掲載

1. エディターを使って以下に示すソースコードを入力し、「ch02-01.c」という名前で保存しましょう。

エディターの「新規作成」を使って始めた場合は、すぐに「ch02-01.c」と名前を付けて、いったん保存しましょう。これでエディターがファイルの拡張子「**.c**」からCのソースコードと認識して「シンタックスハイライト」（Cのキーワードの書体や文字色を変更すること）などが行われます。

▶リスト2.1　ch02-01.c

```
 1: /*
 2:  * 最初のCプログラム
 3:  */
 4: #include <stdio.h>
 5: #include <stdlib.h>
 6:
 7: int main(int argc, char *argv[])
 8: {
 9:     if (argc == 1) {
10:         puts("hello world!");
11:     } else {
12:         int sum = 0;
13:         // インデックス0は無視する
```

```
14:         for (int i = 1; i < argc; i++) {
15:             sum += atoi(argv[i]);
16:         }
17:         printf("sum = %d¥n", sum);
18:     }
19:     return 0;
20: }
```

2. 演習の1.で作成したソースファイルを、第1章の1.2.9項で示したようにclangまたはgccでコンパイルして実行ファイルを生成しましょう。コンパイルエラーになったら以下の点を確認してください。

- 「最初のCプログラム」と「インデックス0は無視する」以外は、すべて日本語入力をオフにした状態の英数字記号で入力する
- 数字の1（いち）と英小文字のi（アイ）、l（エル）、数字の0（ゼロ）と英文字のoとO（オー）は紛らわしいので打ち間違いがないか確認する
- 演習の1のリストには大文字は出現していないため、すべて小文字で入力する

note
Cは英小文字と英大文字を区別するプログラミング言語ですが、BASICのように大文字と小文字を区別しないプログラミング言語もあります。

3. 実行ファイル（a.exeまたはa.out）が作成できたら、コンソールで実行してみましょう。①〜③それぞれについて、どのような出力が得られるか確認しましょう。なお、>はコマンドプロンプトを表しています。

```
① > a.exe
② > a.exe 1 2 3 4 5
③ > a.exe hello 2017!
```

本書では、コンソールで実行するために指定した実行ファイルを「**コマンド**」、実行ファイル名の後ろに空白で区切って列挙したパラメータを「**コマンドライン引数**」と記述します。

演習の解答

3. ① hello world!　② sum = 15　③ sum = 2017

2.1.2 プログラムの構成要素

演習1のプログラムの構成要素を図2.1に示します。

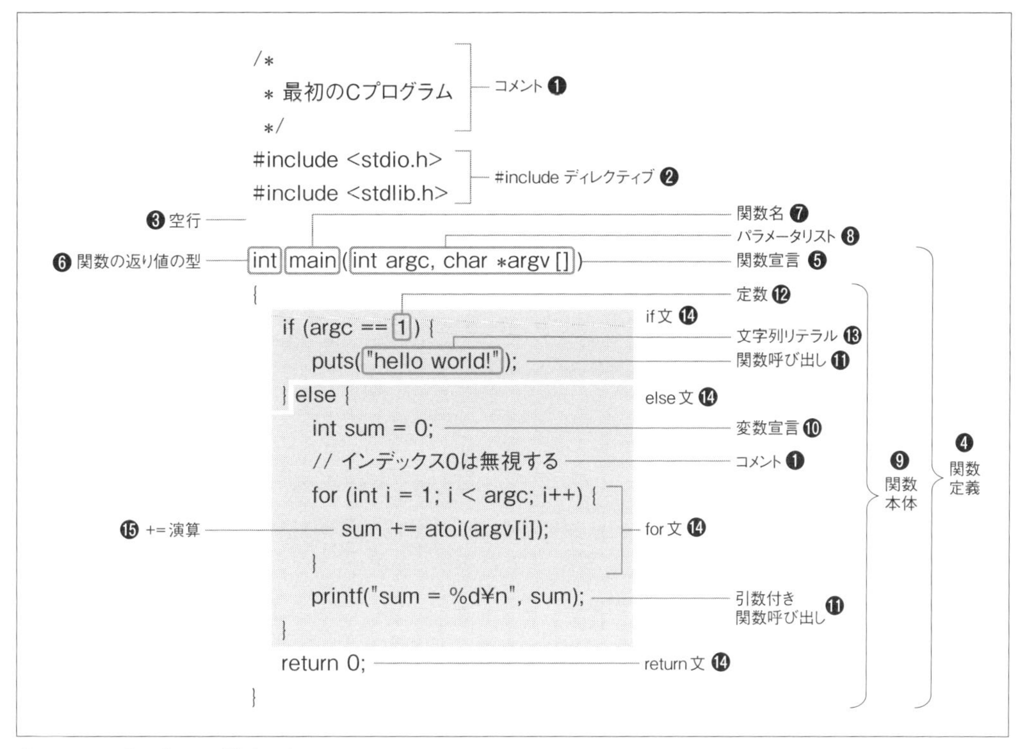

❖図2.1　プログラムの構成要素

上図を見るとわかるように、プログラムは複数の要素によって構成されています。以下では、それぞれの構成要素について簡単に説明します。

コメント

コメント❶（comment）はソースファイルを読む人間のためのデータです。コンパイル時には1文字の空白に置き換えられてしまうため、実行ファイルには一切影響しません。コメントの記述方法は本章で説明します。

プリプロセッサディレクティブ

「#」で始まる命令を**プリプロセッサディレクティブ**（preprocessor directive）と呼びます。プリプロセッサディレクティブはプリプロセッサに対して、主にソースファイルの置き換えを命令（ディレクティブ）します（図2.2）。

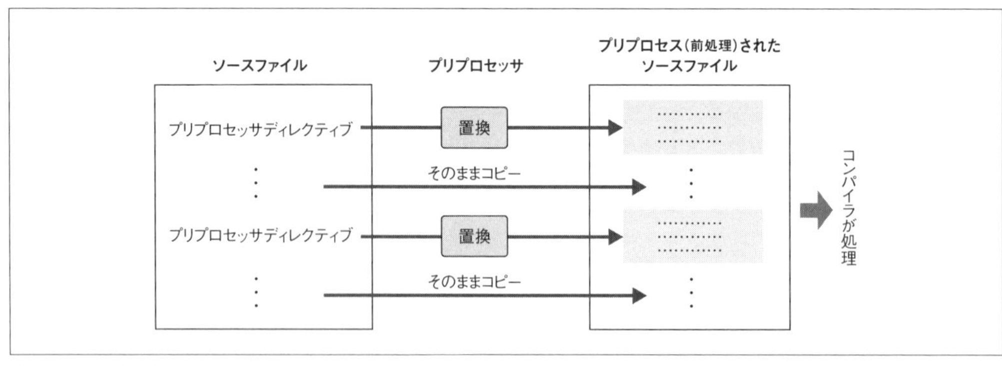

❖図2.2　プリプロセッサディレクティブ

プリプロセッサディレクティブのうち、**#includeディレクティブ❷**は特に重要な役割を持つため本章で解説します。それ以外のプリプロセッサディレクティブについては、#defineディレクティブについては第3章で、残りのディレクティブは第14章で解説します。

空行

空行❸はソースファイルを読む人間のために、プログラムの意味的な切れ目を示すために挿入します。リスト2.1では、#includeディレクティブと、次の関数定義を分離するために挿入しています。

空行はコンパイル時には無視され、実行ファイルには影響しません。とは言うものの、適宜空行を挿入することでソースファイルの読みやすさが格段に向上します。プログラムを記述するときは、ちょうど文章を適切な段落に区切るのと同様に、空行を挿入して意味的な区切りを示すようにしましょう。

関数定義

関数定義❹（function definition）は、Cプログラムの最も重要なパートです。関数定義は2つのパートから構成されます。

1. **関数宣言**（function declaration）❺
   関数の返り値の型❻、**関数名❼**、**パラメータリスト❽**から構成されます。
2. **関数本体❾**
   関数宣言に続く{ }で囲んだ内側に、関数が実行する命令群を記述します。

極論すれば、Cプログラムとは**関数**（function）を定義し、その関数を相互に呼び出し合うことによって構成したものです。ここで重要なことは、Cプログラムの「関数」は数学分野での関数とはまったく意味が異なるという点です。数学の「関数」は、帰納的に一連の式に展開されて値が求まる式を意味します。それに対してCプログラムの関数は、1つの命令として扱えるように名前を付けた一連の命令のまとまりを意味します。

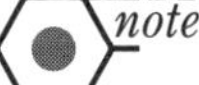

数学の関数とプログラミング上の関数をほぼ一致させたプログラミング言語を関数型プログラミング言語と呼びます。

関数の定義方法についての詳細は第9章で解説します。ただし、リスト2.1に出現するmain関数（関数宣言でmainという名前を付けた関数）はCプログラムでは特別な意味を持つため、本章で解説します。

変数宣言

変数（variable）はプログラムが処理する値を一時的に保存するための名前を付けたデータ領域です。関数と同様に「変数」という数学用語が使われていますが、数学用語の変数とはまったく意味が異なります。数学用語の「変数」は、式展開時の置換対象という抽象概念です。それに対してCプログラムでの変数は、プログラムから操作しやすいように名前を付けたコンピュータのメモリーの特定領域という物理的な存在です。名前によってその領域の開始位置（アドレス）を、型（type）によってその領域の長さを示します。したがって、名前と型の両方が揃って、初めて処理系が扱える完全な情報となります。

変数宣言⑩は、変数の型と名前を示すことで処理系に対して上記の完全な情報を与える構文です。型と変数についての詳細は第3章で解説します。

いずれにしても型と変数を抜きにCプログラムを解説することはできません。そのため、本章ではここで出現している「int」（整数）型とint型の変数（名前でアクセスできる整数値を格納できる長さを持つデータ領域）については特に説明抜きで使用します。とりあえず本章では、数値を入れるための場所の名前と考えてください。

関数呼び出し⑪

自分で定義した関数だけでなく、ライブラリによって与えられている関数も利用することができます。リスト2.1ではputs、atoi、printfという関数を呼び出しています。これらの関数はライブラリが提供します（図2.3）。ライブラリが提供する関数とコンパイルされたプログラムの結合はリンカーが行います。

ライブラリが提供する関数は#includeディレクティブとも関係するため、本章の2.3節「#includeディレクティブ」で概要を解説します。また、ライブラリが提供する関数は多岐にわたるため、本書全体を通じて少しずつ紹介していきます。

関数は**パラメータ**（parameter）を取ることができます。パラメータは、関数の呼び出し時に呼び出し側が指定することで初期化される変数です。呼び出し側は関数名に続く()内にパラメータを指定します。関数呼び出し時に指定する値を**引数**（argument）、関数宣言に記述する変数をパラメータ（**仮引数**とも言います）と呼んで区別します。

関数の呼び出し方法とパラメータと引数の関係については本章で解説します。

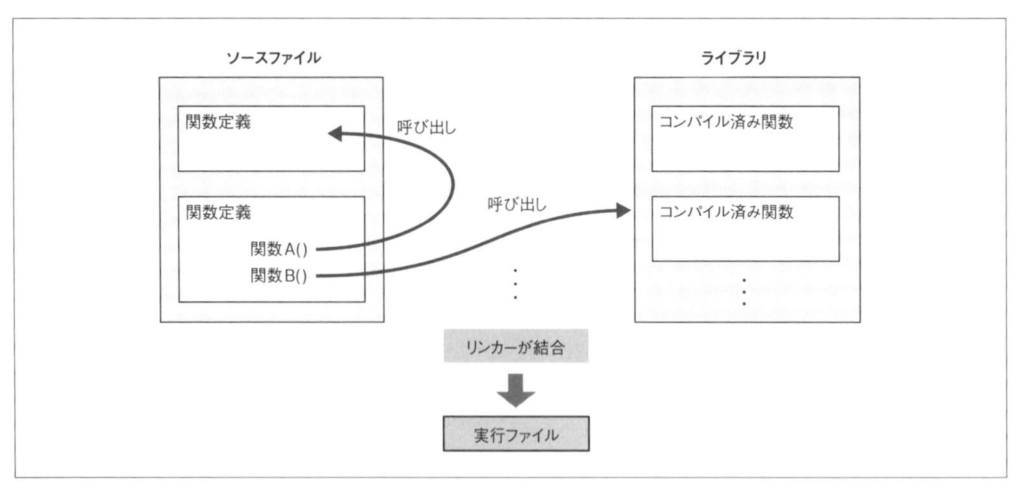

❖図2.3　関数呼び出し

定数⓬

0や1などの数はプログラム内ではその数自身として扱われます。**数値定数**（constant）については、本章と第3章で解説します。

文字列リテラル

文字列リテラル⓭（literal）は「"」で囲んだ一連の文字の並びです。文字の並びのことを**文字列**（string）と呼びます。文字列リテラルは、文字列の定数（記述されたそのままの値）を意味します。Cプログラムの文字列リテラルは記述した文字の並びとしてプログラム内ではそのまま使用されます（演習の3①の出力を参照）。文字列と文字列リテラルについては第7章で解説します。

文

リスト2.1では、if文、else文、for文、return文といった複数の**文⓮**（statement）を使用しています。Cの文は「;」で終了する一連の式や宣言の並びです。

ifやelseなどのキーワードで始まる文のことを**制御文**（または**制御構文**）と呼びます。**if文**は、ある条件に合致したときに実行する命令（群）を指定する制御文です。**else文**は、直前のif文の条件に合致しなかったときに実行する命令（群）を指定する制御文です。if文とelse文の詳細については第4章で解説します。

for文はインデックスを使用したループを指示するための制御文です。for文については第5章で解説します。

最後の**return文**は、関数から値を返す制御文です。return文については2.6節で説明します。

演算

Cでは加減乗除の他にリストで使われている+=などの**演算子**（operator）を使用して、算術計算（**演**

算⑮）を行います。算術式については第3章で解説します。

なお、リスト2.1の9行目の==も演算子です。==などの条件判断に使用する演算子については第4章で解説します。

Column キーワード

キーワードはCの文法で特別な意味を持つ識別子です。キーワードはコンパイラによって特別扱いされるため、変数名や関数名には使用できません。キーワードには、制御文用のキーワード以外にCの仕様で決められた型名などが含まれます。すでに本章でも出現しているintは型を示すキーワード（型名）です。

表2.1にCのキーワードを示します。それぞれのキーワードの意味は、以降の解説で登場したときに解説します。これらのキーワードを変数名や関数名に使用するとコンパイルエラーになります。文法上は正しいのにコンパイルに失敗する場合は、キーワードを名前に使っていないかどうか確認してください。

なお、キーワードの中にはすでに歴史的な使命を終了したもの（たとえばregister）や極めて限定的な用途のもの（たとえば_Atomic）があり、それらについては本書では説明しません。

❖表2.1　Cのキーワード

auto	break	case	char
const	continue	default	do
double	else	enum	extern
float	for	goto	if
inline	int	long	register
restrict	return	short	signed
sizeof	static	struct	switch
typedef	union	unsigned	void
volatile	while	_Alignas	_Alignof
_Atomic	_Bool	_Complex	_Generic
_Imaginary	_Noreturn	_Static_assert	_Thread_local

2.1.3 Cプログラムのポイント

これまでCプログラムの構成要素について見てきました。ここで、ポイントをまとめておきましょう。

- Cプログラムのソースファイルは大きく#includeディレクティブと関数定義から構成される
- 関数定義は、関数宣言と関数本体から構成される
- 関数定義の本体では、制御文、関数呼び出し、演算、変数を使用してコンピュータに対する命令を記述する

● ソースファイルには、コメントや空行を利用して、ソースファイルを読む人に向けて情報を記述できる

練習問題　2.1

1. リスト2.1の7行目、9行目と14行目に出現するargcは、コンソールに入力したコマンドとコマンドライン引数の合計数をシステムが設定する変数です。
   演習の3①と②の実行結果をもとに、9行目のif文が判定している条件を答えてください。

2. リスト2.1を修正して、プログラムをコマンドライン引数なしに実行したときの表示を「Hello World!」に変えてください。

2.2 コメント

コメントは、ソースファイル内にソースファイルを読む人間用に情報を埋め込むための構文です。Cでコメントを記述するには、「/*～*/」と「//」を使った2種類の方法があります。

2.2.1 /*～*/形式のコメント

まず、「/*」と「*/」の間にコメントを入れるやり方を見ていきましょう。

例2.1 /*～*/形式のコメント

1. 次の例は1行のコメントです。

```
/* 1行でコメントを記述 */
```

2. 次の例は、文の内部に有効なコメントを記述しています。

```
int main(int /* コンソールに入力したコマンドとコマンド引数の合計 */ argc, char *argv[])
```

3. コメントを複数行にわたって記述することもできます。

```
/*
  複数行にコメントを記述
*/
```

4. 次の例はclangではコンパイル時に警告が表示されます（gccでは警告されません）。

```
/*
  コメント2行目
 /*  ―――――――――――――― コメント内にコメント開始マークを記述すると警告が表示される
*/
```

注意 /* ～ */形式でコメントを記述する場合は、最初に出現した「*/」がコメントの終了となるという点に注意してください。

例2.2 コンパイルエラーになるコメントの例

次の例はコンパイルエラーとなります。

```
/*
 コメント2行目
 /*
  別のコメントのつもり
  */
1行上の*/が最初のコメント開始マークに対応してコメントを終わらせてしまうので、この行はコメント
ではない。不正なCのコードなのでコンパイルエラーになる。
*/
```

コメントは、コンパイラによって1文字の空白として扱われます。つまりコンパイル中の仮想的なソースファイル上には1文字の空白として存在することになります。このため、キーワードや変数名などの単語の途中にコメントを記述することはできません。空白によって区切られてしまうからです。

例2.3 コンパイラはコメントを1文字の空白として扱う

キーワードifのiとfの間にコメントを書くことはできません。次の例は「i f (argc == 1) {」と記述したものとして扱われ、コンパイルエラーとなります。

```
i/* 条件判断文 */f (argc == 1) {
...
```

2.2.2 //形式のコメント

//形式のコメントを使うと、「//」から改行までがコメントとなります。

例2.4 //形式のコメント

1. 次の例は、//形式のコメントを使って各行を逐次説明しています。

```
if (argc == 1) {              // コマンドライン引数がない場合は以下を実行
    puts("hello world!");   // コンソールにhello world!を表示する
} else {                      // コマンドライン引数が指定されている場合は以下を実行
```

2. 次の例は、ソースファイルの先頭コメントを//を使って記述しています。

```
//////////////////////////////////////////////////////////
// comment_sample.c
//   Copyright(c) SE 2017
//////////////////////////////////////////////////////////
```

//によるコメントはC99からの仕様です。例2.1－2のように、特別に文中にコメントを入れたい場合を除き、コメントの終端を意識せずに使用できる//を使いましょう。

2.2.3 コメント記述のルール

コメントに記述する情報には、ファイルの説明、関数の説明、変数の説明、処理の説明などがあります。コメントは生成される実行ファイルには影響しないため、一切書かない、命令単位に書くなど、どうするかはプログラマーに任されています。このため、コメントの記述の仕方にはさまざまな流儀があり、どのように書くべきか書かないべきかは論争の種になっています。

筆者は、あまりに自明なコメントはむしろソースファイル読解の妨げになるので書くべきではないと考えています。したがって、例2.4－1のようなコメントは書かないほうがよいと考えています。一般に、プログラマーであっても日本語の文章のほうが読みやすければ、ソースコードよりもコメントのほうを最初に読む傾向があります。このことは、コードが間違っていてもコメントが正しいと、コメントに引きずられてコードのバグを見逃し、結果的にバグの発見が遅れるという問題の原因となります。

いずれにしても、コメントの記述についてはいろいろな見解があります。とは言え、次の2つの方法は覚えておいて損はないでしょう。

1. 既存のソースファイルに手を入れる場合、そのソースファイルのコメントの入れ方の流儀を真似る。
2. 新規にソースファイルを作成する場合、メモを入れておきたい場所に自然文でコメントを入れるにとどめる。次に自分で読んだときにコードだけからでは何をしているかわからなくなった場所に出会ったら、次からはそのようなコードにはコメントを付ける。

チームでプログラムを作る場合は、そのチームのプロジェクトオーナーが決定したコーディング規約に従ってください。

練習問題　2.2

1. リスト2.1の先頭3行の/* ～ */コメントを「//」を使って書き直してください。コンパイルし直して、プログラムの動作に影響ないことを確認してください。

2. リスト2.1に例2.4の1のコメントを追加してください。コンパイルし直して、プログラムの動作に影響ないことを確認してください。

2.3 #includeディレクティブ

Cのソースファイルには、拡張子「.c」を持つソースファイルの他に、拡張子「**.h**」を持つヘッダーファイルがあります。**ヘッダーファイル**は、複数のソースファイルが共有して利用する関数プロトタイプやマクロなど、コンパイル対象となるソースコード以外の情報を格納したファイルです。

関数プロトタイプは、関数定義から関数宣言を独立させた文です。したがって、返り値の型、関数の名前、パラメータリストが含まれます。これらの情報があれば、コンパイラはソースファイル内に記述されている関数呼び出しが正しいかどうかを検証できます。関数プロトタイプによるソースコードのチェックは、バグがないプログラム作成には必要不可欠です。

なお、マクロについては第3章で解説します。

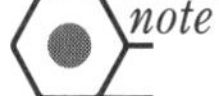

リスト2.1のソースファイルが利用しているputs、atoi、printfの3個の関数のうち、putsとprintfは「#include <stdio.h>」によって取り込んだstdio.hで宣言されています。atoiは「#include <stdlib.h>」によって取り込んだstdlib.hで宣言されています。

#includeディレクティブは指定されたヘッダーファイルの内容をソースファイル内に埋め込むためのプリプロセッサディレクティブです。

```
#include <ヘッダーファイル名>
#include <ディレクトリ名/ヘッダーファイル名>
```

または「"」で囲んで、

```
#include "ヘッダーファイル名"
#include "ディレクトリ名/ヘッダーファイル名"
```

と記述します。

例2.5 #includeディレクティブ

1. printfやputsなどのコンソール出力関数をソースファイル内で呼び出す場合はヘッダーファイルstdio.hを取り込みます。stdioは標準入出力（standard IO）の意です。

```
#include <stdio.h>
```

2. atoiなどのよく使用する変換関数をソースファイル内で呼び出す場合はヘッダーファイルstdlib.hを取り込みます。stdlibは標準ライブラリ（standard library）の意です。

```
#include <stdlib.h>
```

3. 自作のヘッダーファイルmyheader.hをソースファイルに取り込む場合は、ファイル名を「"」で囲んで指定します。

```
#include "myheader.h"
```

ヘッダーファイル名を「<」と「>」で囲んだ場合、プリプロセッサはコンパイラが規定するヘッダーファイル用のディレクトリを順に検索します。Unix系のシステムでは/usr/includeが既定のディレクトリとなります。Windowsの場合は、インストールしたVisual StudioのVCディレクトリやSDKのバージョン別に作られるディレクトリの下にあるincludeディレクトリが検索対象となります。検索対象のディレクトリを追加するには、**INCLUDE環境変数**を使用します。

ヘッダーファイル名を「"」で囲んだ場合の検索対象は処理系に依存します。標準的なプリプロセッサは「"」で囲んだヘッダーファイルをソースファイルと同じディレクトリ内で検索します。もし処理系により定められた方法で見つからない場合は、「<」「>」で囲まれたヘッダーファイルの場合と同じ方法で再検索します。

本書でよく使用するヘッダーファイルを以下に挙げておきます。

- **stdio.h**
  コンソール入出力用関数やファイル入出力用関数を定義したヘッダーファイル
- **stdlib.h**
  よく利用する関数を定義したヘッダーファイル
- **string.h**
  文字列処理関数を定義したヘッダーファイル
- **stdint.h**
  ビット幅を意識した数値型を定義したヘッダーファイル

- **stdbool.h**

  ブーリアン型を定義したヘッダーファイル

- **limits.h**

  数値型の範囲を定義したヘッダーファイル

これ以外のヘッダーファイルについては、後続の章で登場したときに説明します。

> **注意** C90では、Cコンパイラはソースコード中に出現した未知の関数はint型を返すとみなします。そのため、#includeディレクティブを記述しなくても、int型を返す関数であれば期待どおりにコンパイルできます。しかしこの動作は、C99以降、Cの仕様から削除されました。したがって、ソースファイル内で使用する関数をコンパイラが検証できるように、ヘッダーファイルを#includeディレクティブを使用して取り込む必要があります。C99以降の仕様を満たすコンパイラは未定義の関数を発見すると警告を出力します。

練習問題　2.3

1. リスト2.1のソースファイル5行目の「#include <stdlib.h>」の先頭に「//」を挿入してコンパイルしてください。

   (1) このとき、コンパイラの出力がどう変わるか確認してください。

   (2) それはなぜか理由を答えてください。

2.4 式、宣言、文

コメントとプリプロセッサディレクティブを除くと、Cのソースコードは**式**（expression）、**宣言**（declaration）、式や宣言を組み合わせた**文**（statement）から構成されます。以下では、順にそれぞれについて解説します。

2.4.1 式

これまでに説明した「関数」や「変数」と同様に「式」も同様に数学用語ですが、異なる意味で使われています。Cでの「**式**」は、実行時に値として扱われる文法要素です。

例2.6 式

1. 定数は式です。定数式の値は定数自身です。

```
1           // 1という値
3.5         // 3.5という値
```

2. 文字列リテラルは式です。値は文字列リテラルの先頭アドレス（メモリー上の位置）となります。アドレスとCのプログラミングモデルの関係については第8章で解説します。現時点では、Cは文字列リテラルを数値とは異なる扱いをするということだけ覚えておいてください。

```
"これは文字列です"
```

3. 変数は式です。変数の値は、それ以前に代入した値によって変わります。何も代入していない場合は不定です。変数については第3章で解説します。

```
argc        // 変数argcで示されるメモリ領域が現在格納している値
```

数値の加算など、演算子を使用した記述も式となります。なおCのプログラミングでは、乗算に「×」、除算に「÷」は使用できません。第3章で解説しますが、それぞれ「*」「/」で代替します。

例2.7 演算子を用いた式

1. +などの2項演算子を使って式を結合したものは式となります。

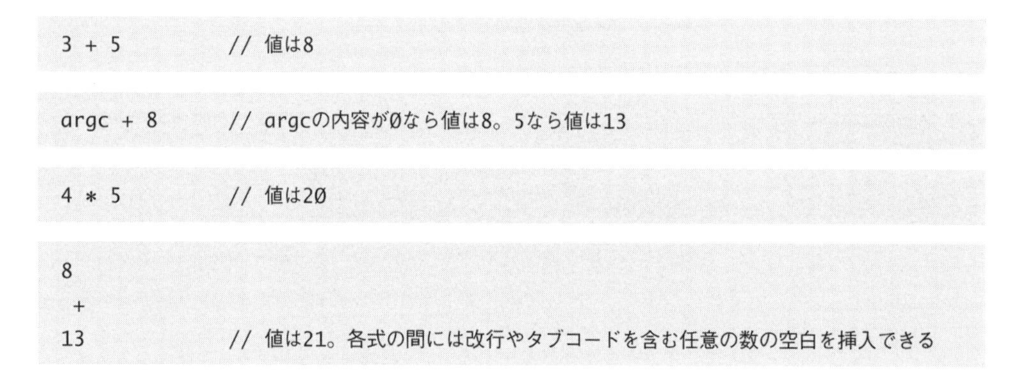

```
3 + 5           // 値は8
```

```
argc + 8        // argcの内容が0なら値は8。5なら値は13
```

```
4 * 5           // 値は20
```

```
8
 +
13              // 値は21。各式の間には改行やタブコードを含む任意の数の空白を挿入できる
```

2. -などの単項演算子と式の組み合わせも式です。次の最初の例は「-8」という定数ではなく、単項演算子の-と定数8を組み合わせたものです。

```
-8              // -8という値
-argc           // argcの値の負値
```

Cでは、関数呼び出しも式として扱われます。

例2.8 式としての関数呼び出し

関数呼び出しは、呼び出し結果の値が式の値となります。

```
atoi("125")    // 値は125。atoi関数に文字列リテラル125を与えると125が返る
```

式には定数のようにソースファイルの記述時点で明らかなものと、変数や関数呼び出しのようにプログラムを実行して初めて値が求まるものの2種類があります。このことは、深くプログラムを考えすぎると混乱してくる原因となります。1という定数を書いたら値が1となるということを知っているのはプログラマーとコンパイラだけだという点に着目してください。プログラムはコンパイル後のコードを順に実行していって、1という記述に相当するコードに出会って、そこで初めて1という値を得ます。つまり、値を得るのが実行時である点は他の式と同じです。

2.4.2 宣言

Cにおいて宣言は必要不可欠なものです。なぜなら変数を使うには事前にその変数を宣言しなければならないからです。同様に関数定義がないCプログラムは存在せず、関数を定義するには最初に関数宣言が必要となります。

変数宣言と関数宣言はいずれも型の指定から開始します。型に続けて変数名や関数名を指定します。変数名、関数名のいずれもCの文法では**識別子**（identifier）として扱われます。

例2.9 宣言

1. 変数宣言は、型と変数名を記述して最後に「;」で終結させます。変数名は先頭を英小文字、英大文字、「_（アンダースコア）」のいずれかとします。2文字目以降には、数字、英小文字、英大文字、「_」を続けます。または、ユニコードの国際文字（note参照）を使います。国際文字を使用する場合、clangではソースファイルのエンコーディングはUTF-8にする必要があります。

```
int counter;
int 数値;
```

ユニコードの国際文字とは、ASCIIで定義されたアルファベット26文字×2（大文字小文字）と記号、数字以外の文字（漢字や平仮名、ハングル、キリル文字など）のことです。

2. 変数宣言では変数名の後ろに「=」と式を続けて初期値を代入できます。初期値を代入しない変数の値は不定です（note参照）。「=」に与える式を**初期化子**（initializer）と呼びます。なお、Cプログラ

ムの「=」の意味も数学記号の「=」の意味とはまったく異なります。Cプログラムの「=」は右辺の式の値を左辺へ代入することを意味します。ここで**代入**とは、変数(つまりメモリー上の領域)に値を書き込むことです。

```
int counter = 0;                // 0に初期化した変数counterの宣言
int arg_count = argc;           // 他の変数argcの値で初期化する変数arg_countの宣言
int val128 = atoi("128");       // 関数呼び出しの返り値で初期化した変数val128の宣言
```

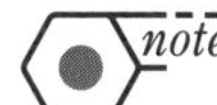

正確には変数の格納域によって異なりますが、とりあえず変数には初期値の代入が必要不可欠と考えておくと安全なコードを書けます。

3. 変数宣言は「,」で区切って、複数の変数を同時に宣言できます。

```
int a = 1, b = 2, c = 3;        // a, b, cの3つの変数をそれぞれ1,2,3で初期化
```

```
int x = 0,                 // xとyの2つの変数をそれぞれ0で初期化
    y = 0;                 // 型、変数名、「=」、式、「,」、「;」の間には任意の数の空白を置ける
```

4. 関数宣言は、型、関数名に続けて()を使ってパラメータリストを記述します。パラメータリストは初期化子なしの変数宣言に似ていますが、1パラメータごとに型を指定する必要があります。関数名は、変数名と同様に先頭を英小文字、英大文字、「_」で開始します。2文字目以降は、数字、英小文字、英大文字、「_」を続けます。または、ユニコードの国際文字を使用します。国際文字を使用する場合、clangではソースファイルのエンコーディングはUTF-8にする必要があります。

次の例はintのパラメータxとyを取るintの値を返す関数funcの宣言です。

```
int func(int x, int y)
```

5. 関数宣言に続けて「;」で終わらせると関数プロトタイプになります。関数プロトタイプは、2.3節「#includeディレクティブ」で説明したように、関数呼び出しの検証のためにコンパイラが使用します。

以下の例はいずれもintのパラメータxとyを取り、intの値を返す関数addの関数プロトタイプです。2番目の例はコメントや改行を使って関数宣言を説明的に記述しています。

```
int add(int x, int y);
```

```
// add関数の定義
int add(
    int x, // パラメータxはX座標の値
```

```
    int y  // パラメータyはY座標の値
);
```

6. 関数がパラメータを取らない場合は、( ) 内にvoidと記述します。voidは値を持たないことを意味する特殊な型です。

次の例はパラメータを取らずintの値を返す関数noargの関数プロトタイプです。

```
int noarg(void);
```

2.4.3 文

Cプログラムは、式を組み合わせて文を構成することで実行可能なプログラムとして成立します。プログラムとして成立するということはコンパイラによってコンピュータに対する命令群が生成されるということです。

文には式を演算子で結合して「;」で終了する通常の文、{}内に複数の文を記述した複合文、キーワードで開始される制御文の3種類があります。

例2.10 文

1. 式を「;」で終わらせたものは文です。次の例はいずれもコンパイル可能な文です。

```
val = 3 + 8;  // 3 + 8の演算結果を変数valに代入
```

```
atoi("128");  // 関数呼び出し。ただし、結果の値を使用していないため、コンパイルすると警告が表示される
```

2. 複数の文を{}で囲むと**複合文** (compound statement) になります。複合文の末尾の「}」の後ろには「;」を記述する必要はありません。

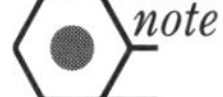

複合文の末尾に「;」を記述してもコンパイルエラーとはなりませんが、それはコンパイラによって複合文と空の文の2つの文として扱われたためです。この場合は、空の文「;」には意味がないので記述しないほうがよいです。

次の例はパラメータxとyの和を返す関数addの定義です。関数定義は関数宣言に複合文を続けたものです。

```
int add(int x, int y)
{
    int sum = x + y;
```

```
    return sum;
}
```

関数定義は、本体が単独の文であっても複合文として記述する必要があります。

```
int add(int x, int y)
{
    return x + y;
}
```

3. 制御文は、キーワードに続く( )内に制御用の式を記述して、最後に制御対象となる1つの文を記述します。

図2.4の例はリスト2.1で使用したif文（条件に合致したら後続の文を実行する制御文）を使って、変数argcの値が1ならば「hello」を出力するコードです。

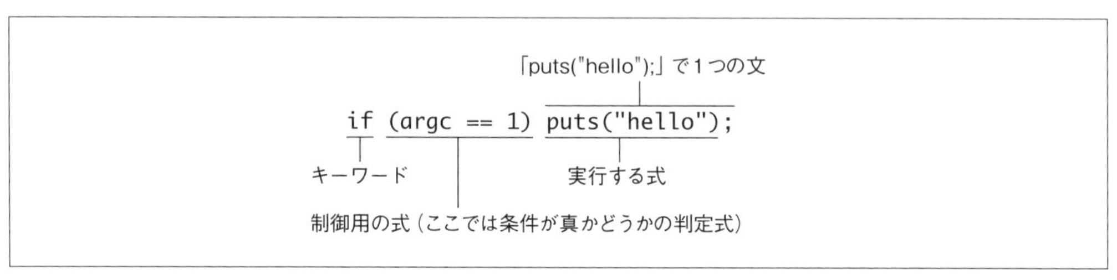

❖図2.4　制御構文（if文の書式）

図2.4の書き方は正しいif文の書式です。この場合、if文の範囲は先頭のキーワードifから末尾の「;」までです。

同じコードを図2.5のように複合文として記述することもできます。

```
if (argc == 1) {
    puts("hello");
}
```

{}で囲んで制御対象の文を複合文として記述する

複合文の最後に「;」は不要

❖図2.5　制御構文（複合文の書式）

制御文の制御対象の文を複合文とすることはよいプラクティスです。なぜならば、追加位置があらかじめ{ }で決められているので、あとから制御対象の処理を追加する場合でも書き間違える可能性がないからです。

これまで見てきたように、「1つの文」と「1つの複合文」のどちらもコンパイラは1つの「文」として扱います。

Column 複合文のコーディングスタイル

コーディングスタイルとは、どのようにコードを記述するかの決めごとです。本書では、同じ複合文でも関数本体の場合は、

```
関数宣言
{
    ...
}
```

のように「{」と「}」をそれぞれ1行を使って記述します。

一方、制御文の場合は、次のように、「{」を制御文の開始行の末尾に書き、「}」を制御文の最後に1行を使って、開始行の先頭桁と一致するように合わせて記述します。

```
キーワード 制御条件 {
    ...
}
```

このようなコーディングスタイルを**K&Rスタイル**と呼びます。なおK&Rとは、『プログラミング言語C』の著者であるカーニハンとリッチーの頭文字を表しています。

この他にも、制御構文の「{」の位置を、関数本体と同様に、

```
キーワード 制御条件
{
    ...
}
```

と記述するコーディングスタイルもあります。

逆に関数本体を、

```
関数宣言 {
    ...
}
```

のように、関数宣言と同一行の末尾に「{」を記述するコーディングスタイルもあります。

これらの違いは、あくまでも「スタイル」の違いであって、Cプログラムのコードの意味は同一です。自分にとってしっくりくるコーディングスタイルをいろいろ試してみるとよいでしょう。また、複数人の開発では、そのプロジェクトでどのようなコーディングスタイルを選択するか決めておいて、統一したスタイルで記述するのが一般的です。

練習問題 2.4

1. 次のコードがコンパイルエラーとなるかならないかを答えてください。

 a. 18

 b. `int 8a = 8;`

 c. `int _ = 8 + 16;`

 d. `int this-is-a-variable = 30;`

2. puts関数は引数で与えた文字列をコンソールに出力する関数です。
 次のそれぞれについて、if文の条件が成立しなかった場合の出力は何かを答えてください。

 a.
```
if (false) puts("hello");
puts("that's all");
```

 b.
```
if (false) {
    puts("hello");
    puts("that's all");
}
```

 c.
```
if (false)
    puts("hello");
    puts("that's all");
```

 d.
```
if (false)
{
    puts("hello");
    puts("that's all");
}
```

 e.
```
if (false) {
    puts("hello");
}
puts("that's all");
```

2.5 main関数

main関数は、プログラム内で最初に呼び出される関数です。mainはCのキーワードではありませんが、最初に呼び出される関数の名前として決められています。

コンソールで実行ファイルを起動すると、OSはコンパイラが内部的に生成した起動用の関数に制御を与えます。起動用関数は必要な初期化を行ったあとに、main関数を呼び出します。したがって、実行ファイルを作成する場合にはmain関数を定義する必要があります。

例2.11 main関数

1. 次の例は、コマンドライン引数を取らないプログラムのmain関数の例です。

```
int main(void)
{
}
```

2. 次の例は、コマンドライン引数を取るプログラムのmain関数の例です。

```
int main(int argc, char *argv[])
{
}
```

例2.11で示したように、main関数の書き方は2種類あります。

1つは、コマンドライン引数を取らない場合の書き方です。コマンドライン引数は、起動用関数によってmain関数のパラメータとして与えられます。このため、コマンドライン引数を必要としない場合は、main関数のパラメータリストにパラメータを取らないことを示すキーワードのvoidを記述します。

もう1つは、コマンドライン引数を取る場合の書き方です。コマンドライン引数はmain関数の2つのパラメータとして与えられます。起動用関数は実行ファイル名を含むコマンドライン引数の数をint型の最初の引数（例ではargcパラメータ）に、実行ファイル名を含むコマンドライン引数をchar *型の2番目の引数（例ではargvパラメータ）配列にそれぞれ設定してmain関数を呼び出します。配列については第5章で解説します。現時点では、配列名の後ろに「[0からの数値]」を記述すると[]内に記述した数値に対応するコマンドライン引数を文字列として取り出せるということを覚えておいてください。

次の例はコマンドラインで指定した実行ファイル名をコンソールに出力します。

▶ リスト2.2　ch02-02.c

```
#include <stdio.h>
int main(int argc, char *argv[])
{
    puts(argv[0]);
}
```

```
> a.exe
a.exe ―――――――――――― a.exeを指定したのでa.exeと表示される
> a
a ―――――――――――――― 拡張子.exeを省略したのでaと表示される
```

コンパイラが行うmain関数の特別扱いがもう1つあります。それは、main関数を実行して関数本体を終了させる「}」へ到達すると0を返すという点です。

関数は宣言した型の値を必ず返しますが、main関数は例外的に自動的に0を返すものとしてコンパイラが扱います。main関数が返した値はコンソールで確認できます。Windowsの場合、main関数が返した値はERRORLEVEL環境変数に設定されます。ERRORLEVEL環境変数の値を確認するには次のコマンドをコンソールで実行します。


```
> echo %ERRORLEVEL%
```

Unix系OSの場合、main関数が返した値はシェル変数の$?に設定されます。シェル変数$?の値を確認するには次のコマンドをコンソールで実行します。先頭の$はコマンドプロンプトを表します。

```
$ echo $?
```

0以外の値を返す場合は、次節で解説するreturn文を使用します。

Column main関数のパラメータ名argcとargv

パラメータリストに指定するパラメータ名は、あくまでもmain関数内で使用するためにプログラマーが付ける名前です。コンパイラは関数名のmainを特別扱いします。また、最初のパラメータの型のintや、次のパラメータの型（先頭のchar *とパラメータ名の後ろの[]の両方が型に含まれます）は正しく記述する必要があります。しかし、パラメータ名については何も検証しません。

したがって、main関数を int main(int x, char *y[]) と宣言してもコンパイルや実行は正しく行われます。

とは言うものの、argcおよびargvというパラメータ名はCプログラムの慣習なので従ってください。なお、argcはargument count（引数の数）、argvはargument vector（引数の1次元配列）という意味です。Cでは、開発された時代のコンピュータリソースの制約などを理由として、関数名などに多数の略語が用いられています。argcとargvも同様に略語です。

練習問題　2.5

1. 例2.11の2つのリストをそれぞれnoarg.c、witharg.cの2つのソースファイルに入力して、コンパイル、実行してください。ソースファイル内に#includeディレクティブがなくてもコンパイルエラーにならない理由を答えてください。

2. 次のリストをコンパイル、実行した場合のコンソール出力を答えてください。それはなぜですか？　なお、putsは引数で与えた文字列をコンソールへ出力する関数です。

▶リスト2.3　ch02-5q01.c

```
#include <stdio.h>

int Main(void)
{
    puts("Main");
    return 0;
}
int main(void)
{
    puts("main");
    return 0;
}
int MAIN(void)
{
    puts("MAIN");
    return 0;
}
```

2.6 return文

return文は関数から値を返すための制御構文です。実行するかどうかといった条件を記述しないため、以下のようなシンプルな構文になります。

書式 return文

```
return 式;
```

return文に出会うと、現在実行中の関数から抜け出して関数の呼び出し元へreturnキーワードに続く式の値を返します。

例2.12 return文

1. 次の関数sumは、パラメータxとyの和を返します。

```
int sum(int x, int y)
{
    return x + y;
}
```

2. 次の関数sum2は、パラメータxとyの和を返します。例2.12-1と異なり、一度、パラメータxとyの和を変数retvalに格納してから、returnの式として変数retvalを指定しています。変数はその時点の値となる式なので、結果は例2.12-1と同じになります。

```
int sum2(int x, int y)
{
    int retval = x + y;
    return retval;
}
```

3. 次の関数sum3は、例2.12-2で示した関数sum2を実行した結果を返します。関数呼び出しは式なので、関数sum3が返す値は、2つのパラメータの和を返す関数sum2の呼び出し結果となります。

```
int sum3()
{
    return sum2(3, 2);
}
```

4. 次の関数sum4は、呼び出されると常に50を返します。定数は式なので、returnに指定された50が常に、関数sum4の返す値となります。

```
int sum4()
{
    return 50;
}
```

5. 次の関数sum5には2つのreturn文があります。sum5の結果は最初のreturn文の式に記述されたパラメータxとパラメータyの和となります。

   if文のような制御構文がない限り、プログラムは関数内の文を先頭から順次実行します。このため、最初のreturn文に出会うとsum5から抜け出して指定された式（ここではx + y）の値を呼び出し元に返します。結果、後続のreturn文は実行されません。

```
int sum5(int x, int y)
{
    return x + y;     // 常にここのreturn文が実行される
    return x - y;     // 実行されない
}
```

関数の末尾にコードを追加するときに、最初に記述してあったreturn文の削除を忘れて、この例のようなコードにしてしまうことがあります。sum5のような記述は通常プログラムのバグですが、Cプログラムの文法上は正しいためコンパイルエラーとなったり警告されたりはしません。関数の値が意図どおりでない場合は、別のreturn文がないか確認してみてください。

練習問題　2.6

1. always10関数が常に10を返すように空欄を埋めてください。

```
int always10()
{
    [          ]
}
```

2. 次のコードの中でコンパイルエラーとなるものはどれですか。

a. `return 38 + 50;`

b. `return 0`

c. `return if (argc == 1) 10 + 1;`

d. `RETURN 32;`

3. 次の関数はコンパイルすると警告が出ます。なぜなのか答えてください。

▶リスト2.4　ch02-6q01.c

```
int func()
{
}
```

4. 実行すると、環境変数ERRORLEVELまたはシェル変数$?に3を設定するプログラムを書いてください。

2.7 関数の呼び出し

関数の呼び出しを行う式は、以下の書式で記述します。

書式 関数の呼び出し

```
関数名(引数のリスト)
```

引数は関数名に続く( )内に関数プロトタイプで定義された型の値となる式を、定義された数だけ「,」で区切って並べます。

例2.13 関数の呼び出し

1. 引数を持たない関数を呼び出す場合は、( )内には何も記述しません。関数宣言では引数がないことを「void」キーワードで示しますが、関数の呼び出し時には記述しません。

```
func();
```

2. 引数は「,」で区切ります。次の例は、int型のパラメータを3個取る関数func2の呼び出し例です。

```
func2(1, 2, 3);
```

3. 引数には式を指定するため、他の関数の呼び出しや、演算式、変数などを指定することもできます。

```
int x = 1;
int y = 2;
func2(x, y, x + y);    // 呼び出し結果は func2(1, 2, 3);と等しい
```

4. 関数呼び出しは式なので、演算子で結合することができます。

```
int x = func() + func2(1, 2, 3);
```

関数呼び出しの引数と関数宣言のパラメータの関係を図2.6に示します。

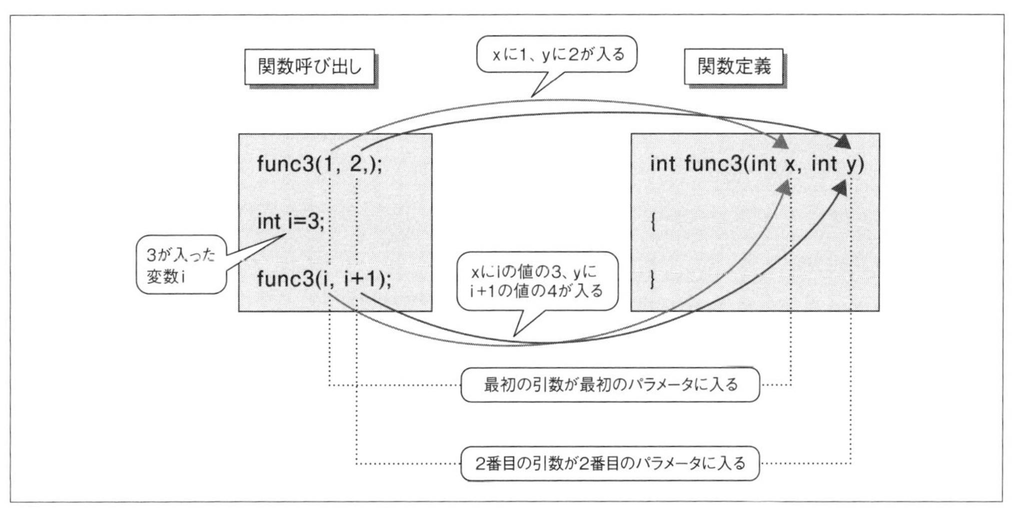

❖図2.6　関数呼び出しの引数と関数宣言のパラメータ

この図では、int型の2つのパラメータxとyを取る関数func3とその呼び出し引数の関係を示しています。関数呼び出しの引数の並びは、関数宣言のパラメータの並びと一致します。

練習問題　2.7

1. 次の関数プロトタイプで示される関数funcを呼び出す文を書いてください。引数が必要であれば定数の1を利用してください。

```
int func(void);
```

2. 次の関数プロトタイプで示される関数func2を呼び出す文を書いてください。引数が必要であれば定数の1を利用してください。

```
int func2(int x, int y, int z);
```

3. 次の関数プロトタイプで示される関数oneは呼び出すと常に1を返します。定数1の代わりに関数oneの呼び出しを利用して、問2と同じ結果になる関数func2を呼び出す文を書いてください。

```
int one(void);
```

☑ この章の理解度チェック

1. 次のプログラムの実行によりコンソールに表示されるメッセージを、ソースファイルを作成、コンパイルして実行して確認してください。なぜそうなるか答えてください。

▶リスト2.5　ch02-8q01.c

```
#include <stdio.h>
int main(void)
{
 // puts("Hello!");
    puts("Good morning!");
  /*
    puts("Good afternoon!");
   */
    puts("Good night!");
}
```

2. puts関数を使ってコンソールに「Hello world!」と表示するプログラムを書いてください。

3. 例2.12-1のsum関数を利用して、実行例のようにコマンドライン引数で与えた2つの数の和を環境変数ERRORLEVELまたはシェル変数$?に設定するプログラムを作成してください。

　コマンドライン引数からint型の値を得るには、リスト2.1で利用しているatoi関数を呼び出してください。すでに説明したように、実行ファイルに続く最初のコマンドライン引数はargv[1]でアクセスします。実行例は以下のようになります。

```
> a.exe 30 10
> echo %ERRORLEVEL%
40
```

4. 次の関数プロトタイプの問題を指摘してください。

(1)　`int void(int x);`

(2)　`int func(int return);`

(3)　`int sum-values(int x, int y);`

(4)　`int sum(int x, int y)`

Chapter 3

数と変数

この章の内容

3.1 算術式と計算
3.2 特殊な演算子
3.3 データの型
3.4 #defineプリプロセッサディレクティブ（マクロ）
3.5 キャスト

前章ではCプログラムの基本について解説しました。本章では、このうち特に数値に関する型、演算について解説します。また、プログラムを作成するにあたって避けてはとおれない変数について前章より掘り下げた解説を行います。

前章の復習問題

1. (1)～(3)の関数funcを呼び出した結果の値を答えてください。

```
int func(int x, int y)
{
    return x + y;
}
```

(1) `func(3, 4)`

(2) `func(5, func(1, 2))`

(3) `func(func(3, 4), func(4, 5))`

2. 実行するとコンソールに「C is nice!」と表示するプログラムを作成してください。

3. 次のプログラムの間違いを修正して正しくコンパイル、実行できるようにしてください。

```
#include (stdio.h)
int Main(void)
[
    puts('hello!')
    return Ø
]
```

3.1 算術式と計算

Cで計算を行う場合は、学校の数学で学んだ+や-などの算術演算の記法を用います。

3.1.1 単項演算

単項演算子を式の左側に置いて**単項演算**を実行します。算術的な単項演算子には-と+があります。

書式 単項演算

```
演算子 式
```

式には数値が必要です。int型の値を返す関数呼び出し、int型の変数、定数を使用できます。**演算子**(operator)と式の間に空白を入れる必要はありません。演算子と式を区別するために書式では、「演算子」と「式」の間にスペースを入れてありますが、慣習的に、単項演算子と式の間は空白を入れずに記述します。

例3.1 単項演算

1. 定数に-を付けると負数になります。

```
-8  // => -8
```

2. 関数の呼び出し結果の負値を得るには、-演算子に続けて関数呼び出しを記述します。

```
-func(3)  // => func(3)が返した値の負値。func(3)の結果が負値の場合は、負値の負値で
          // 正の値となる。
```

3. 単項演算は繰り返して実行できます。

```
+-+-+-+-3  // => 3の単項演算-の単項演算+の単項演算-の……
```

単項演算子-は式の負値を返しますが、単項演算子+は式の値をそのまま返します。

4. +または-を続けて++、--と記述すると、それぞれインクリメント演算子、デクリメント演算子という単項演算子として扱われてしまいます。もし単項演算子+または単項演算子-を繰り返したい場合は、1つずつ()で囲んで記述するか、演算子の間に空白を入れて異なる単項演算であることを示します。++、--については3.2節「特殊な演算子」で解説します。

```
--3  // => --演算子による単項演算。3の単項演算-の単項演算-とはならない。
     // この記述はコンパイルエラーになる
```

```
-(-3)  // => 3 (単項演算-のさらに単項演算-)
```

```
- -3  // => 3 (単項演算-のさらに単項演算-)
```

練習問題 3.1

1. 次から正しい単項演算式をすべて選んでください。

   a. -3

   b. - 3

   c. - - - -3

   d. ---3

3.1.2 2項演算（四則演算）

2項演算は、左項の式と右項の式に対して演算子で指定した演算を実行します。

書式 2項演算

```
式 演算子 式
```

式には数値が必要です。int型の値を返す関数呼び出し、int型の変数、定数を使用できます。演算子には+、-などの演算子を指定します。×と÷については、*と/で代替します。演算子と式の間に空白を入れる必要はありません。しかし単項演算式と異なり、2項演算式は慣習として式と演算子の間に空白を1つ入れて記述します。

例3.2 2項演算

1. 加算には+演算子を使用します。

```
3 + 1  // => 4
```

2. 減算には-演算子を使用します。

```
3 - 1 // => 2
```

3. 乗算には*演算子を使用します。

```
8 * 20 // => 160
```

4. 除算には/演算子を使用します。int型の場合、割り切れない除算は小数点以下を切り捨てた値となります。int型以外の型については、3.3節「データの型」で解説します。

```
8 / 3  // => 2
```

商が負数になる場合も同様に小数点以下を切り捨てます。

```
8 / -3  // => -2
```

5. 剰余算には%演算子を使用します。剰余算は、左項を右項で割った余りを求める演算です。

```
8 % 3  // => 2
```

```
8 % -3  // => 2
```

6. 演算子の適用順は算術演算のルールに従います。乗算、除算は加算、減算よりも演算の優先順位が高く、単項演算は2項演算よりも優先順位が高く設定されています。

次の例は最初に3 * 4から12を求め、8と12の和の20となります。

```
8 + 3 * 4  // => 20
```

次の例は奇妙な式ですが、最初に単項演算の-3が処理されるため、値は5となります。

```
8 + - 3  // => 5
```

上の例はちょっと見ただけではどういう演算が行われるのかわからないため、先ほど解説したように単項演算については演算子と式の間に空白を入れず、2項演算については式と演算子の間に空白を入れて「8 + -3」と記述すべきです。

次の例は()の中の8 + 3を最初に計算するため、11 * 4となり、値は44となります。

```
(8 + 3) * 4  // => 44
```

+と-の優先順位は等しいため、次の例では左側の3 + 8が最初に計算されて11 - 5で6が得られます。

```
3 + 8 - 5  // => 6
```

*と/の優先順位は等しいため、次の例では左側の8 / 3を最初に計算して2（整数の除算は小数点以下が切り捨てられます）を得て、それから3を乗じて6となります。

```
8 / 3 * 3  // => 6
```

2項演算ができると、簡単な電卓をプログラミングできます。

例3.3 コマンドライン引数で与えた2つの数値の和をコンソールに表示する

コマンドライン引数で与えた2つの数値の和をコンソールに表示するプログラムのリストを以下に示します。結果の表示には、第2章のリスト2.1で使ったprintf関数を使用します。コマンドライン引数からint型の値を得るには、同じく第2章のリスト2.1で使ったatoi関数を使用します。

printf関数は最初の引数で指定したテンプレート文字列に埋め込まれた書式指定子に従って、2番目以降の引数を整形してコンソールに出力します。

printfは、「print formatted」（整形された表示）を省略した名前です。

リスト3.1、リスト3.2の例で使用している"%d¥n"は、書式指定子「%d」に続いて「¥n」を指定したテンプレート文字列です。

テンプレート文字列は、%dのように、「%」で始まり「d」などの引数の型と出力情報を指定した文字で終了する書式指定子と、記述どおりに出力する文字の並びです。dはdecimalの意で、int型の値を10進数の形式で出力することを示します。

続く「¥n」のように、「¥」で開始する文字の並びをエスケープ文字と呼びます。「¥n」は改行コードを表します。

上記のもの以外にも書式指定子、エスケープ文字の種類は多数あります。printfのテンプレート文字列の書式指定子の全体は第10章で、エスケープ文字は第7章で解説します。それまでの章では、printf関数を使用するときに必要に応じて書式指定子について解説します。

▶リスト3.1　ch03-01.c

```
// 加算結果を一度変数に設定する例
#include <stdio.h>
#include <stdlib.h>
int main(int argc, char *argv[])
{
    int sum = atoi(argv[1]) + atoi(argv[2]);
    printf("%d¥n", sum);
}
```

実行例は以下のようになります。

```
> a.exe 1234 55
1289
```

▶リスト3.2　ch03-02.c

```
// 加算式を直接printfの引数に指定する例
#include <stdio.h>
#include <stdlib.h>
int main(int argc, char *argv[])
{
    printf("%d¥n", atoi(argv[1]) + atoi(argv[2]));
}
```

実行例は以下のようになります。

```
> a.exe 1234 55
1289
```

練習問題　3.2

1. コマンドライン引数で与えた2つの数値の差を表示するプログラムを作ってください。
2. コマンドライン引数で与えた2つの数値の積を表示するプログラムを作ってください。
3. コマンドライン引数で与えた2つの数値の商と余りを表示するプログラムを作ってください。printfは次の例に従って2個の%dを埋め込んだテンプレート文字列を利用してください。この場合、テンプレート文字列に続く引数は2個になります。

   例：　`printf("%d...%d¥n", 最初の式, 次の式);`

3.1.3　2項演算（代入演算子）

第2章の変数宣言の解説で、=と式を組み合わせたものを初期化子と呼び、変数宣言と組み合わせて変数に初期値を設定すると説明しました。

```
int n = 3;  // 3で初期化したint型の変数nの宣言
```

初期化子に使用した「=」は2項演算の**代入演算子**（assignment operator）として使用できます。

書式 代入演算子

```
式 = 式
```

代入演算子の「=」を使用した「式 = 式」は、左辺と右辺が等しいことを示す数学の「式 = 式」とはまったく意味が異なるので注意が必要です。そもそも名前も「等号」ではなく「代入演算子」です。

代入演算は、右項の式の値を、左項の式で示したデータ領域に格納する演算です。演算という数学用語を使うよりも、「左項が示すメモリー上の位置に、右項から求められる値を格納する操作」というほうがより正確です。データ領域に値を格納するという性格上、代入演算の左項に記述できるのは、本書の現段階では変数だけです。

代入演算の左項の特殊性から、内容を変更できる式を**lvalue**（left valueの意味）と呼びます。lvalueまたは左辺式という用語は英語のコンパイルエラーメッセージなどで説明抜きに使用されることがあるため、覚えておくとよいでしょう。本書でも必要に応じて使用します。

代入演算は、他の演算子よりも優先順位が低く設定されています。

例3.4 代入演算子

1. 次の例は、初期化せずに宣言した変数に、代入演算を利用して値を設定します。

```
int sum;    // sumの値はこの時点では不定
sum = atoi(argv[1]) + atoi(argv[2]);
```

❶優先順位が高い加算が最初に実行される

❷次に代入演算が実行されて、変数sumにコマンドライン引数の和が設定される

2. 変数は代入演算を利用して内容を入れ替えることができます。

```
sum = 11;               // sumに11を代入
printf("%d¥n", sum);  // => 11がコンソールに出力される
sum = 10;               // sumに10を代入
printf("%d¥n", sum);  // => 10がコンソールに出力される
```

3. 代入演算は式なので、実行すると値が得られます。代入演算の左項の式の値は右項の値と同じです。このことを利用して同時に複数の変数へ値を代入することができます。

```
int a;
int b;
int c;
```

```
a = b = c = 1;
```


練習問題 3.3

1. 次のうち正しい記述を選んでください。なお、xとyはint型の変数、funcはint型の引数を1つ取り、int型の値を返す関数とします。

   a. `x = 8;`

   b. `func(x = 8);`

   c. `func(3) = 80;`

   d. `8 = 8;`

   e. `x = func(10);`

   f. `x = 3 * y = 8;`

2. 次のリストは、2つのコマンドライン引数の和、差、積、商をコンソールに出力するプログラムです。空欄a ～ dに、変数sumが和、変数diffが差、変数prodが積、変数quotが商となるようにリストを完成させてください。

```
#include <stdio.h>
#include <stdlib.h>
int main(int argc, char *argv[])
{
    int x = atoi(argv[1]);
    int y = atoi(argv[2]);
    int sum, diff, prod, quot; // 変数宣言は「,」で区切って同時に複数の変数を宣言できる
    [ a ]
    [ b ]
    [ c ]
    [ d ]
    printf("%d, %d, %d, %d¥n", sum, diff, prod, quot);
}
```

3.1.4 2項演算（複合代入）

Cには四則演算（剰余演算を含む）と代入演算を同時に実行する便利な代入演算子の+=、-=、*=、/=、%=が用意されています。これらの代入演算子は最初に実行する演算子に続けて単純な代入演算子

の「=」を記述した2文字の演算子です。通常の演算と代入演算を1つの演算子で実行することから、この演算を**複合代入演算**（compound assignment）と呼びます。

図3.1に、変数xに演算子「+=」を適用した場合の動作を示します。

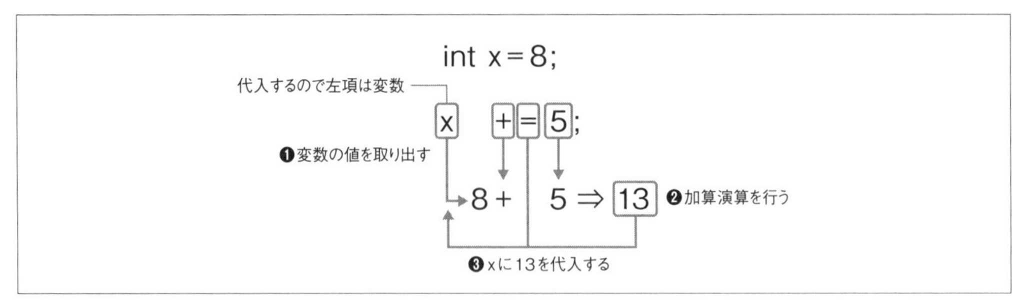

❖図3.1　複合代入演算の動作

例3.5 複合代入演算

1. 最初に単純な代入演算子を使って、変数xと3の和を変数xに代入する文を示します。

```
x = x + 3;
```

❶最初に評価されてxと3の和が求まる
❷次に❶で求めた値がxに代入される

次の文は、上の文を代入演算子「+=」を使って書き直したものです。

```
x += 3;
```

2. 変数xから3を引いた値を変数xに代入する例を以下に示します。減算を行ったあとに代入するため、演算子は「-=」となります。

```
x -= 3;
```

3. 変数xと3の積を変数xと変数yに代入する例を示します。複合代入演算式の値は左項への代入値、つまり左項の変数の値と右項の式に左側の演算子を適用した結果です。したがって、次の文を実行するとyとxはどちらも、元のxの値に3を乗じた値となります。

```
y = x *= 3;
```

4. 変数xを3で割った値を変数xに代入する例を示します。

```
x /= 3;
```

5. 変数xを3で割った余りを変数xに代入する例を示します。

```
x %= 3;
```

複合代入演算式は、同じ変数名を繰り返し書かなくてもよい（note参照）という美点があるため、最初は見慣れなくても積極的に利用すべきです。

note 人手による繰り返しを避けるというのはプログラミング（同じ処理を人間ではなくコンピュータに繰り返させるためにある）の根底にある思想です。

練習問題 3.4

1. 変数xを初期値8で宣言してください。次にxに5を乗じた40を代入してください。このとき単純な代入演算子「=」は利用しないでください。

2. 次の（1）～（5）それぞれを実行した場合、変数xの値を答えてください。

（1）
```
x = 10;
x += 3;
```
（2）
```
x = 10;
x -= 3;
```
（3）
```
x = 10;
x *= 3;
```
（4）
```
x = 10;
x /= 3;
```
（5）
```
x = 10;
x %= 3;
```

3.2 特殊な演算子

代入演算子と並んで、Cプログラミングには不可欠で、しかし慣れるまでは奇妙な印象を受ける演算子がインクリメント演算子とデクリメント演算子です。**インクリメント演算子**は「**++**」、**デクリメント演算子**は「**--**」と書きます。文字間に空白を入れると単なる単項演算子+や単項演算子-となるため、必ず2つ続けて記述しなければなりません。

インクリメント演算子とデクリメント演算子には、**前置インクリメント演算子**と**前置デクリメント演算子**と、**後置インクリメント演算子**と**後置デクリメント演算子**があります。

インクリメント演算子とデクリメント演算子は、形式としては単項演算子に見えますが、結合された変数の値を変更することを目的とします。そのためCの文法ではそれぞれ前置式、後置式と、演算子と変数を合わせた1つの式として扱います。

例3.6 インクリメント演算子、デクリメント演算子

1. 前置インクリメント演算子は、対象の変数に1加算します。

```
x = 10;
++x;    // => xは11
```


2. 前置インクリメント式の値は、対象の変数に1加算した値です。

```
x = 10;
int y = ++x;    // => yは11、xは11
```

3. 後置インクリメント演算子は、対象の変数に1加算します。

```
x = 10;
x++;    // => xは11
```

4. 後置インクリメント式の値は、対象の変数の加算前の値です。

```
x = 10;
int y = x++;        // => yは10、xは11
```

注意 ここで示した前置インクリメント式と後置インクリメント式の結果の違いは極めて重要です。特に特定の値と比較する場合、**インクリメント前後のどちらの値と比較するかで結果が変わる**ため、常に意識する必要があります。

5. 前置デクリメント演算子は、対象の変数から1を減じます。

```
x = 10;
--x;    // => xは9
```

6. 前置デクリメント式の値は、対象の変数から1を減じた値です。

```
x = 10;
int y = --x;    // => yは9、xは9
```

7. 後置デクリメント演算子は、対象の変数から1を減じます。

```
x = 10;
x--;    // => xは9
```

8. 後置デクリメント式の値は、対象の変数の減算前の値です。

```
x = 10;
int y = x--;     // => yは10、xは9
```

ここで示した前置デクリメント式と後置デクリメント式の結果の違いは極めて重要です。特に特定の値と比較する場合、**デクリメント前後のどちらの値と比較するかで結果が変わる**ため、常に意識する必要があります。

9. 前置式と後置式の評価順は、後置式のほうが高く設定されています。また、いずれの式も他の演算よりも高い評価順を持ちます。

```
x = 10;
8 * ++x  // => 88（最初に前置式++xが評価されるため8 * 11となる）
```

Cプログラムで特にインクリメント／デクリメント演算子が活用されるのは、第5章で解説するfor文です。

練習問題 3.5

1. 変数xが、変数xの現在の値に1を加えた値となるように、以下のそれぞれについて指定した演算子を利用して文を書いてください。

（1） 2項演算子と単純代入演算子

（2） 複合代入演算子

（3） 前置インクリメント演算子

（4） 後置インクリメント演算子

2. 以下の（1）～（3）のそれぞれ3つの文を実行したあとの変数zの値を答えてください。

（1）
```
x = 10;
y = ++x;
z = y++;
```

（2）
```
x = 10;
y = x--;
z = y--;
```

（3）
```
x = 10;
y = x++;
z = --x;
```

3. 以下の（1）～（5）それぞれについて正しいコードかどうか答えてください。正しいコードの場合、実行後の変数xの値を答えてください。

（1）
```
x = 10;
---x;
```

（2）
```
x = 10;
- --x;
```

（3）
```
x = 10;
-x--;
```

（4）
```
x = 10;
-- -x;
```

（5）
```
x = 10;
--x--;
```

3.3 データの型

Cは型を持つプログラミング言語です。プログラミング言語において型とは、コンピュータのメモリーに配置されたデータをどのようにプログラムで取り扱うかについての決めごとです。Cコンパイラは、変数宣言や関数プロトタイプから得た型の情報をもとに機械語を生成します。これは、Cプログラミングでデータを扱う場合、そのデータがどのようにコンピュータ上で具体的に処理されるのかを意識する必要があるということでもあります。

たとえば本来「数」には限りがありません。マイナス方向であってもプラス方向であっても終わることなく続いていきます。小数点以下の桁数にも限りはなく、円周率は無限に続きます。しかし、Cプログラムでは型によってメモリー上に確保される領域の大きさが決定されるため、型によって最大値と最小値が厳密に規定されます。

Cの型を大きく分類すると、整数型と浮動小数点数型とポインターの3種類があります（図3.2）。

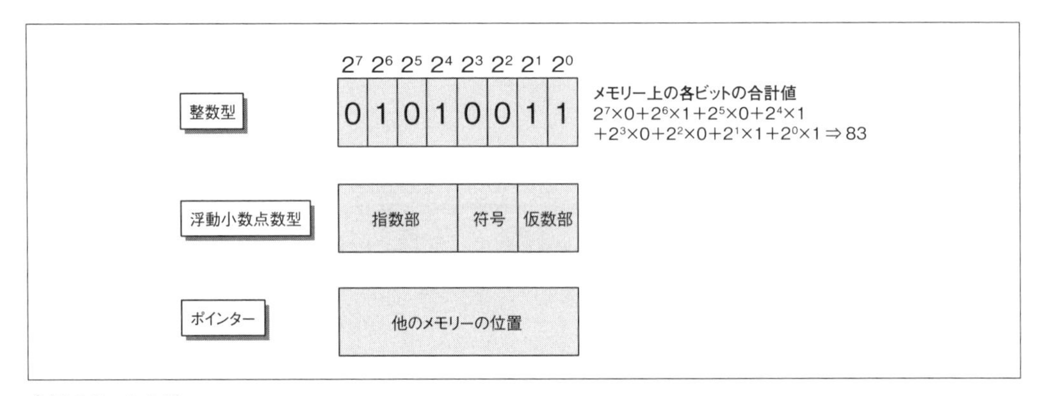

❖図3.2　Cの型

本章ではこれら3種類の型のうち、整数型と浮動小数点数型を説明します。3番目のポインターについては第8章で解説します。また、整数型のうち文字型（文字列ではありません）も定数の書き方など特別な扱いがあるため第7章で解説します。

型の説明に入る前に、コンピュータで整数を扱う基礎的な知識として2進数、8進数、16進数と補数について簡単に説明します。

3.3.1　2進数

日常生活で普通に使用する整数は0～9までの10個の数を使って10進数で表記します。**10進数**は、10の累乗を単位に桁区切りして元の数を表現したものです（図3.3）。

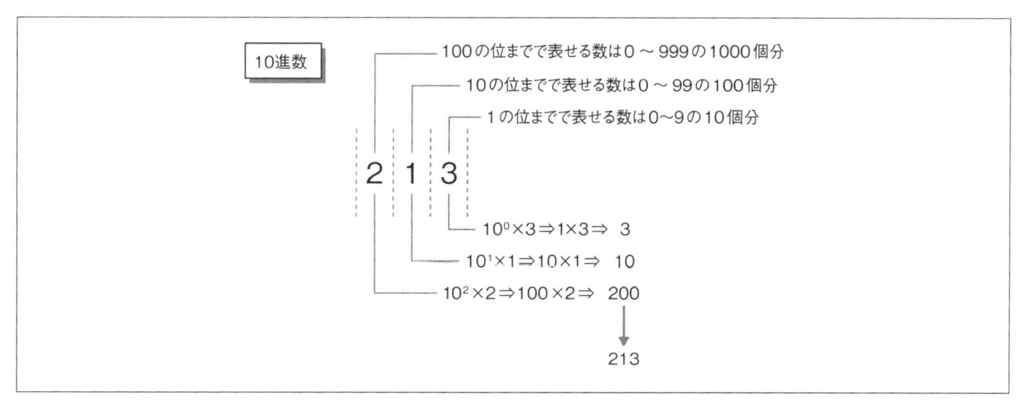

❖図3.3　10進数

それに対して**2進数**は、2の累乗を単位に桁区切りして元の数を表現します（図3.4）。コンピュータのメモリーは0または1のいずれかの値を取る**ビット**（bit：binary digitの略）で構成されるため、整数とメモリーの内容を一致させるには2進数が都合がよいのです。

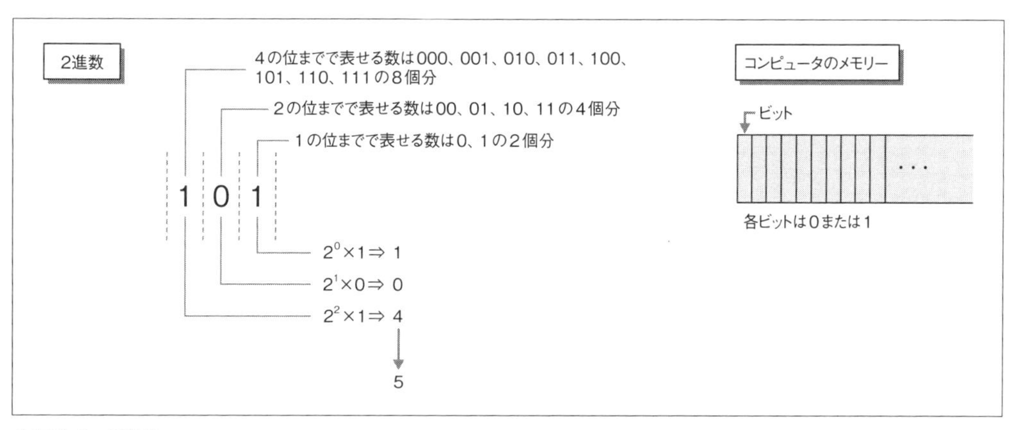

❖図3.4　2進数

しかし2進数は桁数が大きくなるためプログラムを記述するにはあまり好ましくありません。そのため、通常は10進数や、次に説明する8進数や16進数を使用します。

3.3.2　8進数

8進数は各桁を8の累乗単位に桁区切りして元の数を表現します。つまり、1の位は8の0乗に0～7の8個の数を乗じた値、8の位は8の1乗に0～7の8個の数を乗じた値、64の位は8の2乗に0～7の8個の数を乗じた値、……となります。2桁の8進数は0～63の64個の数を表すことができます。

8進数はCでは特別な意味を持ちます。Cは12ビットを1バイトとするコンピュータ時代を経ています。

このタイプのコンピュータを扱う技術者は、1桁を3ビットで表現して、4桁で12ビットを表記できる8進数を標準的に使っていました。このため、Cは、8進数表記を標準でサポートしているのです。

8進数は0～7までの数で表現するため、単に8進数値を記述しても10進数と区別がつきません。このため、Cでは先頭を「**0**（ゼロ）」とした数字の並びを8進数として扱います。

```
00010 ――― 10進数の8に相当する8進数の定数
```


このCの仕様は、コードの見た目を揃えたいなどの理由で定数の先頭に0を記述すると思わぬバグとなります。定数で10進数を記述する場合は、必ず0以外の数字から始めてください。もちろん0は10進数でも8進数でも0なのでそのまま記述して問題ありません。現在のプログラムでは8進数を記述する理由はほとんどありません。したがって、先頭が0で始まる定数を見たらバグの可能性を疑うべきです。

以後、本書では8進数を使用しません。

練習問題　3.6

1. 次のプログラム（リスト3.3）を実行したらコンソールに「61」ではなく「49」が出力されました。なぜなのか答えてください。

▶リスト3.3　ch03-6q01.c

```
#include <stdio.h>
int main(void)
{
    int x = 0060;
    int y = 0001;
    printf("%d¥n", x + y);
}
```

3.3.3　16進数

8進数が12ビットを表現するのに向いていたのと同様に、**16進数**は現在の8ビット＝1バイトを表現するのに向いています（note参照）。4ビットを1桁とすると1バイトを2桁で表現できるからです。

note　現代のほとんどすべてのコンピュータで1バイトは8ビットです。しかしバイトという単位はコンピュータが1まとまりとして扱うビット列の最小単位の意味なので、必ずしも8ビットとは限りません。8進数の説明で簡単に触れましたが、過去には12ビットを1バイトとして扱うコンピュータもありました。このため、8ビットを1まとまりとして確実に意味させる場合には**オクテット**という単位を使います。ただし本書では、1バイトのビット数を8ビットとします。

4ビットの各ビットを2の0乗、2の1乗、2の2乗、2の3乗に割り当てると1+2+4+8の15までの数を表現できます。これにすべてのビットが0の場合の0を合わせると16個の数を示せます。したがって、4ビットを1桁とすると16進数となります。

16進数の場合、1つの桁には0～15の16個の数が入ります（表3.1）。これはアラビア数字の0～9を超えてしまうため、10以上の数にはアルファベットをaから適用します。Cで16進数を記述する場合は、アルファベットの大文字／小文字はどちらでも使用できます。

❖表3.1　16進数の表記

表記	数値
0	0
1	1
2	2
3	3
4	4
5	5
6	6
7	7
8	8
9	9
a	10
b	11
c	12
d	13
e	14
f	15

16進数の定数は、他の進数と区別をつけるため、先頭に「**0x**」または「**0X**」を付けます。

```
0x0010 ———10進数の16に相当する16進数の定数
```

0xまたは0Xの後続の桁数には特に制限はないため、

```
0x10
0x010
0x0010
```

は、いずれも同じ定数（10進数の16）です。

本書では、16進数に前置するのは小文字のxを用いた「0x」に統一します。一方、16進数には大文字のA、B、C、D、E、Fを使用します。フォントによってはbと6が紛らわしいことがあるので特に理由がなければ16進数の表記には大文字を使用することをお勧めします。ただし、小文字は打鍵時に［Shift］キーを押さなくて済むという利点があるため、打ち込みやすさを重視するのであれば小文字を使用するという選択もあり得ます。

16進数を記述するときの桁数をどうするかは好みの問題ですが、筆者のお勧めは、想定するデータ型のバイト数と桁数を一致させるやり方です。すなわち、1バイト（8ビット）であれば2桁（4ビットが2桁）、4バイト（32ビット）であれば8桁（4ビットが8桁）の16進数とします。

練習問題　3.7

1. int型変数xを16進数のA0に初期化したあとに、コンソールに10進数で出力するプログラムを書いてください。

3.3.4　補数（負値）

ここまで説明したように、Cは整数を連続したビットによる2進数として扱います。ただし、2進数は桁数が極端に大きくなってしまうため、便宜のためにコンピュータで使われる値を表しやすい8進数や16進数、または人間にとって扱いやすい10進数で表記します。本書も10進数以外は16進数を使用します。ただし本節では、ビットが1か0かを示すために例外的に2進数を使います。

これまで本書では整数として正の数のみを扱ってきましたが、整数には正の数だけではなく負の数もあります。Cの仕様では、処理系はコンピュータのアーキテクチャによって次の3種類のいずれかを使用して負値を表現します。

- 符号を示すビットと、数値を示す値の組み合わせ
- 1の補数
- 2の補数

現在のほとんどのコンピュータは最後の2の補数方式で負値を示します。

2の補数で負値を求めるには、元の値よりも1桁多い数から差を求めます。以下に4バイト（32ビット）整数を2の補数方式で負値を表す例を2進数で示します。

```
1桁多い値     100000000000000000000000000000000  4294967296 (2の32乗)
   元の値  －  00000000000000000000000000001010  10 (2の1乗+2の3乗)
               11111111111111111111111111110110  −10
```

2進数の減算も10進数の減算と同様に、ある桁で引く数が引かれる数よりも大きい場合は上の桁から借りてきます。

4294967296から10を引く計算を10進数の筆算と同様に2進法で計算すると、1の位は0－0で0、2の位は0－1となって引けないため、上の位から10を借りてきて10－1として1、4の位は0から2の位に貸すために8の位から10を借りてきているので1、8の位は4の位へ貸すために16の位から10を借りてきているので余った1から1を引いて0、16の位は8の位へ貸すために32の位から借りてきた10の残りから

1、……となります。結果は1111 1111 1111 1111 1111 1111 1111 0110（2進数）です。

ここで覚えておかなければならないのは、2進数の1111 1111 1111 1111 1111 1111 1111 0110が－10なのは、それが32ビットの正負を持つ整数値だからだ、ということです。すなわち、Cコンパイラが1111 1111 1111 1111 1111 1111 1111 0110というビット列を格納した32ビットのデータ領域を「正負を持つ整数」という型で扱うと認識しているから－10として処理できるのです。

3.3.5　符号付き整数と符号なし整数

Cの整数型には**符号付き整数**（signed integer）**型**と**符号なし整数**（unsigned integer）**型**の2種類があります。これまで本書ではintという型名が出てきましたが、この型は正確にはsigned int型です。ただし、signedは既定なので通常記述しません。したがって以降でも「signed」は省略します。

例3.7　符号付き整数と符号なし整数

1. printf関数の書式指定子に%uを指定すると引数を符号なしのint型として出力します。リスト3.4のプログラムは－10を**%d**（符号付きのint型の書式指定）と**%u**（符号なしのint型の書式指定）それぞれでコンソール出力します。

▶リスト3.4　ch03-03.c

```
#include <stdio.h>
int main(void)
{
    printf("%d¥n", -10);
    printf("%u¥n", -10);
}
```

このプログラムを実行すると、コンソールには次の2行が出力されます。

```
-10
4294967286
```

x86またx64用のclang以外では、コンソール出力の2行目は異なる値となる可能性があります。以降本書ではx86またはx64を搭載したコンピュータでの実行を前提とします。

－10は本文で説明したように32ビットの2進数で1111 1111 1111 1111 1111 1111 1111 0110、一方4294967286も32ビットの2進数で1111 1111 1111 1111 1111 1111 1111 0110なので、この結果は当然です。

x86またはx64アーキテクチャのコンピュータは、前項で説明した2の補数を使用して負数を表現します。つまり最初のビットが1の数は符号付き整数であれば負数となります。一方、符号なしの整数は最初のビットも含めて整数を構成する全ビットを正の整数として使用します。したがって、符号なし整数の最小値は全ビットが0の場合の0です。

ここで重要な点は、Cのプログラムは値そのもの（1111 1111 1111 1111 1111 1111 1111 0110というビット構成）よりも、型の指定（ここでは%dか%uか）に影響されて動作を変えることです。

Cプログラミングでは、変数や関数の返り値、引数などの型を処理の必要に応じて正しく宣言し、その宣言に合わせてコードを記述する必要があります。なぜならば、ある変数が格納するビット構成や、関数が返したビット構成の意味が型によって変わるからです。

2. Cには符号拡張という仕様があります。符号拡張とは、8ビットの整数から16ビットの整数、16ビットの整数から32ビットの整数といった、よりビット数が多い整数へ値を変換するときに、最上位のビットで上位を埋めることです。この動作によって、符号型の整数は正しくデータのバイト数を増やすことができます。

Cでビット数を意識したint型を使うには、**stdint.h**ヘッダーファイルを利用します（表3.2）。

❖表3.2　stdint.hに定義された整数型

型名	ビット数	符号	最小値～最大値	主な用途
int8_t	8	あり	−128～127	7ビット文字（ASCII）など
uint8_t	8	なし	0～255	8ビット文字、バイナリーデータ
int16_t	16	あり	−32,768～32,767	16ビットコンピュータとのデータ交換
uint16_t	16	なし	0～65,535	16ビットコンピュータとのデータ交換
int32_t	32	あり	−2,147,483,648～2,147,483,647	一般的な整数計算
uint32_t	なし	なし	0～4,294,967,295	一般的な個数
int64_t	64	あり	−9,223,372,036,854,775,808 9,223,372,036,854,775,807	ディスクサイズ、世界的な人口、国家予算
uint64_t	64	なし	0～18,446,744,073,709,551,615	極端に大きな数

リスト3.5のプログラムでは、符号付き16ビット整数と符号なし16ビット整数の符号拡張の動作を確認しています。

▶リスト3.5　ch03-04.c

```
#include <stdio.h>
#include <stdint.h>
int main(void)
{
    int32_t i32 = -10; ――――――――――――――――――――――――― ❶
    int16_t i16 = i32;   // 32ビットの-10を16ビット符号付き整数に代入 ―――― ❷
    uint16_t u16 = i32;  // 32ビットの-10を16ビット符号なし整数に代入 ―――― ❸
    i32 = i16; ――――――――――――――――――――――――――――――― ❹
    printf("%d¥n", i32);
    i32 = u16; ――――――――――――――――――――――――――――――― ❺
```

```
    printf("%d¥n", i32);
}
```

このプログラムを実行すると、コンソールには次の2行が出力されます。

```
-10
65526
```

上記のリストは、i32、i16、u16という3つの変数を使用しています。

i32は**int32_t**（32ビット符号付整数）で-10で初期化しています（❶）。

int16_t（16ビット符号付き整数）の変数i16はi32の値（-10）で初期化しています（❷）。i32の内容は32ビットなので、この代入によって上位の16ビットが切り捨てられます。その結果、-10に相当する16ビット（2進数の1111 1111 1111 0110）が変数i16に代入されます。

uint16_t（16ビット符号なし整数）の変数u16はi32の値（-10）で初期化しています（❸）。i32の内容は32ビットなので、この代入によって上位の16ビットが切り捨てられます。その結果、-10に相当する16ビット（2進数の1111 1111 1111 0110）が変数u16に代入されます。

変数i16とu16に対する代入はメモリー内のデータの移動という点では同じ操作ですが、プログラム上は符号付きか符号なしかという違いがある点に注意してください。

次に、変数i16の内容を変数i32に代入しています（❹）。このとき、i16は符号付き整数なので16ビットの値（2進数の1111 1111 1111 0110）を32ビットの変数i32に代入するときに符号拡張が行われます。最上位ビットは1なので32ビットの変数i32に代入するときに不足する16ビットには1が補充されます。その結果、i32の値は2進数の1111 1111 1111 1111 1111 1111 1111 0110となります。この値をprintfで出力すると-10が表示されます。

次に変数u16の内容を変数i32に代入しています（❺）。このとき、u16は符号なし整数なので16ビットの値（2進数の1111 1111 1111 0110）を32ビットの変数i32に代入するときに不足する16ビットには0が補充されます。その結果、i32の値は2進数の0000 0000 0000 0000 1111 1111 1111 0110となります。この値をprintfを用いて10進数で出力すると65526が表示されます。

練習問題 3.8

以下の練習問題1～4は、printfの書式指定子にはすべて%dを使い、変数の型としてint16_t、uint16_t、int32_t、uint32_tを使い分けて解答してください。

1. 16ビットの整数xを-10で初期化したあとに、32ビットの整数yに代入してください。次にコンソールにそれぞれ出力してください。それぞれ「-10」が出力されれば正解です。

2. 16ビットの整数xを-10で初期化したあとに、32ビットの整数yに代入してください。次にコンソールにそれぞれ出力してください。それぞれ「65526」が出力されれば正解です。

3. 32ビットの整数xを-10で初期化したあとに、16ビットの整数yに代入してください。次にコンソールにそれぞれ出力してください。xの値として「-10」、yの値として「65526」が出力されれば正解です。

4. 32ビットの整数xを-10で初期化したあとに、16ビットの整数yに代入してください。次にコンソールにそれぞれ出力してください。xの値として「65526」、yの値として「-10」が出力されれば正解です。この問題を解答するには、yを代入した第3の変数zからxへの再代入が必要です。

3.3.6 整数の大きさ

前項ではstdint.hに定義されたint32_tなどの型名にビット数が付いた整数型を解説しました。現在のCの適用領域では、ハードウェアを意識したプログラミングが求められるため、ビット数が明らかな**stdint.h**に定義された型を使用すべきです。

一方、汎用プログラミング言語としてCには11種類の**整数型**が用意されています（表3.3）。これらの整数型はコンパイラに組み込まれているため、特にヘッダーファイルを取り込まなくても利用可能です。

ただし、これらの整数型が実際に取り得る値（ビット数）は処理系に依存します。表3.3では、x86およびx64用のclangが採用するビット数を参考値として含めています。組み込み用8ビットCPUや16ビットCPU、あるいはもっとビット数が大きい将来のCPU用の処理系でどのようなビット数になるかは、それらの処理系に依存します。

❖表3.3　Cの整数型（clang x86/x64）

型名	ビット数	符号	完全な名前	備考
char	8	あり	char	clangはsigned charとして扱う※
signed char	8	あり	signed char	
unsigned char	8	なし	unsigned char	
short	16	あり	signed short int	
unsigned short	16	なし	unsigned short int	
int	32	あり	signed int	
unsigned int	32	なし	unsigned int	
long	32または64	あり	signed long int	
unsigned long	32または64	なし	unsigned long int	
long long	64	あり	signed long long int	
unsigned long long	64	なし	unsigned long long int	

※char型は他の整数型と異なりsignedかunsignedかは処理系に依存します。

Cの仕様では、charは基本的な文字をunsignedとして格納可能なビット数で構成すると定義されています。基本的な文字としてASCIIコードを想定すると、7ビットまでを符号なしで扱うことができればよいため、clangではcharはsignedの8ビットとして実装されています。

同じくCの仕様ではintは実行環境で扱える自然な大きさとして定義されています。x86は32ビットアーキテクチャなので32ビットとなるのは自然ですが、64ビットアーキテクチャのx64の場合はx86プログラムとの互換性を維持するために32ビットとされています。intに対してそれ以下のサイズの短いビット数の整数としてshort、それ以上の長いビット数のサイズとしてlong、さらにそれ以上のビット数のサイズとしてlong longが定義されています。

処理系によってビット数が異なる例はlongおよびunsigned longに示されています。これらの型は同じ処理系（clang）であってもVisual Studioに組み込めるWindows x86用clang（Clang/C2）は32ビットなのに対して、LinuxやmacOS用では64ビットと、異なるビット数を採用しています。これが移植性の高いプログラムを開発する場合にはlongではなくビット数を明示したint64_tやint32_tを使うべき理由です。

stdint.hによるビット数を確定した標準型を使用しない場合、各型のサイズをプログラムが知るにはlimits.hをインクルードします（表3.4）。

❖表3.4　limits.hに定義された各型のサイズ

名前	意味	参考値（x86用のclang）
CHAR_BIT	charのビット数	8
SCHAR_MIN	signed charの最小値	−128
SCHAR_MAX	signed charの最大値	127
UCHAR_MAX	unsigned charの最大値	255
CHAR_MIN	charの最小値	−128
CHAR_MAX	charの最大値	127
SHRT_MIN	shortの最小値	−32,768
SHRT_MAX	shortの最大値	32,767
USHRT_MAX	unsigned shortの最大値	65,535
INT_MIN	intの最小値	−2,147,483,648
INT_MAX	intの最大値	2,147,483,647
UINT_MAX	unsigned intの最大値	4,294,967,295
LONG_MIN	longの最小値	−2,147,483,648
LONG_MAX	longの最大値	2,147,483,647
ULONG_MAX	unsigned longの最大値	4,294,967,295
LLONG_MIN	long longの最小値	−9,223,372,036,854,775,808
LLONG_MAX	long longの最大値	9,223,372,036,854,775,807
ULLONG_MAX	unsigned long longの最大値	18,446,744,073,709,551,615

例3.8　型を指定した定数

1.　long型以上の数値定数に型を明示するには、値の末尾にlongと同数の接尾辞**L**を付けます。

```
32     // int型の32
32L    // long型の32
32LL   // long long型の32
```

小文字のl（エル）も使用可能ですが、数字の1と紛らわしいためお勧めできません。long型定数の接尾辞には大文字のLを使いましょう。本書でもlong型の定数を記述する場合は大文字のLを使います。


```
321l // long型の321。3211ではない
```

接尾辞を省略した場合、代入の左辺に収容可能な最小のサイズの符号付き整数型となります。なお、223372036854775807は処理系によってlongまたはlong longの定数となります。

```
long long ll = 223372036854775807;
```

ただし、接頭辞0xを付けた16進数は最初に代入の左辺に収容可能な最小のサイズの符号なし整数型となります。

2. unsigned型の数値定数に型を指定するには数字の末尾に接尾辞**U**を付けます。接尾辞を省略した場合、最初に収容可能なサイズの整数型となります。

```
32      // int型の32
32U     // unsigned int型の32
32UL    // unsigned long型の32
32ULL   // unsigned long long型の32
```

小文字のuも使用可能です。

```
32u   // unsigned int型の32
```

接尾辞を省略した場合、代入の左辺に最初に収容可能な最小のサイズの符号付き整数型となります。次の例は符号付き整数に変換できないため、コンパイルすると警告が出力されます。

```
unsigned long long ull = 18446744073709551615;
```

ただし、接頭辞0xを付けた16進数は、最初に代入の左辺に収容可能な最小の符号なし整数型となります。次の例は警告なしでコンパイルされます。

```
unsigned long long ull = 0xFFFFFFFFFFFFFFFF;
```

3. printfの各種int型用書式指定子はiまたはuにlを前置します。

```
printf("%i¥n", INT_MAX);         // %iはint型（%dと等しい）
printf("%u¥n", UINT_MAX);        // %uはunsigned int型
printf("%li¥n", LONG_MAX);       // %liはlong int型（%ldと書いてもよい）
printf("%lu¥n", ULONG_MAX);      // %luはunsigned long型
printf("%lli¥n", LLONG_MAX);     // %lliはlong long int型（%lldと書いてもよい）
printf("%llu¥n", ULLONG_MAX);    // %lluはunsigned long long型
```

これまで本書ではprintfの符号付き整数の書式指定子には%d（decimal）を使用していました。%dは歴史が長いため、過去のソースコードやCの解説はほとんどすべてが%dを使用しています。このため、%dという書式指定子を無視してCを学習することはできません。

しかし、以降ではより正確に書式指定の意図を示せる**%i**を使用します。%iは、%dと比較して書式指定子から「i」nt型用だということが明らかです。また、%iを基本として、long intが%li、long long intが%lliとなり覚えやすいという利点があります。

練習問題 3.9

1. LLONG_MAXの値を調べようとリスト3.6のプログラムを作りました。コンパイルすると警告が表示されましたが実行ファイルは生成されました。しかし実行すると−1が表示されます。LLONG_MAXの値が正しく表示されるように修正してください。

▶リスト3.6　ch03-9q01.c

```
#include <stdio.h>
#include <limits.h>
int main(void) {
    long long value = LLONG_MAX;
    printf("%i ¥n", value);
}
```

2. 「表3.4　limits.hに定義された各型のサイズ」にはUCHAR_MINやUINT_MINなどUで始まる定義については_MINで終わるものが含まれません。なぜなのか、その理由を答えてください。

3. 例3.8−3では直接printfの引数にINT_MAXなどの定義値を与えています。printfに直接定義値を与えるのではなく、一度変数に定義値を代入してから、その変数をprintfに与えて例3.8−3と同じ出力が行われるプログラムを作ってください。
   変数への代入には変数宣言の初期化子を使ってください。なお、変数の型にはビット数を明示した型（int32_tなど）は利用しないでください。

4. リスト3.7のプログラムをコンパイルすると警告が出力されます。しかし実行ファイルは生成されたので実行したところ、32と48の代わりに別の数字が出力されました。

原因を説明して32と48が出力されるように修正してください。

ただし、printfに与えるテンプレート文字列（書式指定）は変更しないでください。

なお、macOSやLinuxでは警告が出力されるものの、結果は32と48が意図どおり出力されます。これらのOSでは、警告が出力されないように修正してください。

▶リスト3.7　ch03-9q03.c

```
#include <stdio.h>
int main(void)
{
    printf("%lli,%llu¥n", 32, 48);
}
```


3.3.7　浮動小数点数

Cの数値型には整数型の他に**浮動小数点数型**があります。

整数型がint、longなどサイズ（ビット数）に応じて複数の型が用意されているように、浮動小数点数型もfloat、double、long doubleの3種類が用意されています（表3.5）。なお最大値、最小値は**float.h**で定義されているマクロです。整数と異なりlimits.hではありません。

❖表3.5　浮動小数点数型

型名	定数の接尾辞	printfの書式指定子	正の最小値	最大値
float	F	—	FLT_MIN	FLT_MAX
double	なし	f	DBL_MIN	DBL_MAX
long double	L	Lf ※	LDBL_MIN	LDBL_MAX

※古いCは%lfをdouble用にしているため、%lfと記述すると互換性のためにdouble用の書式指定子となります。

浮動小数点数は正負の符号用の領域を指数部、仮数部とは別に用意しているため、DBL_MINおよびLDBL_MINは正の最小値です。負の最小値は最大値に対して単項演算子-を適用して求めます。処理系がサポート可能な大きさはDBL_MIN、DBL_MAXなどで確認できます。

それぞれの型の関係は整数型のshort、int、longと同様に、floatに対してdoubleはより表現量が多いか等しく、long doubleはdoubleより表現量が多いか等しいという関係です。float型は現在はコンパクトにデータを格納すること以外に利点がない特殊な型です（ただしSIMDを利用する場合は別です。SIMDについての説明は省略します）。現在のCPUはdouble型を高速に処理します。特別な理由がない限り常にdoubleを使用してください。

浮動小数点数の定数は次の2種類の記述法があります。

書式 固定小数点を使用する定数

```
1つ以上の数字 . [1つ以上の数字]
```

小数点の右側が不要なら「.」で終わらせてもかまいません。

```
12.3
14.
```

書式 浮動小数点を使用する定数

```
1つ以上の数字（仮数部） E 符号 1つ以上の数字（指数部）
```

符号が+の場合は省略できます。Eは小文字のeでもかまいません。

```
32E-3
32E8
```

例3.9 浮動小数点数

1. 浮動小数点数の四則演算は整数と同様に行えます（リスト3.8）。ただし、剰余算はありません。

▶リスト3.8　ch03-05.c

```
#include <stdio.h>
int main(void)
{
    printf("%f¥n", 3.25 + 4.15);
    printf("%f¥n", 3.5 * 2.);
}
```

2. 文字列からdouble型の浮動小数点数を作成するにはatof関数を使用します（リスト3.9）。

▶リスト3.9　ch03-06.c

```
#include <stdio.h>
#include <stdlib.h>
int main(void)
{
```

```
    printf("%f¥n", atof("123.5") + atof("32E-1"));
}
```


練習問題 3.10

1. コマンドライン引数で与えた2つの数をdouble型に変換して加減乗除の結果を表示するプログラムを作ってください。
2. コンソールにLDBL_MAXの値を出力するプログラムを作ってください。

3.4 #defineプリプロセッサディレクティブ(マクロ)

#defineディレクティブは、前項で使用したlimits.hに登録されているINT_MAXのような定義値を作成するためのプリプロセッサディレクティブです。

書式 #defineディレクティブ

```
#define 識別子 置き換える文字の連なり
```

プリプロセッサは、ソースコード内に#defineディレクティブで指定された識別子を発見すると、指定された文字の連なりに置き換えます。

#defineディレクティブによる置き換えを**マクロ**と呼びます。#defineディレクティブを利用することで、定数を識別子（マクロ名）で置き換えることが可能となります。

Cプログラミングの慣習では、マクロ名にはINT_MAXのように英大文字の単語（または略語）を「_」で結合したものを使用します。

例3.10 #defineディレクティブ

1. マクロの典型的な利用方法は2つあります。1つは定数を数値そのものではなく名前で扱えるようにすることです。これによりソースコードが理解しやすくなります。たとえば2147483647と書く代わりにINT_MAXと書けば、その数が整数（integer）の最大値（maximum value）だということが明確になります。

   もう1つは、プログラム内に直接定数を埋め込まずに済ませるためです。プログラムに直接定数を埋め込むと、あとから修正するのは厄介です。それに対してマクロを使えば、#defineディレクティブの置き換え文字を変えるだけで済みます。

リスト3.10の例では消費税率（consumption tax rate）8%の8をCONSUMPTION_TAX_RATEという識別子で表現しています。

▶リスト3.10　ch03-07.c

```
#include <stdio.h>                                                  ❶
#define CONSUMPTION_TAX_RATE 8  // tax rate                        ❷
int main(void)
{                                                                   ❸
    int price1 = 100;
    int price2 = 230;
    printf("%i¥n", price1 * CONSUMPTION_TAX_RATE / 100);           ❹
    printf("%i¥n", price2 * CONSUMPTION_TAX_RATE / 100);           ❺
}                                                                   ❻
```

このプログラムをコンパイルすると、プリプロセッサは以下のように処理します。

❶ #include行を指定したstdio.hの内容で置き換えます。

❷ #define行を削除します。このとき、内部的な置き換え用辞書に、置き換え前の識別子CONSUMPTION_TAX_RATEと置き換え後の文字として8を登録します。

❸ int main(void)の行からint price2 = 230;の行までは置き換え用辞書に登録された識別子は出現しないため、そのままです。

❹「printf("%i¥n", price1 * CONSUMPTION_TAX_RATE / 100);」を「printf("%i¥n", price1 * 8 / 100);」に置き換えます。

❺「printf("%i¥n", price2 * CONSUMPTION_TAX_RATE / 100);」を「printf("%i¥n", price2 * 8 / 100);」に置き換えます。

❻ }の行はそのままです。

消費税率が8%から10%に変わったら、「#define CONSUMPTION_TAX_RATE 8 // tax rate」の行を「#define CONSUMPTION_TAX_RATE 10 // tax rate」に変えて再コンパイルすれば、あとの置き換えはプリプロセッサが自動的に行います。

まとめると、マクロによって得られる効果は次の2つです。

- コードに単なる数字ではなく意味を持つ識別子が示される
  ➡ソースコードが読みやすくなる
- 修正箇所を限定できるため漏れがなく、修正箇所のチェックが容易
  ➡修正時のバグが入りにくくなる

なお、この例に出てくるもう1つの定数の100は将来にわたって変わりようがありません（note参照）。このような定数にまでマクロを使う意味はありません。最悪の例は、マクロ名を考えつかず、

「#define HUNDRED 100」のような意味のない識別子を使うことです。ソースコードが読みやすくなるわけでもなく、別の値に置き換える可能性もないので、マクロを使用するメリットがまったくありません。

note price1とprice2の初期化に使用している2つの定数は例のための数値なので別問題です。

同様にマクロを定義するメリットがない定数として、0やカウンターの加算に使用する1があります。ただし、Cでは++演算子を使うことが多いので定数1が登場する機会はそれほどありません。

note 0(ゼロ)は大文字のO(オー)と紛らわしいので、あえてZEROのようなマクロ名を使用するスタイルもあります。

2. マクロはプリプロセッサによって機械的に適用される単なる文字の置き換えです。つまり、#defineディレクティブの置換対象は一連の文字の連なり(ただしコメントを除く)です。Cコンパイラの文法上の式や文の必要はありません。

例3.10 - 1のマクロは、リスト3.11のように定義することも可能です。

▶リスト3.11　ch03-08.c

```
#include <stdio.h>
#define CONSUMPTION_TAX * 8 / 100  // 消費税額を計算する
int main(void)
{
    int price1 = 100;
    int price2 = 230;
    printf("%i¥n", price1 CONSUMPTION_TAX);
    printf("%i¥n", price2 CONSUMPTION_TAX);
}
```

この例では、プリプロセッサはCONSUMPTION_TAXという識別子を「* 8 / 100」に置き換えます。したがってコンパイル時には、2つあるprintfのソース行は以下のように置き換えられたものとなります。

```
    printf("%i¥n", price1 * 8 / 100);
    printf("%i¥n", price2 * 8 / 100);
```

このように#defineディレクティブの置き換え範囲を大きく取ることで、ソースコードの記述量を減らすことができます。例3.10 - 1の説明で定数100はマクロ化する意味がないと説明しましたが、ここで示した例のように一連の式をマクロにまとめるのは有意義です。

3. マクロ名にパラメータリストを後置して関数のように見せかけることができます。これを**関数的マクロ**と呼びます。この場合、プリプロセッサはパラメータリスト内に記述された引数をマクロ定義内に出現する該当する識別子に置換します。

関数的マクロを使用すると、例3.10－2はリスト3.12のように記述できます。

▶ リスト3.12　ch03-09.c

```
#include <stdio.h>
#define CONSUMPTION_TAX(x) x * 8 / 100  // 消費税額を計算する
int main(void)
{
    int price1 = 100;
    int price2 = 230;
    printf("%i¥n", CONSUMPTION_TAX(price1));
    printf("%i¥n", CONSUMPTION_TAX(price2));
}
```

この例では、ソースコード内のCONSUMPTION_TAXの後ろの()内に記述した文字の連なりで、マクロ定義内のxを置き換えます。したがって、2つあるprintfの行は、コンパイル時には以下のように置き換えられたソースコードとなります。

```
    printf("%i¥n", price1 * 8 / 100);
    printf("%i¥n", price2 * 8 / 100);
```

例3.10－2の記述は、printfの引数リストに「,」抜きで2つの識別子が並んでいるためCのソースコードとしては不自然です。一連の式をまとめて記述するには関数的マクロを定義してください。

4. 関数的マクロのパラメータは、関数呼び出しのパラメータとは異なります。関数呼び出しに指定する引数は実行時に評価される式です。

リスト3.13のリストは、例3.10－3のリストを消費税を求める関数を利用するように変えたものです。

▶ リスト3.13　ch03-10.c

```
#include <stdio.h>
int consumption_tax(int x)  // 消費税額を返す関数
{
    return x * 8 / 100;
}
int main(void)
{
    int price1 = 100;
```

```
    int price2 = 230;
    printf("%i¥n", consumption_tax(price1));
    printf("%i¥n", consumption_tax(price2 + 10));
}
```


このプログラムを実行すると、2つ目のprintfは「19」を出力します。プログラムを実行して2番目のprintfの行に来ると、生成されたコードは最初にprice2に10を加算して240を求めます。次にconsumption_tax関数へ引数として求めた240を与えて呼び出します。

しかし、関数的マクロはコンパイル前に文字を置換します。例3.10－3のリストをリスト3.14のように書き換えた場合に何が起きるか実際にコンパイルして確認してみましょう。

▶リスト3.14　ch03-11.c

```
#include <stdio.h>
#define CONSUMPTION_TAX(x) x * 8 / 100  // 消費税額を計算する
int main(void)
{
    int price1 = 100;
    int price2 = 230;
    printf("%i¥n", CONSUMPTION_TAX(price1));
    printf("%i¥n", CONSUMPTION_TAX(price2 + 10));
}
```

このリストをコンパイルして実行すると2番目のprintfは「230」を出力します。なぜなら、マクロはコンパイル前にプリプロセッサによってソースコードを変換させる機能だからです。

2番目のprintfの行はプリプロセッサによって以下のように変形されます。

```
    printf("%i¥n", price2 + 10 * 8 / 100);
```

＋演算は＊演算よりも評価順が低いので、プログラムを実行すると10 ＊ 8 / 100が最初に計算されて0となるため、price2に0を加算した値の230がprintfに与えられてしまいます。したがって、表示されるのは230です。

ここで示した例のように関数的マクロの引数に計算式などが与えられる可能性がある場合は、あらかじめマクロ定義内でパラメータに()を付けて実行時に先に評価が行われるようにします。

```
#define CONSUMPTION_TAX(x) (x) * 8 / 100  // 消費税額を計算する
```

このように記述すれば、以下のように関数的マクロの引数を()で囲んだ状態で置換が行われて、期待したコードが生成されます。

```
    printf("%i¥n", (price2 + 10) * 8 / 100);
```

本項では#defineディレクティブを利用して定数を識別子で記述できるようにする方法と、応用として関数的マクロについて解説しました。

ソースコード内に特定の意味を持つ定数を直接記述するのではなく、マクロを利用して名前を付けるのはとても有用です。すでに説明したINT_MAXなど、C自体もマクロを利用しています。

それに対して、関数的マクロの利用は必ずしも推奨できません。関数的マクロは例3.10-4で示したように、プリプロセッサによる置換と実行時の評価の違いによるバグを混入させやすい、コンパイラによる型検証が行われないため引数の型チェックや返り値の型チェック機能が働かない、といったデメリットがあります。本物の関数と比べると負の側面が大きいものとなっています。

関数的マクロは、Cコンパイラの最適化がそれほど進歩していなかった時代に、関数呼び出しのオーバーヘッドを避けるためのテクニックとしてよく利用されました。しかし現代のコンパイラは、**関数のインライン展開**（関数呼び出しの行そのものに関数の内容を埋め込むことで関数呼び出しのオーバーヘッドをなくすこと）を必要に応じて自動的に行っています。

Cコンパイラはインライン展開を指定するための**inline**キーワードをサポートしています。関数宣言の先頭にinlineキーワードを付けると、Cコンパイラは関数呼び出しのオーバーヘッドを避けるようにインライン展開を試みます。

▶ インライン関数を明示した関数宣言

```
inline int consumption_tax(int x)
{
    return x * 8 / 100;
}
```

インライン関数の処理はプリプロセッサではなくCコンパイラによって行われます。Cコンパイラは通常の関数呼び出しと同様に型チェックや引数の評価を行います。したがって、この例で示したような評価順による問題は発生しません。

関数的マクロの応用例は14章で説明します。また、関数的マクロはCプログラムで組み込み型のドメイン特化言語（Domain Specific Language：DSL）を実現するにはなくてはならない機能です。DSLは比較的高度な実装テクニックとなるため、本書では解説しません。

ある意味では、関数的マクロはCプログラミングの最終兵器です。学習中は覚えておくが使わないという姿勢がよいと思います。書き方や意味を覚える必要があるのは、一昔前に開発されたCプログラムのソースには必ずと言ってよいほど、関数的マクロが利用されているからです。そのため、知らなければ読解できません。しかし「最終兵器」には必ず危険や副作用が待ち受けています。安易に使用すべきではありません。

練習問題　3.11

1. リスト3.15のプログラムを実行せずにコンソールに出力される内容を答えてください。

▶ リスト3.15　ch03-11q01.c

```
#include <stdio.h>
#define HELLO "Hello world!"
#define YEAR_OF_PUBLISH 2017
int main(void)
{
    puts(HELLO);
    printf("%i¥n", YEAR_OF_PUBLISH);
}
```

2. リスト3.16のプログラムを関数的マクロを利用して可能な限り記述量を減らすように書き換えてください。ただし空白の数などは記述量とはみなしません。

▶ リスト3.16　ch03-11q02.c

```
#include <stdio.h>
#include <stdlib.h>
int main(int argc, char *argv[])
{
    int x = atoi(argv[1]);
    int y = atoi(argv[2]);
    printf("%i¥n", x + y);
    printf("%i¥n", x - y);
    printf("%i¥n", x * y);
    printf("%i¥n", x / y);
}
```

3.5 キャスト

ある型の値を別の型に変換したい場合は**キャスト式**を使います。キャスト式は、**( )**内に変換後の型名を入れたキャスト演算子に続けて変換元の式を記述します。

書式 キャスト式

```
(変換後の型)式
```

例3.11 キャスト式

1. 16ビットの－1（16個すべてのビットが1）を符号拡張せずに32ビットに格納します。

```
int16_t i16 = -1;
int32_t i32 = (uint16_t)i16;
```

この例でキャスト式を使わずにi32 = i16と記述すると、符号拡張によりi32の値は－1となります。しかしキャスト演算によって変数i16の値は符号なし16ビット整数型として扱われます。このため、32ビット整数への代入時に符号拡張が行われません。結果として、変数i32の上位16ビットには0、下位16ビットには1（0xffff）が代入されます。

2. doubleの値の小数点以上の値を整数としてコンソールに表示します。

```
double d = 321.253;
printf("%i¥n", (int)d);
```

キャスト式を使わないでprintf("%i¥n", d);と記述するとコンパイラは警告を発します。double型の値はx86/x64では64ビットであるため、int型の32ビット用の書式指定子%iでは正しく処理できません。実際に警告を無視してコンパイラが生成したファイルを実行すると321とは異なる値が出力されます。

例3.11－1のキャスト式は、キャスト演算の前後で元の値は変更されずに、キャスト演算で指定した型の値として扱われただけですが、例3.11－2では元の浮動小数点数が32ビット整数に変換されて321が表示されます。

このようにキャスト式を使用することで型の動作を変えたり、値を変換したりできます。

キャストは強力な演算です。安易に使用するとCコンパイラが提供する型チェック機能をバイパスさせてかえってバグの原因となります。キャスト演算を使用する場合は、どのような変換が行われるか、それが本当に必要な演算なのかを考えてから行ってください。

練習問題　3.12

1. 例3.11－2をキャスト式を使わずに別の変数を導入して同じ結果が得られるようにプログラムしてください。

2. キャスト式を使ってINT_MINを正の整数としてコンソールに出力するプログラムを、コンパイル時に警告が出ないように作成してください。出力結果は「2147483648」となります。
このときprintf関数へ与えるテンプレート文字列には"%lli¥n"を利用してください。

ヒント キャスト式をキャストする必要があります。

☑ この章の理解度チェック

1. INT_MAXの2乗をコンソールに出力するプログラムを以下の2つの方法で作ってください。

(1) 初期化子にINT_MAXを指定したlong long型の変数を1つ利用

(2) 変数を利用しない（main関数の中は1行）

2. 定数0xffを利用して、コンソールに「-2」を出力するプログラムを以下の2つの方法で作ってください。

(1) 変数を1つ利用

(2) 変数を利用しない（main関数の中は1行）

3. リスト3.17のプログラムのコンソール出力を答えてください。

▶リスト3.17　ch03-12q07.c

```
#include <stdio.h>
int main(void)
{
    int n = 10;
    printf("%i¥n", n++);
    printf("%i¥n", ++n);
    printf("%i¥n", n--);
    printf("%i¥n", --n);
    printf("%i¥n", n);
}
```

4. リスト3.18のプログラムはバグがあるため正しくコンパイルできません。

▶リスト3.18　ch03-12q08.c

```
#include <stdio.h>
#include <stdlib.h>
#define MUL(x, y) atoi(x) * atoi(y)
int main(int argc, char *argv[])
{
    printf("%i¥n", MUL(argv[1], argv[2]));
    printf("%i¥n", MUL(argv[1], 8));
}
```

(1) MULマクロは変えずにmain関数の中を修正してください。

(2) 2つ目のprintfの行を変えずに修正してください。2つ目のprintfの行をprintf("%i¥n", MUL(argv[1], 8 - 3));に変えた場合は、最初のコマンドライン引数に5を乗じた値が出力されるかどうかも確認してください。

制御文：真偽と条件分岐

この章の内容

4.1 ブール型と真偽値
4.2 if文
4.3 else文
4.4 関係演算子と等価演算子
4.5 論理演算子
4.6 switch文
4.7 条件演算子

前章では整数型と浮動小数点型の2種類の型と演算子を学習しました。また、識別子で定数などを置き換える#defineディレクティブ、型を明示的に変換するキャストを解説しました。

次に学習するのは条件分岐です。ある特定の条件によって処理を行ったり行わなかったりするための制御構文と、条件を設定する演算について解説します。

前章の復習問題

1. 次のプログラムを実行するとコンソールに「123」と「456」の2行を出力するように空欄a、bを埋めてください。

```
#include <stdio.h>
[          a          ]
[          b          ]
int main(void)
{
    puts(ONE_TWO_THREE);
    printf("%i¥n", FOUR_FIVE_SIX);
}
```

2. intの最小値と最大値、doubleの最小値と最大値をコンソールに出力するプログラムを作成してください。

3. Cで扱える最大の整数と最小の整数をコンソールに出力するプログラムを作成してください。

4. 8ビット符号付き整数型の変数を定義して-1で初期化してください。次に16ビット整数の変数に最初の変数、32ビット整数の変数に16ビットの変数、64ビット整数に32ビットの変数と、順に符号拡張させながら代入して、最後にそれぞれの変数の値をコンソールに表示するプログラムを作成してください。

5. 8ビット符号なし整数型の変数を定義して-1で初期化してください。次に16ビット整数の変数に最初の変数、32ビット整数の変数に16ビットの変数、64ビット整数に32ビットの変数と、順に符号拡張させずに代入して、最後にそれぞれの変数の値をコンソールに表示するプログラムを作成してください。

4.1 ブール型と真偽値

ブール型は、真と偽のいずれかの値を取る型です。元々のCの仕様では、「偽は0、真は0以外」でした。0はint8_tであろうがint64_tであろうが偽、一方の真はint8_tの3でもint64_tの1234567890でも真です。

この仕様の問題点は真を表現可能な唯一の値が存在しないことです。プログラムのコードはドキュメント性を持つため、「ある値が偽か真か？」でも「ある値が偽であるか？」でもなく、「ある値が真であるか？」というコードを書きたいことがあるからです。この場合、この仕様はうまくありません。

たとえば#defineディレクティブを利用して、

```
#define TRUE 1
```

としてTRUEの値を1と定義し、「ある値がTRUEであるか？」というコードを書くとします。

もしある変数の値が3だとしましょう。この値は0以外なのでCの仕様では真です。しかし「この変数がTRUEと等しいか？」と記述した場合、3はTRUE（つまり1）とは等しくないので偽になってしまいます。しかし、それはおそらくバグです。そこでC99では、確実に真か偽かを判定できるように**_Bool型**が追加されました。

例4.1 ブール型と真偽値

1. _Boolは0または1のいずれかを取る型です。それ以外の値は取りません（リスト4.1）。

▶リスト4.1　ch04-01.c

```
#include <stdio.h>
int main(void)
{
    _Bool b = 32;
    printf("%i¥n", b);    // 1を出力
}
```

_Bool型を使えば、0は0、それ以外は1となるため、「ある値が真であるか？」というコードを書きたい場合は1と比較すればよいことになります。

2. stdbool.hをインクルードすると_Boolの代わりにboolが型名として利用できるようになります。また、trueとfalseの2つの識別子が定義されます。通常は、stdbool.hをインクルードするとよいでしょう。ただし、すでにboolやtrue、falseを独自に定義しているソースに対してあとからstdbool.hをインクルードするように変えると、インクルードする順番によっては識別子の重複定義でエラーとなるので注意が必要です（リスト4.2）。

▶ リスト4.2　ch04-02.c

```
#include <stdio.h>
#include <stdbool.h>
int main(void)
{
    bool b = true;
    printf("%i¥n", b);       // => 1
    printf("%i¥n", false);   // => 0
}
```


真偽値を使いたい場合は、独自にtrue、falseといった識別子を#defineで定義している古いプログラムをベースにプログラムを開発したりするのではない限り、stdbool.hをインクルードしてbool型とtrue、falseの2つの疑似的な定数を使用します。

_Boolを使用してもかまわないのですが、どちらかと言うと、_Boolという型名はコンパイラの内部処理用で、プログラマー用はstdbool.hが提供するboolです。

本書では以後、真偽値を使う場合はstdbool.hを利用します。

練習問題　4.1

1. 次の語のうち、Cのキーワードはどれですか？

a. `bool`　　b. `true`　　c. `_Bool`

2. リスト4.3のプログラムを実行すると、コンソールに出力されるのは「0」でしょうか、「1」でしょうか？

▶ リスト4.3　ch04-1q01.c

```
#include <stdio.h>
int main(void)
{
    _Bool b = 12345000000000000LL;
    printf("%i¥n", b);
}
```

4.2 if文

if文は以下の書式で、条件式が真であれば条件式に続く文（または複合文）を実行します。偽であればif文の次の文へ制御が移ります。

書式 if文

```
if (条件式) 文
```

例4.2 if文

1. 条件式に続く文は、条件式が真のときに実行されます。

```
if (1) puts("1");
```

上のif文を実行すると、条件式が1（0以外）なのでコンソールには「1」が出力されます。

```
if (0) puts("0");
```

上のif文を実行すると、条件式が0なので後続のputsは呼び出されません。

2. 条件式に続く文として複合文を使用できます。

```
if (1) {
    puts("1");
    puts("not 0");
}
```

上のif文の後続の文は複合文なので、{から}までに記述された2つのputsが実行されます。したがって、コンソールには「1」と「not 0」が出力されます。

一般論ですが、条件式が真のときに実行する文の追加時にバグが入りにくくなるため、仮に1文で済むとしてもあらかじめ複合文を記述しておくのはよいプラクティスです。

```
if (1) {
    puts("1");  // 1つの文のみを含む複合文
}
```

3. 文字列の"0"は数値の0とは異なり真となります。

```
if ("0") {
    puts("0");
}
```

上のif文を実行すると、コンソールには「0」が出力されます。文字列を式として与えた場合、値はその文字列が割り当てられたメモリー上のアドレスとなります。アドレス0は極めて特殊なCPUを除いて通常のプログラムでは使用できません。このため、必ず0以外の値となり、条件式に続く文が実行されます。

練習問題　4.2

1. リスト4.4のプログラムを実行したときにコンソールには何が出力されますか？

▶リスト4.4　ch04-2q01.c

```
#include <stdio.h>
int main(void)
{
    int n = -1;
    if (n + 1) {
        puts("true");
    }
}
```

2. リスト4.5のプログラムを実行したときにコンソールには何が出力されますか？

▶リスト4.5　ch04-2q02.c

```
#include <stdio.h>
#include <limits.h>
int main(void)
{
    int n = UINT_MAX;
    if (n + 1) {
        puts("true");
    }
}
```

3. リスト4.6のプログラムを実行したときにコンソールには何が出力されますか？

▶ リスト4.6　ch04-2q03.c

```
#include <stdio.h>
#include <limits.h>
int main(void)
{
    unsigned int n = UINT_MAX;
    if (n + 1) {
        puts("true");
    }
}
```

4. リスト4.7のプログラムを実行して「hello!」を出力させないようにするには、コマンドライン引数を何個与えればよいでしょうか？

▶ リスト4.7　ch04-2q04.c

```
#include <stdio.h>
int main(int argc, char *argv[])
{
    if (argc - 3) {
        puts("hello!");
    }
}
```

4.3 else文

else文は、先行するif文の条件式が偽だった場合に後続の文（または複合文）を実行します。

書式 if ～else文

```
if (条件式) 文 else 文
```

else文は単独では記述できません。必ずif文を先行させる必要があります。

例4.3 else文

1. else文に続く文は、if文の条件式が偽のときに実行されます。

```
if (0) {
    puts("not here!");
```

```
} else {
    puts("hello!");
}
```

このif文を実行すると、条件式は0のためelse文に制御が移り、「hello!」が出力されます。

2. else文には先行するif文が必要です。

```
else puts("else!");
```

この文は（上の行にif文がなければ）コンパイルエラーとなります。

3. elseに続く文としてif文（if文単独、またはelse文を含む）を記述できます。

```
if (argc == 1) {
    puts("引数なし");    // argcが1の場合
} else if (argc == 2) {
    puts("引数が1個");  // argcが1以外で2の場合
} else {
    puts("引数がたくさん");
}
```

上記の書き方では、else文の後ろに好きなだけif文を続けられます。しかし次のリストのように、条件式が5個以上となる場合は、後述のswitch文を使ったほうがよいでしょう。

```
if (argc == 1) {
    puts("引数なし");    // argcが1の場合
} else if (argc == 2) {
    puts("引数が1個");  // argcが1以外で2の場合
} else if (argc == 3) {
    puts("引数が2個");  // argcが1以外かつ2以外で3の場合
} else if (argc == 4) {
    puts("引数が3個");  // argcが1以外かつ2以外かつ3以外で4の場合
} else {
    puts("引数がたくさん");
}
```

練習問題　4.3

1. コマンドライン引数を2個与えた場合には「two!」を出力するように元のプログラムに2行挿入してください（リスト4.8）。

▶リスト4.8　ch04-3q01.c

```
#include <stdio.h>
int main(int argc, char *argv[])
{
    if (argc - 3) {
        puts("not two!");
    }
}
```

2. リスト4.9のプログラムを修正して条件が偽の場合（この問題では常に偽です）は「here I come」の次の行に「hello world!」も出力するようにしてください。

▶リスト4.9　ch04-3q02.c

```
#include <stdio.h>
int main(void)
{
    if (0)
        puts("not here");
    else
        puts("here I come");
}
```

4.4 関係演算子と等価演算子

if文の条件式で変数の値の大小や一致を調べるには、2項演算子の**関係演算子**（relational operator）や**等価演算子**（equality operator）を使います。

関係演算子には、**<**、**<=**、**>**、**>=**の4種類があります。これらは数学の不等号と同じ意味です。等価演算子には、**==**、**!=**の2種類があります。

関係演算子、等価演算子は真の場合の演算結果として1、偽の場合の結果として0を返します。

例4.4 関係演算子と等価演算子

1. 式xが式yよりも小さいかを判定するには<（小なり）を使用します。

```
3 < 4  // 真
3 < 3  // 偽
4 < 3  // 偽
```

2. 式xが式y以下かを判定するには<=（小なりイコール）を使用します。≦は使えません。

```
3 <= 4  // 真
3 <= 3  // 真
4 <= 3  // 偽
```

3. 式xが式yよりも大きいかを判定するには>（大なり）を使用します。

```
4 > 3   // 真
4 > 4   // 偽
3 > 4   // 偽
```

4. 式xが式y以上かを判定するには>=（大なりイコール）を使用します。≧は使えません。

```
4 >= 3  // 真
4 >= 4  // 真
3 >= 4  // 偽
```

5. 式xとyが等しいかを判定するには==を使用します。

```
3 == 3  // 真
3 == 4  // 偽
```

6. 数学でのイコール（等号）=はCでは代入演算子なので値の比較には使用できません。等価演算子と間違って代入演算子を使った場合に左項がlvalueだと代入が行われて元の変数の値を上書きしてしまうので厳重に注意してください（リスト4.10）。

▶リスト4.10　ch04-03.c

```
#include <stdio.h>
int main(void)
{
    int x = 3;
    if (x = 0) {
        printf("x is 0");
    } else {
```

```
        puts("x is not 0");
    }
}
```

上のプログラムをコンパイルすると警告が出力されますがコンパイルは完了します。

clangの警告を無視しないでください。警告のみが出力される場合は、Cプログラムとして正しい文法なのでコンパイルは完了して実行ファイルが生成されます。しかし、警告が出力される場合はプログラムになんらかのバグがあると考えるべきです。警告が表示されたら警告が表示されなくなるまで修正してください。

実行すると、条件式のxへ0が代入され、条件式の値として0が返されます。0は偽です。したがって、後続のelse文が実行されて「x is not 0」が出力されます。xの値3は0ではないので条件が正しく判定されてelse文が実行されたのではなく、xが0となったためにelse文が実行されたのです。この違いは、コンソールへの出力は予想どおりにもかかわらず変数xの値が変わるという結果となるため悪質なバグです。

7. 式xとyが等しくないかを判定するには!=を使用します。

```
3 != 4  // 真
3 != 3  // 偽
```

8. 関係演算子、等価演算子は真の場合、int型の1を結果の値とします。偽の場合は0です。

```
printf("%d¥n", 5 < 8);     // 真なので1
printf("%d¥n", 8 > 5);     // 真なので1
printf("%d¥n", 8 == 8);    // 真なので1
printf("%d¥n", 8 != 18);   // 真なので1
```

ただし、if文の条件式に関係演算や等価演算を記述したときは、演算結果を真や偽と比較する記述は行いません。

```
if (8 > 3)              // OK。この記述だけでプログラムの意図が通じる
if (8 > 3 == 1)         // こうは書かない（エラーではないが極端に冗長で逆にわかりにくい）
if (8 > 3 == true)  // stdbool.hをインクルードしてtrueを使用できたとしても冗長
```

9. Cでは、関係演算子と等価演算子の結合強度は四則演算子よりも弱く設定されています。

```
3 < 4 - 1   // 偽。最初に4 - 1が実行される
4 - 1 < 3   // 偽。最初に4 - 1が実行される
```

```
3 == 2 + 1  // 真。最初に2 + 1が実行される
2 + 1 == 3  // 真。最初に2 + 1が実行される
```

10. Cでは、等価演算子よりも関係演算子のほうが結合強度が強く設定されています。

```
1 == 3 < 4  // 真。先に3 < 4が評価されて1を得る
3 < 4 == 1  // 真。先に3 < 4が評価されて1を得る
```


練習問題 4.4

1. コマンドライン引数を2個指定した場合は「Bingo!」、それ以外の場合は「Oops!」を出力するプログラムを作成してください。

2. コマンドライン引数で入力した数が123の場合は「Bingo!」、123より大きい場合は「greater」、123より小さい場合は「less」を表示するプログラムを作成してください。なお、コマンドライン引数が1個以外の場合は「specify a number」を表示してください。

3. リスト4.11のプログラムにはバグがあるため、意味を持たない条件があります。どの条件が意味を持たないか指摘して、すべての条件が意味を持つように修正してください。

▶リスト4.11　ch04-4q03.c

```
#include <stdio.h>
int main(int argc, char *argv[])
{
    if (argc > 5) {
        puts("argc > 5");
    } else if (argc > 1) {
        puts("argc > 1");
    } else if (argc == 2) {
        puts("argc == 2");
    } else {
        puts("not match");
    }
}
```

4. コマンドライン引数で与えられた整数が3の倍数であれば「Fiz」、5の倍数であれば「Baz」、15の倍数であれば「FizBaz」、それ以外であれば入力された数を出力するプログラムを作成してください。もしコマンドラインが与えられていなければ、「no arguments」を出力して1を返してください。

4.5 論理演算子

論理演算子（logical operator）には、単項の**否定演算子**（negation operator）と2項の**論理積演算子**（logical AND operator）と**論理和演算子**（logical OR operator）があります。

単項否定演算子は**!**で、式に前置します。

書式 否定演算子

```
! 式
```

論理積演算子は**&&**です。

書式 論理積演算子

```
式 && 式
```

論理和演算子は**||**です。

書式 論理和演算子

```
式 || 式
```

いずれの演算子も、結果は偽または真となります。返される値は、偽の場合はint型の0、真の場合はint型の1です。

例4.5 論理演算子

1. 単項否定演算子は、後続の式が偽であれば真、真であれば偽を値とする演算子です。

```
true == !false  // 真
```

単項否定演算子は、他の単項演算子と同様、2項演算子より強く結合します。

```
!(3 > 8)        // 真
```

単項否定演算子の後続の式が()に入っているため、先に評価されます。$3 > 8$の結果の偽を否定するため、真となり、値1が返されます。

2. 単項否定演算子!を適用すると、すべての整数はint型の1または0となります。

```
!1234568900LL   // 0
```

```
!0                // 1
```

3. 論理積演算子は、複数の条件がすべて真かどうかを判定するために使われます（表4.1）。

❖表4.1　論理積

左項	右項	結果
偽	偽	偽
偽	真	偽
真	偽	偽
真	真	真

```
3 && 4 && 5 && 2
```

上の式を評価すると、3と4はいずれも0以外のため真なので真（1）、真と5はいずれも真なので真（1）、真と2はいずれも真なので、結果は真となります。

4. 論理和演算子は、複数の条件のいずれかが真かどうかを判定するために使われます（表4.2）。

❖表4.2　論理和

左項	右項	結果
偽	偽	偽
偽	真	真
真	偽	真
真	真	真

```
0 || 0 || 0 || 4
```

上の式を評価すると、0と0はいずれも偽なので偽（0）、偽と0はいずれも偽なので偽（0）、偽と4は4が真のため、結果は真となります。

5. 論理積演算子は、式の左側から右側へ向かって順に評価し、最初に偽となった時点で結果を返します。結果が真の間は最後の項まで評価を継続します。

論理和演算子は式の左側から右側へ向かって順に評価し、最初に真となった時点で結果を返します。結果が偽の間は最後の項まで評価を継続します（リスト4.12）。

▶リスト4.12　ch04-04.c

```
#include <stdio.h>
#include <stdbool.h>
bool test1(void)
```

```
{
    puts("test1");
    return true;
}
bool test2(void)
{
    puts("test2");
    return false;
}
bool test3(void)
{
    puts("test3");
    return true;
}
int main(void)
{
    if (test1() && test2() && test3()) {
        puts("all true");
    }
    if (test1() || test2() || test3()) {
        puts("includes true");
    }
}
```

上のプログラムを実行すると、以下のようにコンソール出力されます。

```
test1
test2
test1
includes true
```

if (test1() && test2() && test3()) {の行の条件式を実行すると、test1が真を返すため次にtest2を実行します。test2は偽を返すため、そこで条件式は偽で成立します。条件式が偽となったためif文を抜けます。

次にif (test1() || test2() || test3()) {の行の条件式を実行します。するとtest1が真を返すため、そこでif文の条件式が真で成立します。そのため後続のputs("includes true");が実行されます。

5. 2項論理演算子は、関係演算子や等価演算子よりも弱い結合をします。

```
argc == 3 || argc == 4
```

上の式はargcが3または4ならば真となります。最初にargc == 3が評価されて結果を得ます。結果が真であれば、そこで評価を中止します。結果が偽であれば、次にargc == 4を評価してその結果が偽であれば偽、真であれば真が結果となります。

6. 論理積演算子と論理和演算子では、論理積演算子のほうが強く結合します。ただし、clangは既定で論理和と論理積の組み合わせについてはコンパイル時に()を設定するように警告します。
   論理積と論理和を組み合わせる場合は、()を使って最初に実行する演算を指定してください。

```
(a && b) || (c && d)
```


練習問題 4.5

1. 次の式は論理的に意味がありません。なぜなのか、その理由を答えてください。なおargcはintの変数とします。

```
argc < 3 && argc > 4
```

2. 次の式を、(1)と(2)のそれぞれで指定した演算子を使用して書き換えてください。()を使うかどうかは自由です。

```
x > 3 || x < 2
```

(1)　!、||、==

(2)　!、>=、<=、&&

3. リスト4.13のプログラムを実行した場合、コンソールに何が出力されるか答えてください。

▶リスト4.13　ch04-5q01.c

```
#include <stdio.h>
#include <stdbool.h>
bool t(void)
{
    puts("t");
    return true;
}
bool f(void)
{
    puts("f");
    return false;
}
int main(void)
{
    if ((t() || f() || t()) && (f() || f() || t()) && (t() || f())) {
```

```
        puts("true");
    } else {
        puts("false");
    }
}
```

4.6 switch文

switch文は、後続の式の値に等しいcaseラベルに分岐する制御構文です。switch文は、後続の式に指定した整数の値に一致するcaseラベルへ制御を移します。その後、各caseラベルの後続の文を順に実行します。

書式 switch文

```
switch (式) {
case 定数:
    文
    ...
default:
    文
}
```

default文はオプションです。default文がswitch文に存在する場合、いずれのcaseラベルに指定した定数にも一致しなかった場合に制御がdefaultラベルに移ります。default文が存在しない場合は、switch文を抜けます。switchの後続の文は複合文です。caseラベルとdefaultラベルは複合文の途中に挟み込まれた分岐先を示します。

break文は、switch文を構成する複合文から抜け出すことを要求する制御構文です。break文はbreakキーワードのあとに文の終結を示す「;」を記述します。

書式 break文

```
break;
```

例4.6 break文

1. リスト4.14のプログラムはargcの値によって異なるメッセージを出力します。実際にコンパイル、実行してコマンドライン引数の数によってどのように動作が変わるか確認しましょう。

▶ リスト4.14　ch04-05.c

```
#include <stdio.h>
int main(int argc, char *argv[])
{
    switch (argc) {
    case 1:
        puts("no argument!");
        break;
    case 2:
        puts("1 arguments");
        break;
    case 3:
        puts("2 arguments");
        break;
    case 4:
    case 5:
        puts("many arguments");
        break;
    default:
        puts("too many arguments");
    }
}
```

この例では、定数4のcaseラベルから始まる箇所にはbreak文がないためそのまま後続のcase 5ラベルの後ろの文を実行します。

defaultラベルは複合文の最後まで実行可能なのでbreak文を省略しています。次のようにbreak文を記述してもかまいません。

```
    default:
        puts("too many arguments");
        break;
    }
```

switch文の条件式に適合したcaseラベルへ直接分岐が行われるため、caseラベルの記述順についての決まりはありません。最初にdefaultラベルを記述して（この例ではbreak文が必要となります）、次に定数3のcaseラベルを記述して……としても実行ファイルは意図どおりに動作します。ただし、確実にプログラムは読みにくくなります。またcaseラベルに指定する定数の抜けや漏れのチェックが難しくなります。特別な理由がない限りcaseラベルは定数の昇順に記述して、最後にdefaultラベルを記述してください。

2. caseラベルに指定できるのは定数だけです。ただし、次の例のようにコンパイル時に定数として値が求まる式は記述することができます。識別子を使いたい場合は、#defineディレクティブを利用して識別子に定数を割り当ててください。

```
#define FOO_BAR 8
switch (value) {
case 3 + 1:                // valueが4の場合
    puts("value is 4");
    break;
case FOO_BAR:              // #defineで定数に割り当てた識別子を指定
    printf("value=%d¥n", value);
    break;
}
```

3. 複数のcaseラベルに同じ定数を割り当てることはできません。以下のコードをコンパイルすると、2番目のcaseは重複値としてコンパイルエラーとなります。

```
switch (value) {
case 1:
    puts("value is 1");
    break;
case 1:
    puts("value is true");
    break;
}
```

1つのswitch文に指定できるcaseラベルの数は1023個以下と規定されています。

練習問題 4.6

1. 次のリストの問題点を指摘してください。xは別の場所で定義されたint型の変数とします。

```
#define X 8
#define Y X + 1

switch (atoi(argv[1])) {
case x + 1:
    puts("hello");
    break;
default:
    puts("unknown");
    break;
case X:
    puts("X");
case Y:
    puts("Y");
}
```

2. コマンドライン引数で3個の数を受け付けるプログラムをswitch文を使って作成してください。プログラムの仕様は以下のとおりです。

- コマンドライン引数が3個でなければ1を返す
- 最初の引数が0なら2番目の引数と3番目の引数の和を求める
- 最初の引数が1なら2番目の引数と3番目の引数の差を求める
- 最初の引数が2なら2番目の引数と3番目の引数の積を求める
- 最初の引数が3なら2番目の引数と3番目の引数の商を求める
- 最初の引数が上記以外なら「1st argument should be 0 to 3」を出力して2を返す
- 求めた数を出力して0を返す
- 変数は2個のみ使用できる（オプション）

4.7 条件演算子

Cには**条件演算子**（conditional operator）という、3つの項を取る特殊な演算子があります。

書式 条件演算子

```
条件式 ? 真のときに実行する式 : 偽のときに実行する式
```

条件演算子は3つの項を取るため、**三項演算子**と呼ぶこともあります。条件演算子は条件が単純で、かつ真のときに実行する式と偽のときに実行する式が単なる定数値や変数値の場合にきれいにコードが書けるため、よく使われています。一方、3項演算そのものがあまり一般的でないことから嫌う人もまれにいます。

例4.7 条件演算子

リスト4.15のコードは、コマンドライン引数が指定されていたら1、指定されていなければ0を返します。

▶リスト4.15　ch04-06.c

```
int main(int argc, char *argv[])
{
    return (argc > 1) ? 1 : 0;
}
```

条件演算子の結合は極めて弱いため、条件式を()で囲む必要はありません。しかし例4.7で示したように()で囲んだほうが読みやすいので推奨します。

練習問題 4.7

1. 条件演算子を使用して与えられた引数が偶数なら真、奇数なら偽を返す関数bool even(int n)を定義してください。なお、stdbool.hがインクルードされているとします。
2. 1.で作成した関数を条件演算子を使わずに定義してください。

☑ この章の理解度チェック

1. コマンドライン引数が奇数なら「odd」、偶数なら「even」を出力するプログラムを作成してください。このとき判定用に引数で指定された数が奇数なら真を返す関数bool odd(int n)を定義して使用してください。

2. コマンドライン引数で指定した数が10で割り切れたら「A」、3で割り切れたら「B」、30で割り切れたら「C」、それ以外であれば「D」を出力するプログラムを作成してください。もしコマンドライン引数が1個以外なら「specify a number」を表示してください。

3. コマンドライン引数で指定した数を5で割って、余りが1なら「ONE」、余りが2なら「TWO」、余りが3なら「THREE」、余りが4なら「FOUR」、割り切れたら「ZERO」を出力するプログラムを作成してください。もしコマンドライン引数が1個以外なら「specify a number」を表示してください。if文はコマンドライン引数の個数の判定にのみ使用してください。

4. コマンドライン引数で指定した数が10以下ならば「too small」、20より大きければ「too large」、15ならば「good」、それ以外なら「OK」を出力するプログラムを作成してください。もしコマンドライン引数が1個以外なら「specify a number」を表示してください。

Chapter 5

制御文：配列とループ

この章の内容

5.1 配列の宣言
5.2 for文
5.3 break文
5.4 continue文
5.5 goto文

前章では真偽値、真偽値を求めるための関係演算子、等価演算子、論理演算子、そして真偽値によって処理を分岐させる制御構文としてif（else）文を解説しました。これらを使うことでプログラムで実現できることが一気に広がります。

しかし、まだ実用的なプログラミングのためには欠けているものがあります。それが本章で解説する配列とループです。**配列**は、1群のデータを0から要素数-1までのインデックスを付けてアクセスできるようにしたデータ構造です。**ループ**は、指定した数から指定した数まで、あるいは指定した条件を満たす間、または無限に、一定の処理を繰り返すプログラムの制御構文です。

配列とループを使うことで、それぞれのデータを処理するコードを何度も記述する必要がなくなります。ループ内に記述した特定のインデックスのデータを処理するコードを、配列内の全要素に対して適用できるからです。

本章ではループのうち、指定した数から指定した条件の数まで繰り返すfor文について解説します。条件付きのループについては次章で解説します。

前章の復習問題

1. 以下のそれぞれをCの式で表現してください。
   (1) 変数xが8より大きい。
   (2) 変数xが8より小さい。
   (3) 変数xが0より大きく、3以下である。
   (4) 変数xが0以上、3以下である。
   (5) 変数xが0以上、3未満である。
   (6) 変数xが0以上かつ変数yが4以上である。
   (7) 変数xが0、または3である。
   (8) 変数xが5ではない。
2. コマンドライン引数が指定されていなければ「Hello world!」を、指定されていれば最初の引数をコンソールに出力するプログラムを作成してください。
3. 条件演算子を使ってコマンドライン引数が指定されていれば0、そうでなければ1をコンソールへ返すプログラムを作成してください。
4. Cプログラムでbool、true、falseをキーワードのように使用したい場合に取り込むヘッダーファイルの名前を答えてください。

5.1 配列の宣言

配列のデータ構造は、特定の型のデータを直列に配置したものです。すでに本書でも何度も登場しているmain関数のargvパラメータはコマンドとコマンドライン引数を格納した配列です（図5.1）。

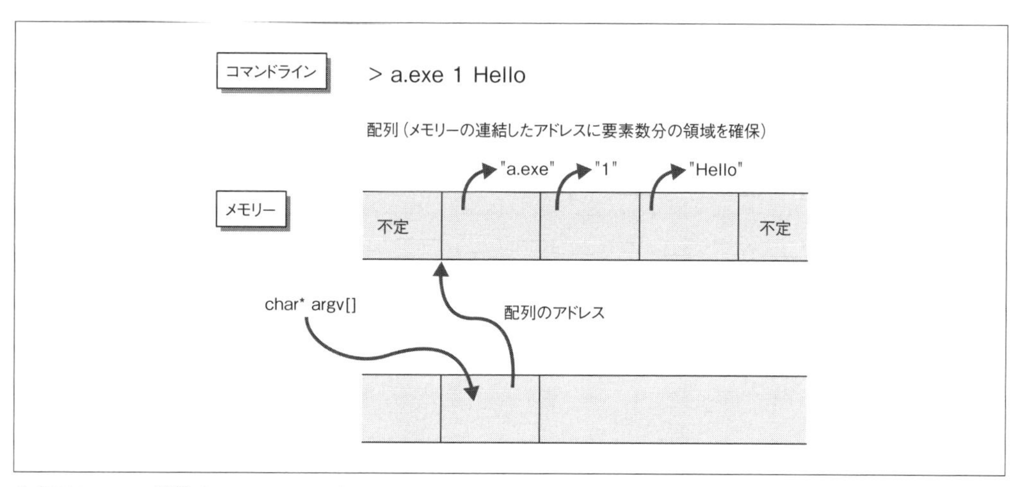

❖図5.1　main関数のargvパラメータ

argvの場合は配列に格納されている内容がchar*（char型へのポインター）なので、少しわかりにくいかもしれません。ポインターは、別のメモリー領域のアドレスを格納した特殊な変数です。ポインターについては第8章で詳しく解説しますが、argvのように関数のパラメータ変数で与えられた配列には配列の実体のアドレスを格納したポインターが使用されます。

単純なint型のデータを要素に持つ配列の宣言を図5.2に示します。この宣言によって定義される配列は、int型のデータ1～4までの4つの要素を格納しています。

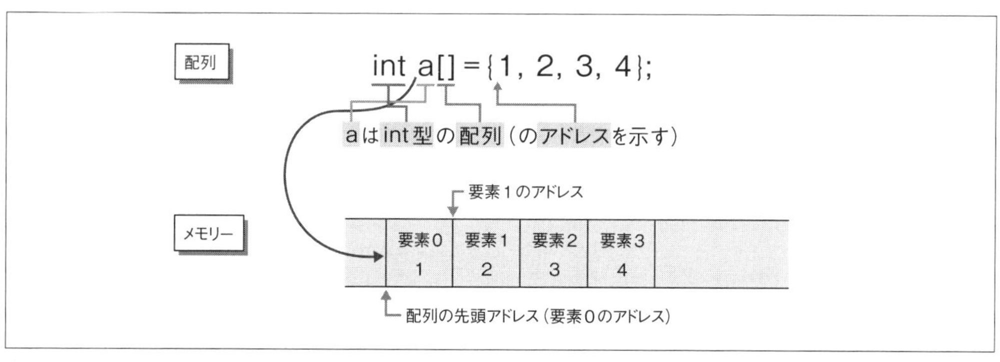

❖図5.2　int型のデータを要素に持つ配列

配列のデータは、メモリー上に確保した要素数分の連続した領域に保存されています。配列の宣言で定義した識別子は上記のメモリー上の連続領域の先頭（＝要素0の開始）アドレスに名前を付け、プログラムから操作できるようにしたものです。一見すると、配列の宣言は変数の宣言と同じように見えますが、配列宣言で定義した識別子は変数とは異なります。このため、あとから他の配列を配列宣言で定義した識別子に代入することはできません。

note
その一方で、argvなどの配列のアドレスのポインターを引数として受ける関数パラメータは変数なので代入可能です。おそらくこのわかりにくさを嫌って、int main(int argc, char *argv[])と書かず、にint main(int argc, char **argv)と書くスタイルを取るプログラマーもいます。しかし後者の書き方はポインターのポインターを使うことになるため（これは正しいのですが）、初学者の混乱に拍車をかけるところがCの面白い点です。そういうプログラミング言語だということは肝に銘じておきましょう。

配列は確保された領域を配列の型で指定したサイズ（たとえばint32_tであれば32ビット=4バイト）ごとに区切って、順に要素0、要素1、……と要素数分のデータを配置します。図5.2であれば、要素0はint型のサイズの領域で内容は2進数の000 …… 01、要素1は同様にint型のサイズの領域で内容は2進数の000 …… 10、のように格納されます。

配列の各要素を参照したり、各要素に値を代入するには、配列名の直後に[インデックス値]の形式で後置式を指定します。「[インデックス値]」を配列演算子と呼びます。

配列の指定した要素数を超えた領域に何が入っているかは不定です。このため、図5.2のような配列の場合は、a[4]と書いて5番目の要素にアクセスすると何が得られるかはわかりません。最悪の場合は確保されたメモリーの切れ目となり、存在しないメモリー領域へのアクセスでプログラムがエラー終了します。

重要 配列

- **配列の要素は0から始まります。最初の要素のインデックスは0で、末尾の要素のインデックスは要素数−1です**（note参照）。
- **配列の要素数を超えたアクセス結果は不定です。**
- **配列宣言で定義した配列を示す識別子は変数ではないので、あとから他の配列を代入することはできません。本書では、以降、配列宣言で定義した配列を示す識別子を「配列名」と書いて、配列の実体と区別することがあります。**

note
好奇心旺盛な読者であれば、「インデックスに負値を与えたらどうなるのか？」と考えるかもしれません。結論から言うと、警告が出ますがコンパイルはできて実行ファイルも生成されます。要素数を超えたアクセスが配列よりも後方のメモリーアクセスとなるのと同じで、配列よりも前方のアドレスに対するアクセスとなります。当然、メモリーの切れ目であればプログラムはエラー終了します。仮にアクセス可能であっても通常は内容は不定です。しかしそのように書くことが可能なことから想像できるように、あえて前方にアクセスさせる場合はあります。したがって、配列のインデックスに負値を与えているソースコードだからと言ってバグとは言えません。ただし、当然ですが、代替手段があるのでそのようなアクロバティックなプログラムを作成すべきではありません。

配列の宣言方法は2種類あります。

1つは識別子の直後に配列を示す[]を後置して、初期化子として{}内に「,」で区切った各要素の初期値を代入式で与える方法です。{}で囲まれた初期値の並びを**初期化子リスト**と呼びます。配列の要素数は初期化子リストの要素数となります。

書式 配列の宣言

```
型名 配列名[] = { 要素0の式, 要素1の式, ……, 要素nの式 };          ※要素数はn+1
```

もう1つの方法は、配列名の直後の[]内にint型の定数（note参照）で配列の要素数を指定する方法です。こちらの方法を使用した場合は、初期化子はオプションです。

for文の解説では、要素数を変数で指定する方法を説明します。ただし、要素数を変数で指定する方法はC11ではオプション機能です。clangやgccはこの機能を提供していますが、提供していないC11準拠のCコンパイラもあり得ます。

書式 配列の宣言：要素数を指定

```
型名 配列名[要素数] = { 要素0の式, 要素1の式, ……, 要素nの式 };  ※nは[]内で指定した要素数-1
                     初期化子はなくてもよい
```

初期化子を省略した場合、配列の内容は不定です。この場合は、配列の各要素の内容を取得する前に、配列の各要素に値を代入する必要があります。初期化子を記述した場合は、初期化子リストに含まれていない要素は0に初期化されます。

なお、main関数の引数のchar *argv[]などのパラメータは、すでに呼び出し側によって初期化された配列を受け取ることを示すため、初期化子や[]内に要素数を書くことはできません。本章の冒頭で述べたように、そもそも配列名ではなくポインター変数（第8章で解説）という別の種類のプログラム要素です。ただし、配列の要素にアクセスする場合は、配列宣言で定義した配列名と、配列パラメータは同じように扱えます。

配列の各要素にアクセスするには配列演算子を利用します。配列演算子は、配列名の直後の[]内に要素の0から始まる**インデックス値**を指定します。インデックス値を「**添字**」と表現することもあります。

書式 配列要素へのアクセス

```
配列名[式]
```

インデックス値は式なので定数、変数、演算式などで記述できます。

例5.1 配列の宣言

1. リスト5.1の例は、4要素のint型の配列aの宣言です。0から数えた2要素目以降は0に初期化されます。

▶ リスト5.1　ch05-01.c

```
#include <stdio.h>
int main(void)
{
    int a[4] = { 1, 2 };
    printf("%i¥n", a[0]);  // => 1
    printf("%i¥n", a[1]);  // => 2
    printf("%i¥n", a[2]);  // => 0
    printf("%i¥n", a[3]);  // => 0
}
```

2. リスト5.2の例は、4要素のlong型の配列aの宣言です。全要素を0で初期化します。

▶ リスト5.2　ch05-02.c

```
#include <stdio.h>
int main(void)
{
    long a[4] = {};
    printf("%li¥n", a[0]);  // => 0
    printf("%li¥n", a[1]);  // => 0
    printf("%li¥n", a[2]);  // => 0
    printf("%li¥n", a[3]);  // => 0
}
```

3. リスト5.3の例は、4要素のlong long型の配列aの宣言です。要素は不定なため、何が出力されるかはわかりません。

▶ リスト5.3　ch05-03.c

```
#include <stdio.h>
int main(void)
{
    long long a[4];
    printf("%lli¥n", a[0]);  // => ?
    printf("%lli¥n", a[1]);  // => ?
    printf("%lli¥n", a[2]);  // => ?
```

```
    printf("%lli¥n", a[3]);  // => ?
}
```

4. 次の例は、4要素のint型の配列aを宣言し、各要素を1から4までの数で初期化し、その後、要素1に5を加算し、要素2の内容を10倍します。

▶リスト5.4　ch05-04.c

```
#include <stdio.h>
int main(void)
{
    int a[4] = { 1, 2, 3, 4 };
    printf("%i¥n", a[0]);  // => 1
    printf("%i¥n", a[1]);  // => 2
    printf("%i¥n", a[2]);  // => 3
    printf("%i¥n", a[3]);  // => 4
    a[1] += 5;
    a[2] *= 10;
    printf("%i¥n", a[1]);  // => 7
    printf("%i¥n", a[2]);  // => 30
}
```

5. 配列のインデックス値には変数を使用することもできます。リスト5.5の例は、3要素の配列の各要素を変数に格納したインデックス値でアクセスします。

▶リスト5.5　ch05-05.c

```
#include <stdio.h>
int main(int argc, char *argv[])
{
    int a[] = { 1, 2, 3 };
    int i = 0;
    printf("%i¥n", a[i++]);  // => 1
    printf("%i¥n", a[i++]);  // => 2
    printf("%i¥n", a[i]);    // => 3
}
```

i++の++（後置インクリメント演算子）は、後置された変数（ここではi）の値に1を加算し、加算前の値を返す演算子です（第3章参照）。したがって、最初のprintf関数の引数a[i++]は、i++でiの値を1とし、iのインクリメント前の値を使ってa[0]の値（＝1）となります。次のprintf関数の引数a[i++]は、i++でiの値を2とし、iのインクリメント前の値を使ってa[1]の値（＝2）となります。

3番目のprintf関数の引数a[i]は、iの値が2なのでa[2]の値（＝3）となります。

6. 初期化子リストの最後は「,」で終わらせることができます。

```
int a[] = { 1, 2, 3, };  // 3要素の配列
```

あとから配列の要素を追加できるように、次のようにコードを記述することはよく行われています。

```
int a[] = {
    1,
    2,
};
```

この書き方を使うと、あとから要素を追加するときに、追加行以外は一切修正する必要がありません。このため、修正前後のソースファイルの差分を取ったときに修正箇所が極めて明確になります。

```
int a[] = {
    1,
    2,
    3, ———— ソースファイルへ追加した要素。
            直前の行が「,」で終わっているため、この行のみの追加でよい
};
```

7. C11の仕様では、配列の要素数に変数を指定することが認められています。ここまでの解説では、配列は要素数が決まっている初期化子リストによって宣言時に初期化するか、または変数に後置した[]内に定数で配列の要素数を決定しておく必要がありました。

clangやgccなどの変数を指定可能なコンパイラでは、配列の要素数を実行時に決定できます。このような配列を**可変長配列**（variable length arrayまたはVLA）と呼びます。リスト5.6に可変長配列を使った例を示します。

▶リスト5.6　ch05-06.c

```
#include <stdio.h>
#include <stdlib.h>
int main(int argc, char *argv[])
{
#if defined(__STDC_NO_VLA__)
    puts("not supported");
#else
    int a[argc - 1];
    for (int i = 0; i < argc - 1; i++) {
```

```
        a[i] = atoi(argv[i + 1]);
    }
    for (int i = 0; i < argc - 1; i++) {
        printf("%i¥n", a[i]);
    }
#endif
}
```

上のプログラムで利用している

```
#if defined(識別子)
  (a)
#else
  (b)
#endif
```

というディレクティブ（#で始まるコマンドはCプリプロセッサ用のディレクティブです）は、識別子で指定したマクロが定義済みならば（a）を有効なソースコードとしてコンパイル対象とし、未定義ならば（b）を有効なコードとしてコンパイル対象とします。#ifディレクティブについては第14章で説明します。

ここで指定している__STDC_NO_VLA__はC11で定義されている可変長配列をサポートしていなければ1と定義され、可変長配列をサポートしていれば未定義となるマクロです。

ただしC11に準拠していないCコンパイラは、可変長配列をサポートせず、かつ__STDC_NO_VLA__も定義していないため、（b）が有効となり、コンパイルエラーとなります。たとえば、Visual Studio 2015に付属しているcl.exeでコンパイルすると、「error C2057: 定数式が必要です。」というコンパイルエラーとなります。

gccまたはclangであれば、可変長配列をサポートしているため__STD_NO_VLA__マクロは未定義で、したがって（b）が有効となり、argc－1個の要素を格納可能な配列aが定義されて、以降の処理を実行します。

練習問題 5.1

1. 5要素の配列の各要素が順にint型の10、20、30、40、50となる配列xを宣言してください。初期化子リストを使う方法と、使わない方法の2種類を解答してください。
2. 3要素の配列xの初期化子リストに{100}を与えました。2番目の要素の値を答えてください。

3. 次のプログラムの誤りを指摘してください。誤りは複数個あります。

```
int a[3] = { 1, 2, 3, 4 };
printf("%i¥n", a[1]);
printf("%i¥n", a[2]);
printf("%i¥n", a[3]);
printf("%i¥n", a[-1]);
```


5.2 for文

Cでループを実現する方法は複数ありますが、真っ先に学ぶべきはfor文です。**for文**は、条件付きループ、無限ループなどあらゆるループを実現できる最も強力な制御構文です。

書式 for文

```
for (節1; 式2; 式3) 文
```

for文は、キーワードfor、for文を制御する3つの式（初期化式（節）、ループの継続判定式、継続時の後処理式）、ループ本体の文の3つのパートから構成されます。ループ本体の文は特にfor文全体を1行で記述したいという理由がない限り、複合文として記述してください。最初から複合文にしておくと、if文と同様に、あとから処理を追加するときにバグが入りにくくなるからです。

forキーワードに続く()内を「;」で3つのパートに区切ってそれぞれに節1、式2、式3を記述します。節1には、ループ実行前に一度だけ実行される式か変数宣言を記述します。ここには式だけではなく変数宣言も記述できるため、「節」と呼んでいます。節1で宣言した変数は式2、式3および()に続く文の中でのみ使用できます。

式2には、ループを継続させるための条件を記述します。式2が真（0以外）の間、ループは継続されます。式2はループ本体を実行する前に常に実行されます。

式3には、ループ本体の終了時に実行する後処理を記述します。式3はループ本体の実行後に常に実行されます。

例5.2 for文

1. 最も一般的なfor文の使い方として、配列のアクセスにfor文を適用する例をリスト5.7に示します。

▶リスト5.7　ch05-07.c

```
#include <stdio.h>
```

```
int main(int argc, char *argv[])
{
    for (int i = 0; i < argc; i++) {
        puts(argv[i]);
    }
}
```

節1でインデックス用の変数iを宣言します。初期化子に0を与えて配列の最初の要素を参照できるようにします。

式2でインデックス用変数iがargv配列の要素数（argc）よりも小さいかどうかをチェックします。iがargcより小さくて真となればループを継続します。iがargcと等しくなったら結果は偽となるため、ループが終了されます。

式3でループ本体が終了する都度、変数iをインクリメントする処理を記述します。この式の結果は使用されないので++iと書いても問題ありません（note参照）。

note

筆者はバランスよく見えるので後置インクリメント式を好んでいます。ここで実現したいことは変数iに1を加えることで、結果の値を使用しないため前置インクリメント式と後置インクリメント式に違いはありません。なお、i += 1と書いても処理としては問題ありませんが、Cの慣用的な表現からは外れるためまったくお勧めできません。

上の例に対して実際にどのようにfor文が処理するか、main関数のargcに3、argvの配列に{"a.exe", "b", "c"}を与えた場合を以下に示します。

```
{   //for文全体は複合文の中で実行される
    int i = 0;          // 節1を実行するので変数iが宣言されて0に初期化される（note参照）
    if (i < 3) {        // 式2を実行すると変数iは0なので真
        puts(argv[i]);  // ループ本体を実行する。変数iは0なので"a.exe"が出力される
        i++;            // 式3を実行して変数iは0から1になる
        if (i < 3) {    // 式2を実行すると変数iは1なので真
            puts(argv[i]);  // ループ本体を実行する。変数iは1なので"b"が出力される
            i++;            // 式3を実行して変数iは1から2になる
            if (i < 3) {    // 式2を実行すると変数iは2なので真
                puts(argv[i]);  // ループ本体を実行する。変数iは2なので"c"が出力される
                i++;            // 式3を実行して変数iは2から3になる
                if (i < 3) {    // 式2を実行すると変数iは3なので偽
                }
            }
        }
    }
}   // 複合文を抜けるので変数iは以後使えない。
```

note

変数は、宣言した複合文（関数を含む）の内側でのみ使用できます。一番外側で宣言した変数はグローバル変数となり、プログラムのどこからでも使用できます。図5.3は、for文の各構成要素の関係を示したものです。

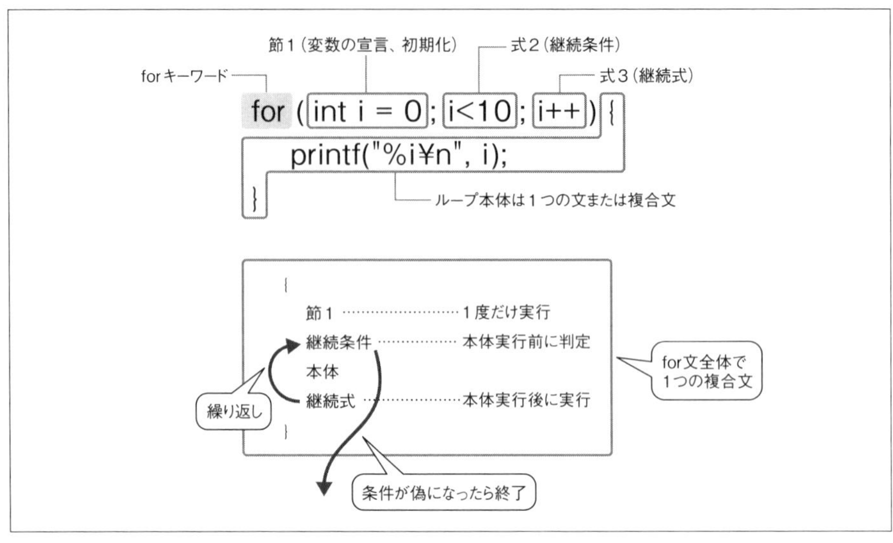

❖図5.3　for文

2. インデックス変数をfor文の終了後に参照したい場合は、for文の前に宣言する必要があります。

```
int i = 0;
for (; i < argc; i++) {
    puts(argv[i]);
}
if (argc != i) {     // iはargcと等しくなっているので異なったらバグ
    puts("bug!");
}
```

上の例ではインデックス変数を外側で宣言したため節1の記述を省略しています。記述を省略しても各式（節）を区切る「;」は省略できません。

for文ではインデックス変数を節1で宣言し、for文が終了するとアクセスできないようにするというのがCのデザインだという点に注意してください。つまり、特別な理由がないのであれば、インデックス変数はfor文とともに宣言してfor文とともに使い終わるようにすべきです。

3. 無限ループを実現するには式2を省略します。式2を省略するとコンパイラによって0以外の数が与えられたものとして処理されます（リスト5.8）。

▶リスト5.8　ch05-08.c

```
#include <stdio.h>
int main(void)
{
    for (int i = 0; ; i++) {
        printf("%i¥n", i);
    }
}
```

上のプログラムを実行すると永遠にコンソールにその時点のiの値が出力されます。よく観察すると、iの値はINT_MINからINT_MAXの間だということがわかると思います。

終了するにはコンソールに対して［Ctrl］+［C］キー（Ctrlキーと Cのキーを同時に押す）を押すか、タスクの終了を行ってください。

ループ本体で使用する変数や後処理が不要であれば、

```
for (;;) {
    // 無限に実行する処理
}
```

のように(;;)と記述します。

4. ループの本体にreturn文を置いた場合、プログラムがreturn文を実行した時点でfor文を記述した関数そのものから退出します（リスト5.9）。

▶リスト5.9　ch05-09.c

```
#include <stdio.h>
int main()
{
    for (;;) {
        puts("Hello!");
        return 1;
    }
}
```

上の例では、無限ループとなるfor文の本体にreturn文を置いているため、「Hello!」を出力した直後にmain関数から退出しプログラムは終了します。このとき、return文で1を返すように設定しているため、コンソールで「echo %ERRORLEVEL%」（Unix系のOSでは「echo $?」）を実行するとプログラムから1が返されたことが確認できます。

練習問題　5.2

1. リスト5.10のプログラムの問題点を指摘してください。

▶リスト5.10　ch05-2q01.c

```
#include <stdio.h>
int main(int argc, char *argv[])
{
    for (int i = 0; i <= argc; ++i) {
        puts(argv[i]);
    }
}
```

2. リスト5.11のプログラムはコマンドライン引数を出力するプログラムで正しく動作します。しかしfor文の機能を生かしていません。for文の機能を使うように書き換えてください。

▶リスト5.11　ch05-2q02.c

```
#include <stdio.h>
int main(int argc, char *argv[])
{
    int i;
    for (i = 1; i < argc;) {
        puts(argv[i]);
        i++;
    }
}
```

3. リスト5.12のプログラムはすべてのコマンドライン引数をコンソールへ出力するプログラムですがバグがあります。どのようなバグか指摘して修正してください。

▶リスト5.12　ch05-2q03.c

```
#include <stdio.h>
int main(int argc, char *argv[])
{
    for (int i = 1; ; i++) {
        if (i < argc) {
            puts(argv[i]);
        }
    }
}
```

4. 1からコマンドライン引数で指定した正の数までの総和を出力するプログラムを作成してください。実行例は以下のようになります。

```
> a.exe
usage: a.exe number

> a.exe 4
10 ――――――――――――――――――――――― 1 + 2 + 3 + 4

> a.exe 10
55 ――――――――――――――――――――――― 1 + 2 + ... + 9 + 10
```

5.3 break文

前節でfor文で無限ループを実現する方法を説明しました。当然ですが、正しく動作するプログラムはなんらかの方法でループを抜け出る必要があります。それには3つの方法があります。

最初の方法は、特定条件を満たしたときに関数そのものからreturn文（第2章）を使って抜け出ることです。ループ内にreturn文を置けば、その時点で関数から抜けるため、当然ループからも抜けられます。

2番目の方法は、goto文を使う方法です。goto文は本章の最後に説明します。

最後の方法は、本節で解説する**break文**を使用する方法です。

書式 break文

```
break;
```

break文はキーワードbreakと文を終結させる「;」で構成されます。break文は、第4章のswitch文でcaseラベルの処理を終了させるのに使用したbreak文と同じものです。switch文の中にbreak文を置くと、その時点でswitch文を抜けるのと同様に、ループ内にbreak文を置くと、プログラムの制御がbreak文に移った時点でループを抜けます。

例5.3 break文

1. break文でループを抜ける場合、for文の式3は実行されません（リスト5.13）。

▶リスト5.13　ch05-10.c

```
#include <stdio.h>
```

```
#include <stdlib.h>
int main(int argc, char *argv[])
{
    int i = 1;
    for (; i < argc; i++) {
        if (atoi(argv[i]) == 0) {  // if (!atoi(argv[i])) { も可。
            break;
        }
        puts(argv[i]);
    }
    printf("index=%i¥n", i);
}
```

上の例は、わざとインデックス変数をfor文の外に出して、break文を呼び出したあとに式3（i++）が実行されないことを確認するためのプログラムです。

このプログラムにコマンドライン引数として3、4、0、8を与えた場合、次のように実行されます。

```
> a.exe 3 4 0 8
3
4
index=3
```

変数iが3なのはargv[i]が0のときなので、i++が実行されていないことが確認できます。

2. for文が多重になっている場合、break文が中断するのは直接break文が書かれた最も内側のループです。次の例はfor文の3重ループです。実際にコンパイル実行してx、y、zの各変数の増減を確認してみましょう（リスト5.14）。

▶リスト5.14　ch05-11.c

```
#include <stdio.h>
int main(void)
{
    for (int x = 0; x < 5; x++) {
        for (int y = 0; y < 5; y++) {
            for (int z = 0; z < 5; z++) {
                printf("x=%i, y=%i, z=%i¥n", x, y, z);
                if (y == 2 && z == 3) {
                    puts("break => y == 2 && z == 3");
                    break;
                }
            }
```

```
            if (y == 3) {
                puts("break => y == 3");
                break;
            }
        }
        if (x == 4) {
            puts("break => x == 4");
            break;
        }
    }
}
```

このプログラムを実行すると最初は、

```
x=0, y=0, z=0
x=0, y=0, z=1
x=0, y=0, z=2
```

のようにxとyが0でzがカウントアップされて表示されます。

zが5まで進むと、zのfor文の継続条件z < 5によって内側のzのfor文を抜けて、yのfor文に戻ります。

```
x=0, y=1, z=0
x=0, y=1, z=1
x=0, y=1, z=2
```

これでyのfor文の式3によりyが1となり、yのfor文本体が再実行されます。続けて再びzのfor文が始まり、zは0からループを開始します。

最初に変わったことが起きるのは、yが2、zが3のときです。zのfor文の本体に書かれたif文によってzのfor文がbreak文によって中断されます。この中断はzのfor文にだけ影響するため、yのfor文本体は処理を継続します。

```
x=0, y=2, z=1
x=0, y=2, z=2
x=0, y=2, z=3
break => y == 2 && z == 3
x=0, y=3, z=0
```

次に変わったことが起きるのは、xが0（この値はまだ変わりません）、yが3、zが4のときです。zのfor文が最後まで進み、zが5となり、継続条件に合わなくなり、zのfor文を抜けます。すると、yのfor文内のif文の条件であるy == 3が成立し、yのfor文の実行が中断されます。結果、xのfor文に戻り、xがカウントアップされます。

```
x=0, y=3, z=3
x=0, y=3, z=4
break => y == 3
x=1, y=0, z=0
x=1, y=0, z=1
```

練習問題　5.3

1. int型の1から始めて、現在の数に現在の数の2倍を加えることを繰り返してください。もし結果が0より小さくなったら、ループを抜けて最終的な値を表示するプログラムを作成してください。

   ヒント 現在の数に現在の数の2倍を加えるというのは、value += value * 2; を実行するということです。

2. int型の変数をINT_MAXで初期化して、コマンドライン引数で与えた数で順に除算を実行した結果を出力するプログラムを作成してください。ただし、コマンドライン引数が0だった場合はエラーを出力して処理を中止します。実行例は以下のようになります。

```
> a.exe 3 5 9
15907286

> a.exe 3 5 9 0 11
divisor is 0

> a.exe 300 500 900
15
```

なお、if文は1回だけ使ってください。また、for文の継続条件式はargcとインデックス用変数の比較を使ってください。ループの中断には必ずしもbreak文を使うとは限りません。

5.4 continue文

continue文は、ループ中にループ本体の後続の処理をスキップするために使用します。

書式 continue文

```
continue;
```

continue文はbreak文同様に、キーワードに続けて文を終結する「;」を記述します。

例5.4 continue文

1. コマンドライン引数のうち、処理に使用できないデータをスキップする方法を示します。前節の練習問題5.3 - 2では「int型の変数をINT_MAXで初期化して、コマンドライン引数で与えた数で順に除算を実行した結果を出力する」というプログラムを作成しました。ここでは、コマンドライン引数に0が出現した場合、処理を中断するのではなく、該当引数をスキップする方法を考えてみます。

   1つの方法は、if〜else文を使用することです。

```
for (int i = 1; i < argc; i++) {
    int divisor = atoi(argv[i]);
    if (!divisor) {
        puts("0は利用不可能なのでスキップします。");
    } else {
        value /= divisor;
    }
}
```

この場合、ループの本体とスキップする処理がそれぞれ1行とバランスが取れているためif文を使用しても特に困る点はありません。しかし、本来のループ本体の処理と、エラーのための処理が同じレベルの複合文となる点はあまりよいことではありません。また、行を構成する文字数が多くなると、else文の{}内に文を記述するためのインデント4文字分が邪魔となります。

note

本書ではインデントを4文字としているため4文字分としています。しかしインデント4文字はCの文法上の決まりではありません。タブ1文字（見た目の空白8文字または4文字）や空白2文字などのスタイルや、読みやすさを考えずに打ち込み速度優先でインデントなしといった書き方でも問題ありません。

このような場合、エラースキップ処理の最後にcontinue文を使うことで、本来のループ本体で行いたい処理をループ本体の複合文のレベルに配置できます。

```
for (int i = 1; i < argc; i++) {
    int divisor = atoi(argv[i]);
    if (!divisor) {
        puts("0は利用不可能なのでスキップします。");
        continue;
    }
    value /= divisor;
}
```

上の例ではcontinue文により後続の処理がスキップされるため、for文のループ本体のレベルに本来の処理が戻りました。

continue文がスキップするのはループ本体の後続処理で、for文の式3は通常どおりに実行されます。

練習問題　5.4

1. 1以上30以下の数を連続してコンソールに出力するプログラムを作成してください。ただし、continue文を使用して6の倍数については出力しないようにしてください。

2. 1から50までのFizzBuzzプログラムを作成してください。FizzBuzzは、3の倍数は「Fizz」、5の倍数は「Buzz」、15の倍数は「FizzBuzz」、それ以外の数はその数自身をそれぞれ出力するプログラムです。ただし、else文は使わないでください。

5.5 goto文

goto文は、指定したラベルに実行の制御を移す制御構文です。goto文は、キーワードgotoの後ろに1つ以上の空白（Cの文法上、タブや改行は空白に含まれます）を置き、ラベル名を記述して「;」で文を終結させます。

書式 goto文

```
goto ラベル名;
```

ラベル名は識別子の後ろに「:」を置く特殊な形式です。switch文（第4章）のcaseラベルと同様ですが、定数は記述できません。ラベル名はCの識別子のルールに従って、英文字または_で開始し、0文字以上の英数字または_を続けたあとに「:」を後置します。また、ソースファイルのエンコーディングがUTF-8であれば国際文字を使用できます。

書式 ラベル名

```
識別子:
```

goto文が威力を発揮するのは、次のようなケースです。

- 2重になったループ処理の内側のループから全体のループを中断する場合
- ループ内のswitch文内からループを中断する場合

break文だけでは内側のループ内から外側のループを中断させることはできません。switch文の中に記述したbreak文はswitch文から抜けることしかできません。goto文を使うといずれの場合も期待した処理を行えます。

例5.5 goto文

1. goto文を使用すると、多重ループの内側から指定したラベルへ制御を移せます（リスト5.15）。これにより複数のループから一気に抜けることが可能です。

▶リスト5.15　ch05-12.c

```
#include <stdio.h>
int main(void)
{
    for (int x = 0; x < 5; x++) {
        for (int y = 0; y < 5; y++) {
            for (int z = 0; z < 5; z++) {
                printf("x:%i, y:%i, z:%i¥n", x, y, z);
                if (x == 1 && y == 2 && z == 3) {
                    goto break_the_loops;
                }
            }
        }
    }
break_the_loops:
    puts("end");
}
```

ラベルのインデントについては特にどう書くべきといった指針はありません。コーディングスタイルの慣習はコードが書かれていくうちに読みやすさや書きやすさをもとに良くないものが淘汰されて生まれます。gotoは10年ほど前までは「利用してはならない」という規約が支配的だったために、よいスタイルが生まれる余地がなかったためです。

上の例で示したように、gotoの飛び先に使用するラベルはインデントなしで記述するか、関数のインデント位置（上の例だと左から4文字目）に記述するのがよいでしょう。

2. goto文を使用して、switch文の中からループを抜けることが可能です（リスト5.16）。

▶リスト5.16　ch05-13.c

```
#include <stdio.h>
int main(void)
{
    for (int i = 0; i < 8; i++) {
```

```
        switch (i % 3) {
        case 0:
            puts("Fizz");
            break;
        case 1:
            puts("Fizz + 1");
            break;
        case 2:
            goto exit_from_loop;
        default:
            puts("bug! never come here");
        }
    }
exit_from_loop:
    puts("end");
}
```


例のcase 0ラベルやcase 1ラベルの下に記述されているbreak文はswitch文から抜けることを意味します。for文は継続されます。

それに対してcase 2ラベルに記述したgoto文はfor文からも抜け出せます。

3. goto文を利用しないで多重ループの内側から抜けるには**フラグ変数**を利用します。フラグ変数は、フラグが立っているかどうかによってプログラムの実行の流れを制御するための変数です。

まず最初に、フラグ変数という、実行の流れを制御する変数の利用は避けるべきだという点は念頭に置いてください。簡単に利用できるために、ソースコードに多数のフラグ変数が導入された結果、読解不能となったプログラムはいくらでも存在します。その結果、goto文を使うほうがまだましという結論に至っているのが現状です。第1章では、Cは現在では最善のプログラミング言語ではないと説明しました。たとえばC#はgoto文の利用範囲を細かくチェックすることでフラグ変数の導入を避けつつ、かつgoto文の乱用ができないように設計されています。Javaの場合はbreak文がラベルを取れるように設計することでフラグ変数の導入の必要性を減らしています。

リスト5.17の例は、1以上10未満のxとyの2重のループの実行で、xとyの積が最初に10を超えた時点のxとyの値を出力してループを中断します。

▶リスト5.17　ch05-14.c

```
#include <Stdio.h>
#include <stdbool.h>
int main(void)
{
    bool found = false;
```

```
    for (int x = 1; x < 10; x++) {
        for (int y = 1; y < 10; y++) {
            if (x * y > 10) {
                printf("x=%i, y=%i¥n", x, y);
                found = true;
                break;
            }
        }
        if (found) {
            break;
        }
    }
}
```

「x * y > 10」のif文内で実行するbreakは変数yのfor文から退出しますが、外側の変数xのfor文は終わらせることはできません。

xのfor文を終わらせるためにフラグ変数foundを用意して、あらかじめ偽に設定しておきます。このフラグ変数を変数yのfor文内の退出条件を満たした時点で真に設定します。変数xのfor文内でフラグ変数をチェックして真であればbreak文を実行してループから退出します。

上の例については各for文の式2を「x < 10 && !found」のように、元の条件に加えて「かつfound変数が偽ならば」と記述する方法もあります。

ただし、導入したフラグ変数による退出が例外的な条件の場合であれば、通常のループの継続条件には含めずに、上のリストで示したようにif文とbreak文の組み合わせでチェックするほうが、フラグ変数の特殊性が明らかになるためよい書き方です。

特に、内側のループの終了後に外側のループ本体の別の処理が続く場合は、上のリストのように内側のループの退出直後にフラグ変数をチェックしてすぐに退出してください。このように記述すればバグを防ぐことができます。

練習問題　5.5

goto文はうまく使えばとても便利ですが、少しばかり便利すぎるところが問題でもあります。そのため、本節の例のように書けばきれいに書けることが自明であっても、あえてgoto文を使わないというコーディング規約を設定しているグループもあります。練習問題では、goto文を使わずにどうすれば同じことができるかを考えてください。

1. goto文を使わずに例5.5-1のプログラムと同等なプログラムを作成してください。
2. goto文を使わずに例5.5-2のプログラムと同等なプログラムを作成してください。

Column 使ってはいけないgoto文

この節の例で示したgoto文はよい使用例です。使うべき意味があり、使わない場合よりも使ったほうがプログラムの見通しがよくなり、かつ保守が容易となります。

しかし、かってgotoが長いこと使われないように封印されていたことには理由があります。goto文は構文が簡単で、他の制御構文を覚えなくてもgotoだけを使って動くプログラムが作れてしまうからです。歯止めをかけないと、あっという間にあらゆる制御にgoto文が使用されてしまいます。問題は、goto文は書くのが簡単でも読み解くのが大変だということです。

歴史的には、for文やswitch文などの制御構文がプログラミング言語に用意されるよりも前の時代にgoto文は生まれました（機械語がそうだからです）。その頃作られたプログラムは、制御に利用できるのが条件判断とgoto文だけのため、保守困難なものが多く（スパゲッティコードという言葉はこの時代の産物です）、その反省から生まれたのが制御構文です。したがって、goto文の使用は最低限にすべきです。つまり、多段になったループやループ内のswitch文からの脱出にのみ使うようにしてください。

参考までに例5.5-2のリストを、if文以外の制御構文を使わずにgoto文だけで記述したものをリスト5.18に示します。制御構文を使っていないためインデントによる意味的な区切りがなくなり、個々の処理の終了時にgoto文が必要となるため、たかだかこの程度のものでも処理の流れが追いにくくなります。

▶リスト5.18　ch05-15.c

```
#include <stdio.h>
int main(void)
{
    int i = 0;
begin:
    if (i >= 8) {
        goto exit_from_loop;
    }
    int value = i % 3;
    if (!value) {
        puts("Fizz");
        goto next_i;
    }
    if (value == 1) {
        puts("Fizz + 1");
        goto next_i;
    }
    if (value == 2) {
        goto exit_from_loop;
    }
next_i:
    i++;
```

```
    goto begin;
exit_from_loop:
    puts("end");
}
```

特にこのリストがまずいのは、関数の先頭で0で初期化した変数iを、すぐに8以上かどうかを比較している点です。この時点だと何がなんだかわけがわかりません。このようなコードはコンパイラによる最適化が難しくなるため、人間が読みにくいだけでなく、生成されるプログラムの質もあまり高くできません。

☑ この章の理解度チェック

1. 配列を利用して30から80までの間の素数をすべて出力するプログラムを作成してください。次の出力を得られれば正解です。

```
31
37
41
43
47
53
59
61
67
71
73
79
```

2. 1から順に2、3、……と掛け合わせて求められる16ビット符号付き整数、32ビット符号付き整数それぞれの最大値と乗数を出力するプログラムを、以下の条件で作成してください。

(1) 2つのfor文を使って作成してください。
(2) 1つのfor文を使って作成してください。

なお、16ビット符号付き整数の最大値はINT16_MAX、32ビット符号付き整数の最大値はINT32_MAXで、どちらもstdint.hに定義されています。
出力が以下のようになれば正解です。

```
16bit = 5040, last multiplier=7
32bit = 479001600, last multiplier=12
```

制御文：条件付きループ

この章の内容

6.1 while文
6.2 do文（do～while文）
6.3 多次元配列（高度なトピック）

前章では、配列とfor文、for文を中断するためのbreak文、実行中のループをスキップするためのcontinue文、そして飛び先のラベルへ制御を移すためのgoto文について解説しました。

本章では引き続きループのための制御文について解説します。本章で解説するのは条件に合致する限りループの本体を繰り返し実行する**while文**と、ループ本体の実行後に条件に合致しなければ繰り返しを中止する**do文**（**do～while文**）です。

また、配列の続きとして多次元配列について簡単に解説します。多次元配列の解説はどちらかと言うと高度なトピックです。第8章を終了してから、この章に戻って解説を読んでもよいでしょう。多次元配列に関する練習問題もそのときにチャレンジしてみてください。

前章の復習問題

1. 次の配列宣言の中から正しい構文を選び、配列の要素数と各要素の値を答えてください。

    a. `int a[] = {};`

    b. `int a[] = { 1, 2, 3 };`

    c. `int a[] = { 1, 2, 3, };`

    d. `int a[4];`

    e. `int a[4] = {};`

    f. `int a[4] = { 1 };`

    g. `int a = 8, ar[a + 1];`

2. 要素が10個あるint型の配列を宣言して、奇数番目の要素はインデックスの10倍、偶数番目の要素はインデックスの2倍の値を設定してください。つまり、0番目の要素は0、1番目の要素は10、2番目の要素は4、……となります。次に、すべての要素を順にコンソールに出力するプログラムを作成してください。なお、for文は2回使ってください。

3. 要素が10個あるint型の配列を宣言して、要素0は9、要素1は8、……、要素9は0となるようにfor文を使用して初期化するプログラムを作成してください。ただし2項演算子の-または+は使わないでください。代わりにカンマ演算子を使ってください。

    カンマ演算子は、複数の式をカンマで区切って並べて1つの式として扱うための演算子です。たとえば、「i++, j++」は変数i, jそれぞれのインクリメント演算式をカンマ演算子を使って1つの式として記述したものです。

    ヒント for文の節1で2つの変数を宣言します。

4. コマンドライン引数をすべて乗じた数を出力するプログラムを作成してください。ただし、コマンドライン引数が「0」の場合は無視してください。

計算の途中でINT_MAXの値を超えた場合は、「overflow!」を出力して、その時点で計算を中止してください。この場合も直前までの結果を出力してください。

コマンドライン引数が指定されていない場合は、「no arguments」を出力して、main関数の返り値を1としてプログラムを終了してください。

6.1 while文

while文は、指定した式が真の場合にループ本体を実行します。

書式 while文

```
while (式) 文
```

while文は、キーワードwhile、条件式、ループ本体の文という3つのパートから構成されます。ループ本体の文は特にwhile文全体を1行で記述したいという理由がない限り、複合文として記述してください。最初から複合文にしておくと、あとから処理を追加するときにバグが入りにくくなるからです。

例6.1 while文

1. for文と同様の処理をwhile文で実現するには、インデックス変数をブロックの外に出す必要があります。

```
int i = 1;
while (i < argc) {
    puts(argv[i]);
    i++;
}
```

この例は、前章で学習したfor文の動作をwhile文で真似することで、while文の動きを説明したものです。インデックス変数を使用する処理には、以下の理由からfor文を使うようにしてください。

- for文を使用すると、インデックス変数iの有効範囲をfor文内に閉じ込められる
- ループ継続のためのインデックス変数の加算や減算（i++やi--）をfor文の「式3」内に格納できるため、インデックス変数の更新を忘れることがない

2番目の理由は意外に思うかもしれませんが、わかっていてもループ本体にi++などを書き忘れて意図せぬ無限ループのために時間を無駄にすることがあります。特にループ本体の最後でインデックス変数を更新するコードを書くと、あとからcontinue文を追加した場合にインデックス変数の更

新もスキップするバグを入れ込むことがあります。

2. while文を使って無限ループを実現するには、条件式に真（true）を設定します。

```
#include <stdbool.h>
...
while (true) {
    puts("Hello!");
}
```

この例は無限に「Hello!」をコンソールに出力します。終了するには、コンソールに対して［Ctrl］＋［C］キーを入力します。

3. for文よりもwhile文がよく使われるのは、IO（入出力）を伴うループを記述するときです。while文を使うと、条件式かループ本体でIO関数を実行し、エラーや読み込みが終了していない間はループを使って処理を継続するコードがコンパクトに記述できます。

リスト6.1のプログラムは、コマンドライン引数で指定したファイルの内容をコンソールへ出力します。

本書執筆時点（2017年12月）では、Windows用のclang（Visual Studioへ組み込めるもの）のみ、fopen関数の使用に対して警告を出力します。将来的にはすべてのclangが警告を出力することになると考えられますが、ここではfopen関数を使用します。

▶リスト6.1　ch06-01.c

```
#include <stdio.h>
int main(int argc, char *argv[])
{
    if (argc != 2) {
        puts("give filename");
        return 1;
    }
    FILE *f = fopen(argv[1], "r");
    char ch;
    while ((ch = fgetc(f)) != EOF) {
        fputc(ch, stdout);
    }
    fclose(f);
}
```

IO関数についての解説は第10章で行うため、この例で使用している関数とデータ型についてだけ簡単に説明しておきます。

fopen関数はファイル名と、ファイルのアクセス方法の2つの引数を取り、ファイル情報のデータへのポインターを返す関数です。

ここでは結果をポインター変数f（note参照）で受け取っています。ファイルIO関数のほとんどは、fopen関数が返した値を引数に取ります。アクセス方法に指定している"r"は、読み込み（readのr）モードの意味です。

note ポインター変数（詳細については第8章で解説します）は、変数名に「*」を前置して宣言します。Cの文法上は、FILE *fと書いてもFILE* fと書いても「*」はf変数への前置として扱われます。

fgetc関数は、引数で指定したファイルから1文字を読み込みint型で返します。最後まで読み込むとEOF（End Of File）を返します。EOFはstdio.hで定義されたマクロです。

fputc関数は引数で指定した文字（int型の引数の8ビット分）を指定したファイルへ出力します。ここで指定しているstdoutは標準出力（standard output）の意味で、stdio.hに定義されている変数です。標準出力はコマンドラインでリダイレクション（>に続けて出力先を指定すること）を指定していない限り、コンソールとなります。

ファイルを最後まで読み終えたらfclose関数を使ってクローズします。

ここで重要なのは、while文の条件式の(ch = fgetc(f)) != EOFという式です。

左項の(ch = fgetc(f))では読み取った文字用の変数chに対してfgetc関数の呼び出し結果を代入しています。代入演算の結果（読み取った文字＝fgetc関数が返した値）がEOFでなければループ本体を実行します。ループ本体ではfputc関数を呼び出して、読み取った文字をコンソールへ出力します。

つまり、このプログラムでは、ファイルから文字が読み込めている間は、読み込んだ文字をコンソールへ出力する処理をwhile文を使って実現しています。

4. while文のループ本体の中断にはbreak文、ループ本体の後続の文をスキップするにはcontinue文を使用します（リスト6.2）。

▶ リスト6.2　ch06-02.c

```
#include <stdio.h>
int main(int argc, char *argv[])
{
    if (argc != 2) {
        puts("give filename");
        return 1;
    }
    FILE *f = fopen(argv[1], "r");
    int ch;
```

```
    while ((ch = fgetc(f)) != EOF) {
        if (ch >= 0x80) {
            puts("Not ASCII text!");
            break;
        }
        if (ch < 0x20) {
            // binary data
            continue;
        }
        fputc(ch, stdout);
    }
    fclose(f);
}
```

この例では0x80以上の文字コード（漢字などの文字コード）を読み取ると、読み込みを終了します。また、空白（0x20）より小さい文字コードを読むと出力をスキップします。空白より小さい文字コードの例として改行コードやタブコードがあるため、ファイル内の改行やタブは出力されません。

なお、ループ本体の中にreturn文が出現すると、ループを中断して現在実行中の関数から呼び出し元へ戻ります。

練習問題　6.1

1. リスト6.3のプログラムをfor文の代わりにwhile文を使って書き直してください。

▶リスト6.3　ch06-1q01.c

```
#include <stdio.h>
int main(int argc, char *argv[])
{
    for (int i = 0; i < argc; i++) {
        puts(argv[i]);
    }
}
```

2. 書き込み用ファイル情報を得るには、fopen関数の第2引数に"w"（writeのw）を指定します。

ヒント Windows用のclangでバイナリーファイルを扱うには、第2引数に"rb"もしくは"wb"を指定する必要があります（bはbinaryの意）。作成したプログラムをテストする場合は、テキストファイル（たとえば練習問題の解答に作成したCのソースファイル）を利用してください。

コマンドライン引数の第1引数でコピー元のファイルを指定し、第2引数でコピー先のファイルを指定して、ファイルコピーを実行するプログラムを作成してください。

6.2 do文（do～while文）

while文は、先頭のwhileキーワードに続く条件式が真であればループ本体を繰り返しました。

do文は、do文に続くループ本体を最初に実行してから後続のwhileキーワードに続く条件式を実行して真であればループ本体を繰り返します。つまり、最初の1回は条件判断なしにループ本体を実行する制御文です。

書式 do文（do～while文）

```
do 文 while (式);
```

他の制御構文と同様に、ループ本体の文は特別な書き方をしたい場合を除き、複合文として記述してください。

例6.2 do文（do ～ while文）

1. リスト6.4のプログラムはコンソールにargcで指定された数と同じ個数の*を出力します。

▶リスト6.4　ch06-03.c

```
#include <stdio.h>
int main(int argc, char *argv[])
{
    int i = argc;
    do {
        printf("*");
    } while (--i);
}
```

argcには最低でも1が入っているため、do文のループ本体は1回は確実に実行する必要があります。その後、whileキーワードに続く条件式内でiが0ではないかを判定しています。必ず1回はループ本体を実行することから、この処理を実現するにはwhile文よりもdo文が向いています。

リストのwhileキーワードに続く条件式--iで使っている前置デクリメント演算子は、最初に変数iから1を引いて、引いたあとの値を返す演算子です。したがって、もし引数が1個であれば、--iは1－1の結果の値、つまり0となるため、条件式は偽となり、do文のループが終了します。

もしコマンドライン引数を1つ指定していれば、argcは2となります。したがって変数iは2に初期化されます。初回のwhile条件式の結果は2－1で1、すなわち真（0以外）なのでループ本体が繰り返されて2個目の*が出力されます。次のwhile条件式の結果は1－1で0、すなわち偽となるためdo文を抜けてプログラムを終了します。

2. do文では、whileキーワードに続く条件式は、ループ本体の文（複合文）とは独立しています。

このため、次のプログラムでは変数iが宣言されていないというコンパイルエラーが発生します。このプログラムでは、変数iを宣言しているのはループ本体の複合文の中なので、変数iの有効範囲がループ本体に閉じ込められるためです（リスト6.5）。

▶リスト6.5　ch06-04.c

```
#include <stdio.h>
int main(int argc, char *argv[])
{
    do {
        int i = argc;    // iの有効範囲はこの複合文の中に限定される
        printf("*");
    } while (--i);       // 複合文の外側なのでiは未定義となる
}
```

while文と同様にdo文も条件式とループ本体が分離しています。つまり、ループ本体の処理以外では必要ないループカウンターであってもループ本体の外側に配置しなければなりません。単純なループカウンターを使用するのであればfor文を使うべきです。

3. do文が最もよく使われるのは、ユーザーからの入力が特定の値になるまで入力を繰り返し受け付ける処理です。

getchar関数は標準入力（stdin）から1文字を読み取ってint型の値を返し、入力が終了するとEOFを返す関数です。標準入力がコンソールの場合は、[Enter]キーが押されるまで待機状態となり、その後、入力された文字を1文字ずつ読み込みます。コンソール入力を使用する場合はEOFは返りません。EOFが返されるのは、リダイレクトなどを使って標準入力がファイルとなる場合に限定されます。

リスト6.6のリストは「It's OK? (Y/N)」を出力してから「y」「Y」「n」「N」のいずれかが入力されるまでループを繰り返します。[Enter]キーに相当する改行コードが入力されると、再度「It's OK? (Y/N)」を出力します。実際にいろいろな入力をして動作を確認してください。

▶リスト6.6　ch06-05.c

```
#include <stdio.h>
int main(void)
{
    int ch = '¥n';
    do {
        if (ch == '¥n') {
            puts("It's OK? (Y/N)");
        }
```

```
        ch = getchar();
    } while (ch != 'y' && ch != 'Y' && ch != 'n' && ch != 'N');
    if (ch == 'y' || ch == 'Y') {
        puts("Yes!");
    } else {
        puts("No!");
    }
}
```

この例では、最初にint型の変数chを'¥n'で初期化します。「'文字'」は文字定数のための記法で、囲まれた文字の文字コードの値を得るために使用します。'¥n'の「¥n」は、第3章で説明したエスケープ文字です。''で囲っているため、改行コードの10が得られます（note参照）。文字列リテラルの定義に使用する「"」とはまったく異なる意味となるので注意してください。

なお、文字コードはchar型ですが、getcharなどの文字コードを返すIO関数はint型として定義されています。これにより文字コードの範囲外の特殊な返り値としてEOFを使用できます。

改行コードが10となるのは、ASCIIコードとその拡張のUTF-8や、Windowsのコードページなどです。それ以外の値を取る文字コードの代表はIBMのメインフレームで使用されているEBCDICです。EBCDICでは'¥n'の値は21または37となります。

次に、do文を開始します。最初に変数chが改行コードであれば、メッセージを出力します。初回は変数chを'¥n'で初期化しているため、メッセージが出力されます。

その後、getchar関数を呼び出して1文字読み込み、変数chへ代入します。

条件式によって、「y」「Y」「n」「N」が入力されるまではループ本体を繰り返します。

[Enter] キーを押すまでの間に複数の文字を入力した場合は、変数chの値は'¥n'ではないため、メッセージを出力せずにループを繰り返します。

練習問題 6.2

1. リスト6.7のプログラムを実行したときにコンソールに出力される数字を答えてください。

▶リスト6.7　ch06-2q01.c

```
#include <stdio.h>
int main(void)
{
    int n = 0;
    do {
        n += 1;
```

```
    } while (++n <= 0);
    printf("%i¥n", n);
}
```

2. 1から10までの数字を出力するプログラムを作成してください。なお、ループ本体はprintf("%i¥n", n);の1行のみとします。

(1) for文を使って作成してください。

(2) while文を使って作成してください。

(3) do文を使って作成してください。

6.3 多次元配列（高度なトピック）

第5章で配列について解説しました。配列は、以下の書式のいずれかで宣言します。

書式 配列

```
型名 配列名[] = { 要素0の式, 要素1の式, ..., 要素nの式 };
型名 配列名[要素数] (= { 要素0の式, 要素1の式, ..., 要素nの式 });  // ()内はオプション
```

多次元配列の場合、次元の数だけ[]を後置します。多次元配列の場合、初期化子リストを与えても、一番左側の[]以外には要素数を指定する必要があります。

書式 多次元配列

```
型名 配列名[(要素数)][要素数]... (= { 初期化子リスト });  // ()内はオプション
```

例6.3 多次元配列

1. 多次元配列に対する初期化子リストの与え方には2種類あります。

1つは、次元数だけ{}を重ねて、最も内側の{}内に要素を示す式を配置する方法です（図6.1）。

```
int a[][2][3] = { { { 1, 2, 3 }, { 4, 5, 6 } }, { { 7, 8, 9 }, ➡
{ 10, 11, 12 } } };
```

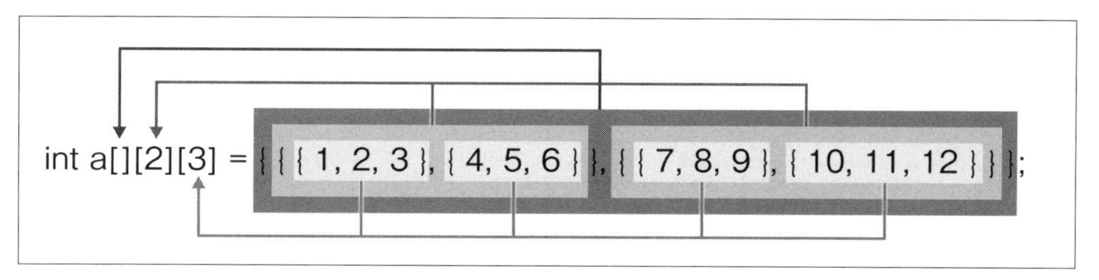

❖図6.1　多次元配列に対する初期化子リストの与え方①

もう1つの方法は全要素を並列させる方法です（図6.2）。

```
int a[][2][3] = { 1, 2, 3, 4, 5, 6, 7, 8, 9, 10, 11, 12 };
```

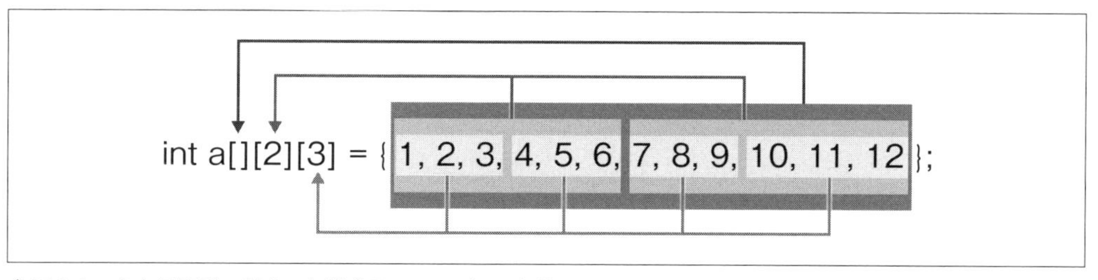

❖図6.2　多次元配列に対する初期化子リストの与え方②

いずれの書き方も、初期化子リストで式が与えられていない要素は0に初期化されます（リスト6.8）。

▶リスト6.8　ch06-06.c

```
#include <stdio.h>
int main(void)
{
    int a0[][2][3] = { { { 1, 2, 3 }, { 4, 5, 6 } }, { { 7, 8, 9 }, ➡
{ 10, 11, 12 } } };
    int a1[][2][3] = { 1, 2, 3, 4, 5, 6, 7, 8, 9, 10, 11, 12 };
    for (int x = 0; x < 2; x++) {
        for (int y = 0; y < 2; y++) {
            for (int z = 0; z < 3; z++) {
                printf("a0(%i, %i, %i) = %i¥n", x, y, z, a0[x][y][z]);
                printf("a1(%i, %i, %i) = %i¥n", x, y, z, a1[x][y][z]);
            }
        }
    }
}
```

賢明な読者の方は気づかれたかもしれませんが、Cの多次元配列は、通常の配列をプログラムで扱いやすくしたり、次元数のチェックをコンパイル時にできるようにしたりするための、別の書き方にすぎません。初期化子リストの2番目の与え方が示すように、配列用に確保されるメモリー領域は、[]の数と関係なく、全要素数分が連続した領域に確保されて配列名に紐付けられます。

このように多次元配列を使えば、データを座標や行列として扱うプログラムで行っている処理が人間にとっても明解になり、配列用に確保されたメモリー上の領域を[]で区切られた複数のインデックスでプログラムできるようになります。

注意 次の書き方は配列名に後置した[]の数と初期化子リストの{}の数が合っていません。プログラムの書き方としては悪い例ですが、コンパイルエラーや警告の出力とはなりません。

```
int a[][2][3] = { { 1, 2, 3, 4, 5, 6 }, { 7, 8, 9, 10, 11, 12 } };
```

多次元配列で重要なのは、配列宣言の[]の数とは関わりなく、配列の実体はメモリー上の連続領域に確保されるという点と、要素の配置は右側の[]の順だという点です。

つまり、3次元配列aにアクセスする場合、配列の最初の要素はa[0][0][0]、次の要素はa[0][0][1]…となり、右側の[]内のインデックスが上限となると次はa[0][1][0]、a[0][1][1]…となり、最後の要素はa[要素数-1][要素数-1][要素数-1]となります。

ウィンドウシステムの座標データを扱う場合、ほとんどのシステムでは左上の座標が(0, 0)となり、右下の座標が(幅-1, 高さ-1)となります。ウィンドウシステムは通常ビットマップとして実現されます。ウィンドウの表示内容をファイルへ出力したりファイルからビットマップデータを読み込む場合は、1次元配列として扱うと、一気に全体を処理できるためプログラムから扱うのが容易となります。その一方で、ウィンドウの特定座標に対して色を変えるなどの処理を行うには、X座標とY座標を指定したほうが処理が容易です。

Cの多次元配列の仕様は、上で示したウィンドウシステムなどのコンピュータの仕組みをプログラムから扱いやすくするために、あとから書き方を当てはめたものと考えるとよいでしょう。繰り返しになりますが、ハードウェアの処理能力が低かった時代には、コンピュータのハードウェアの仕組みをそのままプログラミング言語に当てはめた仕様は、実行効率面で大きなアドバンテージでした。

しかし、十分にハードウェアが高速となり、プログラムの安全性、安定性、脆弱性のなさと、それを支えるソースコードの読み書きのしやすさと単純さ（1つの機能には1つの書き方など）が重視されるようになった時代では求められるものが異なります。実はキャストやポインターを使えば、配列を多次元で扱っても1次元でも自由自在にアクセスできます。逆に言えば、配列の上限や下限を超えたメモリー領域に簡単にアクセスできる＝簡単にバグが入るということです。練習問題を参照してください。

練習問題　6.3

1. 例6.3-1のプログラムのインデックス変数zに対するfor文の条件式 (int z = 0; z < 3; z++) を (int z = 0; z < 4; z++) と書き換えた場合にコンソールに出力される値と、なぜそうなるかを答えてください。

☑ この章の理解度チェック

1. 9から0までの数字を出力するプログラムを作成してください。なお、ループ本体はprintf ("%i¥n", n);の1行のみとします。

   (1) for文を使って作成してください。

   (2) while文を使って作成してください。

   (3) do文を使って作成してください。

2. do文を使って、コンソールに入力された文字をすべて出力するプログラムを作成してください。1から数えて3個目の改行が入力されたら改行を出力したあとにプログラムを終了してください。文字をコンソールに出力するには、printfの書式指定子に%cを指定します。

3. 2行3列の行列を示す変数mを初期化子なしで宣言してください。次に最初の行が1、2、3、次の行が4、5、6となるように代入文を記述してください。最後に1から6までが出力されるように外側のループをdo文、内側のループをwhile文で記述してください。ただし、できるだけループ変数の有効範囲が狭くなるように作成してください。

4. 問3と同じ行列を初期化子リストを使用して作成してください。

Chapter 7

文字と文字列

この章の内容

7.1 文字型
7.2 文字列
7.3 文字列操作

前章ではループのための制御文としてwhile文とdo文について解説しました。

Cプログラミングに必要な基本的な文法はこれで出揃いました。関数を定義したり呼び出したり（第2章）、関数へ引数を与えたり関数から値を返したり（第2章）、条件に応じて文を実行したりスキップしたり（第4章）、ループしたり（第5章、第6章）できるようになりました。また、整数や浮動小数点数を宣言したり、計算したり（第3章）することもできます。さらに、これらをまとめて扱うための配列について（第5章、第6章）も学習しました。

次に学ぶべきなのは、データとして数値と並んで重要な文字と文字列です。ここで注意してほしいのは、Cでは文字と文字列は異なる種類のデータだという点です。文字用の変数はchar型で、または関数によってはint型で処理するということは解説しました（第3章、第6章）。一方の文字列は本章で解説しますが、特別な決まりを持つ文字の配列（第5章）です。int型のデータとint型の配列が異なるように、文字と文字列は異なります。

Cでは、四則演算子を使って計算できるのは数値だけです。配列には四則演算子は使用できません。しかも文字列には特別な決まりがあります。早い話、文字列はCの危険領域の代表です。正しく安全なCプログラムを開発するには、文字列について本当に正しく理解する必要があります。しっかり解説するのでしっかり学習してください。

では、始めましょう。でもその前に復習問題です。

前章の復習問題

1. 1から10までを出力するプログラムをwhile文を使って記述してください。このとき数の加算は、while文の条件式内で行ってください。定数は0と10だけを使用してください。

2. 0から9までを出力するプログラムをdo文を使って記述してください。このとき数の加算は、do文の条件式内で行ってください。定数は0と10のみを使用してください。

3. 次の配列宣言を使って、2次元配列aの内容を初期化子リストの並び順に出力するプログラムを作成してください。

```
int a[][3] = { 1, 2, 3, 4, 5, 6, 7, 8, 9 };
```

7.1 文字型

第3章で解説したように、Cの**文字型**（文字を格納するための整数型）にはchar、signed char、unsigned charの3種類があります（表7.1）。すでに何度か説明しましたが、本書では1バイトは8ビット、文字コードはASCII文字セットの使用を前提とします。

❖表7.1　Cの文字型

型名	ビット数	符号
char	8	処理系に依存。ASCIIコード7ビットを表現可能な範囲なので、符号ありとみなせる
signed char	8	あり
unsigned char	8	なし

ただし、signed charおよびunsigned charの2つについては、ただのcharと比較して、型名に同じchar（characterの省略形）が付くものの、8ビット整数値という意味合いが強くなります。

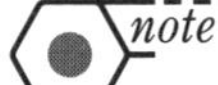

バイト単位の数値型を使用したい場合は、stdint.hをインクルードしてint8_tおよびuint8_tを使ってください。これで、文字ではなく整数を使用したいという意図が明確となります。

文字コードの値をプログラム内で使用する場合は**文字定数**として記述します。文字定数はシングルクォーテーション「'」で対象となる文字を囲んで示します。

書式 文字定数

```
'文字'
```

シングルクォーテーション内に「a」や「0」などの文字そのものを記述すると、その文字のASCIIコードの値となります。

```
char x = '0';     // => xは0x30 (48)
```

ASCIIコードには、上で示した「0」のように数字や英字のように明白に「文字」として表現できる文字があり、これを**図形文字**と呼びます。また、改行やバックスペースなど、表示可能な文字が存在しないコードがあり、これらを図形文字に対して**制御文字**と呼びます。図形文字はシングルクォーテーション内にその文字を直接記述できますが、制御文字はシングルクォーテーション内に文字を記述できないため、エスケープ文字を用いて指定します。

エスケープ文字のうち改行コードを示す「¥n」は、第3章でprintf関数に与えるテンプレート文字列内に改行コードを埋め込むために使用しました。

エスケープ文字は「¥」で始まる一連の文字の並びで、以下の3種類があります。

- **¥xに16進数を続けたもの**

  例：'¥x31' ── ASCIIコードの49。図形文字は'1'

● **¥の後ろに8進数を続けたもの。数値定数と異なり先頭の0は不要**

例：'¥61' ―― ASCIIコードの49（8進数で061）。図形文字は'1'

● **¥の後ろに特定の文字を続けて意味を持たせたもの**

例）'¥¥' ―― 「¥」という文字。文字コードは92

参考までに、ASCII文字セットの表を掲載します（表7.2）。「文字」の列に2文字以上が記述されている文字は制御文字を示しています。「記法」の列は、Cの文字定数の記述方法を示します。この表では図形文字は文字そのもの、特定のエスケープ文字が決められているものはその記法、それ以外については1桁までは8進数で、それ以降は16進数で示しています。8進数と16進数のどちらでも間違いではありませんが、ナル文字（'¥0'）（note参照）以外は16進数を使用する方法が一般的だと思います。本書が8進表現を使用しているのは参考のためと考えてください。

nullまたはNULL（Cのマクロ）は、日本ではカタカナで「ヌル」と表記／発話することが一般的ですが、本書では、より原音に近い「ナル」と表記します。

❖表7.2　ASCII文字セット（意味欄の呼称は主として日本工業規格 X0201 およびX0211による）

文字	10進値	意味	記法
NUL	0	ナル文字	'¥0'
SOH	1	ヘッディング開始※	'¥1'
STX	2	テキスト開始	'¥2'
ETX	3	テキスト終結	'¥3'
EOT	4	伝送終了	'¥4'
ENQ	5	問合せ	'¥5'
ACK	6	肯定応答	'¥6'
BEL	7	ベル	'¥a'
BS	8	バックスペース	'¥b'
HT	9	タブ	'¥t'
LF	10	改行	'¥n'
VT	11	垂直タブ	'¥v'
FF	12	フォームフィード	'¥f'
CR	13	復帰（キャリッジリターン）	'¥r'
SO	14	シフトアウト	'¥x0e'
SI	15	シフトイン	'¥x0f'
DLE	16	伝送制御拡張	'¥x10'
DC1	17	制御装置1（XON）	'¥x11'
DC2	18	制御装置2	'¥x12'
DC3	19	制御装置3（XOFF）	'¥x13'

文字	10進値	意味	記法
@	64	単価記号	'@'
A	65	A	'A'
B	66	B	'B'
C	67	C	'C'
D	68	D	'D'
E	69	E	'E'
F	70	F	'F'
G	71	G	'G'
H	72	H	'H'
I	73	I	'I'
J	74	J	'J'
K	75	K	'K'
L	76	L	'L'
M	77	M	'M'
N	78	N	'N'
O	79	O	'O'
P	80	P	'P'
Q	81	Q	'Q'
R	82	R	'R'
S	83	S	'S'

※SOH、STX、ETXなど制御文字の多くはBSC（バイナリー同期通信）という古い通信規格のために定められたものです。このため、現在はほとんど使用されることはありません。

（続き）

文字	10進値	意味	記法
DC4	20	制御装置4	'¥x14'
NAK	21	否定応答	'¥x15'
SYN	22	同期信号	'¥x16'
ETB	23	伝送ブロック終結	'¥x17'
CAN	24	取消	'¥x18'
EM	25	メディア終了	'¥x19'
SUB	26	置換	'¥x1A'
ESC	27	エスケープ	'¥x1B'
FS	28	ファイル分離標識	'¥x1C'
GS	29	グループ分離標識	'¥x1D'
RS	30	レコード分離標識	'¥x1E'
US	31	ユニット分離標識	'¥x1F'
	32	空白	' '
!	33	感嘆符	
"	34	引用符、ダブルクォーテーション	'"'
#	35	番号記号	'#'
$	36	ドル記号	'$'
%	37	パーセント	'%'
&	38	アンパサンド	'&'
'	39	アポストロフィ、シングルクォーテーション	'¥''
(	40	左小括弧	'('
)	41	右小括弧	')'
*	42	アステリスク	'*'
+	43	正符号	'+'
,	44	カンマ	','
-	45	ハイフン、負符号	'-'
.	46	ピリオド	'.'
/	47	斜線	'/'
0	48	0	'0'
1	49	1	'1'
2	50	2	'2'
3	51	3	'3'
4	52	4	'4'
5	53	5	'5'
6	54	6	'6'
7	55	7	'7'
8	56	8	'8'
9	57	9	'9'
:	58	コロン	':'

文字	10進値	意味	記法
T	84	T	'T'
U	85	U	'U'
V	86	V	'V'
W	87	W	'W'
X	88	X	'X'
Y	89	Y	'Y'
Z	90	Z	'Z'
[	91	左大括弧	'['
¥	92	円記号（バックスラッシュ）	'¥¥'
]	93	右大括弧	']'
^	94	アクサンシルコンフレックス	'^'
_	95	アンダライン	'_'
`	96	アクサングラーブ	'`'
a	97	a	'a'
b	98	b	'b'
c	99	c	'c'
d	100	d	'd'
e	101	e	'e'
f	102	f	'f'
g	103	g	'g'
h	104	h	'h'
i	105	i	'i'
j	106	j	'j'
k	107	k	'k'
l	108	l	'l'
m	109	m	'm'
n	100	n	'n'
o	111	o	'o'
p	112	p	'p'
q	113	q	'q'
r	114	r	'r'
s	115	s	's'
t	116	t	't'
u	117	u	'u'
v	118	v	'v'
w	119	w	'w'
x	110	x	'x'
y	121	y	'y'
z	122	z	'z'

（続き）

文字	10進値	意味	記法
;	59	セミコロン	';'
<	60	不等号（より小）	'<'
=	61	等号	'='
<	62	不等号（より大）	'>'
?	63	疑問符	'?'

文字	10進値	意味	記法
{	123	左中括弧	'{'
|	124	縦線	'|'
}	125	右中括弧	'}'
~	126	オーバライン	'~'
DEL	127	抹消	'x7F'

表7.3にCプログラムでよく使うエスケープ文字を示します。これらは実際に使うことが多いので暗記するようにしてください。

❖表7.3　よく使うエスケープ文字

文字	記法	備考
ナル文字	'¥0'	文字列の終了文字
タブ	'¥t'	[Tab] キーのコード。タブ区切りテキストの作成
改行	'¥n'	[Enter] キーのコード。改行
復帰	'¥r'	Windowsのテキストファイルに改行を出力する場合には'¥r'を'¥n'（改行）の前に置く
エスケープ	'¥x1b'	[Esc] キーのコード
シングルクォーテーション	'¥''	シングルクォーテーション
バックスラッシュ	'¥¥'	円マークまたはバックスラッシュ
ダブルクォーテーション	'¥"'	ダブルクォーテーションを文字列に埋め込む

シングルクォーテーションやダブルクォーテーションは、文字定数や文字列リテラルの開始／終了と区別するためにエスケープ文字を指定します。したがって、ダブルクォーテーションで囲むリテラル内ではシングルクォーテーションはエスケープ文字を使う必要はなく、文字定数ではダブルクォーテーションはエスケープ文字を使う必要はありません。

なお、日本語で使用する漢字や平仮名などの文字はASCIIコードには含まれません。以降の例には、UTF-8を使用する例とユニコード（UTF-16）を使用する例を示します。

例7.1　文字型

1. 文字コードから文字そのものをコンソールに出力する場合は、printfの書式指定子に%cを指定します。

   リスト7.1のプログラムは、ASCIIコードの数字の文字と文字コードの値をコンソールに出力します。

▶リスト7.1　ch07-01.c

```
#include <stdio.h>
int main(void)
{
```

```
    char digit[] = { '0', '1', '2', '3', '4', '5', '6', '7', '8', '9' };
    for (int i = 0; i < 10; i++) {
        printf("letter=%c, code=%i\n", digit[i], digit[i]);
    }
}
```

重要な点は、文字と文字コードは意味が異なるということです。文字コードはコンピュータに対してデータとして文字を覚えさせるための値です。コンピュータは数値を処理するからです。一方、文字は人間が識別するための図形です。

printfは書式指定子として%iを与えられると、文字コードの数値を出力します。それに対して書式指定子として%cを与えられると、指定された文字コードに相当する文字を出力します。

Column 文字コード

文字コードは、コンピュータが文字を扱えるように、個々の文字ごとに割り当てた識別番号と考えられます。このため、標準が決定されるまでは、個々のコンピュータ会社や機関ごとに異なる文字コードを使用していました。ASCIIコードはANSI（米国国家規格協会）の標準です。

JIS（日本工業規格）の7ビットコードは、ASCIIのバックスラッシュに対応する文字コード'¥x5C'が円記号に割り当てられているなどの異同がありますがほぼ同じです。他に現在も使用されている文字コードとしては、1960年代にIBMが定めたEBCDICがあります。

2. CはASCIIコード以外にマルチバイト文字をサポートしています。マルチバイト文字は、文字どおり1つの文字を複数のchar型のデータで表現します。マルチバイト文字の代表はUTF-8です。

リスト7.2は、UTF-8を用いて「あ」をコンソールに出力するプログラムです。

▶ リスト7.2　ch07-02.c

```
#include <stdio.h>
int main(void)
{
    char a0 = '¥xE3';
    char a1 = '¥x81';
    char a2 = '¥x82';
    printf("%c%c%c¥n", a0, a1, a2);
}
```

UTF-8で文字「あ」に対応する文字コードは0xE3、0x81、0x82の3バイトです。printfのテンプレート文字列の連続した3つの%cに対して、これらの文字コードを順番に与えているため、コンソールには「あ」が出力されます。

なお、clangをWindowsで使用している場合は、a.exeを実行する前にコマンドプロンプトのコードページを65001に変更する必要があります。**コードページ**とは、Windowsがマルチバイト文字の表示に使用する文字コードと図形文字の対応表です。UTF-8のコードページは65001、日本語（いわゆるシフトJIS）のコードページは932です。コードページ932（CP932と略称します）もUTF-8と同じくマルチバイト文字なので、同時にはどちらか一方しか使用できません。

```
> chcp 65001 ―――――――――――――― コードページをUTF-8に切り替える
Active code page: 65001

> a.exe ――――――――――――――――― プログラムを実行する
あ

> chcp 932 ―――――――――――――――― 元に戻す
現在のコード ページ: 932
```

Linuxで実行する場合は、現在のLANG環境変数がja_JP.UTF-8に設定されている必要があります。macOSの場合は、ターミナルの既定の状態でそのまま実行できます。

3. マルチバイト文字は複数のcharデータを組み合わせることで1つの文字となります。このため、以下のように記述することはできません。

```
char a = 'あ';
```

Cコンパイラはこのような記述に対して、「文字リテラルに対して文字が大きすぎる」といった内容のコンパイルエラーを出力します。では、プログラム内でマルチバイト文字を定数として扱いたい場合はどうすればよいでしょうか？

1つの方法は、使用する文字コードの最大長を満たす整数型を用いて、出力時に文字列に変換することです。整数型と文字列の変換については次節で取り上げます。もう1つの方法は、ワイド文字を使用する方法です。

マルチバイト文字以外にCがサポートする非ASCII文字にユニコードがあります。ユニコードはマルチバイト文字に対してワイド文字と呼ばれます。これは個々の文字を1バイトを超えるバイト数で表現するためです。ユニコードは16ビット（UTF-16）または32ビット（UTF-32）で1文字を示します。

ソースコード内でユニコードを使用するメリットは文字定数に文字コードではなく文字を埋め込めることです。

以下のリスト（7.3、7.4、7.5）を自分でソースコードをエディターに入力してコンパイルする場合は、ファイルの保存時に「UTF-8」を指定してください。本書では、以降、日本語の文字を含むリストはすべてUTF-8で保存することを前提とします。

▶リスト7.3　Windows用：ch07-03-windows.c

```
#include <stdio.h>
#include <uchar.h>
#include <locale.h>
int main(void)
{
    setlocale(LC_CTYPE, "ja");
    wchar_t a = L'あ';
    char16_t a0 = u'あ';
    char32_t a1 = U'あ';
    printf("%lc¥n", a);
}
```

▶リスト7.4　Linux用：ch07-03-linux.c

```
#include <stdio.h>
#include <uchar.h>
#include <wchar.h>
#include <locale.h>
int main(void)
{
    setlocale(LC_CTYPE, "ja_JP.utf-8");
    wchar_t a = L'あ';
    char16_t a0 = u'あ';
    char32_t a1 = U'あ';
    printf("%lc¥n", a);
}
```

▶リスト7.5　macOS Xcode 8.2.1用（note参照）：ch07-03-macos.c

```
#include <stdio.h>
#include <stddef.h>
#include <stdint.h>
#include <locale.h>
int main(void)
{
    setlocale(LC_CTYPE, "ja_JP.utf-8");
    wchar_t a = L'あ';
    int16_t a0 = u'あ';
    int32_t a1 = U'あ';
    printf("%lc¥n", a);
}
```

note 2017年3月時点では、macOSのXcode 8.2.1に含まれるclangはC11の準拠度が低いためuchar.hが含まれていません。このため、他のプラットフォームよりもインクルードするヘッダーファイルが多くなります。Linuxでwchar_t型を利用する場合はwchar.hをインクルードしてください。

例7.1－2のリスト7.2と異なり、プログラムの実行時にユニコードをコンソールの環境に応じて変換するために、locale.hヘッダーファイルとsetlocale関数の呼び出しが必要となります。setlocale関数は、実行環境の国別情報などを設定する関数です。

このリストでは、LC_CTYPE（文字の処理）を指定して、LinuxやmacOSの場合は日本国（JP）の日本語（ja）の文字コードUTF-8としてユニコードを処理するように指定しています。Windowsの場合は単に日本語（ja）を指定します。コードページに応じて適切な変換処理が行われるため、現在のコードページが932（シフトJIS）であるか65001（UTF-8）であるかを問いません。

いずれのOSでもコンパイルしたプログラムを実行すると、コンソールに、

```
あ
```

が出力されます。

このリストで使用しているデータ型を表7.4に示します。

❖表7.4　ch07-03-windows.c、ch07-03-linux.c、ch07-03-macos.cで使用しているデータ型

型名	意味	ビット数	ヘッダーファイル	定数の書式
wchar_t	ワイド文字型	16または32	stddef.h	L'文字'
char16_t	UTF-16	16	uchar.h	u'文字'
char32_t	UTF-32	32	uchar.h	U'文字'

wchar_t型のビット数はcharやintなどと同様に処理系に依存します。

printfでワイド文字を出力する場合、書式指定子には%lcを与えます。UTF-16やUTF-32については処理系に依存するため、リストでは省略しています。

この例ではワイド文字を使用していますが、ソースファイルに「あ」という文字を含むため、ソースファイルのエンコードはUTF-8で行う必要があることに留意してください。

4. ワイド文字の宣言で文字コードを指定する場合は「¥x」に続けて文字コードを指定します。

例7.1－3のプログラムは「あ」の文字コードである0x3042を使ってリスト7.6のように書くこともできます。このプログラムではWindows用のリストのみを示し、他のOSの例は省略します。他のOSの場合も、Windows用と同様に、「あ」を「¥x3042」に置き換えてください。

▶ リスト7.6　Windows用：ch07-04-windows.c

```
#include <stdio.h>
#include <uchar.h>
#include <locale.h>
int main(void)
{
    setlocale(LC_CTYPE, "ja");
    wchar_t a = L'¥x3042';
    char16_t a0 = u'¥x3042';
    char32_t a1 = U'¥x3042';
    printf("%lc¥n", a);
}
```

5. 文字を処理する主なライブラリ関数には、該当文字が英字か、数字か、空白かなどの種類を問い合わせるものと、英文字を大文字／小文字に変換するものがあります。これらの関数はctype.hで定義されています。

▶ リスト7.7　ch07-05.c

```
#include <stdio.h>
#include <ctype.h>
int main(void)
{
    char c[] = { '1', 'a', 'B', ' ', '¥n' };
    for (int i = 0; i < 5; i++) {
        printf("%c alnum=%i, alpha=%i, blank=%i, control=%i, digit=%i¥n",
            c[i], isalnum(c[i]), isalpha(c[i]), isblank(c[i]), ➡
                iscntrl(c[i]), isdigit(c[i]));
        if (islower(c[i])) {
            printf("%c => %c¥n", c[i], toupper(c[i]));
        } else if (isupper(c[i])) {
            printf("%c => %c¥n", c[i], tolower(c[i]));
        }
    }
}
```

リスト7.7は、'1'、'a'、'B'、' '（空白）、'¥n'（改行文字）のそれぞれに対して、ctype.hで定義されている主な関数を呼び出した結果を表示します。また、英大文字であれば小文字に変換し、英小文字であれば大文字に変換します。なお、これらの関数の対象はASCII文字です。

ctype.hには表7.5の関数が定義されています。リストでは省略した関数についても呼び出し結果がどうなるか、上のリストに呼び出しを追加して試してみましょう。

❖表7.5　ctype.hに定義されている関数

関数プロトタイプ	内容
int isalnum(int c);	cが英数字ならば0以外を返す
int isalpha(int c);	cが英字ならば0以外を返す
int isblank(int c);	cが空白ならば0以外を返す
int iscntrl(int c);	cが制御文字ならば0以外を返す
int isdigit(int c);	cが数字ならば0以外を返す
int isgraph(int c);	cが表示文字（空白は含まない）ならば0以外を返す
int islower(int c);	cが英小文字ならば0以外を返す
int isprint(int c);	cが表示可能な文字（空白を含む）ならば0以外を返す
int ispunct(int c);	cが区切り文字ならば0以外を返す
int isspace(int c);	cが空白（改行、復帰などを含む）ならば0以外を返す
int isupper(int c);	cが英大文字ならば0以外を返す
int isxdigit(int c);	cが16進数文字（0～9、a～f、A～F）ならば0以外を返す
int tolower(int c);	cを小文字に変換した文字を返す
int toupper(int c);	cを大文字に変換した文字を返す

実行結果を参照すると、Cの真偽値は偽が0、真は0以外ということが確認できると思います。したがって、if文で「真ならば」を記述する場合は、リストのように条件式には関数呼び出しだけを記述してください。

stdbool.hをインクルードするとtrueというキーワードを使えるようになります。しかしtrueは数値としては1として扱われるため、if (isupper(c[i]) == true) のように記述すると、呼び出し結果が1かどうかによって判断されるため、他の値が返されると偽と評価されてしまいます。

練習問題　7.1

1. 以下の文字の宣言で正しいものを選択してください。

a. `char a = "a";`

b. `char a = 'a';`

c. `char yen = '¥';`

d. `wcahr_t maru = L'◎';`

2. コンソールにAからZまでを各行に出力するプログラムを作成してください。

3. ユニコードでは「な」の文字コードは0x306A、「に」の文字コードは0x306B、以降「の」の文字コード0x306Eまで順に1ずつ大きな値を取ります。for文を使って、「な」から「の」までを各行に出力するプログラムを作成してください。

4. コマンドライン引数で指定した文字が英大文字であれば小文字に変換してコンソールに出力し、数字であれば3を加算した結果を出力し、それ以外であれば「英大文字または数字を入力してください」と出力するプログラムを作成してください。
   以下のように出力されれば正解です。

```
> a.exe X
x
> a.exe 8
11
> a.exe n
英大文字または数字を入力してください
> a.exe
英大文字または数字を入力してください
```

ヒント 数字から数値を得るには、表7.2「ASCII文字セット」を参照してください。

7.2 文字列

これまで文字列、つまり文字を並べて意味を持たせたデータとして、コマンドライン引数や、「Hello World!」などのコンソール出力用のリテラルを使用してきました。ここまでは、文字列を単なる決められたメッセージの出力に使ったり、プログラムへの固定的な入力データとして使ったりしてきました。

▶ コンソールに「Hello World!」を出力する

```
puts("Hello World!");
```

現実のプログラムでは、文字列はもっと重要な役割を持ちます。たとえばファイルの読み込みであれば、ファイルから読み込んだバイトデータを文字列として扱う必要があるかもしれません。Webアプリケーションであれば、データベースから読み込んだデータをその場でHTMLへ加工してテキストデータとして出力する必要があるでしょう。文字列の処理はプログラム内で極めて重要です。

ところが、衝撃的な事実ですがCには文字列というデータ型は存在しません。あるのは、文字列リテラル記法（第2章）と、文字型データの配列です。

- **文字列リテラルの例**

  "Hello World!"

- **文字型データの配列の例**

  char a[10];

つまり、Cは文字列が一連の文字の並びである点に着目して、文字型と配列という2つの基本的なデータ型と、文字の並びを簡単に記述するためのリテラルの書式によって、文字列というデータ構造を実現します。

この仕組みはコンパクトでうまくできているように思えます。しかし、致命的な問題点もあります。それは、Cの配列の仕様では文字列の長さがわからないことです。配列宣言は確保する配列のサイズを[]内に記述するか、または初期化子を与えて計算させます。したがってソースファイル上では配列のサイズはわかっています。しかし、実行時には単に確保されたメモリーの先頭位置がわかるだけです（第5章の図5.1、5.2を参照）。そのため配列のインデックスが要素数を超えたり下回ったりすると不定領域をアクセスしてしまいます。

プログラムで配列を使用する場合は、プログラム内で確保した配列を同じプログラム内で使用することがほとんどです。この場合、配列の要素数はプログラム内部で仕様を共有できます。したがって、配列の要素数がデータとして配列に含まれていなくてもそれほど問題とはなりません。次の例を見てください。

▶配列の長さをマクロで共有

```
#define CALC_MAX 10
void setup(int a[])  // aはCALC_MAXで決められた長さの配列
{
    for (int i = 0; i < CALC_MAX; i++) {
        a[i] = i;     // インデックス値で要素を初期化する
    }
}
...
    int work_area[CALC_MAX];  // CALC_MAX要素の配列を確保
    setup(work_area);         // 各要素を初期化する
```

しかし文字列は、printfやputsなどのライブラリ関数に与えたり、あるいはコマンドライン引数として*argv[]で受け取ったりします。与えられた文字列の長さがわからないため、なんらかの方法で文字列の終わりを判断できなければ、正しく処理できないことは明らかです。

▶puts関数の実装を考えてみましょう

```
int puts(char s[])
{
    ? ―――――――――― sの最後の文字がわからなければどこまで出力してよいかわからない
}
```

ではどうやってputs関数などは文字列の最後を知るのでしょうか？

Cでは、特別なマークを配列の最後の要素とすることで、文字列の末尾を検出できるようにしています。putsなどの関数は、与えられた文字列の先頭から順番に1文字ずつ処理して、特別なマークが出現した時点で処理を終了します。

▶puts関数の実装方法

```
int puts(char s[])
{
    int count;
    // 特別なマーク文字が出現するまで出力する
    for (count = 0; s[count] != 特別なマーク; count++) {
        s[count]を出力する
    }
    return count;
}
```

Cでは文字列の最後を示す特別なマークとして、ナル文字を使用します。ナル文字も他の文字と同様にchar型で表現できるため、char型の配列に問題なく格納できます。したがって、やはりCは文字型と配列の2つの仕様だけで文字列を実現していることになります。ここでも、特別な仕様を作るのではなく、少ない仕様でさまざまな機能を実現しようという設計方針が感じられます。

例7.2 文字列

1. 文字列は最後の要素にナル文字を配置した文字の配列です。

```
char a0[] = { 'a', 'b', 'c' };
char a1[] = { 'a', 'b', 'c', '¥0' };
char a2[] = "abc";
```

サンプルのリストの変数a0～a2はいずれもアルファベットのa、b、cを並べた文字の配列です。初期化の方法として、a0とa1は配列の初期化子リストを使っています。a2はリテラルを使っています。

このうち、a0は文字列とは言えません。文字列には終端を示すナル文字が必須だからです。したがって、「puts(a0);」と記述した場合は、コンソールに何が出力されるかはわかりません（図7.1）。たまたまcの直後にナル文字があればabcと表示されるでしょう。しかし、それ以外の場合は続けて異なるものが表示されますし、最悪の場合、終端を探して延々とコンソールに何かを出力したあとにまだ割り当てられていないメモリーの部分にアクセスしてクラッシュします。

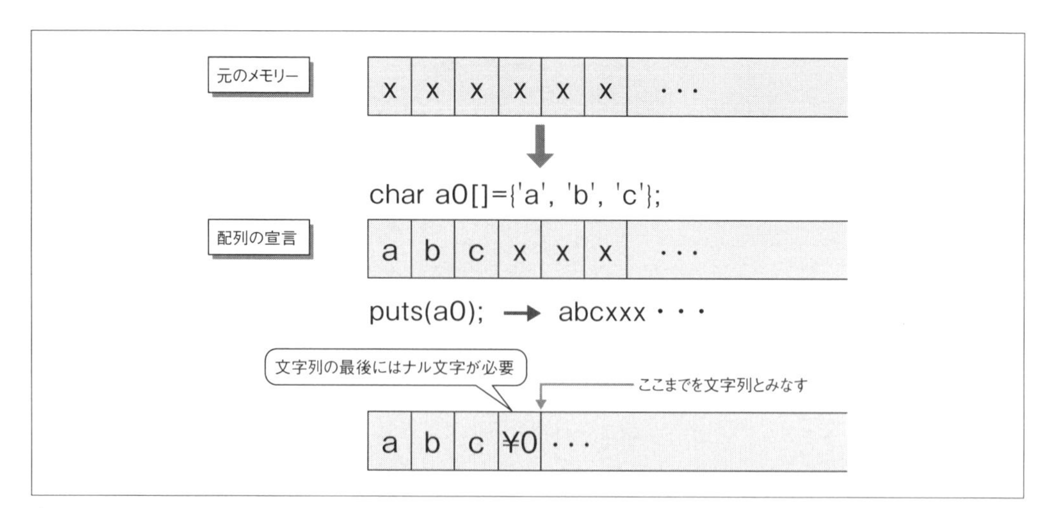

❖図7.1　配列の宣言

一方のa1とa2は同じ意味を持ちます。この場合、ナル文字の記述が不要なこと、より自然な表現であることから、a2のように文字列リテラルを使うのが標準的な書き方です。

2. 文字配列を文字列として特別扱いするには、末尾にナル文字を含める必要があります（リスト7.8）。したがって、「abc」3文字の文字列であれば、4文字目にナル文字が必要なので、配列のサイズは4となります。

▶リスト7.8　ch07-06.c

```
#include <stdio.h>
int main(void)
{
    char a[4];
    a[0] = 'a';
    a[1] = 'b';
    a[2] = 'c';
    a[3] = '¥0';
    puts(a);
}
```

3. 文字配列を文字列用に確保するときにナル文字の分を忘れて、隣接するメモリー領域を破壊するバグはCプログラムにつきものです（図7.2）。残念ながらこれを避けるには、文字列を使用する場合、常にナル文字を意識するというプログラマーの自覚に頼るしかありません。つまり、配列の確保時には確実に文字列の文字数に1を加える必要があります。

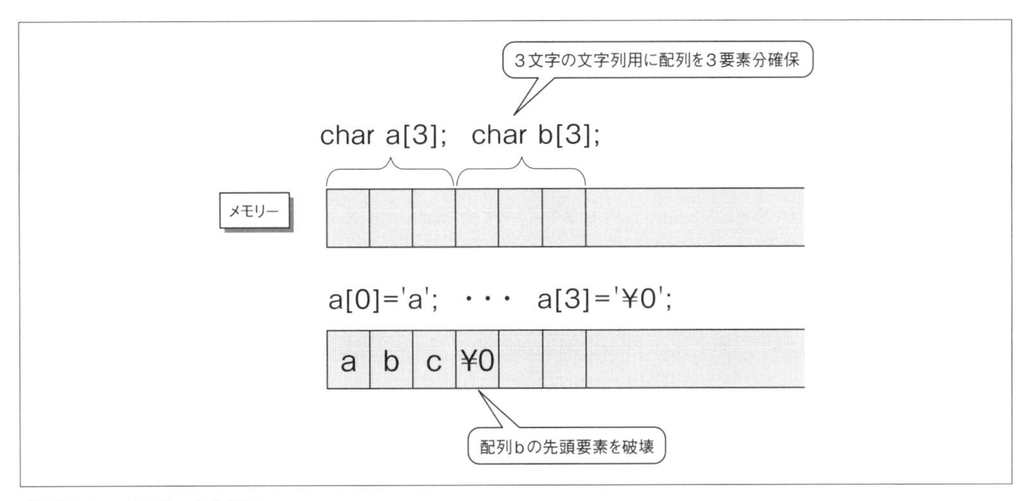

❖図7.2 メモリーを上書き

次の例は、コマンドライン引数で与えられた文字列の先頭3文字を取り出してコンソールへ出力します（リスト7.9）。ここでは3という定数と、ナル文字分を確保するための+1をわかりやすくするために、3に対してマクロを利用してTARGET_COUNTという名前を与えています。

なお、1文字1バイトを前提としています。

▶リスト7.9　ch07-07.c

```
#include <stdio.h>
#define TARGET_COUNT 3
int main(int argc, char *argv[])
{
    if (argc < 2) {
        puts("コマンドライン引数を指定してください。");
    } else {
        char a[TARGET_COUNT + 1];
        int last = 0;
        for (; last < TARGET_COUNT && argv[1][last]; last++) {
            a[last] = argv[1][last];
        }
        a[last] = '¥0';
        puts(a);
    }
}
```

このプログラムのポイントは、コマンドライン引数から最大3文字をコピーするため、文字配列の要素数としてナル文字分を加算した4を確保していることです。

それ以外の点は現時点ではあまり重要ではありません。なぜならばchar *argv[]という配列に対してargv[1][last]のように配列の配列としてアクセスしているため、初学者にはとてもわかりにくいリストとなっているからです。ここではとりあえず、ポインターは配列のように「[インデックス]」という記法が適用できるということだけを了解してください。

したがって、argv[1][0]という記述の意味は次のようになります。

- argv[0]はコマンド名なのでargv[1]は最初のコマンドライン引数を示す
- argv[1]の内容はchar*（char型へのポインター）である
- ポインターは配列のように「[インデックス]」という記法が適用できる
- したがってargv[1][0]は、最初のコマンドライン引数の1文字目

同様にargv[1][1]は、最初のコマンドライン引数の2文字目となります。

4. 文字列をワイド文字で構成する場合は、ナル文字もワイド文字となります。

以下の例はWindows用です。その他のOSの場合は、例7.1-3を参照してヘッダーファイルやsetlocale関数の引数を変更してください。次のch07-09.cも同様です。Linux（Ubuntu）の例はサンプルのch07-08-linux.cを参照してください。

リスト7.10で使用しているprintfの書式指定子%lsはワイド文字列用です。またワイド文字を示す「l」なしの%sはマルチバイト文字列の出力用となります。

▶リスト7.10　ch07-08.c

```
#include <stdio.h>
#include <uchar.h>
#include <locale.h>
int main(void)
{
    setlocale(LC_CTYPE, "ja");
    wchar_t japan[3];
    japan[0] = L'日';
    japan[1] = L'本';
    japan[2] = L'¥0';
    printf("%ls¥n", japan);
}
```

1文字16ビットのユニコードを使用する場合は、ナル文字も他の文字と同様に16ビット、32ビットのユニコードを使用する場合はナル文字も32ビット必要です。

おさらいになりますが、文字列は終端を示すナル文字が置かれている以外は単なる配列です。したがって元々配列の各要素は同じデータ型なのでナル文字もワイド文字とします。

note
第3章の例3.7で説明したように、Cは自動的にサイズの大きい整数への拡張を行います。このため、10行目を「japan[2] = '¥0';」と文字定数で記述してもワイド文字のサイズへ拡張されるため正しく動作します。代入演算の左項と右項の型を揃えて記述するのはよきプラクティスだと考えてください。

5. ワイド文字列のリテラルは、先頭にワイド文字列を示す「L」を付加します（リスト7.11）。

▶ リスト7.11　ch07-09.c

```
#include <stdio.h>
#include <uchar.h>
#include <locale.h>
int main(void)
{
    setlocale(LC_CTYPE, "ja");
    printf("%ls¥n", L"日本語");
}
```

ワイド文字同様に、ビット数を明示する場合は、16ビットであればu、32ビットであればUをリテラルの先頭に付加します。

- **L"日本語"** ―― wchar_tの文字列リテラル。ビット数は処理系に依存
- **u"日本語"** ―― char16_t（UTF-16）の文字列リテラル
- **U"日本語"** ―― char32_t（UTF-32）の文字列リテラル

練習問題　7.2

1. 次の宣言を持つ変数aの文字数をコンソールに出力するプログラムを作成してください。

```
char a[] = "This is a string.";
```

2. リスト7.12のプログラムを実行したときにコンソールに出力される文字列を答えてください。

▶ リスト7.12　ch07-2q03.c

```
#include <stdio.h>
int main(void)
{
    char a[] = "This is a string.";
    a[3] = '¥0';
    puts(a);
}
```

3. 次の文字列リテラルがメモリー上に占めるバイト数を答えてください。

(1) "0123456789"

(2) L"0123456789"

(3) U"0123456789"

(4) u"0123456789"

7.3 文字列操作

Cの文字列は数値と異なり、+や-、=などの演算子を適用することはできません。したがって、以下のコードはいずれも誤りのためコンパイルエラーとなります。

▶ 2つの文字列を連結した文字列を出力しようとしてコンパイルエラーが発生

```
char a[] = "abc";
char b[] = "bcd";
printf("%s¥n", a + b);
```

▶ 文字列の内容を配列に格納しようとしてコンパイルエラーが発生

```
char a[] = "abc";          // リテラルによる初期化はOK
char copy_of_a[4] = a;  // 他の文字列による初期化はNG
```

文字列が等しいかどうかを調べるには配列の内部の比較が必要になるため、==を用いて直接文字列同士を比較することもできません。

▶ 文字列が等しいかどうかを判断しようとして異なる結果となる（コンパイル時は警告が出力される）

```
char a[] = "abc";
char b[] = "abc";
if (a == b) {
    // 常に偽となるため、この内部は実行されない
}
```

Cで文字列を操作する場合は、ライブラリを利用するか、第5章で示した配列のように要素単位に処理する必要があります。

文字列を処理する主なライブラリ関数はstring.hで定義されています。特に重要な関数は、文字列の長さを求める**strlen**（string length）、文字列を連結する**strcat**（string concatenation）、文字列をコピーする**strcpy**（string copy）です。

これらの名前からわかるように、Cの標準ライブラリの文字列関数は、stringの省略形の「str」に操作内容を示す略語を後続させた命名となっています。

文字列の連結や文字列のコピーなど、連結先やコピー先の領域を正しく確保していることが前提となる関数は、極めて重大な問題を引き起こします。具体的には連結先やコピー先の領域を超えたメモリーの上書きによるプログラムの破壊です。この問題に対する解決策として、C11では付録Kで、新たな文字列を決められた長さ以内の領域にナル文字付きで配置する安全な関数群を規定しています。

ただし本書執筆時点（2017年12月）において、本書が対象としているclangでこれらの安全な関数群を利用できるのはVisual Studio組み込みのものだけです。逆にVisual Studio組み込みのclangでCの標準関数を利用したプログラムをコンパイルすると、非推奨の関数を使用している旨の警告が表示されます。本書では問題があることはわかっていますが、Windows以外の環境でもコンパイルできるように旧来から存在する関数群を利用して説明を行います。そのため、本書のサンプルプログラムをVisual Studio組み込みのclangでコンパイルすると、非推奨の関数を使用している旨の警告が必ず表示されます。

Cの文字列は前節で説明したように配列です。配列は関数へ与えるとポインターとして処理されます。また、文字列を関数から返す場合もポインターとなります。本書ではまだポインターについてきちんと説明していないため、以下で取り上げる文字列処理関数はポインターについての知識がなくても利用可能なものに限定します。ここで説明する以外の重要な文字列関数は第8章で取り上げます。

例7.3 文字列操作

1. 文字列の長さ（バイト数）を求めるには**strlen**関数を使用します。strlen関数の引数には、長さを求めたい文字列を与えます。

```
size_t len_of_abc = strlen("abc");  // => 3
```

strlenで求められる長さはナル文字を含みません。また、マルチバイト文字列の場合に取得できるのは文字列の長さであって、文字数ではありません。

strlen関数が返す型はsize_t型です。size_t型は符号なしの数値型で、Cプログラム内でバイト量などのサイズを格納するために使われています。printfに与える書式指定子には%ziまたは%zuを使用します。zは与えられた数値がsize_t型だということを示します。

```
size_t len_of_kana = strlen("あ");  // => 3 (UTF-8の場合)
```

リスト7.13のプログラムは、コマンドライン引数で指定した文字列の長さをコンソールに表示します。

▶ リスト7.13　ch07-10.c

```
#include <stdio.h>
#include <string.h>
int main(int argc, char *argv[])
{
    for (int i = 1; i < argc; i++) {
        size_t len = strlen(argv[i]);
        printf("%s => %zi¥n", argv[i], len);
    }
}
```


なお、Windowsでこのプログラムのコマンドライン引数に日本語を与えた場合は、エンコーディングにシフトJISが使用されるため、1文字あたり2としてカウントされた結果が表示されます。コードページを65001（UTF-8）に変更した場合、現在は日本語の入力ができないため、正しく処理できません。その他のOSではUTF-8が使用されるため、ほとんどの文字について1文字あたり3としてカウントされた結果が出力されます。

2. 文字列のコピーには**strcpy**関数を使用します。

```
char src[] = "abc";
size_t abc_len = strlen(src);
char dest[abc_len + 1];  // ナル文字分の1を加算
strcpy(dest, src);
```

strcpy関数は、最初の引数にコピー先の配列を指定し、次の引数にコピー元の文字列を指定します。コピーはコピー元の文字列の最後のナル文字まで行われます。このため、コピー先の配列のサイズは、コピー元の文字列の長さにナル文字分の1を加えたものとします。

リスト7.14のプログラムは、コマンドラインで指定した文字列をコピーしたあとに、すべての英小文字を大文字に変換した結果をコンソールに表示します。

▶リスト7.14　ch07-11.c

```
#include <stdio.h>
#include <string.h>
#include <ctype.h>
int main(int argc, char *argv[])
{
    if (argc == 2) {
        size_t len = strlen(argv[1]);
        char dest[len + 1];
        strcpy(dest, argv[1]);
        for (size_t i = 0; i < len; i++) {
            dest[i] = toupper(dest[i]);
        }
        printf("src=%s, dest=%s¥n", argv[1], dest);
    }
}
```

注意　strcpyのコピー先の長さは、コピー元の文字列の長さにナル文字分の1を加える必要があります。

strcpy関数はコピー先文字列を返します。返り値の利用方法は、次の例のリストch07-13.cを参照してください。

3. 2つの文字列を連結するには**strcat**関数を使用します。strcatの「cat」は連結を意味するcon「cat」enationから取られた文字です。

strcat関数は、最初の引数に連結先の文字列を指定し、次の引数に連結対象の文字列を指定します。連結先の文字列用の配列のサイズは、最初に与えた文字列と連結元の文字列の長さの合計にナル文字分の1を加えた値が必要です。

strcat関数は、連結先の文字列を返します。

```
char world[] = "world!";
size_t world_len = strlen(world);
size_t hello_len = strlen("hello ");
char hello[hello_len + world_len + 1] = "hello ";
strcat(hello, world);
```

通常、strcatを使う場合は、あらかじめ確保した配列に最初の文字列をstrcpyでコピーしたあとに、後続の文字列をstrcatで追加することになります。したがって、上の例のように、結合先の文字配列には2つ分の文字列の長さに最後のナル文字分の1を加えたサイズを確保します。

リスト7.15のプログラムは、コマンドラインで指定された2つの文字列を連結した結果をコンソールに表示します。

▶リスト7.15　ch07-12.c

```
#include <stdio.h>
#include <string.h>
int main(int argc, char *argv[])
{
    if (argc == 3) {
        size_t first = strlen(argv[1]);
        size_t second = strlen(argv[2]);
        char result[first + second + 1];
        strcpy(result, argv[1]);
        strcat(result, argv[2]);
        puts(result);
    }
}
```

例7.3-2の最後に触れたstrcpyの返り値のコピー先の文字列を返す仕様と、strcatの返り値の文字列を返す仕様を組み合わせると、上のリストはリスト7.16のように簡潔に記述できます。ここでは配列の確保時も直接strlenの返り値を使用しています。

▶リスト7.16　ch07-13.c

```
#include <stdio.h>
#include <string.h>
int main(int argc, char *argv[])
{
    if (argc == 3) {
        char result[strlen(argv[1]) + strlen(argv[2]) + 1];
        puts(strcat(strcpy(result, argv[1]), argv[2]));
    }
}
```

プログラムを読み慣れるまでは、ステップ単位に記述してある最初のリストのほうが読みやすいと考えられるため、本書では上記のような記述方法はそれほど行いません。特に文字列の扱いについては、文字列のコピー先などに確保する長さの適切さのチェックが厳密に求められるため、取得した文字列の長さを変数を使って明確に記述するほうがよいでしょう。

4. コピーする最大長を指定可能な文字列のコピー関数として**strncpy**があります。先に解説したstrcpyは、コピー先の領域のサイズを無視してコピー元の長さ分をコピーします。

```
char dest[4];
strcpy(dest, "abcdefg");
```

上の例は、文字列のコピー先としてdestに4バイトを与えています。しかしコピー元はabcdefgの7文字と終端のナル文字の8バイトです。この場合、destで確保したメモリーより後ろを破壊してしまいます（図7.3）。

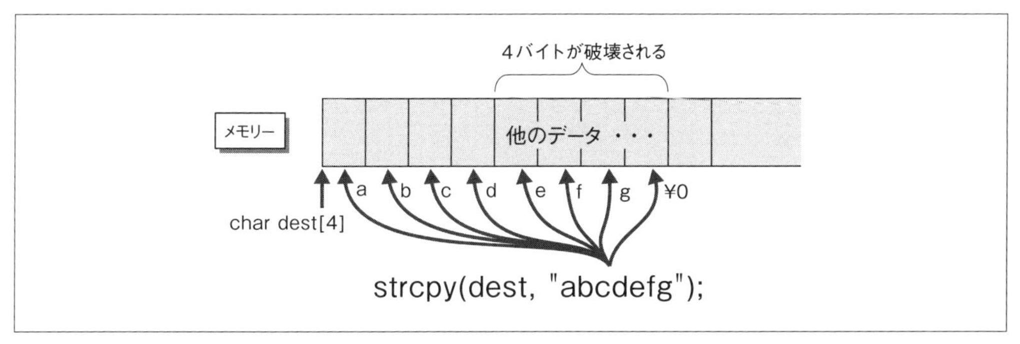

❖図7.3　strcpy関数の動作

このstrcpyに対してstrncpyは、3番目の引数としてコピー元からコピーしてもよい最大サイズを追加したものです。

```
strncpy(dest, "abcdefg", 4);  // 注:この書き方はバグ。本文参照
```

ただしstrncpyは万能ではなく、むしろ関数の機能を間違えてかえってバグを招きやすいという問題があります。

それは、strncpyの仕様が3番目の引数で指定したコピー元のサイズまでコピーが完了すると、その時点でコピー作業を打ち切って関数から戻るようになっていることです。すなわち、3番目の引数にコピー先のサイズを与えて、それよりも大きいサイズの文字列をコピー元として与えると、ナル文字がコピー先へ含まれません。その結果、コピー先の文字列は安全に使えなくなります。したがって、strncpy関数を使用する場合は、必ず自分でコピー先の最後の要素をナル文字に設定する必要があります（図7.4）。

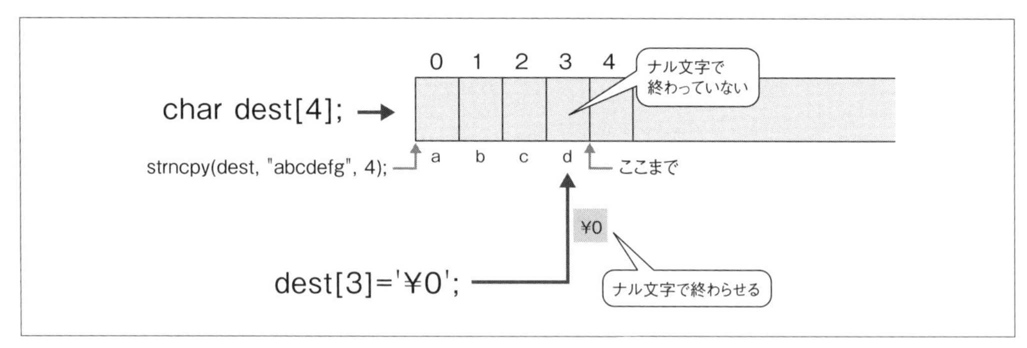

❖図7.4　strncpy関数を安全に使う

なお、strncpyに対して与えたコピー元の文字列の長さが3番目の引数で与えた数より小さい場合、動作はstrcpyとほぼ同様です。異なる点は、3番目の引数で指定した数までナル文字をコピー先へ埋めることです。

したがってstrncpyを使用するときは、常に配列の最後の要素にナル文字を設定すればよいことになります。なぜならば、それよりも短い場合には、正しくナル文字が文字列の末尾に付加されるからです。

リスト7.17のプログラムは、コマンドライン引数で与えたASCII文字列最大5文字分を使用して「Hello」を表示します。なお、リストではMAX_NAME_LENマクロを定義して5を示します。

▶リスト7.17　ch07-14.c

```
#include <stdio.h>
#include <string.h>
#define MAX_NAME_LEN 5
int main(int argc, char *argv[])
{
    if (argc == 2) {
        // ナル文字用に1要素余分に確保
        char name[MAX_NAME_LEN + 1];
        strncpy(name, argv[1], MAX_NAME_LEN);
        // 最後の要素を確実にナル文字とする
        name[MAX_NAME_LEN] = '¥0';
        printf("Hello %s!¥n", name);
    }
}
```

strcpyとstrncpyの関係に近い関数がstrcatにも用意されています。**strncat**関数は、3番目の引数として連結する文字列のサイズを指定できます。

strncatは、strncpyと異なり、連結した文字列の最後に必ずナル文字を追加します。したがって、連結先の文字列のサイズは、元の文字列の長さに3番目の引数で指定した最大コピー数にさらにナル文字分の1を加えたものとなります（リスト7.18）。

▶リスト7.18　ch07-15.c

```
#include <stdio.h>
#include <string.h>
#define MAX_NAME_LEN 5
#define HELLO "Hello "
int main(int argc, char *argv[])
{
    if (argc == 2) {
        size_t hello_len = strlen(HELLO);
        // ナル文字用に1要素余分に確保
        char hello[hello_len + MAX_NAME_LEN + 1];
        strcpy(hello, HELLO);
        strncat(hello, argv[1], MAX_NAME_LEN);
        // ナル文字はstrncatが設定済み
        puts(hello);
    }
}
```

5. 2つの文字列が等しいかどうかを比較するには、**strcmp**関数を使用します。

```
int result = strcmp("abc", "abC");
```

strcmpは、最初の引数が2番目の引数より大きければ0より大きな数、等しければ0、小さければ0より小さい数を返します。文字の大小比較は文字コードの値を用います（表7.2「ASCII文字セット」を参照）。

リスト7.19のプログラムはコマンドライン引数で指定した2つの文字列を比較した結果をコンソールへ出力します。

▶リスト7.19　ch07-16.c

```
#include <stdio.h>
#include <string.h>
int main(int argc, char *argv[])
{
    if (argc == 3) {
        int result = strcmp(argv[1], argv[2]);
        printf("result = %i¥n", result);
    }
```

```
}
```

strcmp関数の仲間には、指定した長さだけ比較する**strncmp**関数があります。strncmpは、strcmpに対して3番目の引数として比較する長さを指定します。以下のように使用します。

```
int result = strncmp(argv[1], argv[2], 3);
```

リスト7.19の6行目を上の行と置き換えると、実行結果は以下のようになります。

```
> a.exe ABCZ ABC0
0 ―――――――――――――――― 最初の3文字は等しいので0
```


練習問題　7.3

1. リスト7.20は、コマンドライン引数で与えられた文字列を最大4文字表示するプログラムです。しかしバグがあるため、コマンドライン引数に長い文字列を与えると、出力データの後ろにゴミが表示されます（運がよければ表示されません）。正しく動作するように修正してください。

▶ リスト7.20　ch07-3q01.c

```
#include <stdio.h>
#include <string.h>
#define MAX_STR_LEN 4
int main(int argc, char *argv[])
{
    char buff[MAX_STR_LEN];
    for (int i = 1; i < argc; i++) {
        strncpy(buff, argv[i], MAX_STR_LEN);
        puts(buff);
    }
}
```

2. リスト7.21は、コマンドライン引数で与えられた2つの文字列を比較して大きい文字列を出力するプログラムです。しかし、バグがあるため正しく処理されません。正しく処理できるように修正してください。

なお、コマンドライン引数にはマルチバイト文字は含まれないことを前提とします。

▶リスト7.21　ch07-3q03.c

```
#include <stdio.h>
int main(int argc, char *argv[])
{
    if (argc == 3) {
        if (argv[1] > argv[2]) {
            puts(argv[1]);
        } else if (argv[1] < argv[2]) {
            puts(argv[2]);
        } else {
            puts("same!");
        }
    }
}
```

3. コマンドライン引数で与えられた文字列をすべて連結した文字列を作り、文字列内の英大文字をすべて小文字に変えてからコンソールに出力するプログラムを作成してください。コマンドライン引数を与えられなかった場合は、main関数から1を返して実行を終了してください。たとえばコマンドライン引数として「ABC DEF HIJ」を与えた場合、「abcdefhij」が出力されれば正解です。

なお、コマンドライン引数にはマルチバイト文字は含まれないことを前提とします。

☑ この章の理解度チェック

1. 次の変数宣言のうち正しいものを答えてください。

a. `char ch = "c";`

b. `char ch = '"';`

c. `char ch = '¥n';`

d. `char ch = '¥10';`

e. `wchar_t ch = 'あ';`

f. `wchar_t ch = L'あ';`

2. 次の制御文字を文字定数で記述してください。このとき特定文字を使用したエスケープが定義されているものについては、コードを利用しない書き方で答えてください。

(1) ナル文字

(2) タブ

(3) 改行

(4) 復帰

(5) エスケープ

3. リテラルの代わりに配列初期化子を使って「Hello!」をコンソールに表示するプログラムを作成してください。

4. コマンドライン引数で与えられた引数の長さが1ならば、該当文字が英字ならば「A」、数字ならば「B」、それ以外ならば「C」を出力するプログラムを作成してください。

5. コマンドライン引数で与えられた2つの文字列を先頭から比較して最初の引数のほうが大きければ「1」、小さければ「-1」、等しければ「0」を出力するプログラムを作成してください。このとき、英大文字と英小文字はいずれも等しいものとします。

実行例は以下のようになります。

```
> a.exe ABC abc
0
> a.exe ABC abd
-1
> a.exe z abc
1
```

Chapter 8

アドレスとポインター

この章の内容

8.1 変数とポインター変数
8.2 Cプログラムの言語要素の復習
8.3 ポインター演算
8.4 関数ポインター

Cを学習する上で、ポインターは難関として知られています。これは歴史的には逆で、元々機械語やアセンブリでプログラミングしていた人たちが楽をするためにCが開発されたことによって生じた問題です。つまり、機械語やアセンブリを知っている人にはCのポインターは実に明解な仕様で、しかも簡単にプログラミングができるということです。

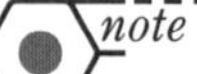

今となってはほぼあり得ないことですが、筆者はCを最初に学習したときに、アセンブリリストを出力して、それとソースコードを見比べてポインターの仕様を理解しました。そのときの経験から言えることは、アセンブリや機械語から入った人間にとっては、Cには型があるためポインターに対する加算、減算には注意が必要だという点です。

とは言え、本書は機械語やアセンブリの入門書ではありません。また、現在の技術レベルがC開発当初のコンピュータアーキテクチャや最適化などのコンパイラ開発技術をはるかに超えているため、必ずしもCのソースコードが機械語とマッチしているわけではありません。

本章では、単純なコンピュータアーキテクチャ上で、まったく最適化をしないコンパイラを使うという想定でポインターを解説します。ポインターを理解するには本章の解説で必要十分です。しかし現実の世界では、非常に高度な処理が複雑な仕組みの中で行われていることについては頭の片隅に置いておいてください。

前章の復習問題

1. 次の変数宣言を記述してください。

(1) 「3」という文字で初期化した変数three

(2) 「あ」というワイド文字で初期化した変数a

(3) リテラル"Hello"で初期化した文字列として使用可能な文字配列hello

(4) "Hello"を配列初期化子で初期化した文字列として使用可能な文字配列hello

2. 内容が空（0文字）の文字列に必要な文字配列の要素数を答えてください。

3. 次の設問に対応するコードを記述してください。

(1) 変数lenを文字列xの長さで初期化する〔変数lenに対する適切な型名も記述してください〕

(2) 文字列xの内容をコピーするために文字配列yを宣言する。次にxをyへコピーする

(3) 文字列xと文字列yが同じ内容ならば「match!」をコンソールへ出力する

4. コマンドライン引数で与えられた文字列と逆順にした文字列をコンソールへ出力するプログラムを作成してください。コマンドライン引数が与えられていない場合は何も出力する必要はありません。なお、2つ目以降の引数は無視してください。

```
> a.exe abcdef
abcdef => fedcba
```

8.1 変数とポインター変数

本章では、最初にポインター変数を宣言するときに使用する「*」、変数のアドレスを取得するアドレス演算子（&）、ポインター変数が示すアドレスから値を取り出す間接演算子（*）について解説します。ポインター変数、アドレス演算子、間接演算子の3つについては組み合わせて使用しないとあまり意味がないため、最初にそれぞれについて書式や簡単な例を示してから、本格的な例や演習へ進みます。

特にアドレス演算子（単項演算子&）と間接演算子（単項演算子*）は、2項演算子の&&（論理積）、まだ学習していませんが2項演算子の&（ビット積）、2項演算子の*（乗算）、とはまったく異なる演算（というよりも操作）を行う演算子です。Cプログラムに出てくる記号の中で最も抽象的でハードルが高いので確実に学習してください。

8.1.1 ポインター変数

これまで学習したCプログラムでは、文字列を示すchar*（char型へのポインター）変数と配列変数を除いて、変数は値そのものを格納していました（図8.1）。

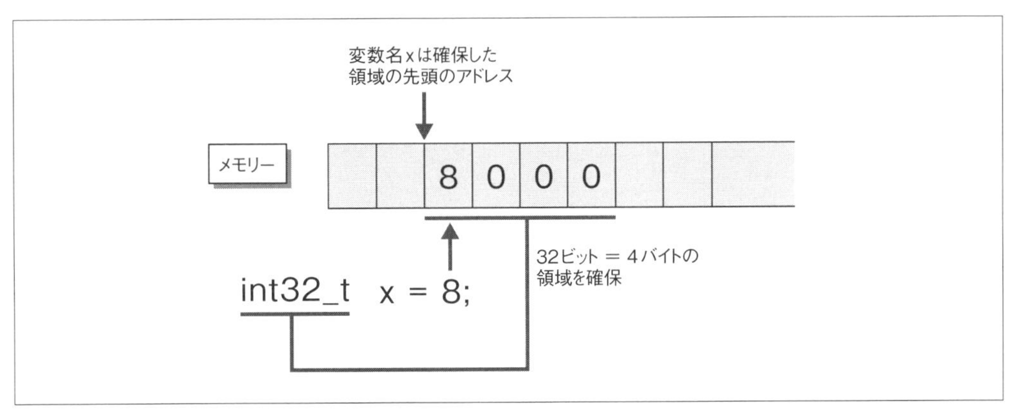

❖図8.1 変数の宣言とメモリー

変数の宣言は、次のように型名と変数名を指定します。オプションで初期化子を指定できます（図8.2）。

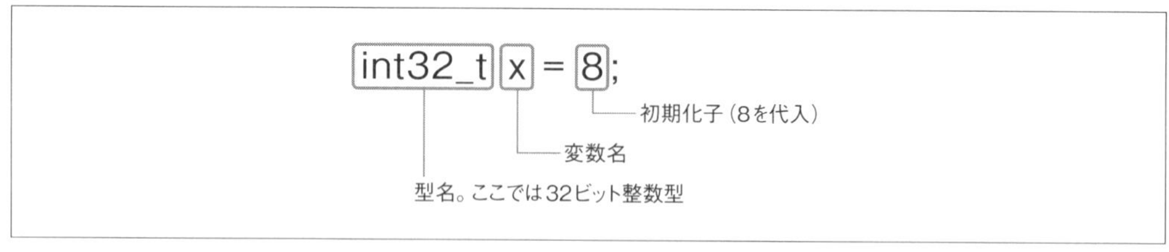

❖図8.2　変数の宣言

変数と異なり、**ポインター変数**は、型名で指定した値を格納したメモリーの先頭アドレスを格納します（図8.3）。ポインター変数という名前が示すように、ポインター変数に格納されるのはプログラムが直接扱う数値や文字などの値そのものではなく、型で指定した値が格納されたメモリー上のアドレスです。つまり値を格納したメモリーに対するポインターが、ポインター変数には格納されます。なお、本章の図はすべてアドレスとして3000という値を中心に例示していますが、この値には具体的な意味はありません。実際のアドレスがどのような値となるかは、本章で説明するprintfの%p書式指定子を利用して確認してください。

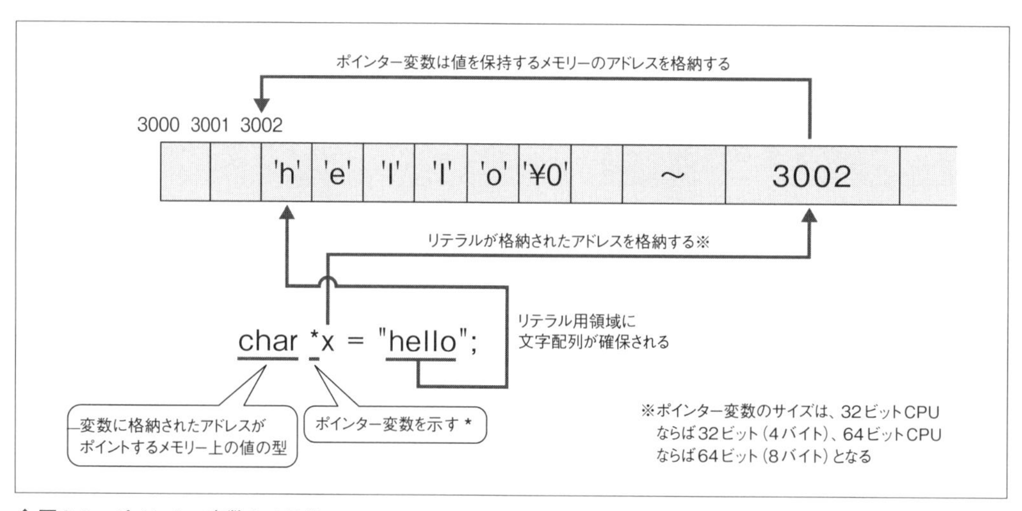

❖図8.3　ポインター変数とメモリー

ポインター変数の宣言では、型名、ポインター変数を表す「*」と変数名、オプションで初期化子を指定します（図8.4）。ここで重要なのは、**ポインター変数が格納するのは値そのものではなく、その値を格納したメモリー上のアドレス**だという点です。

書式 ポインター変数の宣言

```
型名 * 変数名 [= 式];
```

❖図8.4　ポインター変数の宣言

ポインター変数のために確保されるメモリーのサイズは、CPUアーキテクチャに依存します。たとえば64ビットCPU用のCコンパイラであれば、CPUはメモリーアクセスに64ビットのアドレスを使うため、8バイトを確保します。ただし64ビットCPUを32ビットモードで使用する（32ビットOSを使用する）場合はメモリーアクセスに使用するアドレスは32ビットとなります。

32ビットOSの扱える物理メモリーサイズが4ギガバイトまでなのは、32ビットアドレスで表現可能な範囲が、0から0xffffffff（4,294,967,295＝4ギガ−1）までだからです。

このようにポインター変数のサイズについては、プログラマーが任意のサイズを指定できる値用の型（たとえば16ビット整数用にint16_tを指定するなど）とは異なります。そのため、printf用の書式指定子も「%p」という専用のものを使用します。

▶ポインター変数の値（ポイントしているメモリーのアドレス）を出力する

```
char *hello = "hello";
printf("address of hello = %p¥n", hello); // => リテラルhelloの先頭アドレスを出力
```

8.1.2 アドレス演算子（&）

Cプログラムでリテラルを記述すると、自動的にリテラルを格納したメモリーのアドレスを取得できます。それ以外の値をポインター変数で指し示すには、**アドレス演算子**（単項演算子&）を使用します。

アドレス演算は、&に続けて変数名を記述します。結果は指定した変数のアドレスです。

書式 アドレス演算子（&）

```
&変数名;
```

次のようなコードのアドレス演算の仕組みを図示すると、図8.5のようになります。

```
int32_t a = 8;          // int32_t型の変数aに8を格納
int32_t *a_ptr = &a;  // int32_t型へのポインター変数a_ptrは変数aのアドレスをポイント
```

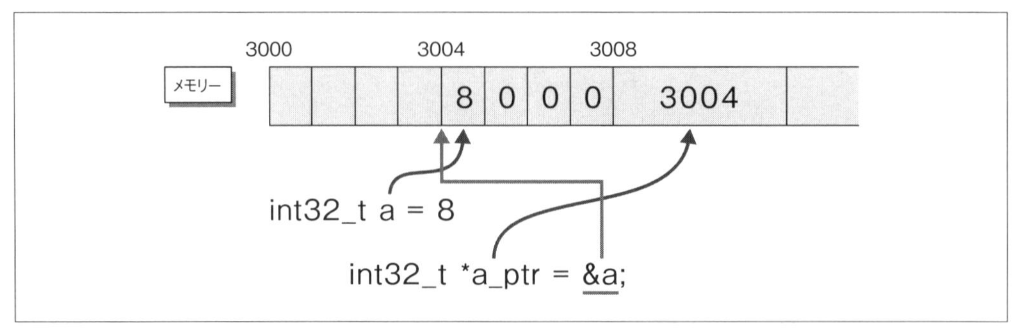

❖図8.5　アドレス演算の仕組み

今、int32_t a = 8;と記述すると、メモリー上に4バイト（32ビット）の領域が確保され、8で初期化されます。以降プログラム内でaと書くと、確保した4バイトの領域の先頭アドレスの内容が使用できます。

```
printf("%i¥n", a);   // => 8。単にaと書くと変数に格納された値の取り出しとなる
int x = 8 + a;        // xは16。単にaと書くと変数に格納された値の取り出しとなる
a = 32;               // 同じ領域に32を代入
printf("%i¥n", a);   // => 32
```

変数に対してアドレス演算子を適用すると、確保した4バイトの領域の内容（値）ではなく、領域の先頭アドレスが取り出されます。

```
int32_t *a_ptr = &a;                  // aのアドレスをa_ptrに代入
printf("%p = %p¥n", &a, a_ptr);   // aのアドレスを取得するには&演算が必要
                                      // a_ptrの内容はaのアドレスなので同じ値が出力
```

アドレス演算子を適用する被演算子には、メモリー上の位置を指定する必要があります。したがって、定数や演算を記述することはできません。

```
int32_t *a = &3;           // コンパイルエラー。int型の右辺値のアドレスは取得できない
int32_t *b = &(a + 3);  // コンパイルエラー。int型の右辺値のアドレスは取得できない
```

8.1.3 間接演算子

ポインター変数と、ポインター変数にアドレスを格納するために使用するアドレス演算子について説明しましたが、これだけではプログラムにはほとんど役に立ちません。重要なのは、**間接演算子**（単項演算子*）です。間接演算子をポインター変数に適用すると、ポインター変数がポイントしているアドレスの内容に対してアクセスできます。

書式 間接演算子

```
*ポインター変数
```

次のようなコードを記述したときの変数の値とメモリーの使われ方を図示すると、図8.6と図8.7のようになります。

▶間接演算子の使用例

```
int32_t a = 8;                // ❶
int32_t *a_ptr = &a;          // ❷ a_ptrは変数aをポイント
printf("%i¥n", *a_ptr);  // ❸ => 8  *a_ptrは変数aの内容
a = 32;                       // aに32を代入
printf("%i¥n", *a_ptr);  // => 32  *a_ptrは変数aの内容
*a_ptr = 64;                  // ❹ a_ptrがポイントする領域に64を代入
printf("%i¥n", a);       // ❺ => 64  aの内容は64
```

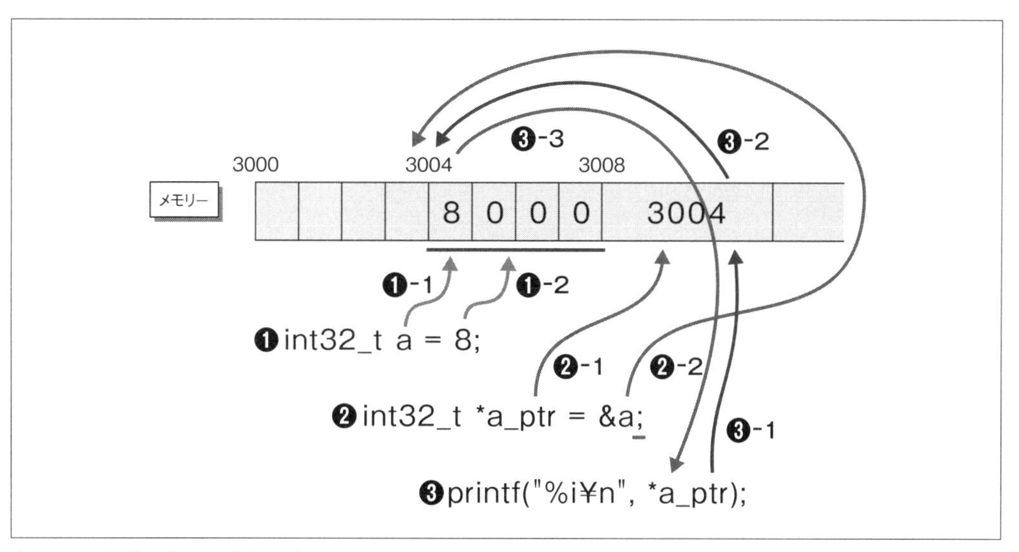

❖図8.6 間接演算子の仕組み（1）

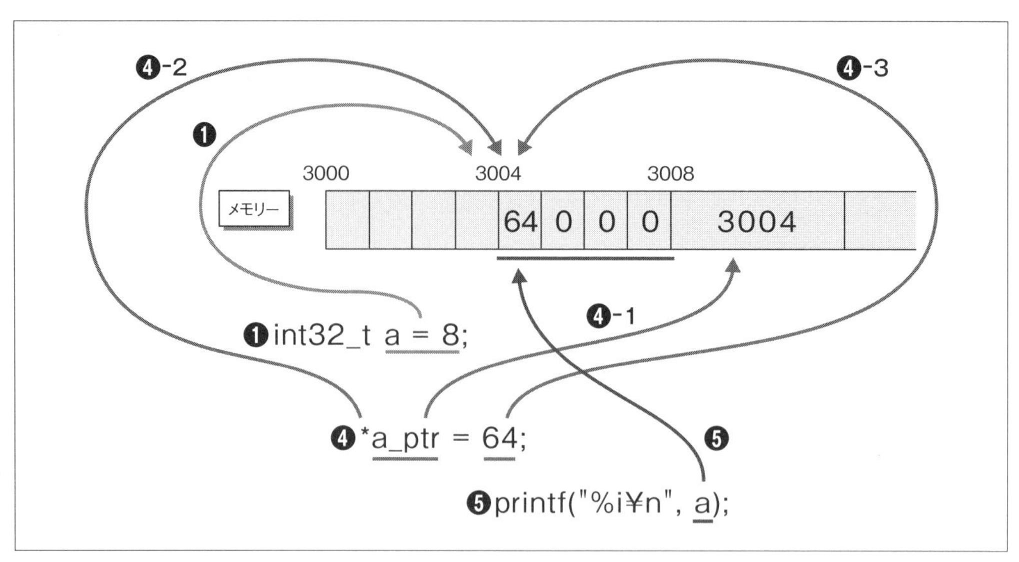

❖図8.7　間接演算子の仕組み（2）

ここで重要な点は、間接演算子を適用したポインター変数は、ポイントしている（アドレス演算子でアドレスを取り出した）変数のエイリアスとして使用できる――つまり値を取り出すことも、代入することもできるという点です。変数が持つ値に対してポインター変数を経由して間接的にアクセスするために「間接演算子」と呼ぶわけです。

例8.1 ポインター変数

1. ポインター変数が格納する値はアドレスです（リスト8.1）。

▶リスト8.1　ch08-01.c

```
#include <stdio.h>
#include <stdint.h>
#include <stdlib.h>
int main()
{
    int32_t x = 891;
    int32_t *xptr = &x;
    // xptrが格納しているのは変数xのアドレス
    printf("x=%i, xptr=%p¥n", x, xptr);
    char y = 'a';
    char* yptr = &y;
    // yptrが格納しているのは変数yのアドレス
    printf("y=%c, yptr=%p¥n", y, yptr);
}
```

2. ポインター変数に間接演算子を適用すると、ポインター変数が格納しているアドレスからポインター変数の型に相当する内容を取得できます（リスト8.2）。

▶リスト8.2　ch08-02.c

```
#include <stdio.h>
#include <stdint.h>
#include <stdlib.h>
int main()
{
    int32_t x = 891;
    int32_t *xptr = &x;
    // *xptrは、xptrが格納する変数xのアドレスが指す値（=変数xの内容）
    printf("x=%i, *xptr=%i¥n", x, *xptr);
    char y = 'a';
    char* yptr = &y;
    // *yptrは、yptrが格納する変数yのアドレスが指す値（=変数yの内容）
    printf("y=%c, *yptr=%c¥n", y, *yptr);
}
```

3. ポインター変数に間接演算子を適用すると、ポインター変数が格納しているアドレスに対してポインター変数の型に相当する内容を設定できます（リスト8.3）。

▶リスト8.3　ch08-03.c

```
#include <stdio.h>
#include <stdint.h>
#include <stdlib.h>
int main()
{
    int32_t x;
    int32_t *xptr = &x;
    *xptr = 321;            // xptrを通して間接的に変数xに値を設定
    printf("x=%i, *xptr=%i¥n", x, *xptr);
    char y;
    char* yptr = &y;
    *yptr = 'x';            // yptrを通して間接的に変数yに値を設定
    printf("y=%c, *yptr=%c¥n", y, *yptr);
}
```

4. ポインター変数の内容は、他のポインター変数に代入することができます（リスト8.4）。

▶ リスト8.4　ch08-04.c

```
#include <stdio.h>
#include <stdint.h>
#include <stdlib.h>
int main()
{
    int32_t x = 891;
    int32_t *xptr = &x;
    // xptrが格納しているのは変数xのアドレス
    printf("x=%i, xptr=%p¥n", x, xptr);
    // ポインター変数zptrにxptrの内容（変数xのアドレス）を代入
    int32_t *zptr = xptr;
    // zptrの内容はxのアドレスなので、間接演算を適用するとxの値が取得できる
    printf("*zptr=%i, zptr=%p¥n", *zptr, zptr);
}
```

5. 関数のパラメータにポインター変数を使用すると、関数を呼び出した側の変数に直接値を設定できます（リスト8.5）。

▶ リスト8.5　ch08-05.c

```
#include <stdio.h>
#include <stdint.h>
#include <stdlib.h>
void swap(int32_t *x, int32_t *y)
{
    int32_t temp = *x;  // ポインター変数xがポイントする変数から値を取り出す
    *x = *y;            // ポインター変数yがポイントする変数の値を
                        // ポインター xがポイントする変数に代入する
    *y = temp;          // ポインター yがポイントする変数にtempの値を代入する
}
int main()
{
    int32_t a = -99;
    int32_t b = 999;
    printf("a=%i, b=%i¥n", a, b);
    // パラメータがポインター変数なのでアドレス演算子を適用してアドレスを与える
    swap(&a, &b);
    printf("a=%i, b=%i¥n", a, b);
}
```

実行結果は以下のようになります。

```
a=-99, b=999
a=999, b=-99
```

例8.1-5のコードの動作を図示したのが、図8.8と図8.9です。

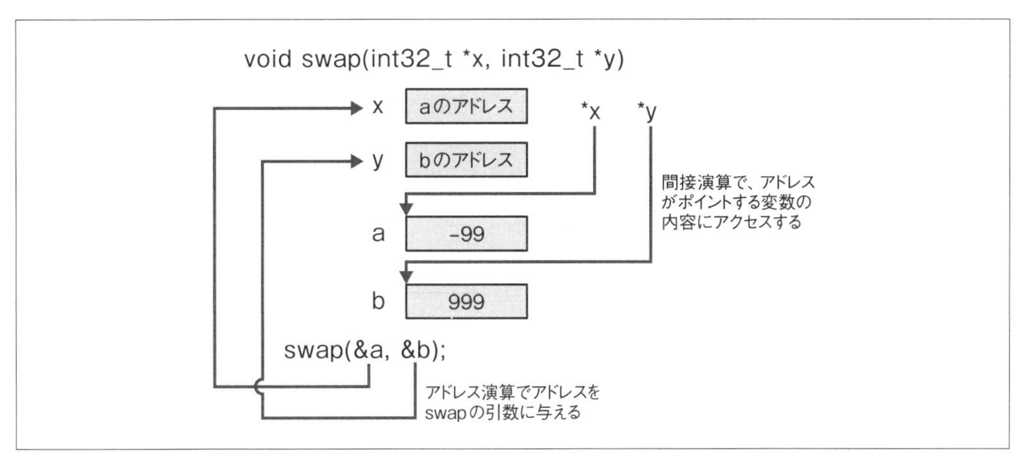

❖図8.8 main関数が与えた引数とswap関数が受け取るパラメータの関係

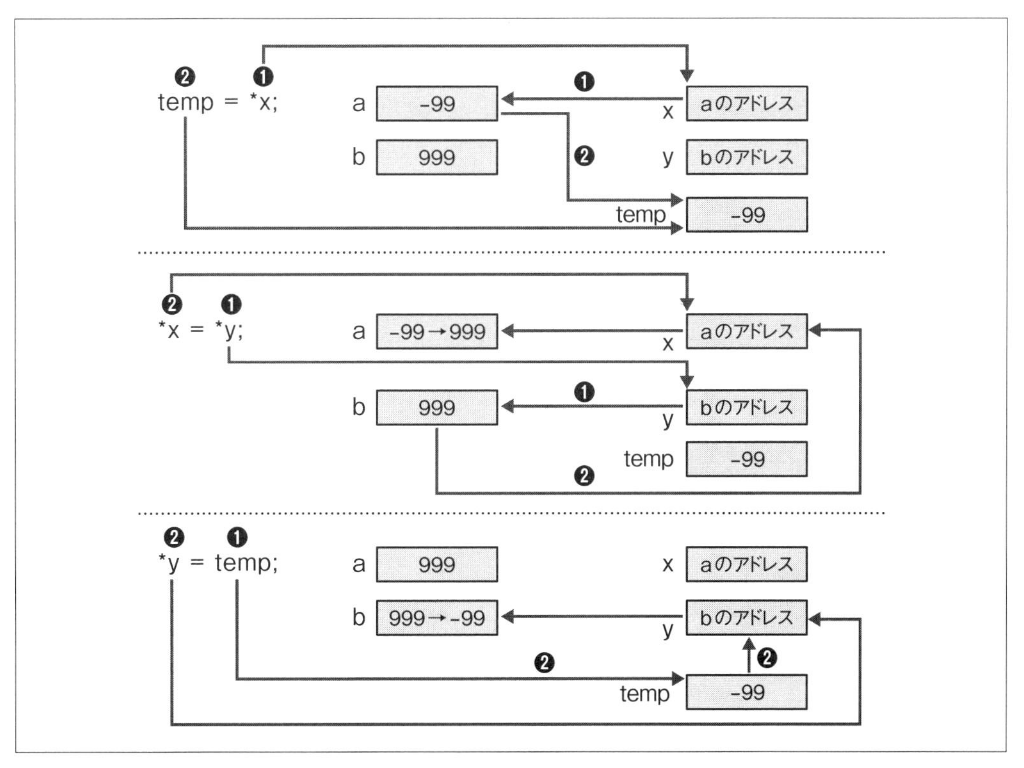

❖図8.9 swap関数の操作がmain関数の変数の内容に与える影響

練習問題　8.1

1. (1)　int16_t型の変数xのアドレスでポインター変数yを初期化するコード（2つの文）を書いてください。

(2)　int32_t型の変数xのアドレスでポインター変数yを初期化するコード（2つの文）を書いてください。

ヒント ポインター変数の型と、代入するアドレスの型は同じでなければなりません。

2. (1)　次のリストの空欄を埋めてprintfが「A」を出力できるようにしてください。ただし、変数chは使用しないでください。

```
char ch;
char *chp = &ch;
[          ]
printf("%c¥n", ch); // => A
```

(2)　次のリストの空欄を埋めてprintfが「128」を出力できるようにしてください。ただし、変数nは使用しないでください。

```
int32_t n;
int32_t *p = &n;
[          ]
printf("%i¥n", n); // => 128
```

3. int32_t x = 1234; と宣言された変数xに対して、次の各問に答えてください。

(1)　xのアドレスで初期化する変数xpを宣言してください。

(2)　(1) で宣言したxpを使ってxに4を加算してください。

(3)　(1) で宣言したxpを使ってxの値を出力してください。結果が1238になることを確認してください。

(4)　(1) で宣言したxpを使って変数xのアドレスを出力してください。

4. 次のリストのプログラム実行後の変数a、bの値を答えてください。

```
int32_t a = 38;
int32_t b = 42;
int32_t *p1 = &a;
*p1 += 2;
int32_t *p2 = &b;
*p2 -= *p1;
(*p2)++;
```

5. 次のリストの出力を答えてください。

```
int32_t x = 8;
printf("%i¥n", *&x);
```

Column ポインター変数の初期化子に定数や変数を指定すると？

ポインター変数の初期化子にアドレス以外の値を設定してもエラーとはなりません。

```
char *x = 'h';
```
char型の値でchar型のポインター変数を初期化しようとするとコンパイラが警告を出力

ポインター変数の初期化子に定数や変数を指定した場合、コンパイルエラーではなく警告の出力となります。エラーとならないのは、アドレスそのものをポインター変数へ直接格納したい場合に記述できるようにするためだと考えてください。このような処理が必要となるのは、OSのカーネル、極めて低レベルなデバイスドライバ、特殊な組み込みシステム用プログラムなどに限られます。通常のプログラムでポインター変数に定数や数値を直接代入することはバグとみなしてかまいません。

なお、未設定のポインター変数を意味させるためにNULL（または定数0）を初期化子に記述した場合には、警告は出力されません。

安全なプログラムを作成するには、ポインター変数には必ず初期化子で有効なアドレスを代入するか、未設定を示すNULLを代入してください。NULLはstddef.hで定義される「ナルポインター定数」です。

ポインター変数を示す「*」は型名の直後から変数名の直前までのどこに記述してもエラーとはなりません。以下に示すように、プログラマーの考え方や好みによっていろいろな書き方があります。

```
char *x = "hello";  // 「char型へのポインター変数」というCの仕様を示す書き方
char* x = "hello";  // 「charへのポインター型」という気持ちを示す書き方（C++プログラマーに多い）
char * x = "hello"; // エラーではないがあまり使われない
char *x, *y;        // 「char型へのポインター変数」xと「char型へのポインター変数」yを宣言
char* x, y;         // 「char型へのポインター変数」xと「char型の変数」yを宣言。よくない書き方
char *x = NULL;     // 有効なアドレスを設定する前の「char型へのポインター変数」xを示す書き方
```

このように書き方がまちまちだと、初学者が他人の書いたソースファイルを読むときに混乱してしまいます。少なくとも最初のうちは、「*」の直後に変数名を続ける書き方を選択してください。

また変数名を「,」で区切り、一度に複数宣言すると、ポインター変数を宣言するつもりで「*」を書き忘れたり逆に誤ってポインター変数として宣言したりすることがあります。こうなると、あとから判別するのは困難です。これを避けるには、前ページのコラムで示したように、ポインター変数を宣言する場合は、1つの宣言につき初期化子を付けた1つのポインター変数のみを記述するとよいでしょう。

なお、NULL（ナルポインター定数）やNULLを格納したポインター変数を書式%pを使用してprintfで出力する場合の出力内容は処理系に依存します。clangの場合、(nil)が出力されます。

```
printf("%p¥n", NULL);  // => (nil)  nilはゼロ、皆無などを意味する
```

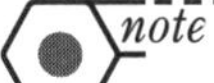

トリビアですが「存在しない」を意味する定数名として、LISPやLISPに影響を受けたプログラミング言語はnilやNIL、それ以外のプログラミング言語はnullやNULLを使う傾向があります。Cは後者に相当しますが、clangの実装は前者に影響を受けているのかもしれません。

8.2 Cプログラムの言語要素の復習

これまでの学習のおさらいを兼ねて、Cプログラム内で使用できる各種言語要素が、どのように使用できるかについて説明します。

8.2.1 定数

定数はコード内に埋め込まれた数値です。メモリー上には確保されません。

特徴：

- アドレスを持たない
- 左辺値（lvalue。第3章参照）ではない（右辺値である）

▶定数の使用例

```
int a = 8;      // 定数8で変数aを初期化する
int *a = &8;  // エラー。定数はアドレスを持たない
8 = a;          // エラー。定数は左辺値ではない
```

8.2.2 リテラル

リテラルは文字列のために用意された言語要素です。リテラルは文字配列の代わりに使用できます。メモリー上に確保されますが、代入はできません。

特徴：

- アドレスを持つ
- 左辺値ではない（右辺値である）

▶ リテラルの使用例

```
char hello[8];
strcpy(hello, "hello");  // strcpyの第2引数としてリテラルのアドレスを与える
"hello" = "bye";         // エラー。リテラルは左辺値ではない
```

8.2.3 変数

変数はメモリー上の領域として確保され、その大きさは指定した型のサイズとなります。プログラム内では、変数名は該当する領域の内容を意味します。変数のアドレスを取得するには、アドレス演算子（単項演算子&）を使用します。

特徴：

- アドレスを持つ
- 左辺値である

▶ 変数の使用例

```
int32_t a = 32;            // 32ビット（4バイト）の領域を割り当てて、32を格納する
int32_t *a_ptr = &a;       // a_ptrにaのアドレスを格納する
printf("%i¥n", *a_ptr);  // => 32 (a_ptrに間接演算子を適用して変数aの内容を参照)
printf("aのアドレスは%p == %p¥n", &a, a_ptr);  // アドレスを表示
```

8.2.4 ポインター変数

ポインター変数は、アドレスを格納するための変数です。宣言時に通常の変数と区別するために、変数名の先頭に*を付けます。

プログラム内では、ポインター変数名は該当する領域の内容を意味します。この点については通常の変数と同じです。通常の変数との最大の違いは、間接演算子（単項演算子*）を使用して、格納したアドレスに対して内容の取得や設定ができることです。

特徴：

- アドレスを持つ
- 左辺値である
- 間接演算子を適用して格納したアドレスに対して参照／設定が可能

▶ポインター変数の使用例

```
int32_t *p;          // 32ビットの領域のアドレスをポイントするためのポインター変数
int32_t x = 8;
p = &x;              // 変数にアドレス演算子を適用して取得したアドレスを代入
*p = 48;             // 間接演算子を適用して変数xのアドレスに32ビットの48を設定する
printf("%i¥n", x); // => 48
```

8.2.5 配列

配列名は、配列の先頭アドレスに名前を付けてアクセスできるようにしたものです。通常の変数やポインター変数と異なり名前を使った代入操作はできません。ただし配列名を直接記述して、配列に対するポインターとして使用できます。この場合、配列名を通して配列のアドレスが得られます。

配列の内容（各要素）にアクセスするには、配列名の直後に[]を付けてインデックスを指定します。

特徴：

- 左辺値ではない（右辺値である）
- アドレスを持つ
- ポインター変数と異なりアドレスを格納しているわけではないが、配列の先頭要素のアドレス（ポインター）として使用可能

▶配列名の使用例

```
int32_t a[] = { 0, 1, 2 };
a[0] = 8;                 // 要素0に8を代入
printf("%i¥n", a[1]);     // 要素1を参照

int32_t *aptr = a;        // 配列名を直接記述すると配列の先頭要素のアドレスが得られる
                          // （アドレス演算子は不要）
printf("%i¥n", *aptr); // => 8,  上の行でaptrは配列の先頭要素をポイントしている
aptr = &a[1];             // 要素1のアドレスを取得。個々の要素に対してはアドレス演算子を適用できる
printf("%i¥n", *aptr); // => 1,  上の行でaptrは配列の2番目の要素をポイントしている
```

8.2.6 関数

関数は、メモリーに展開されたプログラムコード（機械語）です。

関数名は、関数のアドレスを示します。現代のCPUはセキュリティ上の理由からメモリー上のコードを書き換えようとすると例外を起こすものがほとんどです。そのため、関数名を使って代入操作はできません（いずれにしても、Cでは関数は左辺値ではないので通常の方法では書き込めません）。しかし、関数名を使ってアドレスを取得できます。

特徴：

- 左辺値ではない（右辺値である）
- アドレスを持つ
- (引数リスト)を後置して呼び出しができる

▶関数の使用例

```
int32_t func()
{
    return 32;
}

int32_t (*x)() = func;  // 関数に対するポインター変数の書き方はややこしいので注意
                        // int32_t (*x)() = func(); と記述すると関数呼び出しの結果の代入となる
printf("%i¥n", x());    // => 32。関数ポインター変数xを通してfuncを呼び出す
printf("%i¥n", (*x)()); // => 32。関数ポインター変数xを通してfuncを呼び出す別の(正確な)書き方
                        // 関数呼び出しの()のほうが*よりも優先度が高いので、間接演算子を
                        // 関数ポインター変数に適用する場合は()で囲む必要がある
```

練習問題 8.2

1. 次の中でアドレス演算を適用可能なものを答えてください。

a. 変数

b. ポインター変数

c. 定数

d. 配列の要素（例: a[1]）

2. 次の中でアドレス演算を適用せずにアドレスが取得できるものを答えてください。

a. 変数
b. ポインター変数
c. 定数
d. 配列
e. 関数

3. 次のプログラムは32を出力します。その理由を答えてください。

```
int32_t a = 32;
int32_t *ap = &a;
int32_t *b = ap;
printf("%i¥n", *b);  // => 32
```

4. 次のリストに対して設問を満たすプログラムを完成してください。

```
int32_t array[] = { 1, 2, 3, 4 };
unsigned char u = 'x';
```

(1) array配列の先頭アドレスで初期化されたポインター変数p0を宣言してください。
(2) array配列の値3のアドレスで初期化されたポインター変数p3を宣言してください。
(3) 変数uのアドレスで初期化されたポインター変数upを宣言してください。
(4) p0、p3、upがポイントする値を出力するprintf関数を記述してください。

出力は次のようになります。

```
1, 3, x
```

8.3 ポインター演算

アドレスはメモリーの位置を示す数値です。数値ということは加減算が適用できるということです。したがって、ポインター変数に対して1を加えたり3を減じたりすることができます。しかしCのポインター変数に対する加減算は、そのポインター変数の型と密接に結び付いているため、人によっては直感的にわかりにくいと思えるかもしれません。

そこで本節では、最初にsizeof演算子について学習してから、ポインターの演算について学習しましょう。

sizeof演算子はその名のとおり、右項に記述した型または式のサイズを求めてsize_t型の値を返す演算子です。

書式 sizeof演算子（型名を指定）

```
sizeof(型名)
```

sizeof演算子の後ろに括弧( )で囲った型名を記述すると、その型のバイト数がsize_t型で得られます。size_t型に対応するprintf関数の書式指定子は%zuです。

```
printf("%zu¥n", sizeof(int32_t));  // => 4
printf("%zu¥n", sizeof(char));     // => 1
```

sizeof演算子の後ろに式を記述すると、その式のバイト数がsize_t型で得られます。

書式 sizeof演算子（式を指定）

```
sizeof 式
```

▶sizeof演算子の例

```
int16_t x;
printf("%zu¥n", sizeof x);    // => 2 (変数xは16ビット=2バイト)
printf("%zu¥n", sizeof 8);    // => 4 (ただし、int型が32ビットの場合)
printf("%zu¥n", sizeof 8L);   // => 8 (ただし、long型が64ビットの場合)
```

ポインター変数に対する加減算は、そのポインター変数の型にsizeof演算子を適用した値を1として扱います（図8.10）。

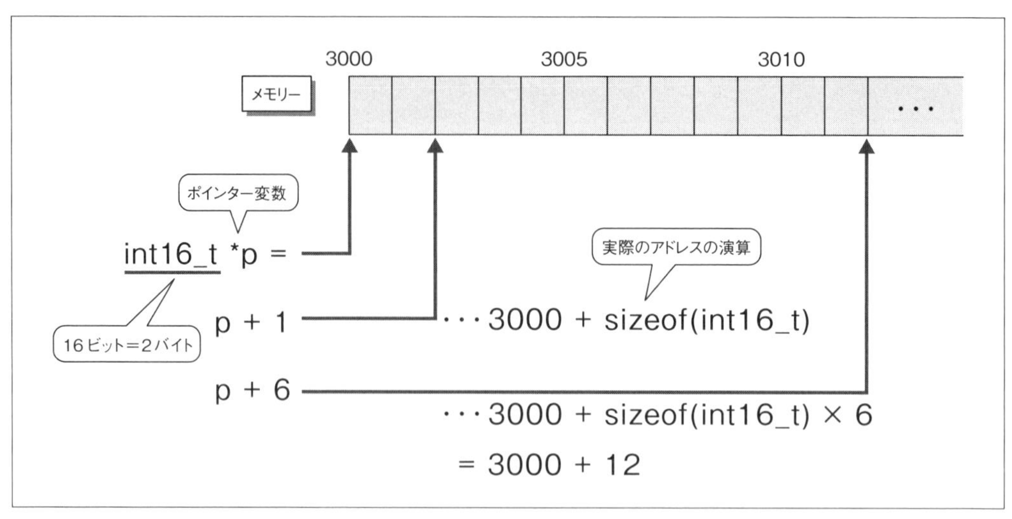

❖図8.10　ポインターに対する加算

▶ポインター変数に対する加減算の例

```
int16_t *p = NULL;  // p => 0
printf("%p, %p, %p¥n", p, p + 1, p + 2);      // (nil), 0x2, 0x4が出力される
                                              // アドレスに加算される2はsizeof(int16_t)の値
int32_t *p2 = NULL;
printf("%p, %p, %p¥n", p2, p2 + 1, p2 + 2);  // (nil), 0x4, 0x8が出力される
                                              // アドレスに加算される4はsizeof(int32_t)の値
```

なお、上の例はNULLが0と等しいという前提ですが、アドレス0が有効なシステム用のC処理系であれば、逆にNULLは0以外の値となるため、以降の出力も異なる結果となります。

例8.2 ポインター演算

1. 配列の添字（[インデックス]記法）はポインター変数に対する演算を簡略化した書き方となります。ある型の配列の要素のアドレスとポインター変数の加減算の結果を比較してみましょう（リスト8.6）。

▶リスト8.6　ch08-06.c

```
#include <stdio.h>
#include <stdint.h>
#include <stdlib.h>
int main()
{
    int32_t array[] = { 1, 2, 3, 4 };
    int32_t *p = array;
```

```
    for (int i = 0; i < 4; i++) {
        printf("array[%i] = %i, &array[%i] = %p, p + %i = %p¥n",
            i, array[i], i, &array[i], i, p + i);
    }
}
```

出力例は以下のようになります（アドレスは環境によって異なります）。

```
array[0] = 0, &array[0] = 0x7fffeaac7300, p + 0 = 0x7fffeaac7300
array[1] = 1, &array[1] = 0x7fffeaac7304, p + 1 = 0x7fffeaac7304
array[2] = 2, &array[2] = 0x7fffeaac7308, p + 2 = 0x7fffeaac7308
array[3] = 3, &array[3] = 0x7fffeaac730c, p + 3 = 0x7fffeaac730c
```

この例で重要な点は、配列変数[インデックス]のアドレスと、配列変数をポイントしたポインター変数に対するインデックスの加算の結果が等しくなることです。

2. ポインター演算の結果に対して間接演算子を適用して値を取得できます。例8.2-1のポインター演算の結果に対して間接演算子を適用してみましょう（リスト8.7）。

▶リスト8.7　ch08-07.c

```
#include <stdio.h>
#include <stdint.h>
#include <stdlib.h>
int main()
{
    int32_t array[] = { 1, 2, 3, 4 };
    int32_t *p = array;
    for (int i = 0; i < 4; i++) {
        printf("*(p + %i) = %i¥n", i, *(p + i));
    }
}
```

出力は以下のようになります。

```
*(p + 0) = 1
*(p + 1) = 2
*(p + 2) = 3
*(p + 3) = 4
```

ポインターの演算に使用する2項演算子+、-は、間接演算子*よりも優先度が低いため、ポインター演算式は( )で囲む必要があります。

3. ポインターに対して減算を実行すると、現在格納しているアドレスから指定した数に型のバイト数を乗じた値が引かれます(リスト8.8)。

▶リスト8.8　ch08-08.c

```
#include <stdio.h>
#include <stdint.h>
#include <stdlib.h>
int main()
{
    int32_t array[] = { 1, 2, 3, 4 };
    int32_t *p = &array[2];  // 要素2(値3)をポイント
    printf("p = %p, *p = %i, p - 2 = %p, *(p - 2) = %i¥n",
           p, *p, p - 2, *(p - 2));
}
```

出力は以下のようになります(アドレスは環境によって異なります)。

```
p = 0x7fffc0ae7428, *p = 3, p - 2 = 0x7fffc0ae7420, *(p - 2) = 1
```

この例で使用しているポインター変数pは、int32_tに対するポインターです。したがって、2を減じるとプログラムとしては、2つ前のint32_tに相当する要素0をポイントします。このとき実際のアドレスはsizeof(int32_t)の4に対して2を乗じた8が引かれたものとなります。

4. 配列のサイズと要素数を求めるのにsizeof演算子を使用できます(リスト8.9)。

▶リスト8.9　ch08-09.c

```
#include <stdio.h>
#include <stdint.h>
#include <stdlib.h>
int main(int argc, char *argv[])
{
    int32_t array[argc * 4];  // 引数の数の4倍の要素数の配列
    printf("array size = %zu, count = %zu¥n", ➡
           sizeof array, sizeof array / sizeof array[0]);
}
```

実行例は以下のようになります。

```
> a.exe 1 2 3 4
array size = 80, count = 20
> a.exe 1
array size = 32, count = 8
```

5. ポインター変数に対して[]を使用して配列のインデックスを付ける（note参照）と、[]内に記述したインデックス値がポインター変数に対して加算され、そのあとに間接演算を実行した結果が得られます（リスト8.10）。

▶リスト8.10　ch08-10.c

```
#include <stdio.h>
#include <stdint.h>
#include <stdlib.h>
int main()
{
    int32_t array[] = { 1, 2, 3, 4 };
    int32_t *p = array;
    for (size_t i = 0; i < sizeof array / sizeof(int32_t); i++) {
        // p[i] と書くと *(p + i)と書くのと同じ結果となる
        printf("array[%zu] = %i¥n", i, p[i]);  // size_tに対する書式指定子は%zu
    }
}
```

note 第5章では特に説明していませんが、[]は後置単項演算子（配列演算子）です。

1970～80年代までのCコンパイラはそれほど最適化技術が進んでいなかったこともあり、配列に対してインデックスを使用してアクセスするよりも、ポインター演算を使用するほうが高速なコードが生成されることがありました。そのため、古いCのソースコードを読むと、配列よりもポインターとポインター演算を多用していることがあると思います。

しかし、現在のコンパイラは極めて最適化が進んだことから、ポインターとポインター演算を使用するよりも素直に配列を使用したほうが高速なコードを得られることがほとんどです。たとえば、次の2つはどちらも引数2の配列を引数1の配列へコピーする関数です。古いプログラムで（a）のように書いているものがありますが、現在は配列演算子を使用して（b）のように書くべきです。

▶ (a) ポインター演算を使ったプログラム

```
void array_copy(int32_t *dest, int32_t *src, size_t length)
{
    for (size_t i = 0; i < length; i++) {
        *dest++ = *src++;  // *でポインターの内容を取得／設定したあとに
                           //++で次の要素をポイントする
    }
}
```

▶ (b) 配列演算子を使ったプログラム

```
void array_copy(int32_t *dest, int32_t *src, size_t length)
{
    for (size_t i = 0; i < length; i++) {
        dest[i] = src[i];
    }
}
```


練習問題　8.3

1. 次の各式の値を答えてください

(1) sizeof(uint8_t)

(2) sizeof(int16_t)

(3) sizeof(long long)

2. 空欄aとbに必要なコードを記述して、定数を使わずに配列aの全要素を出力するプログラムを完成してください。

```
#include <stdio.h>
#include <stdint.h>
#include <stdlib.h>
int main()
{
    int32_t a[] = { 0, 1, 2, 3, 4, 5 };
    [          a          ]
        printf("%i¥n", a[i]);
    [          b          ]
}
```

3. ビッグエンディアンとリトルエンディアンはCPUアーキテクチャを区別するための用語です。ビッグエンディアンはアドレスの小さいほうから大きいほうへ向かって値の大きい桁から小さい桁を格納します。リトルエンディアンはアドレスの小さいほうから大きいほうへ向かって値の小さい桁から大きい桁を格納します。なおメモリー上の桁なので1桁は8ビット（1バイト）です。

例：値0x01234567の4バイトを格納する場合

ビッグエンディアン	アドレスa：	0x01
	アドレスa+1：	0x23
	アドレスa+2：	0x45
	アドレスa+3：	0x67
リトルエンディアン	アドレスa：	0x67
	アドレスa+1：	0x45
	アドレスa+2：	0x23
	アドレスa+3：	0x01

(1) キャスト（第3章）を使ってint32_tへのポインターをuint8_tへのポインターに変換してビッグエンディアンかリトルエンディアンかを判定するプログラムを作成してください。

ヒント uint8_tはstdint.hで定義されている型名です。uint8_tへのポインターに変換するキャスト演算子は(uint8_t *)です。

(2) リトルエンディアンCPUのコンピュータで動作する、引数で与えられた32ビット整数をビッグエンディアンに変換して出力するプログラムを作成してください。出力時に使用するprintfの書式指定子には「%08x」を使用してください。この書式指定子は左0埋め8桁の16進数として与えられたint値を出力します。

実行すると以下のように動作します。引数が与えられなかった場合は終了してください。

```
> a.exe 1
0x01000000

> a.exe 65535
0xffff0000

> a.exe 2018915346
0x12345678
```

4. 引数で与えられた文章を逆順に（後ろから順に）出力するプログラムを作成してください。引数が空白を含む場合は、文章全体を""で囲んでプログラムへ与えます。なお、与えられる文章はASCIIコードの範囲とします。実行例は以下のようになります。

```
> a.exe "the quick brown fox jumps over the lazy dog"
god yzal eht revo spmuj xof nworb kciuq eht
```

8.4 関数ポインター

前節で説明したように、ポインター変数に対して配列演算子を適用することで、ポインター演算と間接演算の組み合わせをプログラムから減らすことが可能となります。これにより、ポインターを使わなければならないコードはかなり減少しました。とは言え、Cからポインターが不要になったわけではありません。特に、**関数ポインター**はプログラムの抽象度を高めるためには必需品とすら言えます。関数ポインターは関数のアドレスを格納したポインター変数のことですが、「関数ポインター変数」と書くと長すぎるので、ここでは単に関数ポインターと記述します。ただし、プログラミング手法として関数ポインターを駆使することはどちらかと言うと高度なトピックです。したがって、本節の例では簡単に関数ポインターの重要な部分だけを説明します。

皆さんは関数ポインターを使用したソースコードを抵抗なく読めるようになることと、ライブラリで関数ポインターを要求するものを使いこなすことを目標としてください。本節では、最初に関数ポインターを扱うための書式について説明します。そのあとで、実際のプログラムでの関数ポインターの使用例を示します。

関数ポインターは、ポイントする関数のプロトタイプに従った型を持ちます。関数ポインターの型の書式は以下のとおりです。

書式 関数ポインターの型

```
返り値の型 (*)(パラメータリスト)
```

たとえば、関数 int compare(int x, int y) の型はint (*)(int x, int y) です。パラメータリストから仮引数名を省略して int (*)(int, int) と記述してもかまいません。同様に、関数void stop(char *test[], int *result) の型はvoid (*)(char *test[], int *result) またはvoid (*)(char *[], int *) となります。

関数ポインター変数は、上記の書式の (*) 内の * に続けて変数名を記述します。

書式 関数ポインター変数の宣言

```
返り値の型 (*変数名)(パラメータリスト)
```

関数ポインター変数の宣言は、他の変数宣言とは異なり、変数名の後ろにパラメータリストを、() 内に変数名を記述しなければならず、コードが複雑で、わかりにくい印象を受けます。これについては慣れるしかありません。

関数ポインター変数に関数（のアドレス）を代入するには、代入演算の右項に関数名を記述します。このとき、関数呼び出しの () は付けません。() を付けると関数のアドレスではなく、関数呼び出しの結果となってしまいます。具体的には、次のように記述します。

```
int compare(int x, int y);
```

```
int (*p)(int, int) = compare; // compare関数へのポインター変数pを宣言
```

関数ポインターがポイントしている関数を呼び出すには、間接演算子を適用して取得した関数に対してパラメータリストを与えます。あるいは、簡略化された方法として関数ポインター変数名の直後にパラメータリストを記述します。以下に書式と使用例を示します。

書式 関数ポインターがポイントしている関数の呼び出し

```
(*変数名)(パラメータリスト);  // 関数ポインター経由の呼び出しを明示できる
または
変数名(パラメータリスト);      // シンプルに記述できる
```

▶関数ポインターの初期化子付きの宣言と呼び出し

```
int compare(int x, int y);
int (*p)(int, int) = compare;  // compare関数へのポインター変数pを宣言
printf("result of compare(3, 4) = %i¥n", (*p)(3, 4));
printf("result of compare(3, 4) = %i¥n", p(3, 4));
```

例8.3 関数ポインター

1. 最初の引数で与えられた文字が「+」なら以降の引数の総和を出力し、「x」なら以降の引数をすべて乗じた値を出力するプログラムを以下に示します（リスト8.11）。

▶リスト8.11　ch08-11.c

```
#include <stdio.h>
#include <stdlib.h>
int add(int x, int y)
{
    return x + y;
}
int mul(int x, int y)
{
    return x * y;
}
int main(int argc, char *argv[])
{
    if (argc < 3) {
        return 1;
    }
    // プログラムが使用する関数を決定する
    int (*calc)(int, int);  // 使用する関数を保持する関数ポインター変数の宣言
```

```
    char ch = *argv[1];      // char* に間接演算子を適用して最初の文字を取り出す
    int result;              // 途中までの結果を保持する変数
    if (ch == '+') {
        calc = add;  // +の場合はadd関数を使用する
        result = 0;  // 初期値は0
    } else if (ch == 'x') {
        calc = mul;  // xの場合はmul関数を使用する
        result = 1;  // 初期値は1
    } else {
        return 2;
    }
    // 以降、引数が+かxかの条件判断が不要となる
    for (int i = 2; i < argc; i++) {
        result = calc(result, atoi(argv[i]));
    }
    printf("%i¥n", result);
}
```


実行例は以下のようになります。

```
> a.exe + 1 2 3 4 5
15
> a.exe x 1 2 3 4 5
120
```

プログラム冒頭の準備処理で、以降の処理で使用する関数を関数ポインター変数に設定します。これにより、以降の処理でプログラムの処理を分岐するための条件判断をなくせます。

この例だけからではプログラムが短いので関数ポインターのメリットはわかりにくいと思います。しかしプログラムの規模が大きくなると、関数ポインターを使用するメリットは大きくなります。

2. 関数ポインターの使用方法の1つに、関数呼び出しに対して関数を引数に与えるというものがあります。stdlib.hに定義されているqsort関数はクイックソート（データを順番に並べ替えるアルゴリズムの1つ）を実行する関数で、プロトタイプは以下のとおりです。

```
void qsort(void *base, size_t nmemb, size_t size,
    int (*compare)(const void *, const void *));
```

qsort関数のパラメータは以下のとおりです。

- **base** —— ソートする値を格納した配列

● nmemb —— 要素数

● size —— 要素のバイト数

● compare —— 第1パラメータと第2パラメータを比較して第1パラメータが大きければ0より大きな整数、小さければ0より小さな整数、等しければ0を返す関数へのポインター

なお、void *（voidポインター）は型を持たないポインターで、キャストなしでどのような型へのポインターも受け付けます。特にライブラリがパラメータの型としてvoid *を使用している場合は、「呼び出し側の必要に応じてどのような型のポインターでも受け付ける」という意図を持ちます。

compare関数ポインターのパラメータリスト内のconstは、ポインターに対して間接演算を使って代入してはならないことを示す修飾子です。constで修飾されたポインター変数に対して間接演算で値を代入するコードを記述すると、コンパイラは「読み出し専用の変数は代入できない」といったコンパイルエラーを出力します。

qsort関数の第4パラメータはまさに関数ポインターをパラメータとすることで、呼び出し側が独自のcompare（比較）関数を与えられるようにしています。

リスト8.12のプログラムは、qsortを使用してint32_tの配列の内容をソートして出力します。

▶リスト8.12　ch08-12.c

```
#include <stdio.h>
#include <stdint.h>
#include <stdlib.h>
// p0がポイントする値が大きければ1以上の整数、等しければ0、小さければ負の整数を返す関数
int compare(const void *p0, const void *p1)
{
    // p0、p1はint32_tの配列のいずれかの要素をポイントしているので、
    // int32_t*にキャストしてから値を取得する
    return *(int32_t *)p0 - *(int32_t *)p1;
}
int main()
{
    int32_t array[] = { 32, 18, 97, 5, -4, 32, 10, -99 };
    // qsortの呼び出し
    qsort(array, sizeof(array) / sizeof array[0], sizeof(int32_t), compare);
    for (size_t i = 0; i < sizeof(array) / sizeof array[0]; i++) {
        printf("%i¥n", array[i]);
    }
}
```

実行結果は以下のようになります。

```
-99
-4
5
10
18
32
32
97
```

練習問題　8.4

1. 次の関数プロトタイプa ~ fに対応する関数ポインター変数を宣言してください。変数名は設問に合わせてa ~ fを使ってください。

a. `int32_t add(int32_t x, int32_t y, int32_t z);`

b. `double add(double x, double y);`

c. `char* select(char* a, char* b, char* c);`

d. `int main(int argc, char *argv[]);`

e. `void change(char c, char* cp, int[] ip);`

f. `int run(int (*fun1)(int, int), int (*fun2)(int, int));`

2. 次の関数ポインター変数a ~ cに代入できる関数プロトタイプを記述してください。関数名はそれぞれafunc、bfunc、cfuncとしてください。

a. `void (*a)();`

b. `int32_t (*b)(int32_t []);`

c. `char* (*c)(const char *p0, const char *p1);`

3. qsortを使用してコマンドライン引数で与えた単語を昇順にソートして出力するプログラムを作成してください。単語に使用できる文字はASCIIコードの英数字に限定してかまいません。なお、argv配列はシステムによっては書き込みができない場合があります。そのため直接qsortへ与えずに、一度必要な要素を別に確保した配列へコピーしてください。

ヒント この問題には初心者がポインターを使用する場合に最も混乱してしまう箇所があります。次の説明をよく読んでからプログラムを作成してください。

qsortが比較関数へ与える引数は要素に対するポインターです。argv配列の要素の型はchar * (char型へのポインター) なので、qsortが比較関数へ与える引数の型はchar ** (char型へのポインターへのポインター) となります。char ** (char型へのポインターへのポインター) に対して間接演算子*を適用すると、結果はchar * (char型へのポインター) となります。実行例は以下のようになります。

```
> a.exe the quick brown fox jumps over the lazy dog
brown
dog
fox
jumps
lazy
over
quick
the
the
```

☑ この章の理解度チェック

1. 次のコードのうち、ポインター変数の宣言として正しいものを選択してください。

a. `int *p = &8;`

b. `int *p = NULL;`

c. `int* p = &argc;`

d. `int &p;`

e. `void (*p)(int, int);`

f. `int *(p)(int, int);`

2. 空欄a、bに式を埋めて3行目の出力が3になるようにしてください。ただしポインター変数の名前はpとします。

```
int x[] = { 1, 2, 3, 4 };
[   a   ] = x;
printf("%i¥n", [   b   ]);  // => 3
```

3. リスト8.13の2番目のprintfの出力は4となります。なぜ、変数p0に1を加算したにもかかわらず変数p1とp0の差が4となるのか答えてください。

▶リスト8.13　ch08-5q03.c

```
#include <stdio.h>
#include <stdint.h>
#include <stdlib.h>
int main()
{
    int32_t *p0 = NULL;
    int32_t *p1 = p0 + 1;
    printf("%zu¥n", p1 - p0); // => 1
    printf("%zu¥n", (char *)p1 - (char *)p0);  // => 4
}
```

4. 次のように変数宣言している場合の、a～gの値を答えてください。

```
int64_t x = 12345;
int64_t *xp = &x;
int64_t **xpp = &xp;
uint8_t y;
int32_t array[16];
int32_t *p0 = array;
int32_t *p1 = &array[3];
```

a. `sizeof(int16_t)`
b. `sizeof x`
c. `*xp`
d. `**xpp`
e. `sizeof y`
f. `sizeof array / sizeof(array[0])`
g. `p1 - p0`

5. 引数で与えられた複数の整数を降順に出力するプログラムを作成してください。実行例は以下のようになります。

```
> a.exe 32 -1 58 0 9
58
32
9
0
-1
```

関数の作成

この章の内容

9.1 関数の定義
9.2 関数宣言
9.3 関数のパラメータ
9.4 関数の本体
9.5 関数の返り値
9.6 関数と同じ位置に定義された変数、複合文内で定義した変数

ここまでで、皆さんはCを構成するほぼすべての言語要素を学習しました。残る大物は構造体（第11章）と共用体（第12章）です。

構造体は、特にモダンなプログラミングにおいて極めて重要な役割を持ちます。しかし、真に構造体を駆使したプログラミングをするのであれば、C#やJavaなどのオブジェクト指向言語を選択したほうがよいでしょう。Cの構造体はそういう意味ではいささか力不足であるのは否めず、面倒な仕組みでもあります。

それに対して共用体は、Cでなければ書くことが難しいプログラム専用の仕組みと言っても過言ではない特殊な仕組みです。しかし現在のプログラミングで、共用体にどこまで必要性があるかは微妙なところがあります。

というわけで、これら2つはどちらかと言うと高度なトピックにあたります。そのため、本章ではここまでの復習をかねてCプログラムの中心となる関数について細部を説明します。

本章では関数と変数の有効範囲といった比較的高度な概念についても説明します。これらはある程度以上の規模を持つプログラムを正しく作成するには欠かせません。しっかりと学習しましょう。

続く第10章では、Cの標準関数を使用した各種IOについて説明します。

前章の復習問題

1. 変数a、ポインター変数apを宣言するよう、空欄にコードを埋めてください。

a.

```
int32_t a = 32;
[          ]ap = &a;
```

b.

```
char a[] = "abcdef";
[          ]ap = a;
```

2. 次の変数宣言に対して、式a～cの値を答えてください。ただし、CPUアーキテクチャはリトルエンディアンとします。

```
int32_t a = 0x12345678;
int32_t *ap = &a;
```

a. *ap

b. `*(int16_t *)ap`

c. `*(uint8_t *)ap`

3. 次の変数宣言に対して、式a～dの値（文字）を答えてください。

```
char a[] = "abcdef";
char *ap = a;
```

a. `*ap`

b. `*(ap + 1)`

c. `*(ap + 3)`

d. `ap[4]`

4. 式a～dが示す数を答えてください。ただし、式内の変数は以下で宣言されたものとします。

```
char ch;
char a[] = "hello world!";
char *p = a;
int32_t a2[] = { 1, 2, 3, 4, 5 };
```

a. `sizeof(int64_t)`

b. `sizeof a`

c. `sizeof p`

d. `sizeof a2 / sizeof a2[0]`

5. 次の変数宣言を書いてください。

(1) 2つのint型へのポインターをパラメータに持ち、intを返す関数へのポインター変数fp

(2) char型へのポインターへのポインターをパラメータに持ち、何も返さない関数へのポインター変数fp

(3) 1つのint型のパラメータを持ちintを返す関数をパラメータに持ち、intを返す関数へのポインター変数fp

9.1 関数の定義

すでにこれまでの章で関数を定義して使ってきましたが、ここであらためて関数の定義の書式について説明します。書式は以下のようになります。

書式 関数の定義

```
指定子 型名 識別子(パラメータリスト) 複合文
```

この中で目新しいのは**指定子**（specifier）です。それ以外のものについては、すでにこれまでの章で説明してきました。復習を兼ねて説明しておきます。

型名は、関数が返す値の型の名前です。値を返さない関数は特殊な型名のvoidを指定します。

識別子は、関数の名前です。Cの識別子のルールである英大文字または英小文字または「_」で始まり、英大文字または英小文字または「_」または数字が続く名前です。あるいはユニコードの国際文字を使用することもできますが、本書では使用しません。もちろんint、for、breakなどのCのキーワードを使用できないことは関数名も同じです。

> *note* 本書でユニコードの国際文字を使用しないのは、ソースコード入力の日本語／英語切り替えの手間を省くことと、読者が誤って日本語のスペースや数字などを入力して無用なコンパイルエラーとなるのを避けることが理由です。ほとんどのエディターがUTF-8を自由に扱える現在、必要があれば日本語識別子を避ける理由はありません。

パラメータリストは()内に「,」で区切って型と変数名のペアを並べます。パラメータも関数同様に指定子（note参照）を付けることができます。パラメータが1つもない場合はvoidキーワードを記述します。特にパラメータリスト内のvoidが意味を持つのは関数定義ではなく、関数プロトタイプです。これについては次節で例を示します。

> *note* 読者の皆さんはすでに第8章のqsortの例（212ページ）で、const修飾子を見ています。厳密には修飾子（qualifier）と指定子（specifier）は異なる言語要素ですが、本書の範囲では区別する必要はありません。

複合文は関数本体です。複合文なので0個以上のCの文を{}内に記述して関数の内容を記述します。値を返す関数の場合は、複合文の最後の「}」の直前の文、または直前の複合文内の最後の文は、関数から返り値を返すreturn文となります。しかし、Cの文法としては必ずしもreturn文を記述する必要はありません。return文なしで関数が終わった場合、返り値は不定です（ただし、main関数だけはreturn文がなければ0を返します）。もちろんreturn文で終わらない関数は、記述漏れなどのプログラムのバグがほとんどなので、コンパイラは警告を出します。

例9.1 関数の定義

1. 関数定義の指定子には**extern**と**static**があります。この2つの指定子は、1つのプログラムが複数のソースファイルから構成される場合に意味を持ちます。

C11には、関数指定子として他にinlineと_Noreturnが定義されています。inlineはコンパイラに対して実行時の高速化を要求するための指定子です。_Noreturnは関数内でそのままプログラムを終了させるような特殊な処理を行う（つまり、関数の呼び出し元へ何も返りません）ことを示す指定子です。いずれも本書の学習範囲を越えているため、ここでは簡単に説明するのみとします。

externは既定の設定で、他のソースファイルから指定した関数を呼び出せます。次項で説明するstaticは、関数を定義したソースファイル内からのみ呼び出せます。

次の2つのソースファイルはexternを指定した関数を説明したものです（リスト9.1、9.2）。

▶リスト9.1　ch09-01.c

```
#include <stdio.h>
extern int ex2(int x, int y);  // ch09-02.cの関数ex2の関数プロトタイプ
extern int ex1(int x, int y)
{
    printf("ex1: %i¥n", x + y);
    return x + y;
}
int main()
{
    ex2(5, 6);
}
```

▶リスト9.2　ch09-02.c

```
#include <stdio.h>
extern int ex1(int x, int y);  // ch09-01.cの関数ex1の関数プロトタイプ
extern int ex2(int x, int y)
{
    printf("ex2: %i¥n", x * y);
    return ex1(x, y);
}
```

clangに同時に2つのファイル名を与えてコンパイルしてから実行します。

```
> clang -std=c11 ch09-01.c ch09-02.c
> a.exe
ex2: 30
ex1: 11
```

ch09-02.cに定義したex2関数をch09-01.cのmain関数から、ch09-01.cに定義したex1関数をch09-02.cのex2関数から、それぞれ呼び出せます。なお、関数プロトタイプを記述しなかった場合、clangはC99違反という警告を出しますがコンパイルは成功します。

最初に説明したようにexternは既定の設定です。そのため省略しても同じ結果を得られます。

ch09-01.cとch09-02.cそれぞれのソースコードから「extern」指定子を削除してからコンパイル、実行して、結果が変わらないことを確認してみましょう。

externを指定するということは、複数のファイルに同じ関数を参照させるということです。第2章の「2.3 #includeディレクティブ」で説明したように、複数のソースファイルで呼び出す関数についてはヘッダーファイルに関数プロトタイプを記述して、各ソースファイルはヘッダーファイルを#includeディレクティブで取り込むようにしてください。そのようにすれば、関数プロトタイプを修正する必要があっても、修正箇所を最大2箇所とすることができます。また少ない記述で済ませるほうが、無用なタイプミスなどによるコンパイルエラーを抑制できます。

2. 関数にstatic指定子を適用すると、その関数を呼び出せるのは同じファイル内の関数に限定されます。

   次の2つのプログラムは（リスト9.3、9.4）、staticを指定した関数がコンパイラによってどう扱われるかを示しています。

▶リスト9.3　ch09-03.c

```
#include <stdio.h>
extern int ex2(int x, int y); // ex2関数のプロトタイプ。ex2はch09-04.cにある
static int ex1(int x, int y)  // ex1はstatic指定しているのでこのファイル内からのみ呼べる
{
    printf("ch09-03-ex1: %i¥n", x + y);
    return x + y;
}
int main()
{
    ex1(2, 3);
    ex2(5, 6);
}
```

▶リスト9.4　ch09-04.c

```
#include <stdio.h>
static int ex1(int x, int y) // ex1はstatic指定しているのでこのファイル内からのみ呼べる
{
    printf("ch09-04-ex1: %i¥n", x + y);
    return x + y;
}
extern int ex2(int x, int y)  // 別のファイルから呼び出せる関数
{
    printf("ex2: %i¥n", x * y);
    return ex1(x, y);
}
```

clangに同時に2つのファイル名を与えてコンパイルしてから実行します。

```
> clang -std=c11 ch09-03.c ch09-04.c
> a.exe
ch09-03-ex1: 5
ex2: 30
ch09-04-ex1: 11
```

例9.1－1と同様にch09-04.cに定義したex2関数をch09-03.cのmain関数から呼び出していますが、ex1関数は2つのソースファイル内でstatic指定子を付けて定義しています。static指定子は関数を定義したソースファイル内に閉じ込めます。そのため、ch09-03.cのmainから呼び出すex1関数はch09-03.cで定義したex1関数、ch09-04.cのex2関数から呼び出すex1関数はch09-04.cで定義したex1関数となります。

ch09-03.cおよびch09-04.cからstatic指定子を削除すると、externを指定したものとして扱われます。この場合、同じ識別子が複数のソースファイルで競合するためリンク時にエラーとなって実行ファイルは作成されません。実際にソースファイルを修正して確認してみましょう。

static指定子を付けて関数を定義するメリットは以下の2つです。

- 他のファイルから呼び出す必要がない、あるいは他のファイルから呼ばれたくない関数を定義できる
- リンクが少しだけ高速になる可能性がある

したがって、複数のファイルから構成される規模のプログラムを開発するまでは考慮する必要はありません。

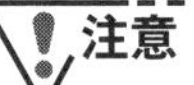

C#やJavaでstaticを指定したメソッド（オブジェクト指向プログラミング言語での関数に相当する言語要素）と、Cのstaticを指定した関数には、意味的な共通性はありません。Cのstaticは該当関数（このあとに変数も出てきます）が定義されたファイル内のみで有効という意味ですが、オブジェクト指向プログラミング言語でのstaticはオブジェクトではなくクラスに関連付けられるという意味となります。

3. 古い形式の関数定義では、パラメータリストにはパラメータ名のみを記述します。パラメータの型については、パラメータリストと関数本体の複合文の間に変数宣言の形式で記述します（リスト9.5）。

▶ リスト9.5　ch09-05.c

```
#include <stdio.h>
// lenで指定した数だけcで指定した文字を出力する関数
int test(len, c)
  int len; // 出力する回数
  char c;  // 出力する文字
{
    for (int i = 0; i < len; i++) {
        printf("%c", c);
    }
    puts("");
    return len;
}
int main()
{
    test(4, '!', 8);  // 余分なパラメータ8があるが、コンパイラは警告しか出力しない
}
// 実行結果
// !!!!
```

この形式はC11でも認められています。しかしこの書き方は、互換性を維持するために**コンパイラが関数呼び出しのパラメータをチェックしない**という致命的な問題を持ちます。したがって、あくまで古いCのソースコードを読むための知識として覚えておくだけにしておき、新規に作成するプログラムでは使用しないでください。

練習問題　9.1

1. 次の関数定義が正しいか誤りかを答え、誤っているものはその理由も述べてください。

a.
```
int add(int x, int y) return x + y;
```

b.
```
void add(int x, int y)
{
    return x + y;
}
```

c.
```
int 08_5620(int x, int y)
{
    return x + y;
}
```

d.
```
extern int add(int x, int y)
{
    x + y;
}
```

2. 次の古い形式の関数定義を新しい形式の関数定義に書き直してください。

(1)

```
void print(x, y)
    int x;  // X座標の値
    int y;  // Y座標の値
{
    printf("x=%i, y=%i¥n", x, y);
}
```

(2)

```
int call_other(fun, arg1, arg2)
    int (*fun)(int, int);
    void *arg1, *arg2;
{
    return fun(*(int *)arg1, *(int *)arg2);
}
```

3. ヘッダーファイルは関数プロトタイプを列挙したテキストファイルです。例9.1－1のch09-01.c、ch09-02.cをヘッダーファイルを使用するように書き直してください。ファイル名はそれぞれch09-1q03-01.c、ch09-1q03-02.cとし、ヘッダーファイル名はch09-1q03.hとしてください。

9.2 関数宣言

関数定義のうち、パラメータリストまでの部分は**関数宣言**です。関数宣言を「;」で終了させた文は、**関数プロトタイプ**となります。関数プロトタイプはコンパイラに対して、ソースコード上で以降に出現した同名の関数の呼び出しについてパラメータの整合性（数、型）と返り値の整合性を検証するように要求します。

これらの検証はバグを持たないプログラムを作成するためには極めて重要です。したがって、常に関数プロトタイプを記述するようにしてください。

なお、独立した関数プロトタイプを用意しなくても、ソースコード上で関数定義より後ろにある該当の関数の呼び出しについては同じ検証が行われます。

例9.2 関数宣言

1. 次の3つのリストは実行時の機能はまったく同じですが、コンパイル時の検証の有無が異なります（リスト9.6から9.8）。

▶ リスト9.6　ch09-06.c

```
#include <stdio.h>
int add(int x, int y)
{
    return x + y;
}
int main()
{
    printf("4 + 3 = %i¥n", add(4, 3));
}
```

▶ リスト9.7　ch09-07.c

```
#include <stdio.h>
int main()
{
    printf("4 + 3 = %i¥n", add(4, 3));
}
int add(int x, int y)
{
    return x + y;
}
```

▶ リスト9.8　ch09-08.c

```
#include <stdio.h>
int add(int x, int y);
int main()
{
    printf("4 + 3 = %i¥n", add(4, 3));
}
int add(int x, int y)
{
    return x + y;
}
```

ch09-06.cは、add関数の呼び出しがadd関数の定義より後ろなので、コンパイラが呼び出しのチェックを行います。このため、コンパイラはエラーも警告も出しません。

ch09-07.cは、add関数の呼び出しの時点ではadd関数が未定義なので、コンパイラは呼び出しの正当性を検証できません。そのため、C99では不正であるという警告を出力します。

ch09-08.cは、add関数の定義位置は呼び出し位置よりも後ろですが、呼び出し位置よりも前に関数プロトタイプによって宣言されています。このため、ch09-06.cと同様にコンパイラは呼び出しのチェックを行えます。

2. 例9.2－1の例は、int型を返す関数を使用したため、警告が出るもののch09-07.cのコンパイルは成功します。しかしリスト9.9の例は、コンパイルエラーとなります。

▶ リスト9.9　ch09-09.c

```
#include <stdio.h>
int main()
{
    puts(hello());
}
char *hello()
{
    return "hello!";
}
```

このプログラムをコンパイルすると、hello関数の型が衝突するためエラーとなり、コンパイルは成功しません。なぜでしょうか？

Cコンパイラは、ソースコードを先頭から順に読み込みます。puts(hello());の行に到達すると、helloという未定義の関数を呼び出しているため、intを返す関数として処理を続行します。つまり、Cコンパイラは暗黙のうちに、

```
int hello();
```

という宣言がされているとみなします。そのため、char *hello()の行まで来ると、int型を返す関数helloとchar型へのポインターを返す関数helloの同じ名前の異なる関数が定義されていると判断してコンパイルエラーを発生させるのです。

関数名の衝突というコンパイルエラーが発生した場合、ほとんどの原因は、タイプミスや修正漏れなどにより、関数プロトタイプに記述した関数の型と、関数呼び出しおよび関数定義で記述した関数の型が異なってしまった場合です。コンパイルエラーとして出力される内容と、実際のエラーの内容が微妙にかけ離れているので注意してください。

3. 例9.2－2では、関数の返り値の型が異なるためコンパイルエラーとなる例を示しました。リスト9.10の例はコンパイルエラーとならずに実行ファイルが作成され、期待と異なる動作をする例です。

▶リスト9.10　ch09-10.c

```
#include <stdio.h>
int main()
{
    printf("%i¥n", add(1, 2, 3, 4, 5));
}
int add(int x, int y)
{
    return x + y;
}
```

関数宣言より前に関数呼び出しを発見するとコンパイラはint型を返す関数を暗黙のうちに宣言します。この場合、パラメータについては無視します。add関数はint型を返すものとして定義されているため、パラメータの数が異なることは無視されて、単に警告のみで実行ファイルが作成されます。

実行してみると、以下のようになります。

```
> a.exe
3
```

add関数は呼び出し側が与えた引数のうち3、4、5を無視しますが、そもそもパラメータリストには2つのパラメータしか記述していないので、3番目以降は処理できません。

したがって対処としては、関数プロトタイプを先頭または別途ヘッダーファイルに用意するか、呼び出される関数の定義を先に行うようにしてください。

また、コンパイラが警告を出したら本当に問題がないか確認してください。コンパイルエラーがなく実行ファイルが作成されたから問題なし、などと絶対に考えてはなりません。Cコンパイラの警告は、他のプログラミング言語の警告よりもはるかにゆるいので、警告されたら何か致命的な問題があると想定したほうが安全です。

4. 関数宣言には型名が必要です。しかし、関数へのポインターのように型名を持たない型があります。

typedef指定子を使用すると、型名がない型に名前を付けることができます。typedefはtype definition（型定義）という意味です（リスト9.11）。

▶リスト9.11　ch09-11.c

```
#include <stdio.h>
#include <string.h>
int add(int x, int y)
{
    return x + y;
}
int sub(int x, int y)
{
    return x - y;
}
// 2つのint型のパラメータを取りintを返す関数ポインターにCALCFUNという型名を与える
typedef int (*CALCFUN)(int, int);

// CALCFUNを返す関数
// 型名がないためint (*)(int, int) select(char *name)とは宣言できない
CALCFUN select(char *name)
{
    if (strcmp(name, "add") == 0) {
        return add;
    } else if (strcmp(name, "sub") == 0) {
        return sub;
    } else {
        return NULL;
    }
}
int main()
{
    printf("%i¥n", select("sub")(8, 5)); // => 3
}
```

typedef指定子の書式を以下に示します。

書式 typedef指定子

```
typedef 変数宣言の書式
```

typedefに続く変数宣言の書式の、変数名に相当するものが型の型名となります。typedefで定義する型名には慣習的に英大文字を使います。

リスト9.12は完全に例のための例ですが、typedef指定子の機能を示しています。intというCのキーワードを識別子に使用することはできませんが、typedefで定義した型名は他の識別子（変数名など）と定義した位置が異なれば共存可能です。

▶リスト9.12　ch09-12.c

```
#include <stdio.h>
typedef int x;  // => 以降のコードではxはint型の名前として使用できる
x fun()         // intを返す関数fun
{
    x x = 8;  // 型名xは{}の外側で定義されているので{}の内側の変数名xと共存可能
    return x;
}
// x x() { return 3; } => 型名xと関数名xは同じ位置の定義となるので共存不可能
x main()        // main関数はintを返す
{
    printf("%i¥n", fun());  // => 8
}
```

注意 上記のリストは、紛らわしい書き方をしているので、真似してはいけません。ただし、慣習に従ってXと大文字で命名すれば相当ましになります。

5. 関数は配列型を返すことはできません。リスト9.13のプログラムをコンパイルすると、「関数は配列型を返すことはできません」というコンパイルエラーが表示されます。

▶リスト9.13　ch09-13.c

```
#include <stdio.h>
typedef int INTARRAY[];      // int配列型をINTARRAYという型名で定義
INTARRAY array_func(int n)  // int配列を返す関数定義（エラー）
{
    int a[n];
    return a;  // この処理自体の問題点については本章で説明します
}
```

6. 関数宣言でパラメータリストにvoidを記述すると、コンパイラは関数呼び出しにパラメータがないことを検証します（リスト9.14）。

▶リスト9.14　ch09-14.c

```
#include <stdio.h>
int hello(void);
int main()
{
    printf("%i¥n", hello("you"));  // => コンパイルエラー。引数が多すぎる
}
int hello(void)
{
    return 32;
}
```

関数プロトタイプのパラメータリストにvoidを記述しない場合、コンパイラは呼び出し側のパラメータを検証しません（リスト9.15）。

▶リスト9.15　ch09-15.c

```
#include <stdio.h>
int hello();
int main()
{
    printf("%i¥n", hello("you"));  // => コンパイラは余分なパラメータを認識しない
}
int hello(void)  // エラーとはならない
{
    return 32;
}
```

書き間違いによるバグを減らせるメリットを考えれば、パラメータを取らない関数のパラメータリストにはvoidを記述すべきことは明らかです。ただし、呼び出しより前に関数定義がある場合は、パラメータリストにvoidを記述しなくともパラメータチェックが行われます（リスト9.16）。

▶リスト9.16　ch09-16.c

```
#include <stdio.h>
int hello()  // 関数定義のパラメータリストはvoidなしでもパラメータがないことが確定している
{
    return 32;
}
```

```
int main()
{
    printf("%i¥n", hello("you"));  // => コンパイルエラー。引数が多すぎる
}
```

ただしmain関数だけは、呼び出すのがコンパイラ自身が内部的に生成するコードなので、以下のいずれの書き方でもかまいません。

```
int main()
int main(void)
int main(int argc, char *argv[])  // コマンドライン引数を使用する場合
```

練習問題　9.2

1. リスト9.17、9.18のソースコードを修正して警告なしでコンパイルできるようにしてください。

(1)

▶リスト9.17　ch09-2q01.c

```
int main()
{
    printf("%i¥n", add(1, 2));
}
int add(int x, int y)
{
    return x + y;
}
```

(2)

▶リスト9.18　ch09-2q02.c

```
int main()
{
    printf("%i¥n", ping(10, 20));
}
int ping(int x, int y)
{
    return pong(x, y - 1);
}
```

```
int pong(int x, int y)
{
    if (y == 0) {
        return x;
    }
    return ping(x * y, y);
}
```

2. 次の関数プロトタイプのうち正しくないものを指摘し、可能であれば正しく書き直してください。

a. `int x(int, int);`

b. `void y(void);`

c. `void *vpfunc(void);`

d. `void (*)(void) vfunc(void);`

e. `int[] arrayfunc(int);`

3. test.cという名前のソースファイルの内容を以下に示します。このソースコードの間違いを探してください。

```
#include <stdio.h>
static void test(char *p)
{
    puts(p);
}
```

9.3 関数のパラメータ

すべての関数のパラメータは、その関数内でのみ参照できる変数です。関数内でパラメータに代入した場合、代入した結果を使用できるのは関数内に限られます。ただし、パラメータがポインター変数の場合は、間接演算子を使用して、そのポインター変数がポイントしている変数を変更できます。

例9.3 関数のパラメータ

1. パラメータへの代入は、呼び出し元に一切影響しません。

リスト9.19のプログラムはtest関数内でパラメータxに値を代入していますが、呼び出し元の変数xには影響しません。

▶ リスト9.19　ch09-17.c

```
#include <stdio.h>
void test(int x)
{
    x = 30;
}
int main()
{
    int x = 10;
    printf("%i¥n", x); // => 10
    test(x);
    printf("%i¥n", x); // => 10
}
```

パラメータに対する代入は呼び出し元の引数には影響しないので、引数に定数を与えることができます（リスト9.20）。

▶ リスト9.20　ch09-18.c

```
#include <stdio.h>
void test(int x)
{
    x = 30;
}
int main()
{
    test(32);
}
```

これはパラメータがポインター変数であっても同じです（リスト9.21）。

▶ リスト9.21　ch09-19.c

```
#include <stdio.h>
void test(int *x)
{
    int y = 32;
    printf("%p¥n", x);
    x = &y;        // yのアドレスを代入
    printf("%p¥n", x);
}
int main()
```

```
{
    int x = 1;
    test(&x);
    printf("%i¥n", x); // => 1
}
```

図9.1は、ch09-17.cの関数の引数と、関数のパラメータの関係を示したものです。関数の呼び出し時、引数はパラメータ用の領域へ代入されます。このため、関数内でパラメータに値を代入しても元の引数には影響しません。

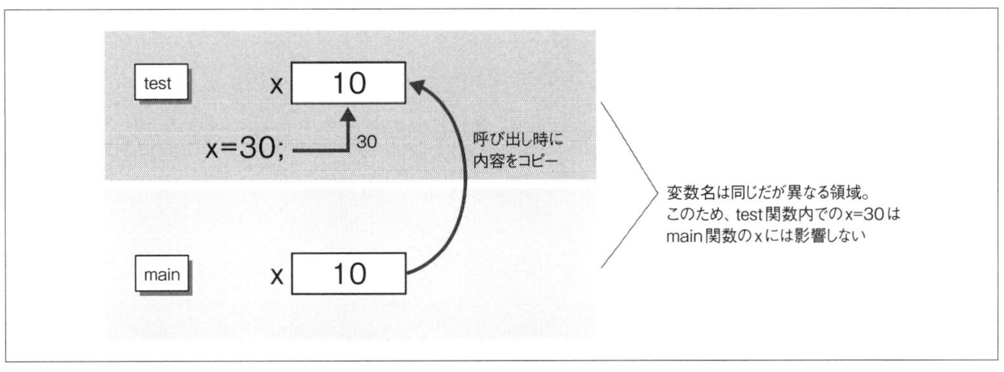

❖図9.1　ch09-17.cの関数の呼び出し側の引数、関数のパラメータの関係

2. 関数内から、呼び出し元の変数を書き換えるには、ポインター変数をパラメータにして、間接演算を使用します（リスト9.22）。

▶リスト9.22　ch09-20.c

```
#include <stdio.h>
void test(int *x)
{
    *x = 48;  // 間接演算を適用してxのポイント先に48を代入
}
int main()
{
    int x = 0;
    printf("%i¥n", x);  // => 0
    test(&x);
    printf("%i¥n", x);  // => 48
}
```

図9.2は、ch09-20.cの関数の引数と、関数のパラメータの関係を示したものです。

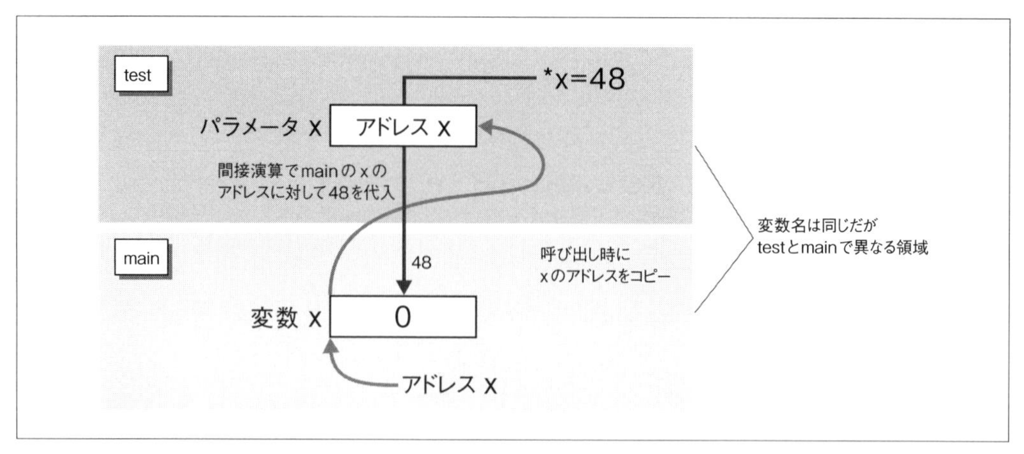

❖図9.2　ch09-20.cの関数の引数と、関数のパラメータの関係

3. パラメータにconst修飾子を付けると、関数内での代入を禁止できます（リスト9.23）。

▶リスト9.23　ch09-21.c

```
#include <stdio.h>
int test(const int x)
{
    x = 8;   // xはconstなのでコンパイルエラー
}
int main()
{
    int x = 12;
    test(x);
}
```

ただし、この修飾にはそれほど意味はありません。xに値を代入しても破壊できるのは関数内に限定されるからです。関数の使用者である呼び出し元には影響がありません。

パラメータにconst修飾子を付けるメリットは、その名前のとおり、関数本体の実装に対して定数としてパラメータの使用を強制することです。もちろん、constパラメータを使って関数定義をしたプログラマーが関数本体を実装するので、強制というよりも一種のコメントとしての役割となります。

4. ポインター型パラメータをconstで修飾すると、間接演算による代入を禁止できます（リスト9.24）。

▶リスト9.24　ch09-22.c

```
#include <stdio.h>
```

```
void test(const int *x)
{
    *x = 9;   // コンパイルエラー
}
int main()
{
    int x = 12;
    test(&x);
}
```

例9.3－3と異なり、ポインターパラメータにconstを付けるのは意味があります。第7章で学習したstrcpy関数のプロトタイプ例を以下に示します。strcpyは最初の引数がポイントする領域に、2番目の引数がポイントする文字列をコピーする関数です。

```
extern char *strcpy (char *__dest, const char * __src);
```

ここで示したstrcpyのプロトタイプでは、__destで示された第1パラメータは非const（つまり間接演算によって破壊可能）で、__srcで示された第2パラメータはconstです。const修飾子によって、strcpy関数はコピー元の文字列を破壊しないことが関数の使用者に対して示されています。また、仮にstrcpyの使用者が2つの引数のどちらがコピー元でどちらがコピー先かわからなくなったとしても、string.hを参照してstrcpy関数プロトタイプを見ることで、どちらの引数がコピー元かがconst修飾子によってわかります。

なお、C11の関数パラメータに対する修飾子には、const以外に次の4つが定義されています。

- restrict
- volatile
- _Atomic
- register

これらの修飾子はコンパイラに対して特殊な要求を行います。そのため、標準的なCプログラムを開発する限り存在そのものを無視してかまいません。ただし、処理系が提供するヘッダーファイルを読むときは、これらの修飾子が関数プロトタイプ内に出現する可能性があるため、ここで簡単に説明します。

restrict（あるいは処理系独自定義として__restrict）は、コンパイラに対してポインターに関する最適化を要求するための修飾子です。**volatile**は、コンパイラに対して該当変数に対するアクセスを最適化してはならないことを示す修飾子です。**_Atomic**は、コンパイラに対してCPUに対する1アクセスで読み書きする必要があることを示します。**register**は、コンパイラに対してメモリー上に変数領域を確保せずに最適化することを要求する修飾子です。

5. Cではprintf関数のように可変個のパラメータを取る関数を定義できます（リスト9.25）。

▶リスト9.25　ch09-23.c

```
#include <stdio.h>
#include <stdarg.h>
// 負値に出会うまでパラメータに指定された計算を適用する
int calc_all(char ope, ...)
{
    va_list ap;         // 可変個パラメータにアクセスするための特殊な型の変数
                        // apはargcなどと同様の慣用的な名前
    va_start(ap, ope); // va_list変数と可変個パラメータ直前のパラメータを指定して初期化
    int total = 0;
    for (;;) {
        int n = va_arg(ap, int);  // va_argにva_list変数とパラメータの型を
                                  // 与えて取り出す
        if (n < 0) {
            break;
        }
        if (ope == '+') {
            total += n;
        } else if (ope == '-') {
            total -= n;
        }
    }
    va_end(ap);             // 最後にva_endを呼び出す
    return total;
}
int main()
{
    printf("%i¥n", calc_all('+', 1, 2, 3, 4, 5, 6, 7, 8, 9, 10, -1)); // => 55
    printf("%i¥n", calc_all('-', 10, 2, 3, -1)); // => -15
}
```

可変個パラメータは、パラメータリスト内に「...」を記述します。可変個パラメータはパラメータリスト内の最後に記述する必要があります。

可変個パラメータを取る関数を定義するには、stdarg.hを取り込みます。stdarg.h内にva_list型やva_startなどのマクロ（関数ではありません）が定義されているからです。

可変個のパラメータを取る関数は、なんらかの方法でパラメータの最初の位置と数を知る必要があります。stdarg.hが提供する方法では、可変個パラメータの直前のパラメータ名をva_startに与えることで最初の可変個パラメータの位置を指定します。パラメータの数はなんらかの取り決めに

よって、呼ばれる関数が判断できるようにする必要があります。たとえば、printf関数の場合は、書式文字列に埋め込まれた書式指定子（%）の数によって判断します。ch09-20.cでは、最後のパラメータに特殊な値（ここでは負の値）を指定させることで最終のパラメータであることを判断します。最も単純な方法はパラメータ数を示すパラメータを用意して、その後ろに可変個パラメータを配置することです。

```
int use_counter(size_t count, ...); // 最初のパラメータで後続のパラメータ数を指定する
```

リスト9.26のコードは、最初のパラメータで指定した数だけ順にパラメータに与えられた文字列を出力します。

▶ リスト9.26　ch09-24.c

```
#include <stdio.h>
#include <stdarg.h>
void show(size_t count, ...)
{
    va_list ap;
    va_start(ap, count);
    for (size_t i = 0; i < count; i++) {
        puts(va_arg(ap, char *));
    }
    va_end(ap);
}
int main()
{
    show(6, "I", "want", "to", "be", "a", "machine");
    show(4, "walking", "they", "are", "walking");
}
```

練習問題　9.3

1. 空欄部分を埋めて、次のプログラムを完成させてください。なお、空欄は複数行にわたることもあります。

   (1)　2つの引数の内容を交換する関数swapを定義してください。

```
#include <stdio.h>
void swap( □ )
{
  □
}
int main()
{
    int x = 8;
    int y = 18;
    swap( □ );
    printf("%i, %i¥n", x, y); // => 18, 8
}
```

(2) 空欄を埋めて、2つの整数を格納した文字列を受け取り和を返す関数addを定義してください。パラメータには適切な修飾子を付けてください。

```
#include <stdio.h>
□
int add( □ )
{
  □
}
int main(int argc, char *argv[])
{
    if (argc != 3) {
        puts("usage: a.exe number number");
        return 1;
    }
    printf("%i¥n", add(argv[1], argv[2]));
}
```

2. main関数を次のように定義する開発者がいます。

```
int main(int argc, char **argv)
```

(1) 上の書き方でも間違いではないことを説明してください。

(2) 問1. (2) のmain関数を上の書き方を使って書き直してください。

3. 3つの引数を取り、最初の引数を2番目の引数で割った答えを返し、余りを3番目の引数で返す関数divを定義してください。なお、2番目の引数に0を与えられた場合の考慮は不要とします。呼び出し側は以下とします。

```
int main()
{
    int rem;
    int q = div(13, 4, &rem);
    printf("13 / 4 = %i ... %i¥n", q, rem); => 13 / 4 = 3 ... 1
}
```

4. 次の可変個パラメータを取る関数xの空欄を埋めて完成させてください。

```
#include <stdio.h>
#include < [      ] >
void x(int *[      ] )
{
    [      ] ap;
    [          ], np);
    for (int i = 0;; i++) {
        int *p = va[      ]
        if (!p) {
            break;
        }
        *p = i;
    }
    [      ]
}
```

9.4 関数の本体

前節で、関数のパラメータは関数内に領域を確保されると説明しました（図9.1）。では、次に示す自然数の階乗を求める関数factの場合はどうなるのでしょうか？

```
int64_t fact(int64_t x)
{
    if (!x) {    // 0なら1を返す
        return 1;
    }
    return x * fact(x - 1); // 与えられた数と与えられた数から1を引いたfactの結果を乗ずる
}
```

関数factに3を与えると、次のように実行されます（図9.3）。

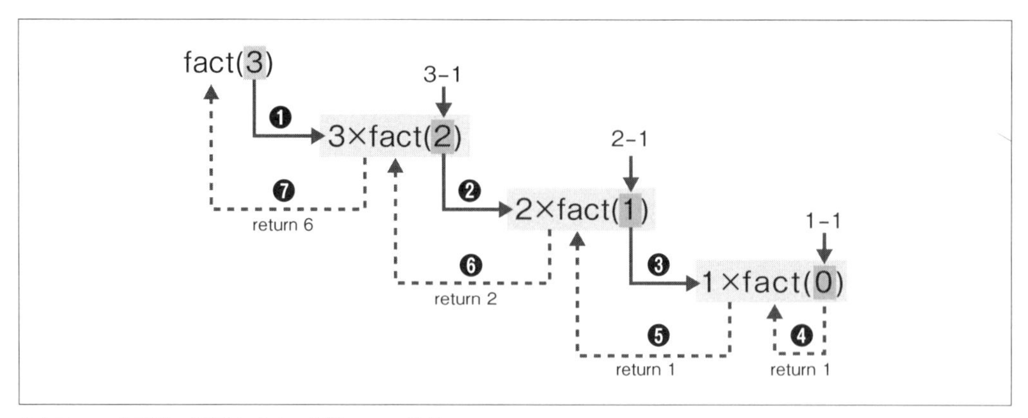

❖図9.3　自然数の階乗を求める関数factの動作

もし、関数の領域というものがプロセス内に1つしかなければ、パラメータxの領域は次々と上書きされてしまい、正しく動作することはできません（図9.4）。

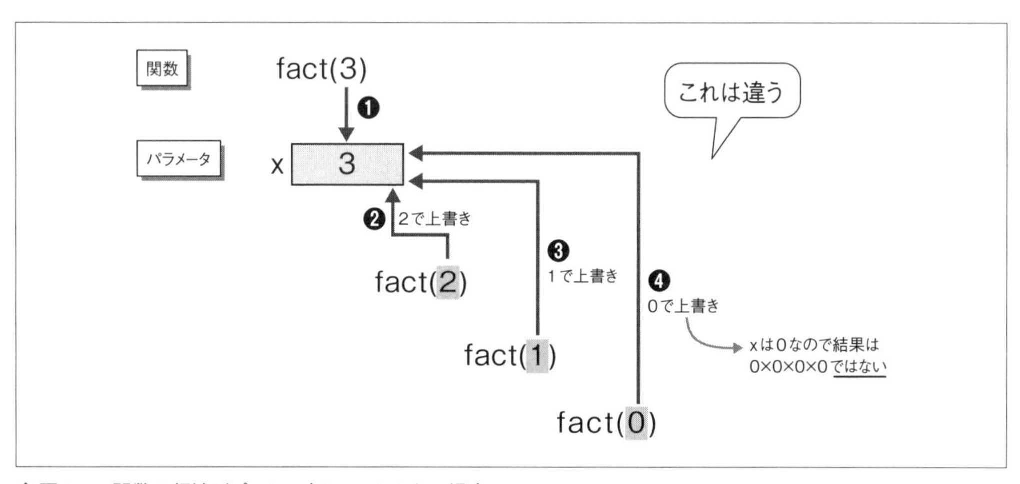

❖図9.4　関数の領域がプロセス内に1つしかない場合

Cの関数は呼び出される都度、新たに変数用の領域を確保します。これにより、リスト上は同じfact関数のパラメータxを上書きされることなく使用できます（図9.5）。

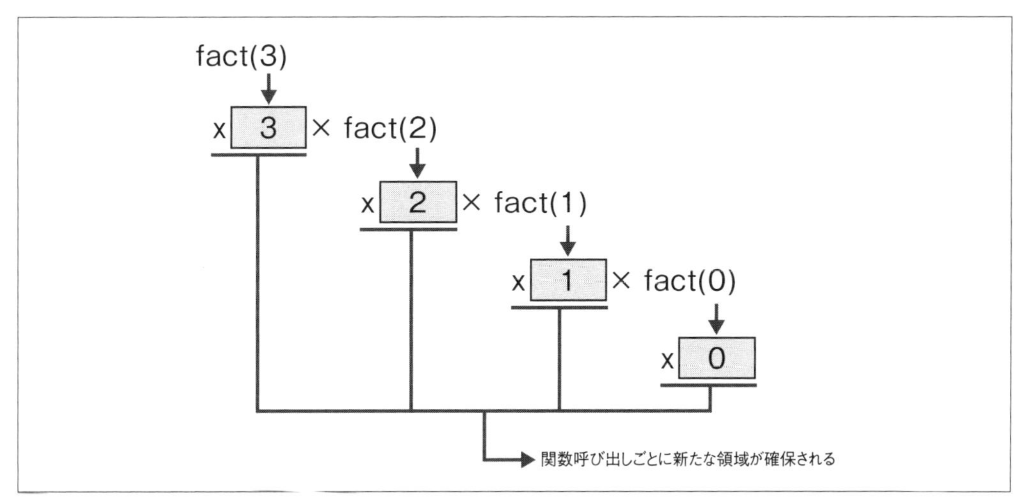

❖図9.5　Cの関数は呼び出されるたびに、新たに変数用の領域を確保する

関数内で定義した変数も、パラメータと同様にその関数の呼び出しに従属します。したがって、fact関数を次のように書き直しても同じ結果を得られます。

```
int64_t fact(int64_t x)
{
    int64_t next_val = x - 1;
    if (!next_val) {
        return 1;
    }
    return x * fact(next_val);
}
```

変数next_valもパラメータxと同様に、関数が呼び出されるたびに確保される変数用の領域に配置されます。関数呼び出しごとに新たに変数を確保すると言うと、関数を大量に呼び出すとメモリーを使い尽くしてしまうのではないかと心配になるかもしれません。しかしその心配はありません。実行中の関数内でreturn文を実行したり、関数の最後まで実行したりして呼び出し元に復帰するときに、確保した変数用の領域は解放されるからです。解放された領域は次に呼び出される関数の変数用に使用されます。初期化しない変数の値が不定なのは、この仕組みによって直前に呼び出された関数が使用した値が入っていることがあるからです。

再帰関数

ここで示したfact関数のように、関数の中でその関数自身を呼び出す関数を**再帰関数**と呼びます。

Cでプログラムを開発する場合、for文のような強力なループ機構があるため、それほど再帰関数を記述する必要はありません（節末の練習問題ではループと再帰関数の書き換え問題が出るので理由を考えておきましょう）。しかし、プログラムの設計によっては再帰関数を使用する必要があります。この場合は、関数が使用するパラメータや変数の領域が呼び出しの都度新たに確保される仕組みは大きなメリットです。

関数呼び出しごとに新たに変数を確保して、関数呼び出しから返るときに領域を解放するということは、次の関数はバグだということを意味します。

```
char *get_string()
{
    char a[] = "test";
    return a;
}
```

配列aはget_string関数の呼び出し時に5バイト分の領域が確保されて、't'、'e'、's'、't'、'¥0'で初期化されます。その後、get_string関数は配列a（ということはcharへのポインターです）を返して関数実行を終了します。

関数実行を終了するということは確保した配列aの領域が解放されて他の関数によって使用可能となるということです。get_string関数の返り値のcharへのポインターは存在するアドレスをポイントしており、get_stringからの復帰直後は返り値のポインターが指している領域にtestという文字列が格納されています。その点については意図したとおりの関数となっています。しかし、その後の関数呼び出しによってa配列の内容は破壊されてしまうため、呼び出し側の後続の処理は正しく動作できません。結局、この関数はバグです。

返り値と関数内の変数の関係については、本章の9.5節「関数の返り値」で説明します。

例9.4 関数の本体

1. 関数内で定義する変数にstatic指定子を付けると、その変数の領域は固定的に確保されます（リスト9.27）。通常の変数やパラメータのように呼び出し時に確保されて、関数から戻るときに解放されるということはなく、プログラムが実行されている間は、同じ領域を使い続けます。

▶ リスト9.27　ch09-25.c

```
#include <stdio.h>
```

```
int counter()
{
    static int c = 0;       // 紛らわしいが、呼び出しの都度0に初期化されるのではない！
    return ++c;             // 1加算した結果を返す
}
int non_counter()
{
    int c = 0;              // 呼び出しの都度0に初期化される
    return ++c;             // 1加算した結果を返す
}
int main()
{
    for (size_t i = 0; i < 10; i++) {
        printf("counter=%i¥n", counter());          // => カウントアップ
        printf("non_counter=%i¥n", non_counter());// => 常に1
    }
}
```

関数にstatic指定子を付けた場合の効果は、該当関数の呼び出しをそのソースファイル内に閉じるということだけでした。関数内の変数にstatic指定子を付けた場合は、その変数に固定的な領域が割り当てられます。付加される意味に違いがあることは覚えておいてください。

なお、static指定子を付けた変数は、初期化子を与えなかった場合は数値であれば0、ポインターであればNULLに初期化されます。

また、リストのコメントに記述してあるように、static指定された変数に対する初期化子が適用されるのはプログラムの実行開始時の1回のみです。ソースコードの見た目は、関数の先頭で実行されるように読めてしまいますが、そうではありません。

2. static指定された変数に対して、通常の変数は**自動変数**と呼ばれることがあります。自動変数用の指定子は**auto**です。autoは変数の既定の設定なので記述する必要はありません（リスト9.28）。

▶ リスト9.28　ch09-26.c

```
#include <stdio.h>
int main()
{
    auto int x = 32;    // auto指定子を記述する必要はありません。
    printf("%i¥n", x); // => 32
}
```

自動変数の初期化子は、static変数と異なり、関数が呼ばれる都度、該当する行に到達すると必ず実行されます。

練習問題　9.4

1. コマンドライン引数で指定した自然数の階乗を出力するプログラムを2種類作成してください。

ch09-4q01.c：本節で示した再帰関数を使うプログラム
ch09-4q02.c：forループを使うプログラム

いずれも階乗を計算する関数名はfactとしてmainとは独立させてください。実行例は以下のようになります。

```
> a.exe 10
3628800

> a.exe 20
2432902008176640000
```

2. リスト9.29のプログラムはコマンドライン引数で与えられた名前に対して「hello（名前）」とあいさつを出力するプログラムです。しかしバグがあるため、コンパイルすると警告が出力されます。また、実行しても期待どおりの動作をしません。

▶ リスト9.29　ch09-4q03.c

```
#include <stdio.h>
#include <string.h>
#define HELLO "hello "
char *create_hello(const char *name)
{
    char hello[strlen(HELLO) + strlen(name) + 1];
    strcpy(hello, HELLO);
    strcat(hello, name);
    return hello;
}
int main(int argc, char *argv[])
{
    if (argc != 2) {
        return 1;
    }

    puts(create_hello(argv[1]));
}
```

(1)　どういうバグなのか答えてください。

(2)　ここまでの学習範囲を使用して、期待どおりに動作するように修正してください。

3. 問1のch09-4q01.cに対してコマンドライン引数で21以上の値を与えると64ビット整数のサイズを超えてしまうため、正しく計算が行われません。これは、直前の計算結果と比較して今回の計算結果が小さければ64ビットを超えてしまったため上位桁が落ちてしまったと判断できます。

ch09-4q01.cを修正して、もし前回の計算結果より今回の計算結果のほうが小さくなったらfailed at x = (xの値) を出力して結果として0を表示するようにしてください。

実行例は以下のようになります。

```
> a.exe 21
failed at x = 21
0

> a.exe 50
failed at x = 21
0
```

9.5 関数の返り値

関数の返り値は、パラメータと同じように特殊な領域に格納されます。多くの場合、CPUのレジスターが格納領域として使用されますが、概念的にはパラメータ同様、返り値を保持する領域があると考えてください。

例9.5 関数の返り値

1. 値を格納した変数は問題なくreturnで返されます。

```
int ret_int()
{
    int a = 32;
    return a;                // 変数aの内容の32が返り値用の領域にコピーされる
}

int other_func()
{
    int a = ret_int();    // 返り値用の領域から変数aに値がコピーされる
    ...
}
```

これまで学習したことから、関数から関数内で定義した変数をreturnする上のリストを読むと次の点で疑問が生じるかもしれません。

- 変数aはret_int関数内でしか使用できないのに、呼び出し側には何が返されるのか？
- 関数内の領域は関数から抜けると解放されてしまうとしたら、return a;と書いたaも解放されてしまうのではないか？

しかしreturn aという文によって、aの内容（32）が返り値用の領域にコピーされるだけなので、いずれの疑問も杞憂（考えすぎによる心配）にすぎないことがわかります（図9.6）。

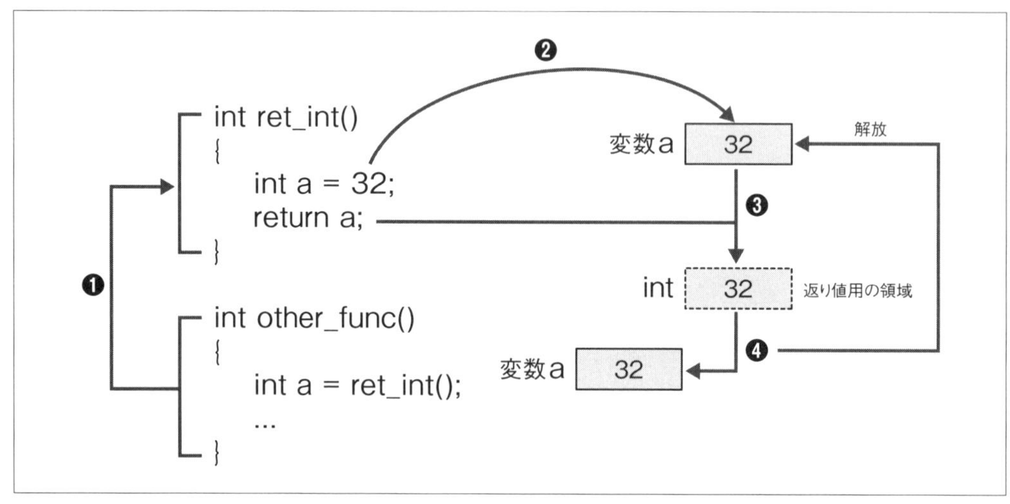

❖図9.6　関数の返り値

2. 関数内の変数に対してアドレス演算を適用した返り値はバグになります。例9.5－1では、関数内に定義した領域についての疑問について示しました。これらの疑問は返り値が「値」である限り考えすぎです。一方、これらの疑問はポインターがからむと心配していたとおりバグとなり得ます。

```
int *ret_intp()
{
    int a = 32;
    return &a;              // バグ。返り値用の領域にaのアドレスがコピーされる
}

int other_func()
{
    int *pa = ret_intp();     // 返り値用の領域から変数paに
                              // ret_int呼び出し時の変数aのアドレスがコピーされる
```

```
    printf("ret=%i¥n", *pa); // paのポイント先の内容が32かどうかはわからない
}
```

上のソースコードは確実にバグであり、呼び出し側が返り値に参照演算を適用したときに32という値を得られるかどうかは不明です（図9.7）。なぜなら、変数aのアドレスが保持する値はその後の関数呼び出しによって破壊されてしまうからです。

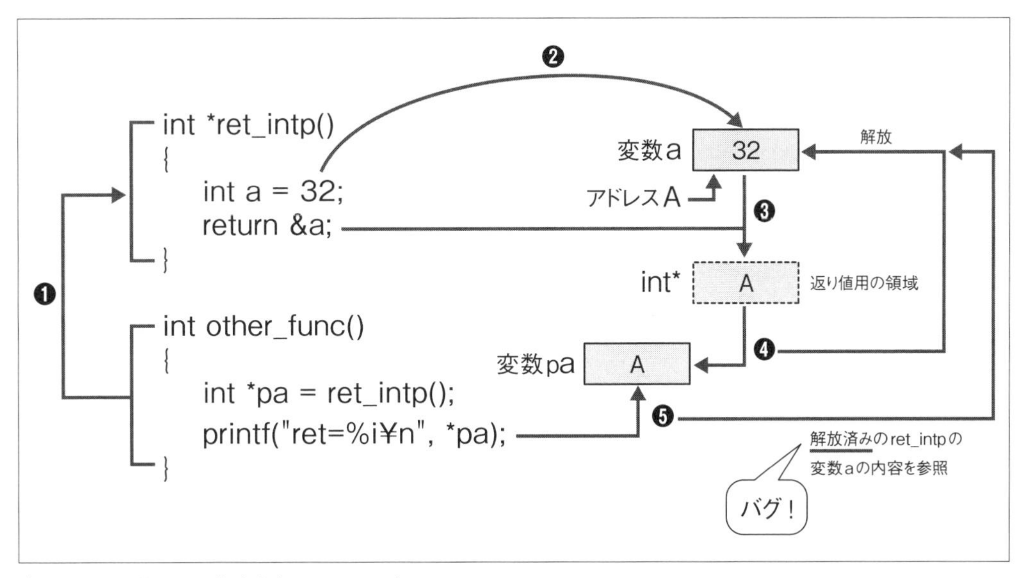

❖図9.7　関数の返り値（バグになるケース）

例9.5-2のソースコード例では32が得られます。そのように筆者が判断できるのは、x86やx64用のCコンパイラが生成するコードとプロセスのメモリーの使用方法を知っているからです。そのため、筆者はこのあとに何か修正が行われて32以外の値が出力されたとしたら、コードの何が変わったかについても推測もできます（つまり、修正できます）。一般論として、「関数から関数内の変数のアドレスを返す」というコードは絶対に記述しないでください。上記のようにバグがあるコードを書いて、見た目は正しく動作していたとしても、それは将来において致命的な問題となります。

練習問題 9.5

1. プログラミング言語Cのポインターの難しさは、通常の変数とポインター変数の振る舞いが異なることにあります。また、ポインターの使い方にバグがあっても、最初の時点では気づきにくい点にもあります。

ヒント clangなどの現代のCコンパイラの警告は適切です。警告が出力されたら、バグを疑ってください。

リスト9.30から9.35までのプログラムについて、バグの有無を答えてください。

a.

▶リスト9.30　ch09-5q01.c

```
#include <stdio.h>
int add(int x, int y)
{
    return x + y;
}
int main()
{
    printf("%i¥n", add(3, 8));
}
```

b.

▶リスト9.31　ch09-5q02.c

```
#include <stdio.h>
int add(int x, int y)
{
    int *px = &x;
    int *py = &y;
    return *px + *py;
}
int main()
{
    printf("%i¥n", add(3, 8));
}
```

c.

▶リスト9.32　ch09-5q03.c

```
#include <stdio.h>
int add(int *x, int *y)
{
    return *x + *y;
}
int main()
{
    int a = 3;
    int b = 8;
    printf("%i¥n", add(&a, &b));
}
```

d.

▶リスト9.33　ch09-5q04.c

```
#include <stdio.h>
int *add(int *x, int *y)
{
    *x += *y;
    return x;
}
int main()
{
    int a = 3;
    int b = 8;
    printf("%i¥n", *add(&a, &b));
}
```

e.

▶リスト9.34　ch09-5q05.c

```
#include <stdio.h>
int *add(int *x, int *y)
{
    int ret = *x + *y;
    return &ret;
}
int main()
{
    int a = 3;
    int b = 8;
    printf("%i¥n", *add(&a, &b));
}
```

f.

▶リスト9.35　ch09-5q06.c

```
#include <stdio.h>
const int *add(const int *x, ➡
               const int *y)
{
    *(int *)x += *y;
    return x;
}
int main()
{
    int a = 3;
    int b = 8;
    printf("%i¥n", *add(&a, &b));
}
```

9.6 関数と同じ位置に定義された変数、複合文内で定義した変数

これまで、本書に出現した変数はパラメータを含めてすべて関数内で宣言していました。Cでは関数内だけでなく、関数と同じレベルで変数を宣言することができます。関数と同じレベルで変数を宣言した場合、変数の有効範囲は関数と同じになります。static指定した変数は該当ファイル内のすべての関数から参照できます。extern指定した変数は他のファイル内の関数を含むすべての関数から参照が可能です。これらの変数は、関数をまたがって参照／更新可能なため、**グローバル変数**と呼ばれます。

極端な話、グローバル変数を使うと、関数パラメータも返り値も使う必要がなくなります。すべての関数間の値の交換をグローバル変数を通してできるからです。しかし、このようなプログラムの作り方は確実にバグの温床となります。なぜなら、ある変数をどこで設定してどこで参照しているかが、最終的にソースコードを読んでもわかりにくくなるからです。それを避けるためには、すべての関数とすべてのグローバル変数についてのマトリックスで入力（in）と出力（out）を記録したものが必要となります。そのような面倒な設計をするのであれば、関数内の変数を使用してパラメータと返り値で処理するほうが簡単です。

一方、複合文（「{」と「}」で囲まれたブロック）内で変数を宣言すると、その変数の有効範囲を宣言した複合文内に閉じることができます。この他に特殊な変数としてfor文の()内で宣言した変数があります。この場合の有効範囲はfor文内です。

ここまでをまとめると、変数の有効範囲は宣言した位置によって決定すると言えます。

変数の有効範囲

- **関数と同レベルで宣言した変数の有効範囲** ―― static　宣言したファイル内
  extern　すべてのファイル内
- **関数パラメータ** ―― 該当関数内
- **複合文内で宣言した変数** ―― 該当複合文内
- **for文で宣言した変数** ―― 該当for文（後続の複合文を含む）内

例9.6 関数と同じ位置に定義された変数、複合文内で定義した変数

1. extern宣言した変数はすべてのファイルの関数から使用できます（リスト9.36、9.37）。

▶ リスト9.36　ch09-27.c

```
extern void print_global();  // ch09-28.cの関数
extern int global;           // extern指定した変数には初期化子は記述できない
int global = 48;             // 初期化子付きで宣言（global変数の実体）
int main()
{
    print_global();
    print_global();
}
```

▶ リスト9.37　ch09-28.c

```
#include <stdio.h>
extern int global;           // 初期化はch09-27.cで行われている
void print_global()
{
    printf("%i¥n", global);  // 参照
    global += 1;             // 更新
}
```

実行例は以下のようになります。

```
> clang -std=c11 ch09-27.c ch09-28.c
> a.exe
48
49
```

コメントで示したように、extern指定した変数宣言は参照を可能とするだけで変数の実体が定義されるわけではありません。初期化子の有無とは関係なく、extern指定しない変数の定義が必要な点に注意ください。

2. extern指定がない場合は、既定でexternとなります（リスト9.38、9.39）。

▶ リスト9.38　ch09-29.c

```
extern void print_global();  // ch09-30.cの関数
int global = 48;             // 初期化子付きで宣言（global変数の実体）
int main()
{
    print_global();
    print_global();
}
```

▶ リスト9.39　ch09-30.c

```
#include <stdio.h>
int global;            // 初期化はch09-29.cで行われている
void print_global()
{
    printf("%i¥n", global);  // 参照
    global += 1;             // 更新
}
```

実行例は以下のようになります。

```
> clang -std=c11 ch09-29.c ch09-30.c
> a.exe
48
49
```

なお、上の例でch09-30.cのglobalの宣言に初期化子を記述すると、globalという変数の実体が2つ生成されてしまうため、リンクエラーとなります。

3. グローバル変数に初期化子を付けなかった場合、値は0、ポインターはNULLで初期化されます。例9.6－2のch09-29.cをリスト9.40のように修正してみましょう。

▶ リスト9.40　ch09-31.c

```
extern void print_global();  // ch09-30.cの関数
int global;
```

```
int main()
{
    print_global();
    print_global();
}
```

実行例は以下のようになります。

```
> clang -std=c11 ch09-30.c ch09-31.c
> a.exe
0
1
```

ch09-30.c、ch09-31.cのいずれもglobal変数を初期化していないため、コンパイラが0に初期化します。

グローバル変数を使用する場合は、関数同様、ヘッダーファイルに変数を定義するべきです。ただし、関数と異なり、記述のルールが多少複雑なため、次のいずれかのルールに従って記述するのがよいでしょう。

- **ヘッダーファイルにはextern指定した変数宣言を記述する** —— いずれか1つのソースファイルにextern指定なしで変数の実体を定義する。初期化子は付けても付けなくてもよい
- **ヘッダーファイルにはextern指定なしで変数宣言を記述する** —— 初期値は0として、初期化子の記述は行わない。初期化が必要であれば、プログラムのmain関数または、main関数から呼ばれる初期化関数を定義してそこで行う

4. リスト9.41のプログラムは、複合文を使った変数の有効範囲を示したものです。

▶ リスト9.41　ch09-32.c

```
#include <stdio.h>
int main()
{
    int x = 32;
    int y = 48;
    printf("x=%i, y=%i¥n", x, y);
    for (int x = 0; x < 4; x++) {       // for文でxを宣言
        printf("x=%i, y=%i¥n", x, y);
        if (x > 2) {
            int x = 64;                 // if文の複合文でxを宣言
            printf("x=%i, y=%i¥n", x, y);
        }
```

```
        printf("x=%i, y=%i¥n", x, y);  // if文の複合文の外側
    }
    printf("x=%i, y=%i¥n", x, y);       // for文の外側
}
```

実行例は以下のようになります。

```
> a.exe
x=32, y=48
x=0, y=48
x=0, y=48
x=1, y=48
x=1, y=48
x=2, y=48
x=2, y=48
x=3, y=48
x=64, y=48
x=3, y=48
x=32, y=48
```

変数xはmain関数の複合文、for文、if文の複合文の3箇所で宣言されています。宣言によって新たな変数xの領域が確保されます。各文から抜けると上位で宣言した変数xに対する参照が復帰します。

変数yは関数の複合文でのみ宣言しています。宣言の上書きが行われていないため、内側の複合文などから同じ変数yが参照されます。

なおch09-29.cでは、変数の有効範囲をわかりやすく示すために、同じ変数名xを使いました。変数の有効範囲は狭く取るのが安全なプログラムの記述の鉄則です。ここで示したような名前の隠蔽はあまりお勧めできません。

note 一般的には、名前の隠蔽は推奨されていないため、C#などの比較的新しい言語は同一変数名による隠蔽をエラーとしています。

練習問題　9.6

1. リスト9.42のプログラムについて以下の問いに答えてください。

▶リスト9.42　ch09-6q01.c

```
#include <stdio.h>
int main()
{
    int *p = NULL;
    for (int i = 0; i < 5; i++) {
        if (i == 3) {
            p = &i;
        }
    }
    printf("%i¥n", *p);
}
```

(1) 実行すると何が出力されますか？

(2) このプログラムの問題点には何がありますか？

(3) このプログラムを3行変更して3を出力するようにしてください。

2. リスト9.43のプログラムが使用しているint型の変数x、y、z、iについて、最も有効範囲が狭くなるように必要であれば初期化子を付けて変数宣言を挿入してください。

▶リスト9.43　ch09-6q02.c

```
#include <stdio.h>
#include <stdlib.h>
int main(int argc, char *argv[])
{
    if (argc > 3) {
        x = 2;
    } else {
        return 1;
    }
    for (y = x; y < argc; y++) {
        if (atoi(argv[y]) >= 10) {
            z = atoi(argv[y]) % 10;
            i += z;
        } else {
            i += atoi(argv[y]);
        }
    }
    printf("%i¥n", i);
}
```

☑ この章の理解度チェック

1. リスト9.44と9.45の2つのソースファイルから1つの実行ファイルを警告なしでコンパイルできるように、ヘッダーファイル ch09-7q01.hを作成してください。

▶リスト9.44　ch09-7q01-1.c

```
#include <stdlib.h>
#include "ch09-7q01.h"
int main(int argc, char *argv[])
{
    for (int i = 1; i < argc; i++) {
        int n = atoi(argv[i]);
        if (n % 2 == 1) {
            odd(i, n);
        } else {
            even(i, n);
        }
    }
}
```

▶リスト9.45　ch09-7q01-2.c

```
#include <stdio.h>
#include "ch09-7q01.h"
void odd(int index, int number)
{
    printf("インデックス%iの%iは奇数です。¥n", index, number);
}

void even(int index, int number)
{
    printf("インデックス%iの%iは偶数です。¥n", index, number);
}
```

2. リスト9.46のプログラムch09-7q02.cはコンパイルエラーとなります。また、警告も出力されます。

(1) コンパイラがエラーや警告を出さずにa.exeを生成できるように修正してください。
　　コンパイルできたら、次の実行例と出力が等しくなるか試してください。

```
> a.exe + 2 3
2 + 3 = 5
> a.exe - 8 1
8 - 1 = 7
```

```
> a.exe n 8 1
wrong operator
```

(2) コマンドライン引数でxまたはXが与えられたら乗算、/が与えられたら除算を行うように機能を追加してください。

(3) (2) で作成したソースファイルを分割して、main関数を格納したソースファイル (ch09-7q02-1.c) とそれ以外の関数を格納したソースファイル (ch09-7q02-2.c) に分けてください。ヘッダーファイル名はch09-7q02.hとします。外部からの参照が不要な関数にはstatic修飾子を付けてください。

▶ リスト9.46　ch09-7q02.c

```
#include <stdio.h>
int add(int x, int y)
{
    return x + y;
}
int sub(int x, int y)
{
    return x - y;
}
int (*)(int, int) select(char ch)
{
    if (ch == '+') {
        return add;
    } else if (ch == '-') {
        return sub;
    } else {
        return NULL;
    }
}
int main(int argc, char *argv[])
{
    if (argc != 4) {
        puts("usage: a.exe +/- number number");
        return 1;
    }
    int (*calc)(int, int) = select(argv[1][0]);
    if (calc) {
        int x = atoi(argv[2]);
        int y = atoi(argv[3]);
        printf("%i %c %i = %i¥n", x, argv[1][0], y, calc(x, y));
    } else {
        puts("wrong operator");
    }
}
```

9
関数の作成

3. 次の（1）～（3）で示したプログラム（リスト9.47から9.49）はいずれもバグがあります。バグを指摘して、正しく修正してください。

（1）コマンドライン引数がなければ0、あれば最初の引数（数値）を2倍してコンソールへ出力するプログラムです。

▶リスト9.47　ch09-7q03-1.c

```
#include <stdio.h>
#include <stdlib.h>
int main(int argc, char *argv[])
{
    int x = -1;
    if (argc == 1) {
        int x = 0;
    } else {
        int x = atoi(argv[1]);
    }
    printf("%i¥n", x * 2);
}
```

（2）コマンドライン引数で与えた名前を使って、「hello <名前>!」と「bye <名前>!」をコンソールへ出力するプログラムです。

▶リスト9.48　ch09-7q03-2.c

```
#include <stdio.h>
#include <string.h>
char *create_message(const char *name, const char *greeting)
{
    char message[strlen(name) + strlen(greeting) + 3];
    strcpy(message, greeting);
    strcat(message, " ");
    strcat(message, name);
    return strcat(message, "!");
}
int main(int argc, char *argv[])
{
    if (argc != 2) {
        return 1;
    }
    puts(create_message(argv[1], "hello"));
    puts(create_message(argv[1], "bye"));
}
```

(3) コマンドライン引数で与えた数値を順に加算しながら出力するプログラムです。

▶ リスト9.49 ch09-7q03-3.c

```
#include <stdio.h>
#include <stdlib.h>
int add(int x)
{
    int total = 0;
    total += x;
    return total;
}
int main(int argc, char *argv[])
{
    for (int i = 1; i < argc; i++) {
        printf("%i¥n", add(atoi(argv[i])));
    }
}
```

4. コマンドライン引数で指定された回数連続して1の目が出る確率を「1/整数（浮動小数点数）」の形式で出力するプログラムを、再帰関数を使ったものと、ループを使ったものの2種類作成してください。ただし整数は64ビット、浮動小数点数はdoubleとします。なお、サイコロを振って1の目が出る確率は6分の1です。2回連続して1の目が出る確率は6分の1×6分の1の36分の1となります。

実行例は以下のようになります。

```
> a.exe 3
1/216(0.004630)
> a.exe 8
1/1679616(0.000001)
```

IO

この章の内容

10.1 コンソールIO（標準入出力）
10.2 ファイルIO

第9章では、関数の書き方について説明しました。プログラムにバグを混入させないために、関数宣言の位置、つまり呼ばれるより前に関数定義を記述するか、あるいは正確な関数プロトタイプによる関数宣言を行うことはCプログラミングにおいてはとりわけ重要です。関数定義については、関数内で宣言した変数は関数から返ると使用できなくなる点を確実に理解してください。

本章では、これまでコンソールへ出力するのに使用してきたputsやprintfといった標準関数に加えて、ファイルを読み書きするための関数について説明します。

Windows用のclang（Visual Studio へ組み込めるもの）はC11ではオプションの安全な関数をサポートしているため、本章のほぼすべてのサンプルでdeprecated（非推奨）関数の利用という警告が出ます。本書では安全な関数を利用できないOSと同じソースを利用しているため、この警告については無視してください。

前章の復習問題

1. 次のmain関数を使用して出力例を満たすプログラムを作成してください。なお、main関数は手を加えずにそのまま使用してください。

```
int main(int argc, char *argv[])
{
    if (argc != 2) {
        return 1;
    }
    for (int i = 0; i < atoi(argv[1]); i++) {
        print_count();
    }
}
```

実行例は以下のようになります。

```
> a.exe 5
1
2
3
4
5
```

2. 次の関数宣言のうち、文法的に正しいものを選択してください。

a. `int func(int X, extern int y);`

b. `typedef void (*FUN)(int x, int y);`
`static FUN create_function(int x, int y, int z);`

c. `int[] create_array(int length, int default_value);`

d. `const int get_const(const char name[]);`

e. `extern int ***many_stars(int ******p);`

f. `int varargs(...);`

3. 次のmain関数をそのまま使用して、出力例を満たすプログラムを作成してください。

```
int main()
{
    func("合計", 1, 2, 3, -1);
    func("平均", 1, 2, 3, -1);
    func("合計", 1, 2, 3, 4, 5, -1);
    func("平均", 1, 2, 3, 4, 5, 6, 7, 8, 9, 10, -1);
}
```

実行例は以下のようになります。

```
> a.exe
1, 2, 3の合計は6です。
1, 2, 3の平均は2です。
1, 2, 3, 4, 5の合計は15です。
1, 2, 3, 4, 5, 6, 7, 8, 9, 10の平均は5です。
```

10.1 コンソールIO（標準入出力）

本書でこれまで説明してきたプログラムでは、コマンドライン引数を入力に使い、結果をコンソールへ出力しています。コンソールへの出力にはputs関数やprintf関数を使用していますが、これらがコンソール出力用かと言うと少し違います。実はこれらは、**標準出力**という仮想的なファイルに対する出力関数なのです。

標準出力は特に指定しなければコンソールへの出力となります。それに対して第6章で使用したgetchar関数は**標準入力**という仮想的なファイルから入力する関数です。標準入力も、特に指定しなければコンソールに対してキーボードから打ち込んだ文字の入力となります。標準入力と標準出力はコマンドライン用のプログラムには不可欠なので、本節の例10.1で詳しく説明します。

ここまでの説明をまとめると、puts、printf、getcharは標準出力と標準入力という仮想的なファイルに対する入出力関数だということです。ということは、仮想的ではないファイルに対してもほとんど同じ関数が使用できるのではないか、と思われるかもしれません。そうです。その考えは大当たりです。

次節で説明しますが、Cの標準入出力（IO）関数は、コンソールとディスク上のファイルに対してほとんど同じ操作を提供します。違いは、標準出力と標準入力という既定の（仮想）ファイルに対してIOを行う関数に対して、ファイル用の関数は入出力対象のファイルを明示的に指定しなければならない点です。

本節の以降の例ではこれまでのおさらいを兼ねて、標準入出力に対するCの標準関数を説明します。関数の詳細について見ていく前に、printf関数の書式指定について詳細に説明しておきます。必要に応じてここに戻って調べてください。

printf関数が重要なのは、Cがサポートする型に対して多様な出力方法を提供するからです。上に述べた理由から、標準出力用のprintfの書式指定はファイル出力にも適用できます（fprintf関数を使います）。あるいは、特殊な出力先として文字配列も選択できます。このとき使用するのはsnprintf関数です。

出力先文字配列のサイズを指定できないsprintfという関数もありますが、配列の境界を越えてメモリーを破壊する可能性がある極めて危険な関数です。したがって、出力先に文字配列を選択する場合はsnprintfを使用してください。

したがって、printfの書式指定を使いこなすことは、ファイルであれコンソールであれ、テキスト出力を行うCプログラムでは必須です。

printfの書式指定子は以下の形式です。

書式 printf関数の書式指定子

```
%[フラグ][フィールド長][精度][長さ修飾子]変換指定子
```

フラグは、左詰めにするか、符号を示すかなど、どのように出力するかを指定します。

フィールド長は、該当する指定子によって出力される領域の最小長（文字幅）を指定します。フィールド長を指定した場合、printfは指定した文字数になるように左側に空白を挿入します。指定幅を越える場合は意味を持ちません。空白の代わりに0を左側へ埋めたい場合はフラグ「0」を指定します。フィールド長に「*」を指定すると、printf関数は該当位置の引数（int）から桁数を得ます。

精度は、「.」に続けて桁数を指定することで、出力する精度を指定します。特に浮動小数点数の出力時と文字列の出力時に意味を持ちます。精度に「.*」を指定すると、printf関数は引数の該当位置（変換対象の引数の左側）の値（int）を参照して精度を得ます。

長さ修飾子は、long long int用の%lliなどの「ll」に相当します。

変換指定子は、本書でこれまで使用してきた整数用のiや浮動小数点数用のfのことです。

オプションのフラグから長さ修飾子までは、変換指定子に応じて意味や指定可不可があります。

フィールド長と精度で指定する「*」に相当する引数が負値の場合、printf関数はこれらが指定されていないものとして扱います。

フラグと長さ修飾子は種類が多数あることと、変換指定子によって意味が変わることから、以下の表10.1～表10.3で示します。

❖表10.1　フラグ

フラグ	効果	備考
−	左詰め	−
＋	符号表示	−
(空白)	フラグが＋の場合は空白表示	−
#	代替形式	x (X) 指定子：0x (0X) を付加 a、A、e、E、f、F、g、G指定子：浮動小数点の「.」を常時出力 g、G指定子：末尾の0を除去しない
0	左0詰め	d、i、o、u、x、X、a、A、e、E、f、F、g、Gのフィールド長に空白の代わりに0を出力する。−フラグが指定されている場合は無視

❖表10.2　長さ修飾子(型名intmax_t、uintmax_t、printdiff_tの説明は割愛)

修飾子	効果	備考
hh	引数のint型数値をcharまたはunsigned charとして扱う	d、i、o、u、x、Xに適用可能
h	引数のint型数値をshortまたはunsigned shortとして扱う	d、i、o、u、x、Xに適用可能
l	d、i、o、u、x、X：引数はlongまたはunsigned long	−
	c：引数はwint_t	−
	s：引数はwchar_tへのポインター	−
ll	d、i、o、u、x、X：引数はlong longまたはunsigned long long	−
j	d、i、o、u、x、X：引数はintmax_tまたはuintmax_t	−
z	d、i、o、u、x、X：引数はsize_t	−
t	d、i、o、u、x、X：引数はprintdiff_t	−
L	a、A、e、E、f、E、g、G：引数はlong double	−

❖表10.3　変換指定子

変換指定子	適用型	備考
d	int	10進数として出力。既定の精度は1
i	int	10進数として出力。既定の精度は1
o	unsigned int	8進数として出力。既定の精度は1
u	unsigned int	10進数として出力。既定の精度は1
x	unsigned int	16進数として出力。10以上はa、b、c、d、e、fで表現。既定の精度は1
X	unsigned int	16進数として出力。10以上はA、B、C、D、E、Fで表現。既定の精度は1
f	double	固定小数点数出力。既定の小数点数以下精度は6。精度に0を指定すると、小数点数含めて出力しない
F	double	固定小数点数出力。既定の小数点数以下精度は6。精度に0を指定すると、小数点数含めて出力しない

（続き）

変換指定子	適用型	備考
e	double	浮動小数点数出力。指数部の開始にeを使用
E	double	浮動小数点数出力。指数部の開始にEを使用
g	double	値によってfまたはeの形式で出力。指数部が-4より小さいか精度以上ならeを使用
G	double	値によってfまたはEの形式で出力。指数部が-4より小さいか精度以上ならEを使用
a	double	仮数部を16進（xの形式）で出力。指数部の開始にpを使用
A	double	仮数部を16進（Xの形式）で出力。指数部の開始にPを使用
c	unsigned char	文字として出力する
s	char *	精度は出力対象の最大バイト数として扱い、最大でも精度で指定したバイト数までの出力とする。それ以外の場合はナル文字までを出力対象とする
p	void *	処理系依存の方法でポインターを出力する
n	-	fprintfでこの時点までに出力したバイト数を引数で指定したintへのポインターに格納する
%	-	%を出力するときに指定する

例10.1 コンソールIO（標準入出力）

1. コンソールプログラム（Windowsではcmd.exe、Unixではbashやzshなどのシェルコマンド）は、コンソール上で実行するプログラムに対して標準入力、標準出力、標準エラーという3種類の仮想ファイルを提供します。標準エラーについては次節で説明します。

既定では、標準入力はキーボード入力、標準出力と標準エラーはコンソール出力となります。

標準入出力を変更するには、パイプ、リダイレクトなどの方法があります。

パイプは、コンソールプログラムが提供する2つのコマンドの標準出力と標準入力を結合した仮想的なファイルです。2つのコマンドを「|」で結合すると作成されます。

リダイレクトは、コンソールプログラムがコマンドラインの指示に基づいて標準入力や標準出力に物理的なファイルを割り当てたものです。標準入力をリダイレクトするには「<」の後ろにファイル名を書きます。標準出力をリダイレクトするには「>」の後ろにファイル名を書きます。

リスト10.1のプログラムは、標準入力から1文字読み込み、それがEOF（ファイルの終端）でなければ、標準出力へ書き込みます。

▶リスト10.1　ch10-01.c

```
#include <stdio.h>
int main()
{
    int ch;
    while ((ch = getchar()) != EOF) {
        putchar(ch);
    }
}
```

以下のようにさまざまな入力を与えて動作を確認してみましょう。

次の実行例を試すとわかりますが、［Enter］キーを押下するまでgetchar関数はプログラムに入力値を与えません。

```
> a.exe
abc ──────── 「a」「b」「c」を入力し、[Enter] キーを押す
abc ──────── エコーバックされる
>   ──────── EOF（Windowsでは［Ctrl］＋［Z］キー、Unixでは［Ctrl］＋［D］キー）コードを入力すると終了する
```

2. 「<」に続けてファイル名を与えると、コンソールプログラムは、実行しているプログラムの標準入力に対して該当ファイルの内容を与えます。

```
> a.exe <ch10-01.c
#include <stdio.h>
int main()
{
    ...
}
>
```

3. 「>」に続けてファイル名を与えると、コンソールプログラムは、実行しているプログラムの標準出力に該当ファイルを作成して設定します。

```
> a.exe <ch10-01.c >test.txt
> type test.txt ──────────────── test.txtの内容を表示
#include <stdio.h>
int main()
{
    ...
}
>
```

「|」（パイプ）は、左側のプログラムの標準出力を右側のプログラムの標準入力として与えます。次の実行例では1番左側のa.exeに与えたch10-01.cの出力が2番目のa.exeの入力となり、2番目のa.exeの出力が3番目のa.exeの入力となり、3番目のa.exeの出力がコンソールへ出力されています。

```
> a.exe <ch10-01.c | a.exe | a.exe
#include <stdio.h>
int main()
{
    ...
}
>
```

4. 1文字ずつ入力を行うgetchar、出力を行うputcharに対して、1行単位で出力を行うputsがあります。1行単位の入力を行うgets_s関数もありますが、現時点では一部の処理系でしか提供されていません。そのため、1行単位の入力には現時点ではfgets関数を使用します。fgets関数は先頭の「f」から想像がつくかもしれませんが、ファイル用の関数です。

以下の例では、ファイルとして標準入力を指定してfgetsを使用しています。fgetsの関数プロトタイプは以下のようになります。

書式 fgets関数

```
char *fgets(char *buffer, int n, FILE *stream);
```

最初の引数はバッファ（通常はchar配列）へのポインター、2番目の引数はバッファに格納可能な文字数、3番目の引数にはFILE型へのポインターを指定します。FILE型へのポインターについては次節で説明します。

リスト10.2の例はFILE型へのポインターにstdin（標準入力を格納したグローバル変数）を与えることで標準入力から1行を読み取ります。そしてfgets関数には、10文字分のバッファを与えています。

▶リスト10.2　ch10-02.c

```
#include <stdio.h>
int main()
{
    char buffer[10];
    while (fgets(buffer, 10, stdin) != NULL) { // stdinは標準入力を示すキーワード
        puts(buffer);
    }
}
```

fgets関数は2番目の引数で指定した数より1小さい文字数まで指定ファイルから読み取り、最後にナル文字を設定します。もし、2番目の引数で指定した文字数より前に改行文字を読み取った場合は、改行文字に続けてナル文字をバッファに設定します。ファイルがEOFに到達しているとNULL

を返します。それ以外の場合は、最初の引数で指定したcharへのポインターを返します。

実行例は以下のようになります。

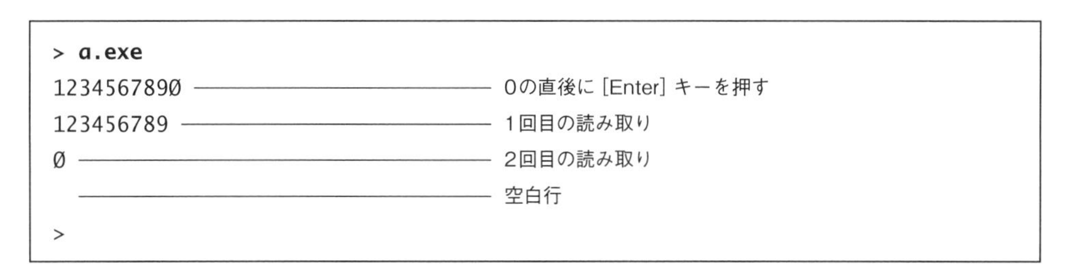

```
> a.exe
1234567890 ――――――― 0の直後に[Enter]キーを押す
123456789 ――――――― 1回目の読み取り
0 ――――――― 2回目の読み取り
  ――――――― 空白行
>
```

この実行例では、10文字と改行を与えてから[Ctrl]+[Z]キー（Windows）または[Ctrl]+[D]キー（Unix）を入力しています。

このため、fgets関数は最初の9文字とナル文字をbuffer配列へ格納して呼び出し元へ戻ります。bufferは改行文字を含みませんが、puts関数は末尾に改行を付加するため、123456789（改行）がエコーバックされます。

次のfgets関数の呼び出しでは、残った0、改行文字、ナル文字の3文字がbuffer配列へ格納されます。puts関数は末尾に改行を付加するため、結果的に2行の改行が行われます。3回目のfgetsの呼び出しにはEOFが返るためループが終了します（図10.1）。

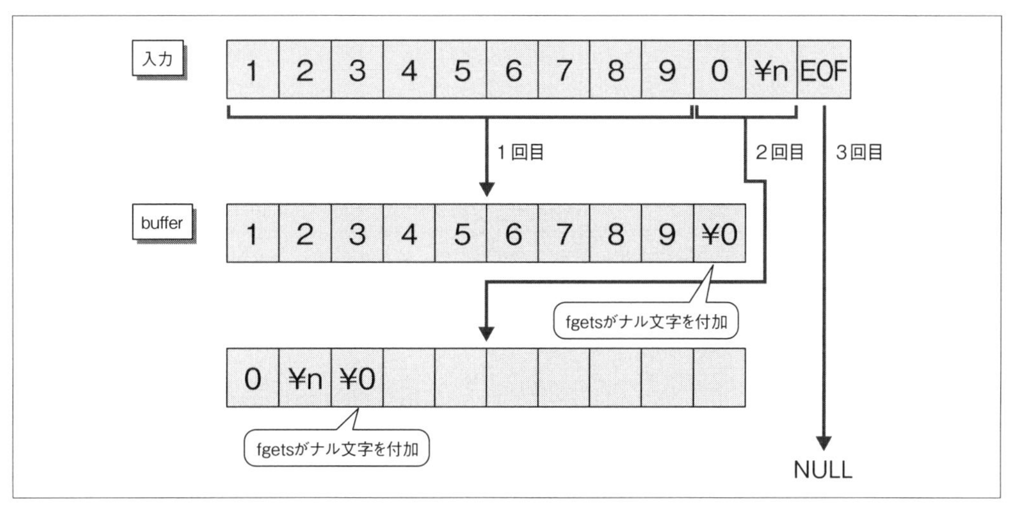

❖図10.1　fgets関数の動作

5. printf関数で桁揃えを行うにはフィールド長と精度を指定します。フィールド長は%、オプションのフラグに続けて整数で指定します。精度は%、オプションのフラグ、オプションのフィールド長に続けて「.」と整数で指定します。

リスト10.3のプログラムでは、整数型（int、long int、int64_t、shortなど）のデータを処理しています。

▶リスト10.3　ch10-03.c

```
#include <stdio.h>
int main()
{
    printf("%4i¥n", 10000);      // => 10000
    printf("%3i¥n", 10000);      // => 10000
    printf("%4.3i¥n", 10000);    // => 10000
    printf("%4.1i¥n", 10000);    // => 10000
    printf("%4i¥n", 10);         // =>   10
    printf("%3i¥n", 10);         // =>  10
    printf("%04i¥n", 10);        // => 0010
    printf("%4.3i¥n", 10);       // =>  010
    printf("%4.1i¥n", 10);       // =>   10
}
```

最初の4つのprintfの出力結果（コメントの「=>」の右側）を見てわかるように、フィールド長と精度は、それを超えた桁数については影響しません。

それに対して10（2桁）に対してフィールド長として4や3を指定した例では、左側に空白が挿入されて指定したフィールド長を満たすように調整されます。フラグ「0」を指定した場合は、空白の代わりに0が左側に埋められます。

整数に対して精度を指定すると、指定した桁数を満たすように左側に0が付きます。10に対して「%4.3i」を指定した例では精度3を満たすように10の左側に0が付加され、フィールド長4を満たすように左側に空白が付加されます。「%4.1i」の例は精度を超えた桁数には影響しないことをあらためて示しています。

ヒント　特に整数については、精度指定の効果はわかりにくいと思います。左側に0を付けたい場合はフラグ0を指定してフィールド長を指定したほうがよいと筆者は考えます。

6. double型やlong double型の浮動小数点数を出力する場合は、精度指定は重要です。なぜならば浮動小数点数の精度指定は、小数点以下の有効桁数を示すからです。精度を指定しなかった場合、既定値の6が指定されたものとされます（リスト10.4）。

▶リスト10.4　ch10-04.c

```
#include <stdio.h>
int main()
{
    printf("%4f¥n", 1.00001);    // => 1.000010
    printf("%3f¥n", 1.00001);    // => 1.000010
```

```
    printf("%4.3f¥n", 1.00001);  // => 1.000
    printf("%4.1f¥n", 1.00001);  // =>  1.0
    printf("%8.1f¥n", 1.00001);  // =>      1.0
    printf("%08.1f¥n", 1.00001); // => 000001.0
}
```

最初の2つのprintfの出力結果（コメントの「=>」の右側）を見てわかるように、フィールド長は、それを超えた桁数の数値の出力に影響しません。

それに対して精度を指定した場合、printfは与えられた桁数で出力を打ち切ります。1.00001に対して「%4.1f」を指定した例では、精度が1なので出力対象は1.0の3桁となります。この場合はフィールド長で指定した4に満たないため、左側に空白が1つ出力されます。左側に0を付けたい場合はフラグ0を指定します。

7. 精度は文字列の出力に対して重要な役割を持ちます。単純に「%s」を指定した場合、printfは与えられたchar *の最初のナル文字まで出力を続けます。しかし精度を指定すると、出力する文字数を制御できます（リスト10.5）。

▶リスト10.5　ch10-05.c

```
#include <stdio.h>
int main()
{
    char *p = "012345679";
    printf("%12s¥n", p);    // =>   0123456789
    printf("%12.3s¥n", p);  // =>          012
    printf("%.3s¥n", p);    // => 012
}
```

最初の2つのprintfの出力結果（コメントの「=>」の右側）を見てわかるように、フィールド長に満たない文字列については空白を出力します。なお、数値と異なり、文字列に対してフラグ「0」は指定できません（正確には、どう処理すべきかが仕様化されていません）。このため、clangは警告を出力し、実際の出力には影響しません。

2番目と3番目の出力では、「.3」という精度指定によって、3文字のみが出力対象となっていることを示します。

精度指定は、後述のsnprintf関数を使用する場合に必須となります。

8. フィールド長に対してフラグ「-」を与えると、printfは与えられたフィールドに対して値を左詰めで出力します（リスト10.6）。

▶ リスト10.6　ch10-06.c

```
#include <stdio.h>
int main()
{
    puts("012345678901234567890123456789");
    printf("%-10i%-10f%-10s¥n", 1234, 1.0, "01234");
}
```

実行例は以下のようになります。

```
> a.exe
012345678901234567890123456789
1234      1.000000  01234
```

フラグ「-」を指定すると、printf関数はフラグ「0」を無視します。この場合、clangは警告を出力します。

9. フィールド長と精度は、printf関数の書式指定文字列に直接数値を埋め込む以外に、パラメータで指定することも可能です。パラメータで指定したい項目に対して数値の代わりに「*」を指定します（リスト10.7）。

▶ リスト10.7　ch10-07.c

```
#include <stdio.h>
int main()
{
    printf("%*.3s¥n", 5, "abc");
    printf("%5.*s¥n", 3, "abc");
    printf("%*.*s¥n", 5, 3, "abc");
}
```

実行例は以下のようになります。

```
> a.exe
  abc
  abc
  abc
```

「*」を使うことで、出力対象の値の範囲によってフィールド長や精度をプログラム内で変えることができます。

10. scanf関数はprintf関数のフォーマット文字列（最初のパラメータ）と同じ変換指定子を使用して、入力を指定した引数内に取得します。

scanf関数の書式指定子は、ほぼprintf関数と同じですが、出力用と入力用の差があります。

書式 scanf関数の書式指定子

```
%［入力スキップ］［最大フィールド長］［長さ修飾子］変換指定子
```

入力スキップは「*」を記述して示します。*を指定した書式指定子は読み飛ばしの対象となり、パラメータへ設定しません。

最大フィールド長は、該当する書式指定子が担当する入力フィールドのサイズです。

なお、printf関数ではdouble型の出力には%fを指定しますが、scanf関数でdouble型の入力を指定する場合は%lfとなります。

変換指定子として設定できるのは、i（int）、o（8進数のint）、u（unsigned int）、x（16進数のint）などprintf関数とほぼ同等です。出力したバイト数を取得するnに相当する入力したバイト数を取得するnも用意されています（リスト10.8）。

▶リスト10.8　ch10-08.c

```
#include <stdio.h>
int main()
{
    int n;
    char c;
    long l;
    double d;
    char str[5];
    int ret = scanf("%i,%*c,%c,%li,%lf,%4s", &n, &c, &l, &d, str);
    printf("read %i values¥n", ret);
    printf("n=%i, c=%c, l=%li, d=%f, str=%s¥n", n, c, l, d, str);
}
```

実行例は以下のようになります。

```
> a.exe
1234,X,Y,1234567890,1.41421356,ABCDEFGHIJKLMNOP ―――― キーボードから入力し、最後に[Enter]キーを押す
read 5 values
n=1234, c=Y, l=1234567890, d=1.414214, str=ABCD
```

この例では、「,」で区切られたint、char、long、double、char *を、それぞれ対応する変数n、c、l、d、strに格納しています。

scanf関数は読み取った値をパラメータで与えられた変数に設定します。前章の「9.3 関数のパラメータ」で学習したように、パラメータで指定された変数に関数から値を設定するには、ポインター変数のパラメータと間接演算子による設定が必要です。そのため、配列のstr（関数の引数として記述すると配列のアドレスを指定したことになる）を除き、各変数にアドレス演算子を適用して変数のアドレス（ポインター）を引数として与えます。

2番目の書式指定には入力スキップを示す「*」を指定しているので、入力から「,X」の部分はスキップされます。

scanf使用時に特に重要なのは%sに最大フィールド長を指定することです。必ず確保した文字配列のサイズよりナル文字分の1を引いた値を最大フィールド長に指定し、文字配列で確保した領域以上のデータを読み込まないようにしてください。

11. scanf特有の変換指定子に「[」があります。「[」は対応する「]」までに指定した文字から成立する文字列を受け付けます（リスト10.9）。

▶リスト10.9　ch10-09.c

```
#include <stdio.h>
int main()
{
    char tmp[15];
    int ret = scanf("%14[abcdef]", tmp);
    printf("read %i values¥n", ret);
    if (ret) {
        puts(tmp);
    }
}
```

実行例は以下のようになります。

```
> a.exe
abbee ——————————— []で指定したabcdefの範囲の文字列
read 1 values ——— 読み取り成功
abbee
> a.exe
xyz ————————————— 指定範囲外の文字の文字列
read 0 values ——— 読み取り失敗
> a.exe
abxy ———————————— 指定範囲外の文字を含む文字列
read 1 values
ab —————————————— 先頭から指定範囲の文字部分のみを読み取り
```

「%[」である文字以外を指定するには、「%[^」と「]」で囲みます。数字以外を指定するのであれば、「%[^1234567890]」と記述します。

scanfは読み取った変数の数を返し、ファイルの最後の場合にはEOFを返します。

12. printfやscanfと同じ処理を文字列に対して行うときはsnprintfとsscanfを使います。いずれも最初のパラメータに出力先のchar配列または入力元となる文字列（ナル文字で終了するchar配列）を与えます。snprintfの場合は、2番目のパラメータとして先頭のパラメータの文字配列の要素数を与えます（リスト10.10）。

▶リスト10.10　ch10-10.c

```
#include <stdio.h>
int main()
{
    char str[80];
    snprintf(str, 80, "%i, %f, %.10s", 3, 3.0, "abcdefghijklm");
    puts(str);
    int n;
    double d;
    char str2[80];
    // snprintfで作成したstrから読み取ってn, d, str2へ格納する
    int ret = sscanf(str, "%i, %lf, %10s", &n, &d, str2);
    printf("ret=%i, %i, %f, %.10s¥n", ret, n, d, str2);
}
```

実行例は以下のようになります。

```
> a.exe
3, 3.000000, abcdefghij
ret=3, 3, 3.000000, abcdefghij
```

snprintfは、末尾のナル文字を含めて2番目の引数で指定した要素数分の文字列を扱います。したがって、与えた文字配列の領域を超えてメモリーを破壊することはありません。しかしバグなどで長すぎる文字列を与えると、意図した出力を得られない可能性があります。そのため、出力先のchar配列の要素数は、終端のナル文字を含めて正常時にはすべてのデータを格納できるように設計する必要があります。

特に注意を要するのは%sによる文字列出力です。必ず精度指定を付けて出力先のサイズを超えないように制御すれば、仮に文字列パラメータに問題があってsnprintfが途中で出力を打ち切ったとしても、他のパラメータは設計どおりに出力されます。

練習問題　10.1

1. 以下の各問に答えてください。

（1） printf("%3i¥n", 1000); の出力として正しいのはどれですか？

a. `1000`

b. `100`

c. ` 100`

（2） printf("%.3i¥n", 10); の出力として正しいのはどれですか？

a. `10`

b. `010`

c. ` 10`

（3） printf("%*i¥n", 5, 10); の出力として正しいのはどれですか？

a. `10`

b. `   10`

c. `00010`

（4） printf("%04i¥n", 10); の出力として正しいのはどれですか？

a. `10`

b. `0010`

c. `  10`

（5） printf("%.4f¥n", 1.0); の出力として正しいのはどれですか？

a. ` 1.0`

b. `1.0`

c. `1.0000`

2. 次の各問の出力を得るための書式文字列を答えてください。

（1）　1.001を与えたときに1.0

（2）　32を与えたときに0032

（3）　"abcdef"を与えたときに"abc"

（4）　48.0を与えたときに（空白3個）48.00

（5）　32を与えたときに0X20

3. 次の内容のテキストファイルを標準入力から読み込んで、以下の実行結果のような出力をするプログラムを作成してください。完成したら実行して動作を確認してください。

```
1,Sutoku,1119,1164
2,Toba,1103,1156
3,Goshirakawa,1127,1192
```

実行結果

```
Sutoku      1119-1164
Toba        1103-1156
Goshirakawa 1127-1192
```

10.2 ファイルIO

Cでファイルを扱うには次の3つの方法があります。

1. C標準IOライブラリを使用する
2. システムライブラリ（libc）を使用する
3. OS依存のAPIを使用する

本書では、上の3つのうち、最初のC標準IOライブラリを使用したファイルIOについて説明します。2つ目のシステムライブラリ（libc）は、C標準IOライブラリよりも低レベルな関数群です。具体的にはバイナリーデータを直接扱う関数群なので、文字列のようにアプリケーションですぐに使用できる使い方はできません。

3番目のOS依存のAPIについては、各OSのAPI解説書やサイトを参照してください。たとえばWindowsであればMSDNでWindows APIのドキュメントが公開されています。

- API Index ｜ Windowsデベロッパーセンター
  https://msdn.microsoft.com/ja-jp/library/windows/desktop/hh920508(v=vs.85).aspx

標準IOライブラリを使用するには、stdio.hをインクルードします。図10.2は、ファイル処理に使われる関数を分類し、プログラムでの利用方法とともに図示したものです。

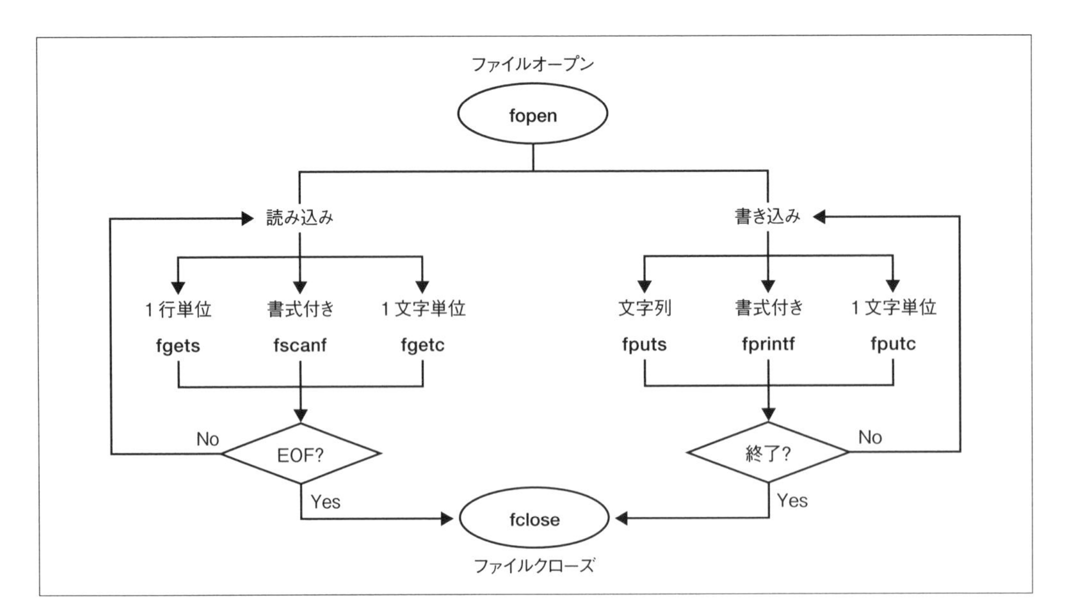

❖図10.2　ファイル処理に使われる基本的な関数

Cでファイルを開くには、**fopen**関数を使用します。

fopenはパラメータで与えられたファイルを、指定のモード（読み書きの指定）でオープンし、FILE構造体（構造体については次章で学習します。複数のデータの集合を一括して扱えるように定義した型です。本章では単純にFILE型と記述します）へのポインターを返す関数です。

書式 fopen関数

```
FILE* fopen(const char *filename, const char *mode);
```

fopenの最初の引数はファイルのパス名です。パス名には、絶対パス名と相対パス名があります。

絶対パス名は、Windowsであれば、c:¥Users¥user¥Documents¥test.txtの形式でドライブ名、ディレクトリ名、ファイル名を指定します。ディレクトリの区切りには「¥」を使用します（Cのリテラルでは「¥」はエスケープが必要なため「¥¥」と記述する点に留意してください）。Unixの絶対パス名は/home/user/data/test.txtの形式でルートディレクトリからのパスを「/」で区切って指定します。

相対パス名は、現在のディレクトリ（コンソールのカレントディレクトリ）からのパス名です。カレントディレクトリ上のファイルであればtest.txtのようにファイル名を指定します。親ディレクトリにあれば、..¥test.txtまたは../test.txtのように「..」（1つ上のディレクトリを示す記法）を使用してパスを示します。子ディレクトリchildにあればchild¥test.txtまたはchild/test.txtのように、直接ディレクトリ名からパスを記述します。

モード（mode）は、どのようにファイルをオープンするかを文字列で指定します。基本は読み取りであればreadの「r」、書き込みであればwriteの「w」、追記であればappendの「a」のいずれかです。

fopenはオープンに失敗するとNULLを返します。

テキストファイルの内容を読み取る方法

1. fopen関数でファイルを読み取りモードでオープンする
2. fgets関数で1行単位で読み込むか、fscanf関数で書式付きで読み込む。あるいは、fgetc関数で1文字ずつ読み込む
3. fclose関数でファイルをクローズする

読み取りモードでファイルをオープンするには、第2パラメータに"r"を指定します。読み取りモードを指定した場合、ファイルが存在しなければfopen関数はエラーを返します。

fclose関数は指定したFILE型へのポインターを通じてファイルをクローズします。書き込み（追加を含む）モード時では、まだディスクへ書き込まれていないデータ（一括出力のためにプロセス内のバッファにため込んでいるデータ）の出力も行われます。ファイルを他のプロセスが使用できないようにロックしている場合は、ロックの解除も行います。

fclose関数は成功すると0を返します。fclose関数は上記のように呼び出し時にIOを伴うことがあるため、ディスクフルのような状況では失敗することがあります。

テキストファイルに書き込む方法

1. fopen関数でファイルを書き込みモードでオープンする
2. fputs関数で文字列単位で書き込むか、fprintf関数で書式付きで書き込む。あるいは、fputc関数で1文字ずつ書き込む
3. fclose関数でファイルをクローズする

書き込みモードでファイルをオープンするには、第2パラメータに"w"を指定します。書き込みモードを指定した場合、fopen関数はファイルを新規に作成します。すでにファイルが存在する場合は、サイズ0に設定されます。

fputs関数は標準出力に1行書き込むputs関数に似ていますが、末尾に改行コードを付加しません。あくまでも与えられた文字列（string）をファイル（file）へ書き込む（put）だけです。なお、文字列末尾のナル文字はファイルへ書き出しません。

fputs関数はエラーになるとEOFを返します。

fprintf関数は最初のパラメータに出力先のFILE型へのポインターを取ります。以降はprintf関数と同様に書式指定文字列、出力するパラメータが続きます。

fprintf関数はエラーになると負値を返します。成功した場合は出力した文字数を返します。

テキストファイルに追加する方法

1. fopen関数でファイルを追記モードでオープンする。追記モードでファイルを開くと、書き込み位置はファイルの最後に設定される

2. fputs関数で文字列単位で書き込むか、fprintf関数で書式付きで書き込む。あるいは、fputc関数で1文字ずつ書き込む
3. fclose関数でファイルをクローズする

追記モードでファイルをオープンするには、第2パラメータに"a"を指定します。追記モードを指定した場合、ファイルが存在しなければfopen関数はファイルを新規に作成します。

バイナリーファイルを読み書きする場合

テキストファイルではなく、バイナリーファイルを読み書きする場合は、"r"、"w"、"a"の代わりに"rb"、"wb"、"ab"を使用します。bはバイナリー（binary）のbです。

細かい仕様の話になりますが、b指定が必要か必要でないかはOSのファイルの扱い方に依存します。macOSを含むUnix系であればb指定は不要です。しかし、いろいろなOSに対して移植可能なプログラムを作る必要があり、バイナリーファイルを使用するとわかっているのであればbを付けるべきです。

バイナリーファイルの内容を読み取る方法

1. fopen関数でファイルを読み取りモードでオープンする
2. fread関数で指定したバイト数のデータを読み込む
3. fclose関数でファイルをクローズする

バイナリーファイルに書き込む方法

1. fopen関数でファイルを書き込みモードでオープンする
2. fwrite関数で指定したバイト数のデータを書き込む
3. fclose関数でファイルをクローズする

バイナリーファイルに追加する方法

1. fopen関数でファイルを追記モードでオープンする。追記モードでファイルを開くと、書き込み位置はファイルの最後に設定される
2. fwrite関数で指定したバイト数のデータを書き込む
3. fclose関数でファイルをクローズする

ここまで説明した関数は、いずれもファイルの先頭から末尾に向けて読み取りまたは書き込みを行います。ただし追記モードの場合は、ファイルの末尾に対する追加となります。

ファイルを更新する場合

アプリケーションによっては、ファイルの内容をランダムに読んだり書いたりする必要があります。その場合は、fopen関数に対して既存のファイルに対する操作か、新規ファイルに対する操作かで異なるモー

ドを指定します。

- **既存のファイルを更新（読み書き）する場合**
  fopen関数の第2パラメータには"r+"を指定します。ファイルが存在しなければ、fopen関数はエラーを返します。

- **新規に更新（読み書き）モードでファイルをオープンする場合**
  fopen関数の第2パラメータには"w+"を指定します。すでに存在するファイルは、サイズ0に設定されます。

- **既存ファイルまたは存在しなければ新規のファイルを更新（読み書き）する場合**
  fopen関数の第2パラメータには"a+"を指定します。ファイルが存在する場合は、初期状態の書き込みはファイル末尾に対して追記します。ファイルが存在しなければ新規に作成します。

更新モードでファイルを扱う場合、読み取り位置や書き込み位置を必要に応じて設定し直す必要があります。ファイルの次の読み書きの位置を設定／取得するには、long型の位置情報を設定／取得するfseek／ftell関数かfsetpos／fgetpos関数のいずれかを使用します。本書ではfseek／ftell関数を使った例を紹介します。

fsetpos関数はfpos_t型の位置情報を使用して位置情報を設定し、fgetpos関数はfpos_t型の位置情報を取得します。fsetpos／fgetpos関数の詳細な仕様については割愛します。

ファイル関数の呼び出しがエラーとなった場合は、errno.hに定義されているerrnoグローバル変数に理由コードが設定されるので参照します。また、strerror関数にerrnoを与えると、エラー内容を示す文字列を得られます。strerror関数はstdio.hではなく、string.hに定義されています。

例10.2 ファイルIO

1. テキストファイルを1行単位で読み込むにはfgets関数を使用します。ファイルは読み込み専用でオープンすればよいのでモード指定には"r"を与えます。

   リスト10.11のプログラムは、コマンドライン引数で与えたファイルの内容を1行単位にコンソールへ出力します。ファイルが見つからないなどの理由でfopenに失敗した場合は、エラーとなった理由をコンソールに出力します。

▶リスト10.11　ch10-11.c

```
#include <stdio.h>
#include <errno.h>
#include <string.h>
int main(int argc, char *argv[])
{
```

```
    if (argc != 2) {
        puts("ファイル名を指定してください。");
        return 1;
    }
    FILE *fp = fopen(argv[1], "r");
    if (fp) {
        char buffer[128];
        while (fgets(buffer, 127, fp)) {
            printf("%s", buffer);
        }
        fclose(fp);
    } else {
        puts(strerror(errno));
    }
}
```

実行例は以下のようになります。

```
> a.exe abcdef
No such file or directory ―――――― ファイルabcdefは存在しないのでエラー表示
> a.exe ch10-11.c
#include <stdio.h>
#include <errno.h>
... 以下略
```


2. テキストファイルを新規に作成して書き込みを行うには、fopen関数のモードに"w"を指定します。

リスト10.12のプログラムは、コマンドライン引数で与えられたファイルに拡張子.bakを追加して、現在のファイルの内容をそのままバックアップファイルへ書き出します。ここでは、fgetcとfputcを使って1文字単位で読み書き処理を行っています。

fgetc関数は、標準入力に対するgetchar関数と同様に1バイトずつ文字を読み込みます。ファイルの最後に到達すると、EOFを返します。

fputc関数は標準入力へのputchar関数と同様に、1バイトずつ指定された文字を書き出します。出力先のFILE型へのポインターは第2パラメータで指定します。fputc関数はエラー時にはEOFを返します。

▶リスト10.12　ch10-12.c

```
#include <stdio.h>
#include <errno.h>
#include <string.h>
```

```
int main(int argc, char *argv[])
{
    if (argc != 2) {
        puts("ファイル名を指定してください。");
        return 1;
    }
    size_t fnlen = strlen(argv[1]) + 5;
    char backupname[fnlen];
    snprintf(backupname, fnlen, "%.*s.bak", (int)strlen(argv[1]), argv[1]);
    FILE* src = fopen(argv[1], "r");
    if (!src) {
        puts(strerror(errno));
        return 2;
    }
    FILE* dest = fopen(backupname, "w");
    if (!dest) {
        puts(strerror(errno));
        return 2;
    }
    char ch;
    while ((ch = fgetc(src)) != EOF) {
        if (fputc(ch, dest) == EOF) {
            puts(strerror(errno));
            return 2;
        }
    }
    fclose(dest);
    fclose(src);
}
```

3. ファイルのオープン時に追記モード（"a"）を指定すると、既存ファイルの末尾にデータを追加できます（リスト10.13）。なお、ファイルが存在しない場合は作成します。

▶リスト10.13　ch10-13.c

```
#include <stdio.h>
#include <errno.h>
#include <string.h>
int main()
{
    FILE *fp = fopen("append-test.txt", "a");
    if (!fp) {
```

```
        puts(strerror(errno));
        return 2;
    }
    fputs("new line¥n", fp);
    fclose(fp);
}
```

実行例は以下のようになります。

```
> a.exe
> type append-test.txt        typeはファイルの内容をコンソールへ出力する。
                              Unixではcatコマンドを使う
new line
> a.exe
> type append-test.txt
new line
new line
```

4. fopenでオープンしたファイルの情報には、現在の書き込み／読み込み位置情報があります。たとえば、モード"r"や"w"でオープンした場合、現在の位置は0に設定されます。このため、次のfgetsやfputsはファイルの先頭位置が読み書きの対象となります。fgetsに成功すると位置情報は読み込んだ改行コードの次のバイト位置、fputsに成功すると位置情報はfputsで書き込んだバイト数分進んだ位置となります。同様にモード"a"でオープンした場合はファイルの末尾が現在の位置となります。

位置情報を設定するにはfseek関数（またはfsetpos関数）、取得するにはftell関数（またはfgetpos関数）を使用します。

リスト10.14のプログラムは、コマンドラインで指定されたサイズのファイルを作成します。

▶リスト10.14　ch10-14.c

```
#include <stdio.h>
#include <stdlib.h>
#include <errno.h>
#include <string.h>
int main(int argc, char *argv[])
{
    if (argc != 2) {
        puts("作成するファイルサイズを指定してください。");
        return 1;
    }
    long offset = atol(argv[1]);
    FILE *fp = fopen("testfile.data", "wb");
```

```
    if (!fp) {
        puts(strerror(errno));
        return 2;
    }
    fseek(fp, offset - 1, SEEK_SET); // 指定位置-1に移動
    fputc('¥0', fp);              // 1バイト書き込むことで指定サイズのファイルとなる
    printf("現在のファイルの位置は%liです。¥n", ftell(fp));
    fclose(fp);
}
```

作成するファイルサイズの取得に使用しているatol関数は、引数で指定した文字列をlong型に変換するstdlib.hで定義されている関数です。atoi関数の末尾i（int型のi）をlong型のlに変えたものとなります。

実行例は以下のようになります。なお、実行例ではchcpコマンドによるコードページ切り替えは省略しています。

```
> a.exe 12345
現在のファイルの位置は12345です。
> dir testfile.data
 ドライブ C のボリューム ラベルは OS です
... 中略 ...
2017/09/08  23:12            12,345 testfile.data
               1 個のファイル              12,345 バイト
... 以下略
```

fseek関数は、最初のパラメータで指定したファイルの位置情報を、次のパラメータ（long型）で指定した位置に移動します。3番目のパラメータは、2番目のパラメータの相対的な位置を決定します（表10.4）。

❖表10.4　fseek関数の3番目のパラメータの意味

マクロ名	説明	例
SEEK_CUR	現在の位置からの移動	fseek(fp, -1, SEEK_CUR) → 現在の位置の1バイト前 fseek(fp, 1, SEEK_CUR) → 現在の位置の1バイト後ろ
SEEK_SET	絶対位置への移動	fseek(fp, 50, SEEK_SET) → ファイルの先頭から50バイト目
SEEK_END	ファイルの末尾からの移動	fseek(fp, -1, SEEK_END) → 末尾の1バイト

fseek関数はFILE型が保持する情報を変えるだけで、ディスク上のファイルには影響しません。前ページのch10-14.cはファイルサイズを変更することを目的としたプログラムです。そのため、続けてfputc関数を呼び出して、ディスクにデータを書き出して設定した位置情報をディスクに反映させます。

fseek関数は成功すると0を返します。fseek関数自体はIOを伴わないため、エラーとなるのはパラメータの異常が原因です。たとえばSEEK_SETに対して負値を設定した場合などが相当します。

ftell関数は指定したファイルの現在の位置情報をlong型で返します。この関数はFILE型が保持する情報を返すだけなのでエラーにはなりません。

ファイルの位置情報を使用する場合は、バイナリーモードでファイルをオープンしてください。なぜなら、テキストモードではライブラリがファイルの実際の内容をテキストの意味によって変更している可能性があるからです。たとえば、Windowsの場合、行末の「¥r¥n」2バイトを「¥n」1バイトに置き換えることが行われます。このため、プログラム内でオープンしたFILE型データが保持する先頭からの位置と、ディスク上のファイルの位置が同じデータかどうかはわかりません。Unix系の場合は、テキストとバイナリーでのデータの置き換えは行われないため、テキストモードとバイナリーモードに違いはありません。しかし違いがないことを前提とすると、同じソースファイルを他のOSでコンパイル／実行した場合に正しく動作しなくなる可能性があります。つまり、ソースコードレベルでの移植性が失われるため、プログラムをCで記述するメリットを生かせません。

5. fread関数とfwrite関数を使用すると、Cの変数データをそのままバイナリーデータとしてファイルへ書き込めます。

書式 fread関数

```
size_t fread(void *ptr, size_t size, size_t nmemb, FILE *stream);
```

fread関数は最初のパラメータで指定されたアドレスに対して、sizeパラメータで指定したバイト長のデータをnmemb（number of memberの略で配列要素数）パラメータで指定した数だけ、streamパラメータで指定したファイルから転送します。

fread関数は成功するとnmembパラメータで指定した数を返します。失敗した場合はnmemb未満の数を返します。

書式 fwrite関数

```
size_t fwrite(void *ptr, size_t size, size_t nmemb, FILE *stream);
```

fwrite関数は最初のパラメータで指定されたアドレスから、sizeパラメータで指定したバイト長のデータをnmemb（number of memberで配列要素数）パラメータで指定した数だけ、streamパラメータで指定したファイルへ書き込みます。

fwrite関数は成功するとnmembパラメータで指定した数を返します。失敗した場合はnmemb未満の数を返します。

リスト10.15のプログラムはfreadとfwriteの動作を対比するために作成しました。カレントディレクトリにsavedata.binというファイルがなければ作成してから変数の内容をfwriteを使って書き込み、ファイルがあればfreadを使って読み出します。fwrite関数の呼び出し前に設定した変数の内容が、freadで正しく復元できることを確認してください。

▶リスト10.15　ch10-15.c

```
#include <stdio.h>
#include <errno.h>
#include <string.h>
#include <stdint.h>
int main()
{
    int32_t int_data;
    int32_t iarray_data[5];
    uint8_t binary_data[80];
    char char_data[16];
    int64_t long_data;
    int64_t larray_data[5];

    FILE *fp = fopen("savedata.bin", "rb");
    if (fp) {
        // ファイルがあれば復元（fwriteした順序でfreadする必要がある）
        // int32_t変数なのでnmembパラメータは1を指定
        size_t sz = fread(&int_data, sizeof(int32_t), 1, fp);
        printf("load int32_t data:%zu counts¥n", sz);
        // int32_t配列なのでnmembパラメータは配列の要素数を指定
        sz = fread(iarray_data, sizeof(int32_t), 5, fp);
        printf("load int32_t[5] data:%zu counts¥n", sz);
        // unit8_t配列なのでnmembパラメータは配列の要素数を指定
        sz = fread(binary_data, sizeof(uint8_t), 80, fp);
        printf("load uint8_t[80] data:%zu counts¥n", sz);
        // char配列なのでnmembパラメータは配列の要素数を指定
        sz = fread(char_data, sizeof(char), 16, fp);
        printf("load char[16] data:%zu counts¥n", sz);
        // int64_t変数なのでnmembパラメータは1を指定
        sz = fread(&long_data, sizeof(int64_t), 1, fp);
        printf("load int64_t data:%zu counts¥n", sz);
        // int64_t配列なのでnmembパラメータは配列の要素数を指定
        sz = fread(larray_data, sizeof(int64_t), 5, fp);
        printf("load int64_t[5] data:%zu counts¥n", sz);
        // 復元したデータを表示
        printf("int_data = %i¥n", int_data);
        printf("long_data = %li¥n", long_data);
        for (int i = 0; i < 5; i++) {
            printf("iarray_data[%i] = %i, larray_data[%i] = %li¥n", ➡
                   i, iarray_data[i], i, larray_data[i]);
        }
```

```
    printf("char_data = %s¥n", char_data);
    for (int i = 0; i < 80; i += 8) {
        printf("%02x %02x %02x %02x %02x %02x %02x %02x¥n",
               binary_data[i], binary_data[i + 1], binary_data[i + 2],
               binary_data[i + 3],  binary_data[i + 4],
               binary_data[i + 5], binary_data[i + 6],
               binary_data[i + 7]);
    }
} else {
    // ファイルがなければ保存
    fp = fopen("savedata.bin", "wb");
    // 保存するデータを設定（確認用）
    int_data = 654321;
    long_data = 987654321;
    for (int i = 0; i < 5; i++) {
        iarray_data[i] = 12 * i;
        larray_data[i] = 123 * i;
    }
    strcpy(char_data, "hello world!");
    for (int i = 0; i < 80; i++) {
        binary_data[i] = (uint8_t)i;
    }
    // 保存開始
    // int32_t変数なのでnmembパラメータは1を指定
    size_t sz = fwrite(&int_data, sizeof(int32_t), 1, fp);
    printf("save int32_t data:%zu counts¥n", sz);
    // int32_t配列なのでnmembパラメータは配列の要素数を指定
    sz = fwrite(iarray_data, sizeof(int32_t), 5, fp);
    printf("save int32_t[5] data:%zu counts¥n", sz);
    // unit8_t配列なのでnmembパラメータは配列の要素数を指定
    sz = fwrite(binary_data, sizeof(uint8_t), 80, fp);
    printf("save uint8_t[80] data:%zu counts¥n", sz);
    // char配列なのでnmembパラメータは配列の要素数を指定
    sz = fwrite(char_data, sizeof(char), 16, fp);
    printf("save char[16] data:%zu counts¥n", sz);
    // int64_t変数なのでnmembパラメータは1を指定
    sz = fwrite(&long_data, sizeof(int64_t), 1, fp);
    printf("save int64_t data:%zu counts¥n", sz);
    // int64_t配列なのでnmembパラメータは配列の要素数を指定
    sz = fwrite(larray_data, sizeof(int64_t), 5, fp);
    printf("save int64_t[5] data:%zu counts¥n", sz);
}
```

```
    fclose(fp);
}
```

実行例は以下のようになります。[1]

```
> a.exe
save int32_t data:1 counts
save int32_t[5] data:5 counts
save uint8_t[80] data:80 counts
save char[16] data:16 counts
save int64_t data:1 counts
save int64_t[5] data:5 counts
> a.exe
load int32_t data:1 counts
load int32_t[5] data:5 counts
load uint8_t[80] data:80 counts
load char[16] data:16 counts
load int64_t data:1 counts
load int64_t[5] data:5 counts
int_data = 654321
long_data = 987654321
iarray_data[0] = 0, larray_data[0] = 0
iarray_data[1] = 12, larray_data[1] = 123
iarray_data[2] = 24, larray_data[2] = 246
iarray_data[3] = 36, larray_data[3] = 369
iarray_data[4] = 48, larray_data[4] = 492
char_data = hello world!
00 01 02 03 04 05 06 07
08 09 0a 0b 0c 0d 0e 0f
10 11 12 13 14 15 16 17
18 19 1a 1b 1c 1d 1e 1f
20 21 22 23 24 25 26 27
28 29 2a 2b 2c 2d 2e 2f
30 31 32 33 34 35 36 37
38 39 3a 3b 3c 3d 3e 3f
40 41 42 43 44 45 46 47
48 49 4a 4b 4c 4d 4e 4f
```

【1】 リスト10.15を再度実行する場合は、del（macOSやLinuxの場合はrm）savedata.binコマンドを実行して前回のsavedata.binを削除してから実行してください。

fread／fwrite関数を適用する場合は、システムによって32ビットになったり64ビットになったりするintやlongなどの型を使わないようにしてください。確実にファイルの仕様（レイアウト）に合ったビット数を使うよう、int32_tやint64_tなどの型を使用すべきです。

あるいは、すべてのデータをuint8_t（あるいはunsigned char）で読み書きして、必要に応じて個々のデータごとに変換処理を行ってもよいでしょう。

6. 標準入力、標準出力、標準エラー出力は、stdio.hにstdin、stdout、stderrという名前のFILE型へのポインターのグローバル変数として定義されています。通常、標準出力と標準エラーはいずれもコンソールに割り当てられています。この2つの出力が異なる変数となっているのは、標準出力をパイプに繋いだり、リダイレクトした場合でも、標準エラーを使用すればコンソール上にエラーを表示できるからです。

したがって、これまでの例でコマンドライン引数の数が正しくなかったり、IOエラーが発生した場合に、putsやprintfでメッセージを出力しているのは、少なくともその観点からは正しい作法にしたがっているとは言えません。

note

単なるputsやprintfと比較してstderrという変数が必要になる手間やfputs（改行が付かない）とputsの使い勝手の差と、パイプやリダイレクトをコマンドに適用する可能性があるかどうかというアプリケーション設計との兼ね合いで決めるのが本来の考え方です。

fprintf関数は、最初のパラメータにFILE型へのポインターを指定します。このため標準エラー（stderr）に書き込むには、

```
fprintf(stderr, 書式指定文字列, パラメータ, …);
```

という書式で指定します（リスト10.16）。

▶リスト10.16　ch10-16.c

```
#include <stdio.h>
int main(int argc, char *argv[])
{
    if (argc != 2) {
        fprintf(stderr, ➡
            "コマンドライン引数は1つ指定してください。%i個指定されています。¥n", argc - 1);
        return 1;
    }
}
```

7. printf（fprintf、snprintf）は可変長引数関数の代表例です。可変長引数関数を呼び出すには、呼び出し側が複数の引数を設定します。通常はこの方法で何も問題ありません。しかし呼び出し側の関数

自体が可変長引数を受け付けて、それらの引数をそのままprintfなどの可変長引数関数の引数として与えたい場合には、どうすればよいでしょうか。この問題への対応として可変長引数を取る関数から呼び出すための関数としてvprintf（vfprintf、vsnprintf）が用意されています（リスト10.17）。

▶リスト10.17　ch10-17.c

```
#include <stdio.h>
#include <stdarg.h>
#include <time.h>
void my_error_message(const char *format, ...)
{
    va_list ap;
    va_start(ap, format);
    time_t current = time(NULL);
    struct tm *p = localtime(&current);
    fprintf(stderr, "%04i/%02i/%02i %02i:%02i:%02i ",
            1900 + p->tm_year, p->tm_mon + 1, p->tm_mday, p->tm_hour, ➡
            p->tm_min, p->tm_sec);
    vfprintf(stderr, format, ap);
    va_end(ap);
}
int main()
{
    my_error_message("error %i was occurred at %s.¥n", 32, "main");
}
```

実行例は以下のようになります。

```
> a.exe
2017/09/09 21:07:53 error 32 was occurred at main.
```

ch10-17.cは、エラーメッセージ出力時に共通で発生日付と時刻を付加する関数my_error_messageと、その呼び出し例を示したものです。

my_error_messageは、プログラム内でエラーが発生したときに出力するエラーメッセージに発生日付と時刻を付加してから標準エラーに指定されたメッセージを出力する関数です。

vprintf、vfprintf、vsnprintfは、可変個の引数の代わりにva_listを受け取ります。呼び出し側はva_argを呼び出して個々の引数を取り出す代わりに、これらの関数にva_start関数で初期化したva_list型の変数を与えます。vprintfなどはva_endを呼び出さないので、最後にva_endを呼び出す必要があります。

参考までにvfprintfの関数プロトタイプを以下に示します。

書式 vfprintf関数

```
int vfprintf(FILE * restrict stream, const char * restrict format,
va_list arg);
```

my_error_message関数では、現在の日付と時刻を出力するために、time.hで定義されたいくつかの型と関数を使用しています。time_t型は処理系依存の日付時刻情報を格納する型で、time関数を呼び出すことで、現在の日付時刻を格納したtime_t型のデータを得られます。

localtime関数は、time_t型の変数へのポインターを与えられると、該当日付時刻をシステムの地域情報に従って、年月日などに分解した構造体（構造体については次章で説明します）struct tmへのポインターを返します。

リスト内のp->tm_yearという記述は、構造体へのポインター変数pを使った構造体の内部データアクセスです。現段階では、tm_yearは1900年以降の年（したがって、1900を足すことで西暦となる）、tm_monは0始まりの月（したがって、1を足すと1月からの月となる）、tm_mdayはtm_monが示す月内の日付、tm_hourは24時制の時、tm_minは分、tm_secは秒を示すということを理解できればよいでしょう。

練習問題　10.2

1. （1）128個の文字aを格納したファイルall_a.txtを出力するプログラムch10-2q01-1.cを作成してください。

（2）次にall_a.txtを読み込み、先頭位置を0とした場合の位置8、16、32、64のみを大文字のAに変更するプログラムch10-2q01-2.cを作成してください。

ただし、以下の制約があります。

- ファイル出力にはfputc関数を使用する
- ch10-2q01-2.cでは'A'を使わずにtoupper関数（第7章）を使用する
- ch10-2q01-2.c全体でfputc関数の呼び出しは4回とする（128文字すべてを更新するのは不可）

2. 例10.2−6のch10-16.cは標準出力へ何も書き出さないため、stdoutとstderrの出力先が異なるかどうかは確認できません。そこで、以下の実行例と同じ出力を再現できるように、標準入力から3つの整数を読み込み、合計値を標準出力へ出力するプログラムを作成してください。整数が3個取得できなかった場合はエラーを表示します。なお、整数を3個以上入力した場合はエラーとはしません。

```
> a.exe >test.out
abc ―――――――――――――――― 不正な入力
不正な入力です。 ―――――――――― test.outファイルは0バイトで作成される
> a.exe >test.out
1234 555 aaa ―――――――――― 不正な入力（整数は2個）
2個の合計は1789です。 ――――――― test.outファイルは0バイトで作成される
> a.exe >test.out
1234 555 666 ―――――――――― 適正な入力時は何も表示しない
> type test.out ――――――――― test.outの内容を表示
2455
```

3. 次の内容のテキストファイルを作成してtest.txtという名前で保存してください。

```
#No,Name,Born,Died
1,Keitai,450,531
2,Sutoku,1119,1164
3,Toba,1103,1156
4,Goshirakawa,1127,1192
```

今作成したtest.txtを読み込み、以下の実行結果のように整形して出力するプログラムを作成してください。完成したら実行して動作を確認してください。

ヒント この問題は、前節の練習問題10.1-3のバリエーションです。一番の違いは、読み込むデータにコメント行が追加されている点です。

実行結果

```
Keitai       450- 531
Sutoku      1119-1164
Toba        1103-1156
Goshirakawa 1127-1192
```

☑ この章の理解度チェック

1. 次の各設問の入力から出力を得るためのprintf文を答えてください。

(1)

```
入力：10.00001
出力：    10.00001000
```

(2)

```
入力：1234567890123456789012345678901234567890123456789012345678901234567890
出力：1234567890123456
```

(3)

```
入力：1234567
出力：01234567
```

(4)

```
入力：33
出力：0x0021
```

2. コマンドラインでファイル名が指定されたら該当ファイル、指定されていなければ標準入力からEOFになるまで標準出力に内容を出力するプログラムを作成してください。なお、IOエラーが発生したらエラー内容をエラー出力に出力して処理を中断してください。

3. リスト10.18のCSVファイル（カンマ区切りテキストファイル。エンコーディングはUTF-8）を読み込んで実行例のように出力するプログラムを作成してください。なお、読み込むファイルはコマンドライン引数で指定されるものとします。コマンドライン引数が2つ指定された場合は、2つ目の引数は出力先のファイル名とします。もしコマンドライン引数が1つしか指定されていない場合は、出力先は標準出力とします。

▶リスト10.18　ch10-3q03.csv

```
項番,名称,県庁所在地,人口
1,北海道,札幌,5352306
2,宮城,仙台,2329431
3,東京,東京,13636222
4,岐阜,岐阜,2022785
5,大阪,大阪,8837812
6,広島,広島,2838494
7,佐賀,佐賀,828388
```

実行例は以下のようになります。

```
> a.exe ch10-3q03.csv
項番 都道府県 人口
   1 北海道    5352306
   2 宮城      2329431
   3 東京     13636222
   4 岐阜      2022785
   5 大阪      8837812
   6 広島      2838494
   7 佐賀       828388
```

構造体

この章の内容

11.1 構造体
11.2 メモリーの確保と解放

複数のデータを1つの変数で扱えるようにプログラマーが定義する型を構造体と呼びます。前章で使用したstruct tmや、FILEは構造体の代表です。いずれも、Cの標準ライブラリの定義であって、プログラミング言語Cとして規定されている型ではありません。

本章では、構造体の定義と使用方法について説明します。

前章の復習問題

1. 次の実行例を再現するようにscanfとprintfを使ったプログラムを作成してください。なお、入力は標準入力、出力は標準出力を対象とします。

```
> a.exe
1234 56.856 abcabc hello ―――――――――――――― 末尾で[Enter]キー
001234,56.85,0x00abcabc,hello! ――――――――― 出力
12345678 5.9 10 bye        ―――――――――――― 末尾で[Enter]キー
12345678, 5.90,0x00000010,bye! ――――――――― 出力
```

2. コマンドライン引数で数字が指定されていたら、その数字に10を加算した結果を表示し、コマンドライン引数がなければ、前回実行時の結果に10を加算した結果を表示するプログラムを作成してください。なお、プログラムは以下の仕様に従ったものにしてください。

- fread、fwriteを使用する
- 結果を保存するファイル名はカレントディレクトリのlast-result.dataとする
- カレントディレクトリにlast-result.dataがなく、かつコマンドライン引数が指定されていなければ0を与えられたものとする

実行例は以下のようになります。

```
> a.exe 10
20
> a.exe
30
> a.exe 5
15
> a.exe
25
> a.exe
35
```

3. (1) 1000バイトのファイル1K.dataをカレントディレクトリに作成するプログラムを作成し、実行してください。

(2) 上記のファイルに対して1から数えた32バイトごとに'A'を書き込むプログラムを作成し、実行してください。

(3) (2) で作成したファイルの内容を16進数で次の出力例のようにコンソールへ出力するプログラムを作成し、実行してください。

出力例

```
0--1--2--3--4--5--6--7--8--9--A--B--C--D--E--F-
00 00 00 00 00 00 00 00 00 00 00 00 00 00 00 00
00 00 00 00 00 00 00 00 00 00 00 00 00 00 00 41
00 00 00 00 00 00 00 00 00 00 00 00 00 00 00 00
00 00 00 00 00 00 00 00 00 00 00 00 00 00 00 41
... 以下略
```

11.1 構造体

プログラムが扱うデータには、名前、住所、電話番号のような一連のデータを1単位として同時に複数扱わなければならないものがあります。そのような用途のためにプログラマーが複数のデータを組み合わせて型を定義したものがCの**構造体**です。

Cプログラミングでは、構造体は極めて大きな役割を持ちます。というのも、あとから型を追加できるようになっていることで、ライブラリの開発と使用しやすさが向上するからです。たとえば、strcut tmのtm_year、tm_mdayなどのメンバーを個別に扱わなければならないとしたら、localtime関数の呼び出しは、より複雑なものとなるでしょう。同様にFILEに標準IOライブラリが必要とする情報がまとまっていることで、fで始まる関数群（fprintfなど）はfなしの関数群（printfなど）に対してFILEへのポインターを追加するだけで同様な処理を可能としています。

つまり、構造体の存在によって、Cは多くの機能を言語仕様の外部にある標準ライブラリによって提供できるわけです。

このように構造体はそれなしでCプログラミングはできないほど重要です。しかし、さまざまな言語要素が組み合わされているため、理解しにくいのも事実です。

以降で構造体について説明していきますが、まずはサンプルリストの使用方法と照らし合わせながら用語を覚えてください。具体的なイメージは、本節の例11.1のサンプルプログラムを実際に動かして、どのデータがどう実行時に扱われているかを確認して掴んでください。

最初に構造体を定義するための**構造体指定子**（structure specifier）の書式を以下に示します。

書式 構造体指定子

```
struct (識別子) {
     型名 メンバー名;
     [型名 メンバー名;]
};
```

構造体指定子の範囲は、structキーワードから構造体のメンバーを定義する複合文の終端の「}」までです。ただし構造体指定子は式として独立できないので、文として「;」で終了させる必要があります。構造体指定子は3つのパートから構成されます。

最初は、構造体指定子を示すキーワードの**struct**です。

次は、この構造体をタグ付けするための識別子で、オプションです。この識別子を以降「構造体のタグ名」と呼びます。オプションなのでタグ名を付けずに構造体を指定することも可能です。タグ名なしの構造体については後述します。

最後に、構造体の構成要素を定義する複合文を記述します。この複合文（「{」から「}」まで）を**構造体宣言**（structure declaration）と呼びます。構造体宣言の中で、構造体を構成する要素を定義します。構造体を構成する要素を**構造体のメンバー**と呼びます。構造体宣言では、「{」から「}」の間に1つ以上の型と構造体のメンバーの名前のペアを「;」で区切って記述します。

構造体のメンバー定義の書式は変数宣言によく似ています。しかし、構造体のメンバーは変数とは異なります。今まで学習した中で構造体に近いのは、配列と配列の中を領域に区切ってアクセスするための[]演算子の関係（❶）です（図11.1）。配列が全体のメモリー領域を確保しているのに対し、内部のデータにアクセスするには[]演算子を利用します。

同じように、型として構造体を指定した変数は、構造体指定子で定義した全体のメモリー領域を確保

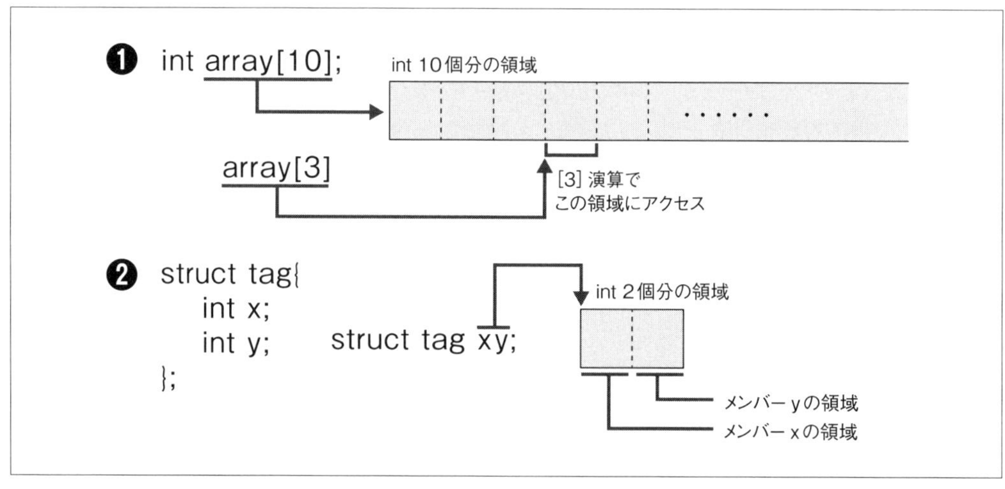

❖図11.1　配列変数と構造体

するのに利用されます。その領域内の個々のデータに対してはメンバーを利用してアクセスします(❷)。つまり、メンバーとは、所属する構造体全体の領域内のオフセットに名前を付けてプログラムからアクセスできるようにしたものです。

タグ名付きで構造体を定義すると、プログラム内では「struct タグ」の形式で構造体を型名として扱えます。

```
struct sample_t {  // sample_tはこの構造体のタグ
    int x;         // xメンバーはX座標の値
    int y;         // yメンバーはY座標の値
    char *name;    // nameメンバーはこの位置に付けた名称へのポインター
};
struct sample_t xy = {0, -1, "sample"};  // struct sample_t型のxy変数に
                                         // 構造体リテラルで初期値を設定
printf("x=%i, y=%i, name=%s¥n", xy.x, xy.y, xy.name);
                                         // xy変数が格納する各メンバーの値を出力
                                         // => x=0, y=-1, name=sample
```

上のリストからわかるように、構造体のメンバーを指定するには、構造体を格納した変数名に対して **.(ドット)演算子**を適用します。

書式 .(ドット)演算子

```
変数名.構造体のメンバー名
```

構造体の初期化子は、{}内に各メンバーの初期値を「,」で区切ったリテラルで与えます。なお、{0}と記述することで、構造体の内容全体をバイナリーの0で初期化します。これは値であれば0、ポインターであればNULLで初期化するのと同じです(図11.2)。

```
struct sample_t xy = {0};  // struct sample_t型のxy変数
printf("x=%i, y=%i, name=%s¥n", xy.x, xy.y, xy.name);
                           // xy変数が格納する各メンバーの値を出力
                           // => x=0, y=0, name=(null)
```

初期化子を与えなかった場合、メンバーの初期値は不定です。ただし、グローバル変数は{0}を与えたときと同じように初期化されます。

すでに述べたように、構造体には名前を持たない構造体と名前(タグ)を持つ構造体があります。タグ付けした構造体は、structに続けてタグ名を記述して特定します。このとき、「struct タグ」を型名として関数の返り値の型や、関数のパラメータの型として使用できます。

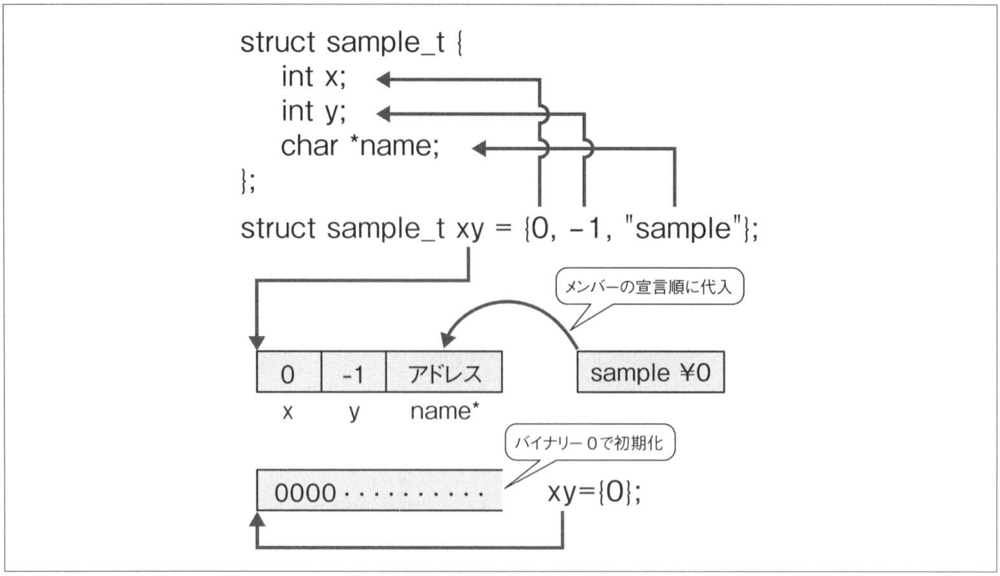

❖図11.2　構造体と初期化子

```
struct three_d_coordinate {
    int x;
    int y;
    int z;
};
struct three_d_coordinate t0 = {0};        // struct three_t_coordinate型変数t0を宣言
struct three_d_coordinate t1 = {1, 2, 3}; // struct three_t_coordinate型変数t1を宣言
printf("x=%i, y=%i, z=%i¥n", t0.x, t0.y, t0.z);  // => x=0, y=0, z=0
printf("x=%i, y=%i, z=%i¥n", t1.x, t1.y, t1.z);  // => x=1, y=2, z=3
```

タグ付けしていない構造体（**無名構造体**）は、構造体指定子に続けて変数名と初期化子を記述します（初期化子は必要に応じて指定します）。こうすると、変数名を通じて構造体のメンバーにアクセスできます。ただし、名前を持たないため、この構造体指定子の構造体宣言を使い回せません。

```
struct {
    int x;
    int y;
    int z;
} anon = {0, 1, 2};  // 無名構造体の変数anon

printf("x=%i, y=%i, z=%i¥n", anon.x, anon.y, anon.z);  // => x=0, y=1, z=2
```

無名構造体はタグを持ちませんが、構造体指定子をtypedefで定義することで、型名を与えられます。

```
typedef struct {
    int x;
    int y;
    int z;
} THREE_D_COORDINATE;  // 無名構造体にTHREE_D_COORDINATEという型名を与える

THREE_D_COORDINATE h1 = {0};
THREE_D_COORDINATE h2 = {1, 2, 3};

printf("x=%i, y=%i, z=%i¥n", h1.x, h1.y, h1.z); // => x=0, y=0, z=0
printf("x=%i, y=%i, z=%i¥n", h2.x, h2.y, h2.z); // => x=1, y=2, z=3
```

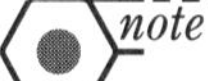

タグ付けされた構造体もtypedefによって型名を与えられます。よくある書き方は、タグを小文字で記述し、typedefする型名を大文字にします。しかし、このように定義しても結局はtypedefで指定した型名のみを使用するので、通常は意味がありません。唯一意味を持つ例は、後ほど例示します。

本書では、以降、基本的に構造体を定義する場合は、無名構造体に対してtypedefで型名を与える記述方法を採用します。

すでに説明したように構造体を格納した変数からメンバーにアクセスするには.演算子を使用します。

それに対して構造体へのポインター変数からメンバーにアクセスするには**->（アロー）演算子**を使用します。なお、アローとは矢のことです。

```
typedef struct {
    int x;
    int y;
} POINT;
POINT p1 = {10, 20};
POINT *pp1 = &p1;  // POINTを格納した変数にアドレス演算子を適用してポインター（アドレス）を得る
printf("x=%i, y=%i¥n", pp1->x, pp1->y);  // x=10, y=20
```

ここまで構造体について一気に説明してきたので、ポイントをまとめておきましょう。

- 構造体はユーザーが定義する型である
- 構造体を構成する各要素をメンバーと呼び、型と名前を持つ
- 構造体を初期化するには{}内に各メンバーに対応する初期値をカンマで区切って並べる
- 構造体を格納した変数からメンバーを参照するには.演算子を使う

● 構造体へのポインター変数からメンバーを参照するには->演算子を使う

● 構造体宣言を再使用するには、typedef演算子で型名を与えるか、タグ名を付与する

例11.1 構造体

1. 構造体を初期化するには、構造体リテラルを与えます。構造体リテラルは、{}の中に構造体メンバーの初期値をメンバーの定義順に与えるか、「.」に続けたメンバー名に対する代入の形式で記述します。{}内に指定した初期化子よりもメンバーの数が多い場合は、未指定のメンバーはバイナリー0で初期化されます(リスト11.1)。

▶リスト11.1　ch11-01.c

```
#include <stdio.h>
typedef struct {
    int x;
    int y;
} POINT;
int main()
{
    POINT left_top = {.y = 10};    // メンバーyのみを指定。メンバーxは0
    POINT left_bottom = {0};       // メンバーxのみを指定。メンバーyは0
    POINT right_top = {.x = 10, .y = 10};  // メンバーを明示して初期化
    POINT right_bottom = {10, .y = 0};     // メンバーxは位置で初期化、
                                           // メンバーyはメンバー指定で初期化
    printf("x=%i, y=%i¥n", left_top.x, left_top.y);
    printf("x=%i, y=%i¥n", left_bottom.x, left_bottom.y);
    printf("x=%i, y=%i¥n", right_top.x, right_top.y);
    printf("x=%i, y=%i¥n", right_bottom.x, right_bottom.y);
}
```

2. 構造体を関数の引数にすると、構造体のコピーが関数に渡されます(リスト11.2、第9章の例9.3-1を参照)。

▶リスト11.2　ch11-02.c

```
#include <stdio.h>
typedef struct {
    int x;
    int y;
} POINT;
void destroyer(POINT point)
{
```

```
    point.x = -1;
    point.y = -1;
}
int main()
{
    POINT p = {1, 2};
    printf("%i, %i¥n", p.x, p.y);
    destroyer(p);
    printf("%i, %i¥n", p.x, p.y);
}
```

実行例は以下のようになります。

```
> a.exe
1, 2
1, 2  ―――――――――――――――  「-1, -1」とはならない
```

もし、与えた構造体に対して関数内で値を設定したい場合は、構造体へのポインターを関数の引数として与える必要があります（リスト11.3）。

▶リスト11.3　ch11-03.c

```
#include <stdio.h>
typedef struct {
    int x;
    int y;
} POINT;
void move_to(POINT *p, int x, int y)
{
    p->x += x;    // 構造体へのポインター変数からメンバーへ
    p->y += y;    // アクセスするにはアロー演算子を使用
}
int main()
{
    POINT p = {1, 2};
    printf("%i, %i¥n", p.x, p.y);
    move_to(&p, 10, -10);    // pポイントをx軸を右へ10、y軸を下へ10移動
    printf("%i, %i¥n", p.x, p.y);
}
```

実行例は以下のようになります。

```
> a.exe
1, 2
11, -8
```

3. 関数の返り値に構造体を指定すると、呼び出し側の特殊な領域に結果がコピーされます（第9章の例9.5－1を参照）。第9章で説明したように、パラメータを含む関数内で定義した変数用の領域は、その関数から抜けると解放されます。したがって、関数の返り値として、関数内で定義した変数のポインターを返すことはできません。構造体は、数値などと同様に返り値用の領域が別に確保されるため、呼び出し側で安全に使用できます（リスト11.4）。

▶リスト11.4　ch11-04.c

```
#include <stdio.h>
typedef struct {
    int x;
    int y;
} POINT;
POINT move_to(POINT p, int x, int y)
{
    p.x += x;
    p.y += y;
    return p;
}
int main()
{
    POINT p = {1, 2};
    printf("%i, %i¥n", p.x, p.y);
    POINT pp = move_to(p, 10, -10);  // pポイントをx軸を右へ10、
                                     // y軸を下へ10移動した構造体を得る
    printf("%i, %i¥n", p.x, p.y);
    printf("%i, %i¥n", pp.x, pp.y);
}
```

実行例は以下のようになります。

```
> a.exe
1, 2
1, 2
11, -8
```

4. ある変数に格納されている構造体は、他の構造体の変数へ代入（コピー）可能です。次のプログラムは、代入元の変数に格納された構造体と、代入先の変数に格納された構造体が異なることを、片方のメンバーを変更しても他方に影響しないことによって示しています（リスト11.5）。

▶リスト11.5　ch11-05.c

```
#include <stdio.h>
typedef struct {
    char name[128];
    int born;
    int died;
} PERSON;
int main()
{
    PERSON Keitai = { "Keitai", 450, 531 };
    PERSON Kagemusha = Keitai;  // 代入
    Keitai.died = 480;          // 元の構造体のメンバーを変更
    printf("%s, %i, %i¥n", Keitai.name, Keitai.born, Keitai.died);
    printf("%s, %i, %i¥n", Kagemusha.name, Kagemusha.born, Kagemusha.died);
}
```

実行例は以下のようになります。

```
> a.exe
Keitai, 450, 480
Keitai, 450, 531
```

ある型のデータが代入可能だということの意味を考えてみましょう。

Cで「=」を使った代入とは、コンピュータのメモリー上の特定の長さのデータを、指定されたアドレスから、指定されたアドレスへコピーすることです。たとえば、int64_t型であれば64ビット（8バイト）のデータを、右辺の変数（が示すアドレス）から左辺の変数（が示すアドレス）へコピーします。ポインターであればポイントしている先の型の大きさとは関係なく、CPUアーキテクチャで決まったビット数（x64であれば64ビット、x86であれば32ビット）のデータを、右辺の変数（が示すアドレス）から左辺の変数（が示すアドレス）へコピーします。

つまり、コンパイラが代入コードを生成するためには、コンパイラはコピー元データのビット数を知っている必要があります（note参照）。別の言い方をすると、構造体はsizeof演算子の適用対象です。sizeof演算子は指定された型のバイト数を返す演算子で、コンパイル時にコンパイラがsize_t型の適切な値に置き換えます。このためプログラム内では定数として使用できます。

note

文字列は末尾のナル文字までのコピーなので、文字列リテラル以外はコンパイル時にサイズを求めることはできません。そのため、コピーするにはstrcpyのような実行時に末尾を判断できる関数の呼び出しが必要です。配列については、配列の宣言時に要素数が指定されている場合であればサイズは明らかですが、言語仕様としてポインターと間接演算の組み合わせを表現する仕組みのためコピーはできません。唯一の例外は、初期化時の初期化子で指定したリテラルの代入です。

したがって、構造体指定子には、実行時にならなければ大きさを求められないメンバーを含めることはできません。具体的には、配列をメンバーとする場合は要素数を指定する必要があります。

ただし例外もあります。2つ以上のメンバーを持つ構造体の最後のメンバーが配列の場合は、要素数の記述を省略できます。このようなメンバーを**フレキシブル配列メンバー**と呼びます。フレキシブル配列メンバーを持つ構造体を使用するには、明示的にメモリーを確保する必要があります。フレキシブル配列メンバーとメモリーの確保、解放については次節で説明します。

図11.3は、例11－1の2.～4.の動作をまとめたものです。

図では、xとyの2つのint型のメンバーを持つ構造体を例としています。

❶ 構造体型の変数は、メンバー分の領域を持ちます。

❷ 関数のパラメータとして構造体を与えると、関数へは元の構造体のコピーが与えられます。

❸ 関数内でパラメータとして与えられた構造体のメンバーに対する代入は、関数の呼び出し元へは影響しません。

❹ 関数からの返り値に構造体を指定すると、返り値用の領域へコピーされます。

❺ 関数の呼び出し元で返り値の構造体を変数に代入すると、返り値用の領域からのコピーとなります。

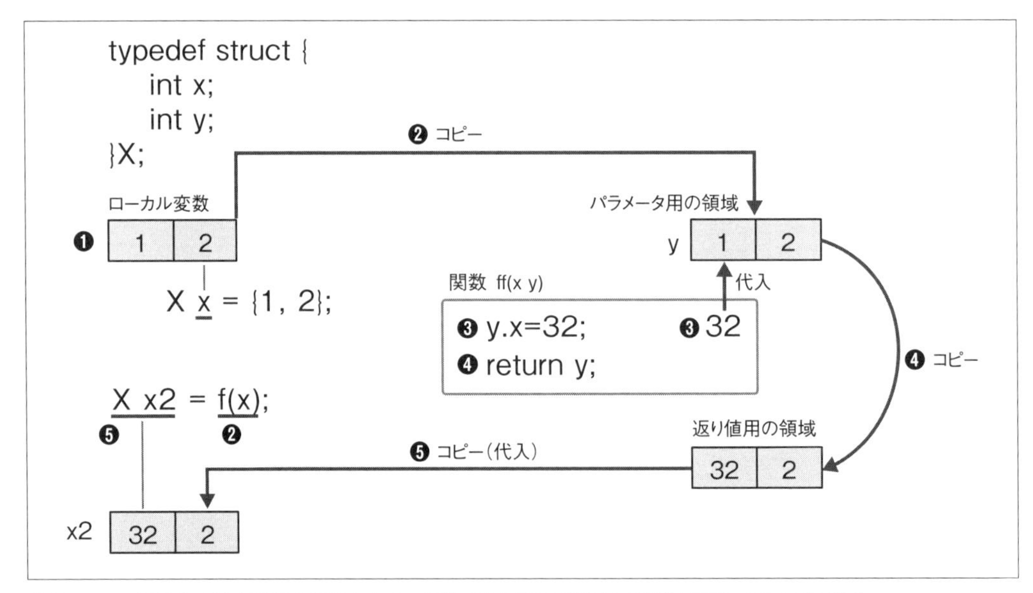

❖図11.3　構造体変数を関数の引数に与え、関数の返り値の構造体を変数に代入するまでの動作

Column 構造体のメンバーの並び順

構造体にsizeof演算子を適用すると、該当する構造体のサイズをバイト数で得られます。しかし、構造体のサイズはメンバーのサイズの総和になるとは限りません。これは、コンパイラが構造体のメンバーへのアクセスや、隣接する他のデータへのアクセスを高速化するためにパディングを行うためです。パディングとは、メモリー上に未使用の領域を確保して、各メンバーの先頭位置を調整することです（リスト11.6）。

▶リスト11.6　ch11-06.c

```
#include <stdio.h>
#include <stdint.h>
int main()
{
    struct {
        int16_t sval;
        int64_t lval;
        char cc[2];
        int32_t ival;
    } my_struct;
    printf("%zu, %zu¥n", sizeof my_struct,
        sizeof my_struct.sval + sizeof my_struct.lval
      + sizeof my_struct.cc + sizeof my_struct.ival);
}
```

実行例は以下のようになります。

```
> a.exe
24, 16
```

この実行例は、x64版Linuxのclangでコンパイルした結果です。メンバーのサイズの総和は16ですが、my_struct構造体のサイズは24となっています。

実際に各メンバーがどのように配置されているかを知るには、stddef.hに定義されたoffsetofマクロを使用します。offsetofマクロは、型とメンバー名の2つの引数を取るマクロで、指定した型の先頭アドレスから指定したメンバーの先頭アドレスまでのバイト数を返します（リスト11.7）。

▶リスト11.7　ch11-06-2.c

```
#include <stdio.h>
#include <stddef.h>
#include <stdint.h>
int main()
{
```

```
    typedef struct {
        int16_t sval;
        int64_t lval;
        char cc[2];
        int32_t ival;
    } MYS;
    MYS my_struct;
    printf("%zu, %zu¥n", sizeof my_struct,
        sizeof my_struct.sval + sizeof my_struct.lval
      + sizeof my_struct.cc + sizeof my_struct.ival);
    printf("offset of sval=%zu¥n", offsetof(MYS, sval));
    printf("offset of lval=%zu¥n", offsetof(MYS, lval));
    printf("offset of   cc=%zu¥n", offsetof(MYS, cc));
    printf("offset of ival=%zu¥n", offsetof(MYS, ival));

    typedef struct {
        int32_t ival;
        int16_t sval;
        char cc[2];
        int64_t lval;
    } MYS2;
    MYS2 my_struct2;
    printf("%zu, %zu¥n", sizeof my_struct2,
        sizeof my_struct2.sval + sizeof my_struct2.lval
      + sizeof my_struct2.cc + sizeof my_struct2.ival);
    printf("offset of ival=%zu¥n", offsetof(MYS2, ival));
    printf("offset of sval=%zu¥n", offsetof(MYS2, sval));
    printf("offset of   cc=%zu¥n", offsetof(MYS2, cc));
    printf("offset of lval=%zu¥n", offsetof(MYS2, lval));
}
```

実行例は以下のようになります。

```
> a.exe
24, 16
offset of sval=0
offset of lval=8
offset of   cc=16
offset of ival=20
16, 16
offset of ival=0
offset of sval=4
offset of   cc=6
offset of lval=8
```

実行例を見ると、MYS構造体の2番目のメンバーlvalは8バイト目から始まっています。ということは、2バイト（16ビット）整数であるsvalの次に6バイトのパディングが埋め込まれてから2番目のメンバーであるlvalの領域が始まるということです。このため、構造体のサイズとメンバーのサイズの総和が異なるのです。

参考のためch11-06-2.cには、同じ型のメンバーの配置順を変えたMYS2構造体も定義してあります。MYS2構造体が格納しているメンバーはMYS構造体と同じですが、実行結果が示すようにパディングなしで配置されています。

このようにメンバーの配置順によって構造体用に確保されるメモリー量が大きく変わることがあります。

5. 構造体は、別の構造体をメンバーに組み込むことができます。リスト11.8のプログラムは、3次元座標用のTHREE_D_COORDINATE構造体のメンバーとして、2次元座標用構造体のXY_COORDINATEを組み込んでいます。

▶ リスト11.8　ch11-07.c

```
#include <stdio.h>
typedef struct {
    int x;
    int y;
} XY_COORDINATE;
typedef struct {
    XY_COORDINATE xy;  // 構造体XY_COORDINATE型のメンバー xy
    int z;
} THREE_D_COORDINATE;
int main()
{
    THREE_D_COORDINATE t = {{11, 12}, 13};
    printf("x=%i, y=%i, z=%i¥n", t.xy.x, t.xy.y, t.z);
}
```

実行例は以下のようになります。

```
> a.exe
x=11, y=12, z=13
```

上記の例では、THREE_D_COORDINATE型の変数tから、XY_COORDINATEのメンバーx、yへアクセスするために、THREE_D_COORDINATE型のメンバーxyを通してt.xy.xのように記述しています。

ここで示したように、内部の構造体のメンバーにアクセスするには、該当する構造体のメンバーに対して.演算子を適用します。

6. 構造体のメンバーに構造体を含めるには、含まれる側の構造体が完全に定義されている必要があります。つまり、含まれる側の構造体のサイズをコンパイラが知っている必要があります。

   不完全な構造体には例11.1 - 4で簡単に説明したフレキシブル配列を含む構造体と、現在定義中の構造体の2種類があります（note参照）。もし、不完全な構造体をメンバーに持つ必要がある場合は、該当する構造体へのポインターをメンバーとします。特に現在定義中の構造体をメンバーとする場合は、typedefで定義した構造体の型名を使用できないので、タグを使って構造体に名前を付ける必要があります。

note

現在定義中の構造体を、その構造体自身のメンバーに持てない理由は、不完全だけだからではありません。ある構造体が同じ構造体をメンバーに持てない理由を考えてみましょう。本書では答えは書きません。自分で図11.1～3を参考にしてメモリー上への構造体とメンバーの配置図を書いてみましょう（書けますか？）。

リスト11.9のプログラムでは、定義中の構造体自身へのポインターを持つ構造体を使用しています。このプログラムは、コマンドライン引数で与えられた数を構造体を使って昇順に並べます。

▶リスト11.9　ch11-08.c

```
#include <stdio.h>
#include <stdlib.h>
typedef struct bin_node {   // 定義内で自構造体を使用するのでタグが必要
    int value;
    struct bin_node *less_equal; // 構造体指定子が完了していないので「struct タグ」で参照
    struct bin_node *bigger;     // 構造体指定子が完了していないので「struct タグ」で参照
} BIN_NODE;                 // 型名
// 設定先のノードよりも値が大きければbigger、小さいか等しければless_equalに設定する関数
// パラメータの構造体自体を書き換えるので、ポインターで受け取る必要がある
void set(BIN_NODE *src, BIN_NODE *dest) {
    if (src->value > dest->value) {
        if (dest->bigger) {  // すでに他の構造体をポイントしていればその構造体に設定
            set(src, dest->bigger);
        } else {
            dest->bigger = src;
        }
    } else {
        if (dest->less_equal) { // すでに他の構造体をポイントしていればその構造体に設定
            set(src, dest->less_equal);
        } else {
```

11
構造体

```
            dest->less_equal = src;
        }
    }
}
int main(int argc, char *argv[])
{
    BIN_NODE nums[argc]; // 要素0を起点とする
    nums[0].value = 0;
    nums[0].less_equal = nums[0].bigger = NULL;
    for (int i = 1; i < argc; i++) {
        nums[i].value = atoi(argv[i]);
        nums[i].less_equal = nums[i].bigger = NULL;
        // 起点の要素0から小さい(less_equal)、大きい(bigger)に振り分ける
        set(&nums[i], &nums[0]);
    }
    BIN_NODE *min = &nums[0];
    // 起点からless_equalが指す構造体を終端（less_equalがNULL）までたどると最小値
    while (min->less_equal) {
        min = min->less_equal;
    }
    BIN_NODE *max = &nums[0];
    // 起点からbiggerが指す構造体を終端（biggerがNULL）までたどると最大値
    while (max->bigger) {
        max = max->bigger;
    }
    printf("min=%i, max=%i¥n", min->value, max->value);
}
```

実行例は以下のようになります。

```
> a.exe 1 5 80 -3 3 5 32 97
min=-3, max=97
```

このプログラムが使用しているBIN_NODE構造体は、int型のメンバーvalueと、less_equalとbiggerという2つのBIN_NODE構造体へのポインターを持ちます。現在の構造体が持つvalueメンバーの値よりも大きなvalueメンバーを持つ構造体をbiggerメンバーでポイントし、小さいか等しい値のvalueメンバーを持つ構造体をless_equalメンバーでポイントすることで2分木を作成しています。最初に配列を作っているのは、動的に構造体用の領域を確保する方法をまだ学習していないからです。配列の並び順は、先頭要素を起点とする以外、2分木操作の処理自体には意味を持ちません。

このように、定義中の構造体自身のポインターを持つ構造体は、複数のデータを管理するプログラミングには必須のものです。ch11-08.cで使用している2分木構造（大小へのポインターを持つ）以外にも、単方向リスト（次の要素へのポインターを持つ）、双方向リスト（前の要素と次の要素へのポインターを持つ）などの実装にも利用します。

練習問題　11.1

1. 次の構造体を定義してください。

（1） int型のメンバー width, height, depthを持つタグ名cubeの構造体

（2） char型の32文字の配列nameとint型のname_lengthの2つのメンバーを持つ型NAME

（3） double型の2つのメンバー latitudeとlongitude、char型へのポインター landmarkメンバーを持つ型GEOPOINT

2. 問1で定義したそれぞれの構造体について以下の問いに解答してください。

（1） 次のリテラルは問1の（1）～（3）のどの構造体のリテラルですか。

① { .name = "test" }

② { 3, 4, 5 }

③ { .landmark = "TokyoTower" }

（2） （1）の各リテラルを使って初期化した場合のすべてのメンバーの値を答えてください。

3. 例11.1-3のプログラム（ch11-04.c）には、main関数がmove_to関数呼び出しのために用意したp、move_to関数が処理している（別の）p、main関数がmove_to関数から受け取ったppという構造体が出現します。この3つの構造体がすべて独立した領域に確保されていることを、ch11-04.cに適切なprintf呼び出しを追加して実行時の出力で示してください。

4. ch11-08.cを改造して、最小値と最大値を出力するのではなく、最小値から最大値までのすべての値を昇順に出力してください。
実行例を以下に示します。

```
> a.exe 1 5 80 -3 3 5 32 97
-3 1 3 5 5 32 80 97
```

11.2 メモリーの確保と解放

前節の例11.1－6のプログラム（ch11-08.c）では、取り込む値の数が事前にコマンドライン引数の個数として明らかでした。このため、配列を使って必要な数の構造体を用意しました。

しかし現実には、プログラム内で使用するデータの数はわからないのが普通です。たとえばファイルからデータを取り込む場合、ファイル内にどれだけデータが含まれているかは、実際にファイルを読み込んでみなければわかりません（note参照）。同じく、対話形式でユーザーがデータを入力する場合も、何個データを入力したら終わるかをプログラムが予測することはできません。

ただし、1つあたりのデータサイズが固定の場合は、ファイルサイズをデータサイズで割ることで事前に個数を求められます。

事前に必要なデータの数がわからない場合、実行時にライブラリ経由でOSから、必要となった分のメモリーを取得します。また、不要となったメモリーはライブラリ経由でOSへ返却します。このときに使用するのが、stdlib.hに定義されているmalloc関数とfree関数です。

malloc関数はOSからメモリーを取得するときに使用します。なお、プログラム用に自由に割り当て可能な領域を**ヒープ**と呼びます。free関数はOSへメモリーを返却するときに使用します。

書式 malloc関数

```
void *malloc(size_t size);
```

malloc関数はsizeパラメータで指定したバイト数のメモリーを取得します。このメモリーに格納されている値は不定なので初期化が必要です。返り値は取得したメモリーへのポインターです。エラーの場合はNULLが返却されます。

free関数はptrパラメータで指定した、mallocで取得したメモリー領域を解放して再使用可能な状態とします。ptrはmallocが返したポインターか、またはNULLでなければなりません。freeを実行したあとのポインターは無効となり、間接演算を適用した場合の結果は不定です。

書式 free関数

```
void free(void *ptr);
```

malloc関数がNULLを返した場合、通常はメモリー不足が原因なのでその旨を出力してプログラムを終了します。このときに使うのが**exit関数**です。

書式 exit関数

```
_Noreturn void exit(int status);
```

exit関数はプログラムを終了し、第1パラメータで指定したコードをコマンドの戻り値とする関数です。exit関数はstdlib.hで定義されています。

これまで学習したように、Cプログラムを終了するにはmain関数を最後まで実行するか、main関数からreturnで戻ります。しかしこの方法では、もしエラー状態を検出したのがmain以外の関数であれば、呼び出し元を順にたどってmainまで戻らないとプログラムを終了できません。これは複数の関数呼び出しが重なった場合にプログラムをいたずらに煩雑にする可能性があります。exit関数は、呼び出した時点でオープン中のFILEをクローズするなどして安全に実行を終了できます。main以外の関数内で実行を終了するにはexit関数を使用してください。

関連する関数として、指定したバイト数の領域を指定した値で初期化する**memset関数**を以下に示します。memsetはstring.hで定義されています。

書式 memset関数

```
void *memset(void *s, int c, size_t n);
```

memset関数は、パラメータsがポイントする領域に対して、パラメータcの下位8ビット（unsigned char）をパラメータnバイト分書き込みます。返り値はパラメータsの値です。

たとえば、ポインター変数pのポイント先のアドレスに80バイトのナル文字を書き込むには、

```
memset(p, 0, 80);
```

とします。malloc関数で確保した領域の内容は不定なので、memsetを使ってバイナリー0で初期化するとよいでしょう。

次のリストはintとcharへのポインターをメンバーに持つ構造体DATAに対するメモリーの取得と解放を示したものです。

```
typedef struct {
    int age;
    char *name;
} DATA;
// DATA構造体のサイズのメモリーを取得しポインター変数pに代入する
DATA *p = malloc(sizeof(DATA));
// NULLが返却された場合のエラー処理
if (!p) {
    fputs("no memory for DATA¥n", stderr);
    // exit関数はパラメータで指定したコードを設定して強制的にプログラムを終了する
```

```
    exit(1);
}
// この例ではすぐに全メンバーを初期化するので次のコードは不要
memset(p, 0, sizeof(DATA));
// メンバーを初期化
p->age = 18;
// name変数が格納する文字列の長さに末尾のナル文字分を取得し、DATAのnameメンバーに設定する
p->name = malloc(strlen(name) + 1);
// NULLが返却された場合のエラー処理
if (!p->name) {
    fputs("no memory for DATA.name¥n", stderr);
    exit(1);
}
strcpy(p->name, name);
...
// 先にpをfreeすると、構造体全体が解放されるためnameメンバーにアクセスできなくなる可能性がある
// したがって、先にメンバーに割り当てたメモリーを解放する
free(p->name);
free(p);
// freeしたポインターを格納していたポインター変数はNULLで設定すべき
// (free関数にはNULLを与えても安全なので2重解放を防げる)
p = NULL;
```

例11.2 メモリーの確保と解放

1. 第10章の練習問題10.1－3で使用した、リスト11.10の内容のデータファイルを1行単位で読み込み、構造体に格納するプログラムを考えてみましょう。

▶リスト11.10　データファイル：ch11-09.data

```
1,Sutoku,1119,1164
2,Toba,1103,1156
3,Goshirakawa,1127,1192
```

構造体は単方向リストとして構成することを考えます。単方向リストは、先頭のアイテムから次のアイテム、次のアイテムからその次のアイテムと、1方向へのポインターを持ちます。最終アイテムのポインターはNULLとして、末尾が判断できるようにします。単方向リストは、常に先頭から末尾に向けて順に各アイテムを処理するのに向いています。

ソースファイルはリスト11.11のようになります。

▶リスト11.11　ch11-09.c

```
#include <stdio.h>
#include <stdlib.h>
#include <string.h>
#include <errno.h>
typedef struct emp {
    char name[32];
    int born;
    int died;
    struct emp* next; // 次のデータへのポインター
} EMP;
int main()
{
    FILE *fin = fopen("ch11-09.data", "r");
    if (!fin) {
        fprintf(stderr, "open error: %s¥n", strerror(errno));
        return 2;
    }
    char name[32];
    int born;
    int died;
    EMP *top = NULL;
    EMP *last = NULL;
    for (;;) {
        int ret = fscanf(fin, "%*i,%31[^,],%i,%i", name, &born, &died);
        if (ret == EOF) {
            break;
        }
        EMP *emp = malloc(sizeof(EMP)); // 新しい領域を取得
        if (!emp) {
            fprintf(stderr, "no memory for %s¥n", name);
            break;
        }
        strcpy(emp->name, name);
        emp->born = born;
        emp->died = died;
        emp->next = NULL;
        if (!last) {  // 初回はtopとlastに保存する
            last = top = emp;
        } else {       // 2回目以降は前回のデータのnextとlastに保存する
            last->next = emp;
            last = emp;
```

```
            }
        }
        fclose(fin);
        for (EMP *p = top; p; p = p->next) {
            printf("%s %i-%i¥n", p->name, p->born, p->died);
        }
        EMP *p = top;
        while (p) {
            // free後は参照できない可能性があるので、先にnextの内容を保持しておく
            EMP *np = p->next;
            free(p);
            p = np;
        }
    }
```

2. 配列用のメモリーを確保したときに問題が発生するのは、確保した配列の要素数が実際のデータの要素数より小さかった場合です。malloc、freeの仲間に**realloc**という関数があります。この関数に対して事前にmallocが返したポインターと新たなバイト数（❶）を与えると、現在の内容をコピーした新たなサイズの領域（**❷-1**）へのポインターを返します（図11.4）。前回mallocした領域の解放も行われます（**❷-2**）。以前の内容の後ろに追加された領域の内容は不定です。reallocもmallocと同様に領域の確保に失敗した場合はNULLを返します。この場合、パラメータに与えた前回mallocした領域のポインターは、内容を含め、呼び出し前の状態が保持されます。

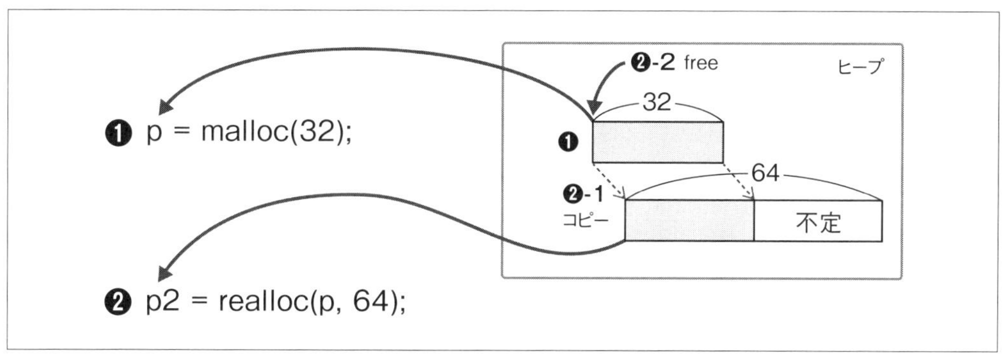

❖図11.4　realloc関数の動作

realloc関数の関数プロトタイプを以下に示します。

書式 realloc関数

```
void *realloc(void *ptr, size_t size);
```

realloc関数は、mallocから得たptrポインターの内容をコピーしたsizeパラメータで指定したサイズの新たな領域を確保して返します。このとき、ptrポインターはrealloc関数内でfree関数に与えられます。新たな領域の確保に失敗した場合はNULLを返します。このときptrポインターとポイント先の領域の内容は呼び出し前の状態を維持します。

リスト11.13（データファイルはリスト11.12）のプログラムは、例11.2－1のch11-09.cから読み出したデータの格納方法を単方向リストから配列（正確にはEMP型へのポインター）に変えたプログラムです。配列に格納するメリットは、qsort関数（第8章）を使って構造体のメンバーの組み合わせを使って自由にソートできることです。単方向リストと異なり、インデックスを指定したランダムアクセスが高速というメリットもあります。

なおリスト11.13のプログラムでは、reallocが確実に呼ばれるように配列用に確保する領域を4要素分としていますが、一般論としては32要素や64要素くらいにして、同じくらいの増分を使用するのがよいでしょう。あらかじめ1000要素分の領域が必要などとわかっているのであれば、必要なサイズを確保しておくべきです。

▶リスト11.12　データファイル：ch11-10.data

```
1,Sutoku,1119,1164
2,Toba,1103,1156
3,Goshirakawa,1127,1192
4,Tenmu,622,686
5,Hanazono,1297,1348
6,Gotoba,1180,1239
```


ソースファイルはリスト11.13のようになります。

▶リスト11.13　ch11-10.c

```
#include <stdio.h>
#include <stdlib.h>
#include <string.h>
#include <errno.h>
typedef struct emp {
    char name[32];
    int born;
    int died;
} EMP;
#define INIT_SIZE 4
#define INC_SIZE 4
int main()
{
    FILE *fin = fopen("ch11-10.data", "r");
```

```
    if (!fin) {
        fprintf(stderr, "open error: %s¥n", strerror(errno));
        return 2;
    }
    // INIT_SIZE個分のEMP配列用領域を確保する
    // この時点でNULLが返ることは想定しない
    EMP *emps = malloc(sizeof(EMP) * INIT_SIZE);
    size_t csize = INIT_SIZE;
    size_t last = 0;
    for (;;) {
        int ret = fscanf(fin, "%*i,%31[^,],%i,%i",
            emps[last].name, &emps[last].born, &emps[last].died);
        if (ret == EOF) {
            break;
        }
        last++;
        if (last == csize) {
            // 配列の要素数をINC_SIZE分増やして再割り当てを行う
            EMP* nemps = realloc(emps, sizeof(EMP) * (csize + INC_SIZE));
            if (!nemps) {
                fprintf(stderr, "no memory, use only %zu emps¥n", csize);
                break;
            } else {
                emps = nemps;
                csize += INC_SIZE;
            }
        }
    }
    fclose(fin);
    for (size_t i = 0; i < last; i++) {
        printf("%s %i-%i¥n", emps[i].name, emps[i].born, emps[i].died);
    }
    free(emps);
}
```

3. 構造体の中に名前などの文字列メンバーが含まれる場合、固定長のchar配列を確保するか、それともcharへのポインターとして別に確保したメモリーを割り当てるかは、設計と要件に依存します。もし、そのメンバーの長さが不明で、かつ完全に保持する必要があるのであれば、charへのポインターとするしかありません。その場合、固定長のchar配列が格納すべき文字列より短ければ要件を満たせません。また絶対に入る大きさとして1MBといった極端に大きな固定長配列を確保すると、90%のデータの必要サイズが16バイトであったりした場合にメモリーの無駄遣いとなります。

一方、最大長があらかじめ16文字程度とわかっているのであれば、char配列にしたほうが、メモリー確保のライブラリ呼び出しがメンバーの数だけに減るため、性能面やコーディングの簡潔さから望ましいと言えます。

フレキシブル配列をメンバーに持つ配列は、これらの2つの方法の両面を持ちます。というのは、フレキシブル配列は、構造体の中にプログラミング上は埋め込まれたものとして扱えるため、構造体自身とは別にfreeする必要はなく、一方、固定長の配列と異なり必要に応じた長さを割り当てることができるからです。

ただし、構造体自身の領域を確保するときに、文字列のサイズ分の操作が必要となります。また、構造体自身のサイズがフレキシブル配列によって変動するため、例11.2-2で扱ったような構造体自体の配列は作れません。そのため、多数のデータを扱う場合は、構造体同士をリンクさせるか、または構造体へのポインター配列を使うことになります。

リスト11.14のプログラムは、例11.2-1のプログラム（ch11-09.c）を、フレキシブル配列を使用するように書き直したものです。フレキシブル配列をメンバーに持つ構造体用にmallocを呼び出す場合には、構造体自身のサイズ（これはフレキシブル配列を含みません）にフレキシブル配列分のサイズを加えたものを指定します。

▶リスト11.14　ch11-11.c

```
#include <stdio.h>
#include <stdlib.h>
#include <string.h>
#include <errno.h>
typedef struct emp {
    int born;
    int died;
    struct emp* next;  // 次のデータへのポインター
    char name[];       // フレキシブル配列は最後のメンバーとする必要がある
} EMP;
int main()
{
    FILE *fin = fopen("ch11-09.data", "r");
    if (!fin) {
        fprintf(stderr, "open error: %s¥n", strerror(errno));
        return 2;
    }
    char name[32];
    int born;
    int died;
```

```
    EMP *top = NULL;
    EMP *last = NULL;
    for (;;) {
        int ret = fscanf(fin, "%*i,%31[^,],%i,%i", name, &born, &died);
        if (ret == EOF) {
            break;
        }
        // 構造体自身のサイズと配列のサイズを確保する。
        // ここでは文字列の長さと末尾のナル文字分の領域となるが、
        // たとえばint配列であれば、「sizeof(int) * 要素数」のように求める
        EMP *emp = malloc(sizeof(EMP) + strlen(name) + 1);
        if (!emp) {
            fprintf(stderr, "no memory for %s¥n", name);
            break;
        }
        strcpy(emp->name, name);
        emp->born = born;
        emp->died = died;
        emp->next = NULL;
        if (!last) {  // 初回はtopとlastに保存する
            last = top = emp;
        } else {      // 2回目以降は前回のデータのnextとlastに保存する
            last->next = emp;
            last = emp;
        }
    }
    fclose(fin);
    for (EMP *p = top; p; p = p->next) {
        printf("%s %i-%i¥n", p->name, p->born, p->died);
    }
    EMP *p = top;
    while (p) {
        // free後は参照できない可能性があるので、先にnextの内容を保持しておく
        EMP *np = p->next;
        free(p);
        p = np;
    }
}
```

練習問題 11.2

1. 次のプログラムにはバグがあります。

```
#include <stdio.h>
typedef struct {
  int x;
  int y;
} X;
// 構造体Xを作成して返す関数create_X
X* create_X(int x, int y)
{
    X xs = { x, y };
    return &xs;
}
#define MAX_XS 8
int main()
{
    X* xs[MAX_XS];
    for (int i = 0; i < MAX_XS; i++) {
        xs[i] = create_X(i, i);
    }
    for (int i = 0; i < MAX_XS; i++) {
        printf("%i, %i¥n", xs[i]->x, xs[i]->y);
    }
}
```

(1) バグを指摘してください。

(2) create_X関数のプロトタイプを変えずに正しく修正してください。

(3) create_X関数のプロトタイプをX create_X(int x, int y)に変えて修正してください。

2. (1) 例11.2-2と例11.2-3を参考にして、フレキシブル配列をメンバーに持つEMP型を配列に格納するプログラムを作成してください。

(2) (1)のプログラムを元に、コマンドライン引数で1を指定されたら誕生年（bornメンバー）順、2を指定されたら没年（diedメンバー）順、それ以外であれば名前（nameメンバー）のアルファベット順に出力するプログラムを作成してください。

☑ この章の理解度チェック

Cが誕生した頃のエディターは、1行単位の入力のみが可能なラインエディターと呼ばれるタイプのものでした。ラインなので、現在の普通のエディターのようにキーを打つと同時に内容を更新したりはできません。1行、つまり[Enter]キーを打つまでを単位に処理する必要があるので入力はstdinに対するfgets、出力は主にputs（stdoutに対するfputs）となります。

この章の理解度チェックとして、ここまで学習したCの機能（主に第7章の文字列、第10章のIO、本章の構造体）を使って、単純なラインエディターを作成してください。

最初に実行例を示します。新規のテキストファイルを作成する場合は、以下のように実行します。なお、Enterは[Enter]キーを押すことを示します。この問題はかなり歯ごたえがありますのでじっくり取り組んでください。

```
> a.exe Enter  ―――― コマンドラインを指定しないと新規テキストファイルの作成となる
a Enter ―――― aはappendを意味するコマンドで、行頭に「.」を打つまでテキストの入力となる
The quick brown fox jumps Enter ―――― 1行目の入力
over the lazy dog. Enter ―――― 2行目の入力
. Enter ―――― .はaで開始したテキスト入力を完了させる
l Enter ―――― lはlistを意味するコマンドで、現在の行（ここでは2行入力
                したので最終の2行目）を中心に5行を表示する。現在の
                行には*を付ける
1 The quick brown fox jumps
2*over the lazy dog.
a Enter ―――― 現在の行がある場合、aコマンドは次の行（ここでは3行目）
                以降を追加する
Adjusting quiver and bow, Enter
Zompyc killed the fox. Enter
. Enter
l Enter
2 over the lazy dog.
3 Adjusting quiver and bow, Enter
4*Zompyc killed the fox. Enter
3 Enter ―――― 数字は現在の行を指定した行（ここでは3行目）に移動する
l Enter
1 The quick brown fox jumps
2 over the lazy dog.
3*Adjusting quiver and bow, Enter
4 Zompyc killed the fox. Enter
r Enter ―――― rはreplaceを意味するコマンドで、現在の行を
                行頭に「.」を打つまでの入力で入れ替える
abc,abc,abc is abc. Enter ―――― 3行目を置き換える行
xyz is crazy. Enter ―――― 3行目の後ろに追加される行
. Enter
3 Enter
l Enter
1 The quick brown fox jumps
2 over the lazy dog.
3*abc,abc,abc is abc. ―――― 3行目は置き換え
4 xyz is crazy. ―――― 4行目は追加となる
5 Zompyc killed the fox.
```

```
w quick.txt [Enter]          ――― wはwriteを意味するコマンドで、空白の後ろの
                                 ファイル名で内容を書き出す
q [Enter]                    ――― qはquitを意味するコマンドで実行を終了する
> a.exe quick.txt            ――― コマンドラインで指定したファイルを読み込む。
                                 なければ新規に作成する
l [Enter]
1*The quick brown fox jumps
2 over the lazy dog.
3 abc,abc,abc is abc.
2 [Enter]
r [Enter]
Over the lazy dog. [Enter]
. [Enter]
l [Enter]
1 The quick brown fox jumps
2*Over the lazy dog.
3 abc,abc,abc is abc.
4 xyz is crazy.
4 [Enter]
d [Enter]                    ――― dはdeleteを意味するコマンドで、現在の行を削除する
l [Enter]
2 Over the lazy dog.
3 abc,abc,abc is abc.
4*Zompyc killed the fox.     ――― 4行目を削除したので以前の5行目が4行目になる
s [Enter]                    ――― sはsaveを意味するコマンドで、同じ名前で
                                 ファイルを保存する
q [Enter]
>
```

ポイントは以下のとおりです。

- コマンドの入力にはfgetsを使う
- lコマンドの出力にはprintfを使う
- テキストファイルの各行はフレキシブル配列をメンバーとする構造体を定義して実現する
- コマンドの入力エラーに対してはfputsを使って適宜メッセージを出力する

たとえば、ファイル名を指定せずに新規ファイルを作成したのに現在のファイル名で保存するsコマンドが入力された場合は、以下のように出力してください。

```
s [Enter]
ファイル名が指定されていません。
```

未知のコマンドであれば、以下のように出力します。

```
x [Enter]
不正なコマンドです。
```

共用体とビットフィールド

この章の内容

12.1 共用体
12.2 ビットフィールド

本章では共用体とビットフィールドについて説明します。どちらも第11章で学習した構造体のメンバーとして使われます。

共用体は構造体によく似た構文を持つ、ユーザーが独自に定義可能な型です。共用体は、同じ領域を異なる型の別メンバーとしてアクセスできるように定義します。どちらかと言うと、共用体は歴史的な使命を終えたデータ型です。しかし、Cにおいては構造体と並ぶ重要な言語要素であり、過去のプログラム資産を読解するには必須です。

ビットフィールドはON／OFFの2値やSTART／RUN／STOPなどの3値をとるフラグを構造体内に格納するときにメモリーの使用効率を高めるために使用します。

前章の復習問題

1. 以下のメンバーを持つ構造体を宣言してください。

- int32_t型のメンバーi32
- charへのポインター型のメンバーcp
- char型のメンバーch
- int16_t型フレキシブル配列fa

(1) タグ名ch12q0を使って定義してください。型名、変数名は使わないでください。

(2) 型名CH12Q0を使って定義してください。タグ名、変数名は使わないでください。

(3) 変数名ch12q0を使って定義してください。タグ名、型名は使わないでください。

2. main関数の引数argcとargvをすべて格納する構造体ARGVを作成し、すべての引数を格納し、argv相当の要素をコンソールへ出力し、後処理を行うプログラムを作成してください。テンプレートは以下のようになります。空欄部分に必要なコードを埋めてください。空欄部分は1行とは限りません。

```
#include <stdio.h>
[          ]
typedef struct {
    int argc;
[          ]
} ARG;
void print_arg(ARG *arg)
{
    [          ]
```

```
}
int main(int argc, char *argv[])
{
    ARG* pa;
    [          ]
    print_arg(pa);
    [          ]
}
```

実行例は以下のようになります。

```
> a.exe
a.exe
> a.exe abc def ghi
a.exe
abc
def
ghi
```

12.1 共用体

共用体（union）は、同じ領域を異なる型の別メンバーとしてアクセスするように定義したものです。つまり、複数のメンバーによって共用される領域を確保する型です。

共用体の書式は第11章で学習したstructと同じで、ただしstructキーワードではなく**union**キーワードを指定します。それ以外の点については、オプションのタグ名（識別子）やtypedefで型名を与えられることも構造体と同じです。

書式 共用体

```
union （識別子）{
    型名 メンバー名;
    [型名 メンバー名;]
};
```

構造体と共用体の違いは、構造体はメンバーごとに異なる領域が割り当てられるのに対して、共用体はすべてのメンバーが同一の領域を割り当てられることです。

共用体のわかりやすい例として、インターネットアドレス（IPアドレス）を定義したIP_ADDRESS共用体を以下に示します。

```
typedef union {
    uint32_t ipv4_address;
    uint8_t b[4];
} IP_ADDRESS;

// ローカルホストのIPアドレス（127.0.0.1）を設定
IP_ADDRESS local = {.b = {127, 0, 0, 1}};

// 32ビット識別子として使用する場合は、ipv4_addressメンバーを使ってアクセスする
// 注：struct in_addrはネットワークプログラムで使用する構造体
struct in_addr in = {local.ipv4_address};

// 可読形式でIPアドレスを出力
printf("localhost = %i.%i.%i.%i¥n",
       local.b[0], local.b[1], local.b[2], local.b[3]);
```

IPアドレスは32ビットの識別子です。この場合、例で示したIP_ADDRESS共用体のメンバーipv4_addressメンバーを通して32ビットの識別子としてアクセスします。

一方、IPアドレスを人間が読み書きする場合は8ビットごとにドットで区切った形式*n.n.n.n*を使用します。この場合は、IP_ADDRESS共用体のメンバーbを使用します。メンバーbは4要素の8ビット符号なし整数の配列でサイズは8×4の32ビットです。8ビット整数の配列なので、ドット形式の数字を使った初期化子や、printfの引数にそのまま適用できます。

つまり、IP_ADDRESS共用体の定義は、同じ32ビットの領域を32ビット整数と4要素の8ビット整数の配列として共用しています（図12.1）。

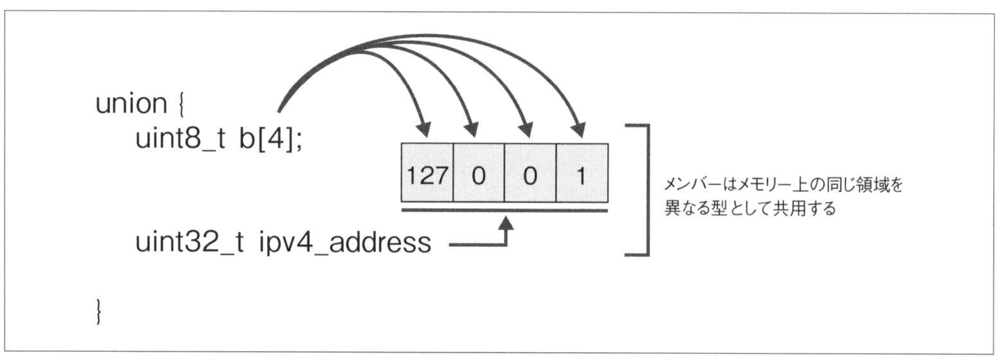

❖図12.1　IP_ADDRESS共用体

共用体は必ずしも例としたIP_ADDRESS共用体のように各メンバーのサイズが一致している必要はありません。次の例は、64ビットの領域を、64ビット、下位32ビット、下位16ビット、下位8ビットそれぞれに対してアクセスできるように異なるメンバーを割り当てています（図12.2)。

```
typedef union {
    uint64_t large_value;
    uint32_t value;
    uint16_t small_value;
    uint8_t  tiny_value;
} ANY_UINT;

ANY_UINT u = {.tiny_value = 255};
printf("%u¥n", u.value); // => 255
u.large_value = 0xfffefdfcfbfaf9f8;
printf("%#x¥n", u.small_value); // => 0xf9f8
```

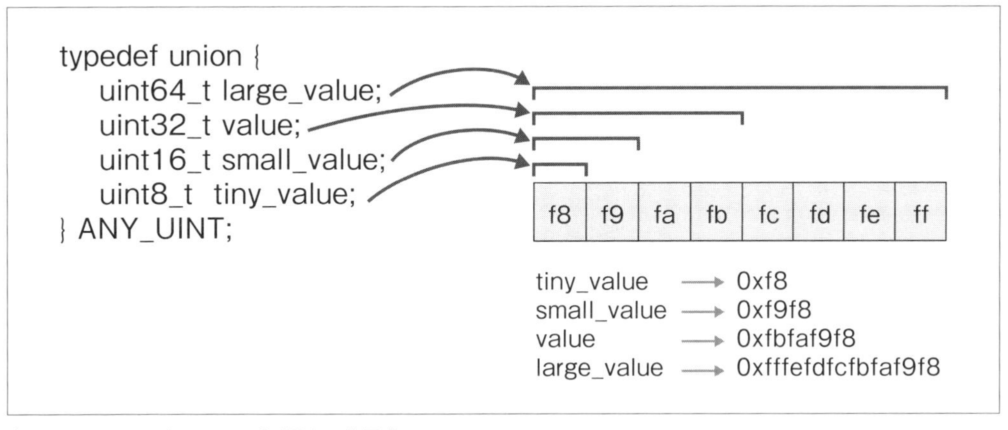

❖図12.2　メンバーのサイズが異なる共用体

これらの例で示したように、共用体をうまく使用すると、同じデータを異なる型としてメンバー名を使用して記述できるため、キャストを減らすことができます。

キャストはある意味において、コンパイラをだまして別の型として扱うようにする強力な機能です。逆に言うと間違えて適用してもコンパイル時にエラーが検出されません。したがって、使わずに済ませることができるのであれば避けたほうがよい機能です。

なお、ここまでで示した例は、本来の共用体の用途から外れている点に留意してください。共用体の同一の領域を異なる型のメンバーとして割り当てるという性質を示すのにわかりやすいため、ここではIP

アドレスをuint32_tとuint8_t配列の共用体とする例などを示しました。しかし、同じデータを複数のメンバーからアクセスするというのは、Cにおける共用体の意味からは正しくありません。

Cの定義では、共用体はある特定時点では1つのメンバーのみが有効となるデータ構造です。つまり、共用体の本来の目的は同じデータ構造を複数の使用方法に適用させることです。そのため、共用体を単独で使用することはほとんどありません。多くの場合、構造体の一部のメンバーを共用体として実装して、必要に応じて、共用体のいずれかのメンバーのみを使用します。

以降の例では、共用体の本来の使用方法に即した例を示します。

例12.1 共用体

1. データベースから読み取った行データ（リスト12.1）を格納するために、リスト12.2のような構造体を使用しているプログラムがあるとします。

▶リスト12.1　データファイル:ch12-01.data

```
1001,山田美妙,35,山形県山形市,
1002,山田太郎,48,東京都千代田区,
```

▶リスト12.2　ch12-01.c

```
#include <stdio.h>
#include <stdint.h>
typedef struct {
    uint32_t key;   // 会員番号
    char name[16];  // 氏名
    int age;        // 年齢
    char *address1; // 住所1
    char *address2; // 住所2
} DATA_ROW;
int main()
{
    FILE *fin = fopen("ch12-01.data", "r");
    for (;;) {
        DATA_ROW row;
        char addrs1[32];
        char addrs2[32];
        int ret = fscanf(fin, "%i,%15[^,],%i,%31[^,],%31[^¥n]¥n", ➡
                                 &row.key, row.name, &row.age, addrs1, addrs2);
        if (ret != 5) {
            break;
        }
```

```
        printf("key=%i,name=%s,age=%i¥n", row.key, row.name, row.age);
    }
    fclose(fin);
}
```

ここでは簡略化していますが、実際は、氏名以降のデータを使用してさまざまな分析や管理のための処理を行う巨大なプログラムだと想像してください。

上の例では、データのキーは4桁の数字で、DATA_ROW構造体のuint32_t keyメンバーに読み込んで使用しています。あるとき、このシステムに対して現在の4桁の数値のキーから、たとえばAX001、AS001、……のような英数字混合5桁のキーに変える必要が出てきたと想像してみましょう。

キーに英字が入るため、上のプログラムに修正が必要なのは自明です。まずDATA_ROW構造体のuint32_tで定義したkeyメンバーは合っていませんし、当然fscanfの書式指定%iでは読めなくなります。しかし、前提で示したように、このプログラムの大部分はname以降のデータを使用した処理です。当然、それらのコードは現在のままでも動作します。

このような場合は、共用体を利用してデータの差異を吸収するようにします（リスト12.3、12.4）。

▶リスト12.3　データファイル：ch12-01-2.data

```
AX001,山田美妙,35,山形県山形市,
AS001,山田太郎,48,東京都千代田区,
```

▶リスト12.4　ch12-01-2.c

```
#include <stdio.h>
#include <stdint.h>
#include <stdbool.h>
typedef struct {
    union {  // どちらかを使用する
        uint32_t key;   // 会員番号
        char xkey[6];   // 拡張会員番号
    };
    char name[16];  // 氏名
    int age;        // 年齢
    char *address1; // 住所1
    char *address2; // 住所2
} DATA_ROW;
int main(int argc, char *argv[])
{
    bool use_xkey = (argc > 1);  // コマンドライン引数を付けると新しいキーを使用する
```

```
    FILE *fin = fopen((use_xkey) ? "ch12-01-2.data" : "ch12-01.data", "r");
    for (;;) {
        DATA_ROW row;
        char addrs1[32];
        char addrs2[32];
        int ret;
        if (use_xkey) {
            ret = fscanf(fin, "%5s,%15[^,],%i,%31[^,],%31[^¥n]¥n",
                         row.xkey, row.name, &row.age, addrs1, addrs2);
        } else {
            ret = fscanf(fin, "%i,%15[^,],%i,%31[^,],%31[^¥n]¥n",
                         &row.key, row.name, &row.age, addrs1, addrs2);
        }
        if (ret != 5) {
            break;
        }
        if (use_xkey) {
            printf("xkey=%s,name=%s,age=%i¥n", row.xkey, row.name, row.age);
        } else {
            printf("key=%i,name=%s,age=%i¥n", row.key, row.name, row.age);
        }
    }
    fclose(fin);
}
```

ch12-01-2.cで示した例が、Cの定義である「共用体はある特定時点では1つのメンバーのみが有効となるデータ構造です」に即した使用方法です。コマンドライン引数を指定してuse_xkeyがtrueとなった場合、fscanfで読み取った文字列が格納されるのは共用体のxkeyメンバーであり、keyメンバーは意味のある値を持ちません。同様に、コマンドライン引数を指定していない場合は、共用体のkeyメンバーにキーが読み込まれ、xkeyメンバーは意味のある値を持ちません。

なお、DATA_ROW構造体のメンバーの共用体にはメンバー名を付けていません。この場合、構造体の変数名に対してrow.keyやrow.xkeyのように直接共用体のメンバー名を指定できます。

練習問題　12.1

1. 次の共用体について最低何バイト必要かを答えてください。ただしポインターのサイズは64ビットとします。

(1)
```
union a {
    int32_t n32;
    int64_t n64;
};
```

(2)
```
union b {
    char description[128];
    char memo[256];
    char note[512];
};
```

(3)
```
union c {
    char *pname;
    char name[64];
};
```

2. 次の構造体PERSONのメンバー nameと、first_name ／ family_nameの組は同時に使用されることはありません。読み込むデータの名前欄が単独エントリーの場合と、姓と名前の2エントリーに分かれている場合のいずれかだからです。この構造体を、共用体を使って宣言し直してください。

```
typedef strcut {
    int account;
    char name[32];
    char first_name[16];
    char family_name[16];
    int age;
    char address[64];
} PERSON;
```

12.2 ビットフィールド

ビットフィールドは構造体のメンバーに指定できる特殊な型です。名前が示すように、ビット単位にメンバーを割り当てられるため、処理系によってはメモリーを効率的に使用できます。このため、特に使用可能なメモリーに制限がある組み込み用プログラムなどでは使用価値があります。

ビットフィールドはint、unsigned intまたは_Boolのいずれかの型（ただし、処理系によっては異なる型をサポートする場合があります）と、メンバー名、区切り文字の「:」に続けて割り当てるビット数を記述します。なお、_Boolはstdbool.hをインクルードしてboolと記述してもかまいません。本書ではbool表記を使用します。

書式 ビットフィールド

```
型名 メンバー名 : ビット数;
```

ビット数にはプログラムで使用する数を格納するのに必要となるビット数を1以上の数で指定します（表12.1）。

❖表12.1　取り扱える値の範囲とビット数

範囲	ビット数	型
0～1	1	bool
0～3	2	unsigned int
-1～1	2	int
0～7	3	unsigned int
-3～3	3	int
0～15	4	unsigned int
-7～7	4	int

たとえばメモリー量に制限があるシステムで、会員の性別（男、女、指定なしの3種）、職業（学生、会社員、経営者、自営業、無職の5種）、住居（持ち家、借家、賃貸、実家の4種）、国籍（自国、他国の2種）、年収（500万円未満、1000万円未満、それ以上の3種）の5種の属性を構造体に持たせる場合を考えてみましょう。

特にメモリー使用量を意識する必要がなければ、いずれもint32_tに割り当てることになります。このため、会員1人あたり20バイトが必要です。

ヒント 速度を最優先する場合、CPUが最も高速にアクセスできるのはレジスターの幅となるため32ビットCPUであれば32ビット、64ビットCPUであれば64ビット（または32ビット）です。また、メモリーとCPUの転送はキャッシュ機構に対して128ビットあるいは256ビットといった単位で一括して転送されるため、これらの単位で割り切れるメモリー位置に配置するのが有利となります。

しかしビットフィールドを使用すると、clangであれば4バイトに収まります。

```
typedef struct {
    unsigned int sex : 2;           // 性別
    unsigned int occupation : 3;  // 職業コード
    unsigned int house : 2;         // 住居種別
    bool domestic : 1;              // 自国籍（true）/他国籍（false）区分
    unsigned int income : 2;        // 収入レンジ
} MEMBER_ATTRIBUTES;
...
printf("", sizeof(MEMBER_ATTRIBUTES)); // => 4
```

例が示すように、ビットフィールドのサイズは各フィールドのビット数の合計となるわけではありません。通常はint32_tまたはint64_tの領域を確保して、その中を各フィールド分のビット数で分割して使用します（図12.3）。また、処理系によってはビット分割を行わないものもあり得ます。

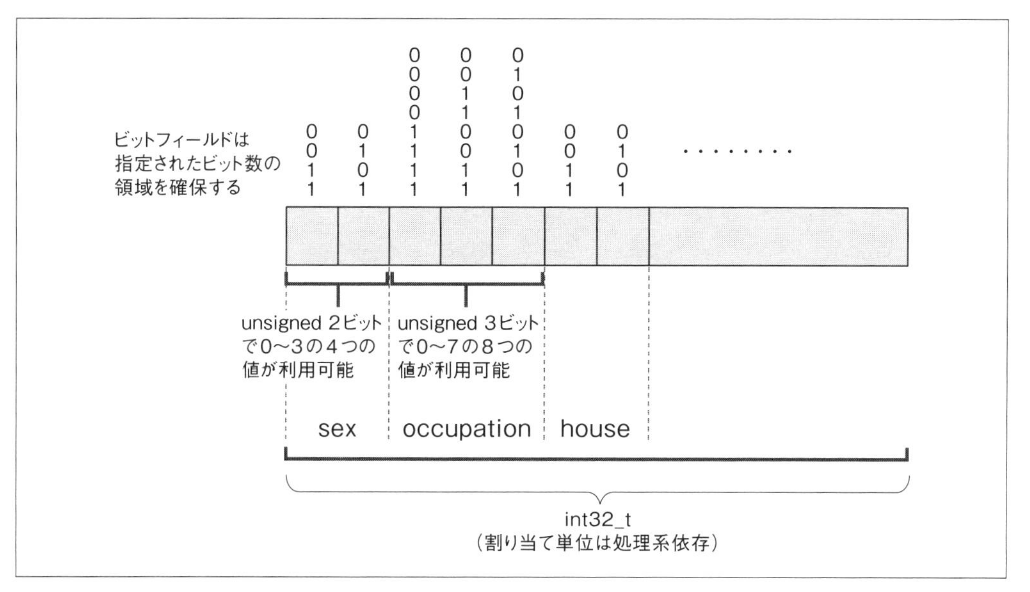

❖図12.3　ビットフィールド

例12.2 ビットフィールド

1. リスト12.5に示す会員属性を持つデータファイルを読み込み、その内容を表示するプログラムをリスト12.6に示します。

▶リスト12.5　データファイル：ch12-02.csv

```
1,Suiko,1,2,0,1,2,Oharida
2,Shoutoku,2,1,3,1,1,Ikaruga
3,Ganjin,0,3,2,0,0,Gojou
4,Umako,2,2,0,1,2,Ishibutai
5,Imoko,2,0,2,1,0,Ootsu
```

データファイルで日本語文字を使用する場合はUTF-8で出力してください。

▶リスト12.6　ch12-02.c

```
#include <stdio.h>
#include <stdbool.h>
#include <errno.h>
#include <string.h>
typedef struct {
    char account[6];                // 会員番号
    char name[32];                  // 氏名
    unsigned int sex : 2;           // 性別
    unsigned int occupation : 3;    // 職業コード
    unsigned int house : 2;         // 住居種別
    bool domestic : 1;              // 自国籍（true）/他国籍（false）区分
    unsigned int income : 2;        // 収入レンジ
    char address[64];               // 住所
} MEMBER;
// 連番のコードからリテラルを求める場合、switch (コード)のように個々の
// 条件を判断するのではなく、あらかじめコードに対応するリテラル配列を
// 用意して、コードをインデックスとして取り出すほうが
// 実行速度、コードのメンテナンス性（追加、削除、修正）の局所化など
// さまざまなメリットがある。
static char *SEX[] = {"無回答", "女", "男", "無効"};
static char *OCCUPATION[] = {"学生", "会社員", "経営者", "自営業", "無職", ➡
"無効", "無効", "無効"};
static char *HOUSE[] = {"持ち家", "借家", "賃貸", "実家"};
static char *DOMESTIC[] = {"他国", "自国"};
static char *INCOME[] = {"500万円未満", "1000万円未満", "1000万円以上", "無効"};
```

```
// 関数パラメータに構造体をその型で与えるか、ポインター型で与えるかについて。
// 型で与えると、関数内での破壊のようなバグを防げる。
// 型で与えると、パラメータ領域に対するコピーが発生するため速度、メモリー使用効率
// から劣る。目安として64バイトを超える構造体はポインター型を使うほうがよい。
void print_member(const MEMBER *mp)
{
    printf("id:%s 名前:%s 性別:%s 職業:%s 住居:%s 国籍:%s 収入:%s 住所:%s¥n",
           mp->account, mp->name, SEX[mp->sex], OCCUPATION[mp->occupation],
           HOUSE[mp->house], DOMESTIC[mp->domestic], INCOME[mp->income],
           mp->address);
}
int main(int argc, char *argv[])
{
    if (argc != 2) {
        fprintf(stderr, "usage: %s csv¥n", argv[0]);
        return 1;
    }
    FILE *fin = fopen(argv[1], "r");
    if (!fin) {
        fprintf(stderr, "open error: %s¥n", strerror(errno));
        return 2;
    }
    MEMBER member;
    for (;;) {
        int sex, occupation, house, domestic, income;
        int ret = fscanf(fin, "%5[^,],%31[^,],%i,%i,%i,%i,%i,%63[^¥n]¥n",
                         member.account, member.name,
                         &sex, &occupation, &house, &domestic, &income,
                         member.address);
        if (ret == EOF) {
            break;
        }
        member.sex = sex;
        member.occupation = occupation;
        member.house = house;
        member.domestic = domestic;
        member.income = income;
        print_member(&member);
    }
    fclose(fin);
}
```

実行例は以下のようになります。

```
> a.exe ch12-02.csv
id:1 名前:Suiko 性別:女 職業:経営者 住居:持ち家 国籍:自国 収入:1000万円以上 住所: ➡
Oharida
id:2 名前:Shoutoku 性別:男 職業:会社員 住居:実家 国籍:自国 収入:1000万円未満 住所: ➡
Ikaruga
... 以下略
```

ビットフィールドとは直接関係しませんが、コードを人間が読みやすいようにリテラルに変換して出力する処理はよく見られます。

このような処理に対して、switchやifでコードを判別して対応するリテラルを得るコードを書きがちです。しかしch12-02.cのリスト内にコメントしたように、コードをインデックスとしたリテラル配列を使用すると、リテラルを1箇所にまとめて管理できること、変換処理そのものがコンパクトになることなど、プログラムの可読性や保守性が向上します。リテラルなどのプログラムが内部的に使用するデータの持ち方を工夫することは、プログラミングの重要なスキルです。いろいろ考えて試してみましょう。

練習問題 12.2

1. 次のメンバーを持つ構造体CARについて、以下の問いに答えてください。

- エコモード（ONまたはOFF）
- シフト位置（P、R、N、D、L）：ただしPを0とする。
- サイドブレーキ（ONまたはOFF）
- エンジン回転数（0 ~ 5000）
- ウィンカー位置（左、中、右）：ただし左を-1とする。
- スイッチ（停止、電源ON、エンジンON、スターター）：ただし停止を0とする。

(1) CARを定義してください。なお、使用可能なメンバーについてはビットフィールドを使ってください。

(2) 上に挙げている語を使用して現在の状態をコンソールに出力するプログラムを作成してください。プログラムが完成したら、以下のCAR構造体のリテラル（メンバーは問いの順に並んでいることを前提とします）の設定値を、コンソールに出力してください。

```
b-1. {0, 0, 1, 0, 0, 0}
b-2. {1, 3, 0, 1500, 0, 2}
b-3. {0, 2, 0, 800, -1, 2}
```

☑ この章の理解度チェック

この章の理解度チェックとして、構造体と共用体を使用して、四則演算のみをサポートするLISPインタープリターを作成してみましょう。

LISPは1950年代から存在する最古のプログラミング言語の1つで、構文が単純なため実装が容易という特徴があります。

以下にLISPの基本的な構文を示します。

```
(演算子または関数 被演算子またはパラメータ ...)
```

上のように( )内に、先頭要素として演算子または関数名、空白（タブ、改行を含む）で区切って被演算子またはパラメータを列挙します。

また、被演算子またはパラメータとして式を与えた場合は、実行すると数値や文字列といった基本要素（アトムと呼びます）に置き換わります。次の例を見てください。

```
(+ 1 2) => 3
(+ 1 2 3) => 6
(+ (+ 1 2) (+ 3 4)) => (+ 3 7) => 10
```

問題では、演算子として+、-、*、/の四則演算子、被演算子として整数（int32_tの範囲）のみを実装してください。もちろん、追加でいろいろな機能を追加してもかまいません。

なお、-と/は最初の被演算子に対して2番目以降の被演算子を左から順に適用します。次の例のようになります（注：結果がこうなればよいということであって、実装方法は問いません。解答例では異なる考え方で解いています）。

```
(- 10 3 4 5) => (- 7 4 5) => (- 3 5) => -2
(/ 100 2 5) => (/ 50 5) => 10
```

プログラムは標準入力からLISPの構文をgetchar関数を使って1文字ずつ読み込み、( )や空白で言語要素を区切りながら、プログラム構造（構文木）を作成します（図12.4）。なお、LISPで使用するデータ構造（図中で2要素の構造体として示しているもの）をセル（cell）と呼びます。またcellの先頭要素をcar、後続要素をcdrと呼びます。プログラムで使用する構造体には、これらの名前を使ってください。

1. 構造体や共用体の宣言より前にポインターを使いたい場合は、先行してタグ名までを宣言します。この仕組みは関数プロトタイプと同様です。

   例：
   ```
   struct s;             // 先行宣言
   struct s *ps;         // struct sへのポインター変数
   typedef struct s {  // 実際の構造体宣言
       ...
   } S;
   ```

2. getcharで1文字読みすぎた場合は、ungetc関数を使って読みすぎた文字をFILE*へ返すことができます。

```
int ungetc(int c, FILE *stream);
```

ungetc関数は成功すると引数で指定したc（返した文字）を、失敗するとEOFを返します。

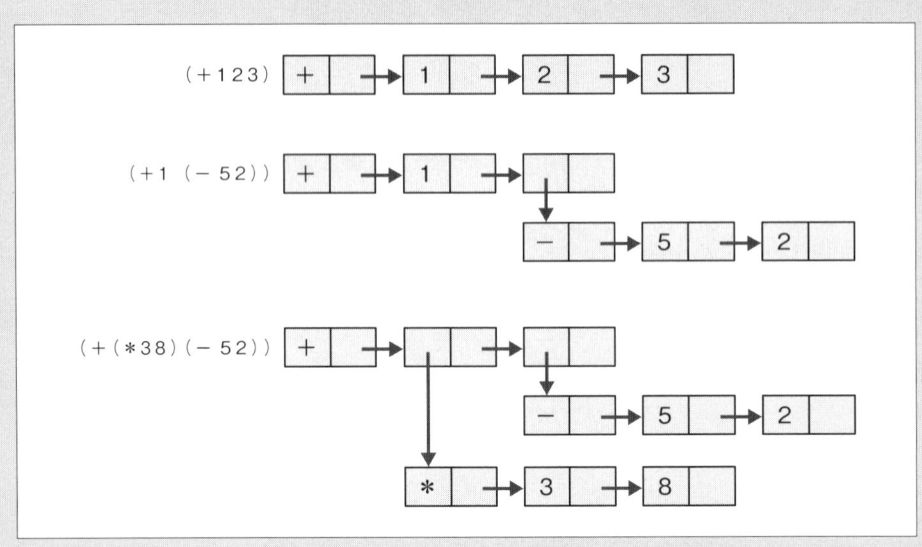

❖図12.4　LISPのプログラム構造（構文木）

標準入力からの読み込みがEOF（コンソールから入力する場合は、Windowsであれば［Ctrl］＋［Z］キー、UnixやmacOSでは［Ctrl］＋［D］キーでEOFとなります）となったら、ルートとなるセルから順にプログラムを実行して結果をコンソールに出力してください。

構文エラーを発見した場合は、エラーメッセージを出力して処理を中止します。

入力エラー時の実行例は以下のようになります。

```
> a.exe
(% 2 3)
% is unknown（または「%演算子は無効です」）
> a.exe
(+ abc 3)
abc is not a number（または「abcは数値ではありません」）
> a.exe
(+ 3 5
syntax error（または「文法エラー」）
> a.exe
{+ 3 5 8}
syntax error
```

※「(+ 3 5」の行：［Enter］キーを押したあと、［Ctrl］＋［Z（D）］キーを押す。Windowsの場合はさらに［Enter］キーを押すことが必要で、^Zがエコーバックされる

高度なデータ型、演算子

この章の内容

13.1 列挙型（enum）
13.2 ビット演算子
13.3 シフト演算子

本章では、これまでの章では扱わなかったCの言語要素について説明します。これらの言語要素は、他の方法で代替できる、あるいは初期のCには備わっていなかったため用例が少ないなどの理由でそれほど頻繁に使用しないかもしれません。特に最初に説明する列挙型（enum）がそれに相当します。続くビット演算子やシフト演算子は整数と文字列のみを扱うプログラム（つまり、ほとんどのプログラム）では必要ありませんが、ハードウェアの制御プログラムなどでは重要です。

前章の復習問題

1. 3ビットのメンバーseven、1ビットのメンバーheaven、5ビットのメンバーgivenを持つ構造体SINを定義してください。なおSINは型名、すべてのメンバーはunsigned intです。

2. int型のメンバーageとexperienced、8要素のchar配列メンバーmember_id、charへのポインターメンバーmember_ptrを持つ構造体struct personを定義してください。ただし、member_idとmember_ptrはいずれか一方のみが有効なので共用体としてください。

3. リスト13.1のプログラムは、問2で定義したstruct personに対して、初期化子でageに24、experiencedに8、member_idにTako Mを与える変数p0と、初期化子でageに35、experiencedに1、member_ptrにAkiyama Jiroを与える変数p1を定義して、p0とp1のメンバーを出力するプログラムです。空欄と、struct personの定義（問2の解答）を埋めてプログラムを完成してください。

▶リスト13.1　ch13-0q1.c

```
#include <stdio.h>
#include <stdbool.h>
// struct personの定義
//
void print_person(struct person *p, bool use_id)
{
    if (use_id) {
        printf("age:%i, experienced:%i, id:%s¥n", ➡
                p->age, p->experienced, p->member_id);
    } else {
        printf("age:%i, experienced:%i, name:%s¥n", ➡
                p->age, p->experienced, p->member_ptr);
    }
}
int main()
{
```

```
    struct person p0 = [          ];
    print_person([          ]);
    struct person p1 = [          ];
    print_person([          ]);
}
```

13.1 列挙型（enum）

列挙型は、一連の識別子にint型の値を割り当てて定数として使用できるようにしたものです。列挙型は、キーワード**enum**に続けてオプションのタグ名を指定してから、複合文内に識別子を「,」で区切って作成します。識別子には初期値を代入することも可能です。これらの識別子は**列挙定数**（enumeration constant）と呼ばれ、int型の定数として扱われます。

書式 列挙型

```
enum (識別子) {
    識別子 (列挙定数) [, 識別子 (列挙定数) ...]
};
```

第11章で学習した構造体（struct）、第12章で学習した共用体（union）に構文が似ていることからわかるように、列挙型（enum）もタグ名を使って「enum タグ名」型としたり、タグ名を省略してtypedefで型名を割り当てたりできます。

```
enum one_two_three {
    ONE = 1,
    TWO = 2,
    THREE = 3,     // 最後の列挙定数の後ろに「,」を付けてもよい
};

enum one_two_three a123 = ONE;
printf("%i¥n", a123);  // => 1
int two = TWO;         // TWOはint型なのでint型変数へも代入可能
printf("%i¥n", two);   // => 2

typedef enum {
    ANOTHER_ONE = 1,   // 列挙定数の重複は許されない
                       // ONEはenum one_two_threeで定義済みなので使用できない
    ANOTHER_TWO = 2,
```

```
    ANOTHER_THREE = 3,
} ONE_TWO_THREE;

ONE_TWO_THREE b123 = ANOTHER_TWO;
printf("%i¥n", b123);  // => 2
two = ANOTHER_TWO;      // ANOTHER_TWOはint型なのでint型変数へ代入可能
```

構造体や共用体のメンバー名と異なり、異なる列挙型で定義した列挙定数名を重複して定義することはできません。

13.1.1 定数の定義方法

これまでに学習した書式を使ってint型の値を定数として利用するには、次の2つの方法があります。

1. **マクロを定義する**

```
#define MONDAY 1
#define TUESDAY 2
```

2. **int型変数をconstで修飾する**

```
const int Monday = 1;
const int Tuesday = 2;
```

実際には、本書では変数宣言をconstで修飾する方法については説明していません。第8章で示したのは、関数パラメータをconstで修飾して関数内での代入を禁止する方法です。

どちらの方法を使用しても、マクロMONDAYやconst変数Mondayへの代入はコンパイルエラーとなります。つまり、破壊できない一意の値を保持した識別子として使用できるので、プログラム内では定数として扱えます。

列挙型の列挙定数も同様に代入によって値を破壊することはできません。

列挙定数がマクロやconst変数よりも優れている点は、単に特定値を持つ定数を定義できるだけではなく、異なる値を持つ一連の識別子をタグ名（または型名）付きで定義できることです。たとえば、上で示した例では月曜日（Monday）を1、火曜日（Tuesday）を2としています。ここで1や2という値には意味がなく、単にTuesdayとMondayが異なる値で区別できさえすればよいわけです。

このような場合に列挙型を使うと、定数の設定値はコンパイラによって自動生成されます。次のようなコードを書いたとします。

```
typedef enum {
    MONDAY,
    TUESDAY,
```

```
    WEDNESDAY
} DAY_OF_WEEK;
```

このコードのように列挙定数に対して初期化子を記述しなかった場合、先頭要素は0、以降は直前の定数に1を加算した値が設定されます。

したがって、上のDAY_OF_WEEK型のMONDAYは0、TUESDAYは1、WEDNESDAYは2がそれぞれ設定されます。

例13.1 列挙型（enum）

1. 列挙定数に初期化子を指定しない場合、0からの連番が割り当てられます（リスト13.2）。

▶リスト13.2　ch13-01.c

```
#include <stdio.h>
typedef enum {
    GOO,
    CHOKI,
    PAA
} JANKEN;
int main()
{
    printf("GOO:%i, CHOKI:%i, PAA:%i¥n", GOO, CHOKI, PAA);
}
```

実行例は以下のようになります。

```
> a.exe
GOO:0, CHOKI:1, PAA:2
```

2. 列挙定数に初期化子を与えると、次の列挙定数には直前の列挙定数に1を加えた値が割り当てられます（リスト13.3）。

▶リスト13.3　ch13-02.c

```
#include <stdio.h>
typedef enum {
    ONE = 1,
    TWO,           // 1 + 1 => 2
    THREE,         // 2 + 1 => 3
    ONE_AGAIN = 1,
    TWO_AGAIN,     // 1 + 1 => 2
```

```
    HUNDRED = 100,
    HUNDRED_ONE,  // 100 + 1 => 101
} NUMBERS;
int main()
{
    printf("THREE=%i, TWO_AGAIN=%i, HUNDRED_ONE=%i¥n", ➡
           THREE, TWO_AGAIN, HUNDRED_ONE);
}
```

実行例は以下のようになります。

```
> a.exe
THREE=3, TWO_AGAIN=2, HUNDRED_ONE=101
```

3. 列挙定数の最もよい使い方は、複数の状態を持つ変数に設定する一連の値に名前を付け、型名を持たせることです。列挙定数はintなので、この値はswitch文のcaseラベルに使用することもできます。

リスト13.4に示すプログラムは、「開始」「実行」「停止」「休眠」の4つの状態を持ちます。開始状態のプログラムは、特定のトリガーによって実行状態に遷移します。実行状態のプログラムは、特定のトリガーによって停止状態に遷移します。同様に、停止状態からは休眠状態に、休眠状態からは開始状態に遷移します。

本来であれば、なんらかのデバイスからの信号やイベントの受信によってトリガーが引かれるのですが、ここでは動作原理を示すために、コマンドライン引数で与えた文字列を使用します。プログラムは与えられた文字列から順に1文字を取り出して現在の状態のイベント処理（ch13-03.cでは各caseの処理に相当します）を実行します。もし該当文字がトリガーとして認められるものであれば、現在の状態から次の状態へ遷移します（図13.1）。

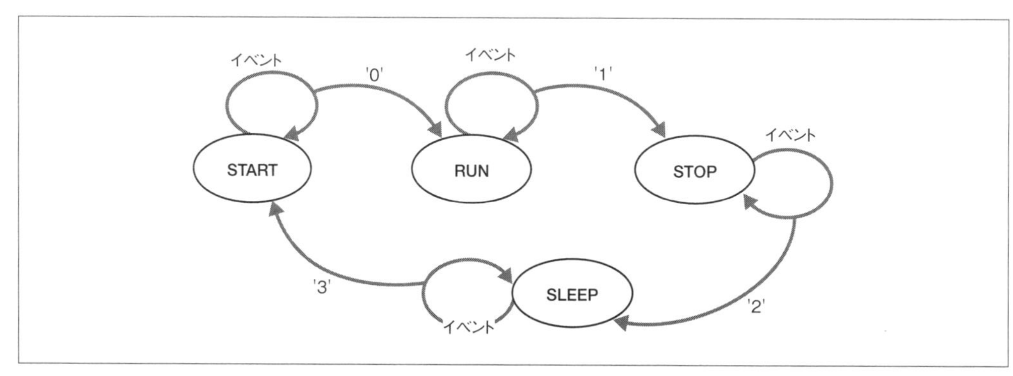

❖図13.1　特定のイベントが発生するまで現在の状態にとどまる

▶リスト13.4　ch13-03.c

```
#include <stdio.h>
#include <string.h>
// 状態を示す列挙定数
typedef enum {
    START,   // 開始状態
    RUN,     // 実行状態
    STOP,    // 停止状態
    SLEEP    // 休眠状態
} STATE;
int main(int argc, char *argv[])
{
    if (argc != 2) {
        return 1;
    }
    // 状態変数を宣言する
    STATE state = START; // 初期状態はSTART
    for (size_t i = 0; i < strlen(argv[1]); i++) {
        char ch = argv[1][i];
        switch (state) {
        case START:
            if (ch == '0') {
                puts("run");
                state = RUN;
            }
            break;
        case RUN:
            if (ch == '1') {
                puts("stop");
                state = STOP;
            }
            break;
        case STOP:
            if (ch == '2') {
                puts("sleep");
                state = SLEEP;
            }
            break;
        case SLEEP:
            if (ch == '3') {
                puts("start");
                state = START;
```

```
                }
                break;
            }
        }
    }
```

実行例は以下のようになります。

```
> a.exe 543210881abc2dd3
run ─────────────── 54321を読み飛ばして0で実行
stop ────────────── 88を読み飛ばして1で実行
sleep ───────────── abcを読み飛ばして2で実行
start ───────────── ddを読み飛ばして3で実行
```

練習問題　13.1

1. 次のenumの定義について各問いに答えてください。

```
enum animal {
    Cat,
    Dog,
    Monkey,
    Tiger = 100,
    Bear
};
```

(1) Dogの値は何ですか？
(2) Monkeyの値は何ですか？
(3) Bearの値は何ですか？

2. 次のプログラム（の断片）はコンパイルエラーとなります。理由を答えてください。

```
enum {
    Zero,
    One,
    Two,
    Three,
} numbers;

typedef enum {
    Zero = 0,
```

```
    One = 1,
    Two = 2,
    Three = 3
} DIGITS;
DIGITS current_digit;
```

3. ある関数check_statusが、状況に応じて「未初期化」「初期化済み」「使用中」「確定」「削除済み」の5つの状態を返す場合に、enumを使用して関数の戻り値と関数のプロトタイプを定義してください。

13.2 ビット演算子

ビット演算子は、左項と右項の整数値に対してビット単位の演算を行います。

「**&**」演算子（Bitwise AND operator）は、**ビット積**を求めます。

書式 &演算子

```
式 & 式
```

「**|**」演算子（Bitwise inclusive OR operator）は、**ビット和**を求めます。

書式 |演算子

```
式 | 式
```

「**^**」演算子（Bitwise exclusive OR operator）は、**排他的ビット和**（note参照）を求めます。

書式 ^演算子

```
式 ^ 式
```

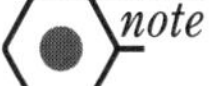

ここでは論理演算子（logical operator、第4章）と区別するために「排他的ビット和」と呼んでいますが、一般的には「排他的論理和」と訳されます。

ビット演算は、繰り上げや繰り下げがなく、左右の演算数の対応するビットに対してのみ作用します。

各演算子の適用結果を表13.1に示します。

❖表13.1　ビット演算

演算子	左項	右項	結果
&	0	0	0
	0	1	0
	1	0	0
	1	1	1
|	0	0	0
	0	1	1
	1	0	1
	1	1	1
^	0	0	0
	0	1	1
	1	0	1
	1	1	0

演算例は以下のようになります。

```
uint8_t a = 0x0f; // => 2進数の00001111
uint8_t b = 0xaa; // => 2進数の10101010
printf("Bitwise AND = %#.2x¥n", a & b); // => 0x0a (00001010)
printf("Bitwise inc or = %#.2x¥n", a | b); // => 0xaf (10101111)
printf("Bitwise ex or = %#.2x¥n", a ^ b); // => 0xa5 (10100101)
```

いずれの演算子も「=」と組み合わせて代入演算子を構成します。

ビット積代入演算子（&=）は、左辺値と右辺のビット積を左辺へ代入します。

書式 ビット積代入演算子

```
左辺値 &= 式
```

ビット和代入演算子（|=）は、左辺値と右辺のビット和を左辺へ代入します。

書式 ビット和代入演算子

```
左辺値 |= 式
```

排他的ビット和代入演算子（^=）は、左辺値と右辺のビット排他和を左辺へ代入します。

書式 排他的ビット和代入演算子

```
左辺値 ^= 式
```

演算例は以下のようになります。

```
uint8_t a = 0x0f; // => 2進数の00001111
uint8_t b = 0xaa; // => 2進数の10101010
a &= b;
printf("Bitwise AND = %#.2x¥n", a); // => 0x0a 2進数の00001010
```

ビット演算子の結合優先順位の位置を図13.2に示します。

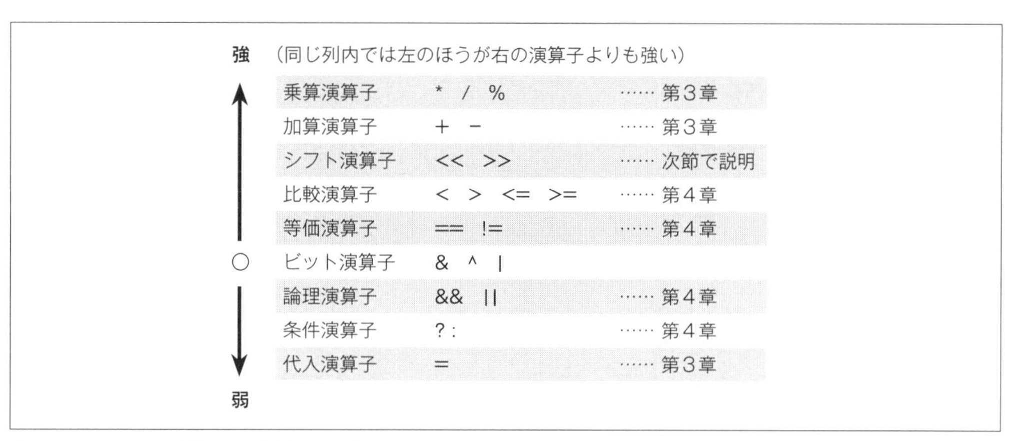

❖図13.2　ビット演算子の結合優先順位

13.2.1 論理演算子との違いに注意

ビット演算子は第4章で学習した論理演算子と同じ記号を使うことと、四則演算よりはなじみがない点が似ています。このため、次の例のような間違ったコードを書いてしまうことがあります。

```
uint8_t a = 1;
uint8_t b = 0xff;

// aとbがともに真かどうかを判定する
if (a & b) {    // バグ。真偽判定には論理演算子を使用する
    printf("aとbの両方が真¥n");
}
```

上のリストの条件式は1と0xffのビット積なので1が返されます。Cでは偽は0、それ以外は真となるため、条件が成立してprintfが実行されます。

しかし、もしbに8が代入されていたらどうなるでしょう。1と8のビット積は0となります。したがって、条件式は成立せず、printfは実行されません。

a、bがともに真（つまり非ゼロ）かどうかを判断したいのであれば、条件式は論理演算を使用して（a && b）と書かなければなりません。そうであれば、a、bとも0ではないため条件式は真と判断されてprintfが実行されます。

論理演算子の単項否定「!」に相当するビット演算子は**単項ビット補数演算子**「~」です。

書式 単項ビット補数演算子

```
~式
```

「~」は、演算数の1の補数を求めます（表13.2）。

❖表13.2　単項ビット補数演算子

演算子	演算数	結果
~	0	1
~	1	0

演算例は以下のようになります。

```
uint8_t x = 0xaa;  // => 2進数の10101010
printf("Bitwise complement = %#.2x¥n", (uint8_t)~x); // => 0x55 2進数の01010101
```

例13.2 ビット演算子

1. ビット和は、右辺のビットと左辺のビットを合成します。ビット和の例として、バイナリー値からASCIIコードを生成してみましょう。

   ASCIIコードの'0'から'9'は、16進数で示すと0x30から0x39です。つまり、バイナリーの0から9のビット4と5を1にした値です（図13.3）。

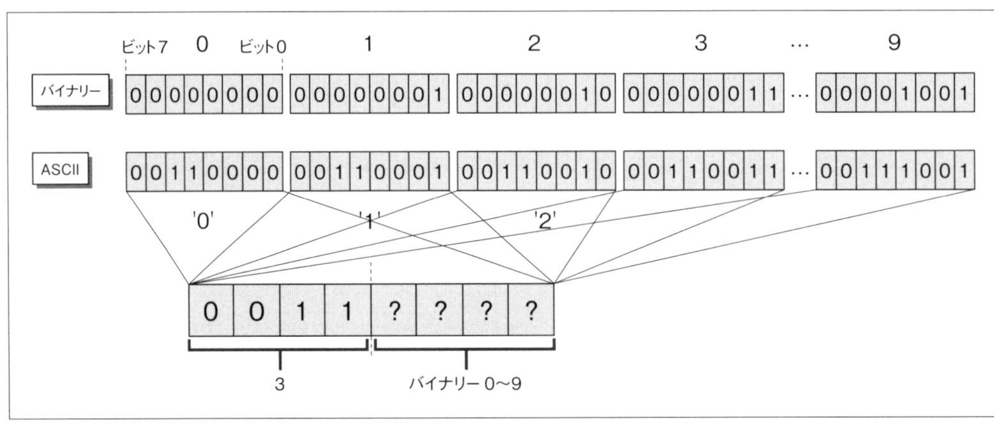

❖図13.3　ビット和の例

ビット4と5が1の数は0x30なので、バイナリー0〜9と0x30のビット和を求めると、ASCIIコードの'0'から'9'が得られることになります。

▶リスト13.5　ch13-04.c

```
#include <stdio.h>
int main()
{
    for (int i = 0; i < 10; i++) {
        printf("%i as '%c'¥n", i, i | 0x30); // intの値とcharの値を表示
    }
}
```

2. ビット積は、右辺のビットと左辺のビットの両方が1のビットを残します。この性質から、ある数から特定ビットをマスクしたり、あるいはフィルタするときに使用します。

例13.2-1では、バイナリーの0から9と0x30のビット和を使ってASCIIコードの'0'から'9'を作る例を示しました。この逆に、ASCIIコードの'0'から'9'をバイナリーの0から9へ変換することを考えてみましょう（リスト13.6）。この場合、ASCIIコードのビット4と5を0とする、あるいは単純に下位4ビットのみを取り出せばよいことになります（図13.4）。

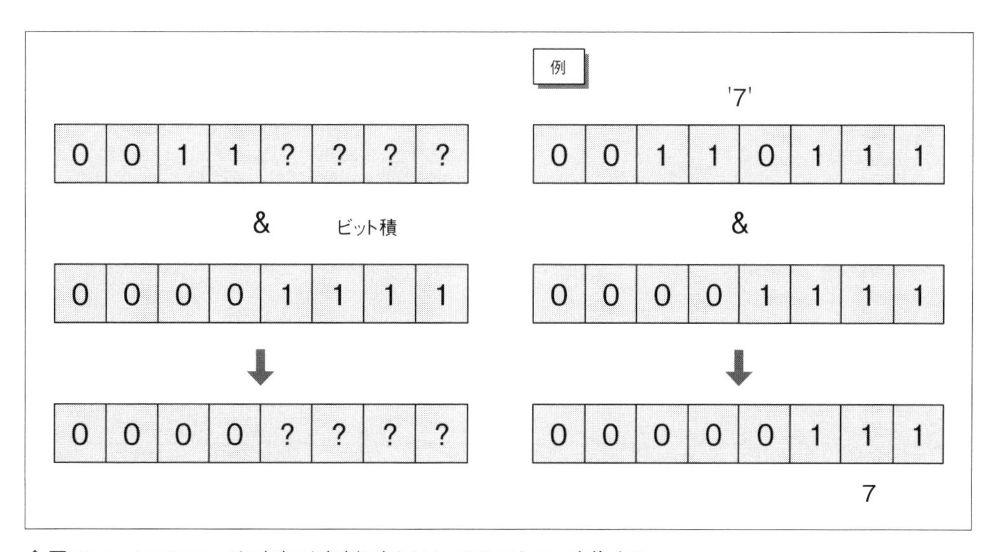

❖図13.4　ASCIIコードの'0'から'9'をバイナリーの0から9へ変換する

▶リスト13.6　ch13-05.c

```
#include <stdio.h>
int main()
```

```
{
    char ascii_digits[] = "0123456789";
    for (int i = 0; i < 10; i++) {
        printf("%c = %i¥n", ascii_digits[i], ascii_digits[i] & 0x0f);
    }
}
```

3. ビット演算子、特に排他的ビット和演算子（^）には奇妙な性質があります（リスト13.7）。

▶リスト13.7　ch13-06.c

```
#include <stdio.h>
#include <stdlib.h>
int main(int argc, char *argv[])
{
    if (argc != 3) {
        puts("2つの数値を引数へ与えてください。");
        return 1;
    }
    int x = atoi(argv[1]);
    int y = atoi(argv[2]);
    x ^= y;
    y ^= x;
    x ^= y;
    printf("%i %i¥n", x, y);
}
```

このプログラムを実行すると、コマンドラインで与えた2つの数を逆に表示します。実行例は以下のようになります。

```
> a.exe 1234 5412
5412 1234
```

Cの入門書には2種類あります。1つは、排他的ビット和のパワーとCの構文の簡潔さの例を示すために、2つの変数の値を入れ替えるプログラムとして上記のch13-06.cを示すものです。

もう1つは、悪いCプログラムの例として上記のコードを示してから、一目で何をしているか理解できるものとして次のプログラムを示すものです。

```
int x = atoi(argv[1]);
int y = atoi(argv[2]);
```

```
int temp = x;
x = y;
y = temp;
printf("%i, %i¥n", x, y);
```

どちらの主張も一理あります。プログラミングには頭の体操のような側面があります。したがって使用する変数を最小にするコードを書くと決めて前者のようにプログラムするのは楽しみです。

その一方で、正しく動くかどうかだけが問われるコードを書く必要もあります。その場合には、後者のようにとにかく上から下へ単純に手続きを書き並べる書き方をするほうがよいと思います。なお、現在のコンパイラは、後者の書き方のほうが高速なコードを生成します。

トリビアですが、多くの暗号アルゴリズムは、排他的ビット和の再適用で元の数に戻る性質を使用しています。

練習問題 13.2

1. 次のそれぞれの式の値を10進数で答えてください。なお、intは32ビットとします。

(1) `3 | 1`

(2) `0xff & 3`

(3) `~1`

(4) `5 ^ 8`

2. コマンドライン引数で与えられた数が偶数か奇数かを判定して奇数なら「!」、偶数なら「?」を表示するプログラムを作ってください。ただし、偶数か奇数かの判定にはビット演算子を使用してください。

3. 第7章の表7.2「ASCII文字セット」を参照して、コマンドライン引数で与えたASCIIコードの英大文字を英小文字に変換するプログラムを作ってください。ただしtolower関数は使用しないでビット演算で実現してください。
実行例を以下に示します。

```
> a.exe A
a ────────────── Aの小文字aを出力
> a.exe X
x ────────────── Xの小文字xを出力
> a.exe [
not a capital letter! ─── 英大文字でなければエラー表示
> a.exe a
not a capital letter! ─── 英大文字でなければエラー表示
```

```
> a.exe ABC
a ─────────────── 複数文字が与えられたら先頭文字のみを処理
```

13.3 シフト演算子

シフト演算子は左項の整数値を右項で指定したビット数だけ、左または右へずらします。左へずらす（＝シフトする）演算子を**左シフト演算子**と呼び、「**<<**」と表記します。右へずらす（＝シフトする）演算子を**右シフト演算子**と呼び、「**>>**」と表記します。

書式 左シフト演算子

```
式（整数）<< 式（整数）
```

書式 右シフト演算子

```
式（整数）>> 式（整数）
```

左シフト演算子は、各ビットを右項の式で指定したビット数左へずらし、最下位ビット（0の位からのシフトによって空いたビット位置）には0を追加します。右シフト演算子は、符号付き整数かどうかで動作が変わります（図13.5）。

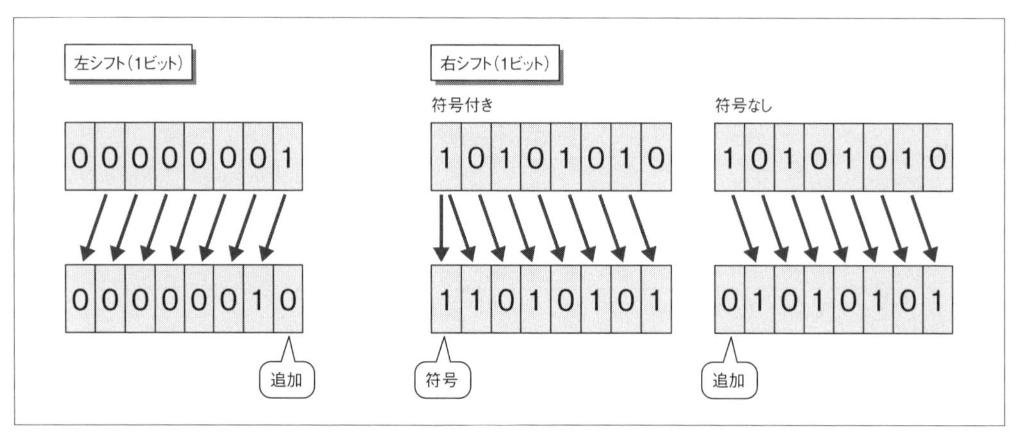

❖図13.5　1ビットシフトの例

符号付き整数の場合は、最上位ビットを含む各ビットを指定したビット数右へずらし、最上位ビットからの空いたビット位置には元の最上位ビット（符号ビット）の値を追加します。符号なし整数の場合は、各ビットを指定したビット数右へずらし、最上位ビットからの空いたビット位置には0を追加します。例を以下に示します。

```
int16_t n = -1;            // 2進数 1111111111111111
printf("%i¥n", n);         // 2進数 1111111111111111  => -1
printf("%i¥n", n >> 1);    // 2進数 1111111111111111  => -1
printf("%i¥n", n >> 2);    // 2進数 1111111111111111  => -1
printf("%i¥n", n << 1);    // 2進数 1111111111111110  => -2
printf("%i¥n", n << 2);    // 2進数 1111111111111100  => -4

uint16_t n = 0xfffe;       // 2進数 1111111111111110  =>
printf("%i¥n", n);         // 2進数 1111111111111110  => 65534
printf("%i¥n", n >> 1);    // 2進数 0111111111111111  => 32767
printf("%i¥n", n >> 2);    // 2進数 0011111111111111  => 16383
printf("%i¥n", n << 1);    // 2進数 1111111111111100  => 131068
printf("%i¥n", n << 2);    // 2進数 1111111111111000  => 262136
```

左シフト演算子と右シフト演算子は「=」と組み合わせて代入演算子を構成します。**左シフト代入演算子**（<<=）は、左辺値を右辺で指定したビット数だけ左へシフトします。

書式 左シフト代入演算子

```
左辺値 <<= 式
```

右シフト代入演算子（>>=）は、左辺値を右辺で指定したビット数だけ右へシフトします。最上位ビットの扱いは右シフト演算子と同じく、左辺値の型によって変わります。

書式 右シフト代入演算子

```
左辺値 >>= 式
```

左シフト代入演算子と右シフト代入演算子の例を以下に示します。

```
int16_t n = -1;          // 2進数 1111111111111111
n <<= 2;
printf("%i¥n", n);       // 2進数 1111111111111100 => -4
n >>= 1;
printf("%i¥n", n);       // 2進数 1111111111111110 => -2

uint16_t n = 0xfffe;     // 2進数 1111111111111110
n <<= 1;
```

```
printf("%i¥n", n);        // 2進数 1111111111111100 => 65532
n >>= 2;
printf("%i¥n", n);        // 2進数 0011111111111111 => 16383
```

シフト演算子の結合優先順位の位置を図13.6に示します。

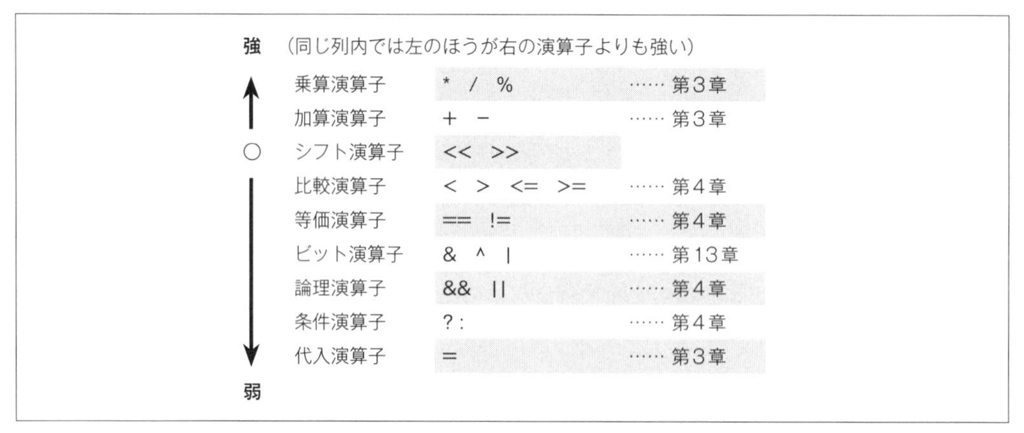

❖図13.6　ビット演算子の結合優先順位

例13.3 シフト演算子

1. シフト演算は、乗算、除算をCPUがサポートしていなかった時代には、プログラムで乗算、除算を実装するために使われていました。乗算、除算には、左シフトすることで2のシフト数乗倍、右シフトであれば1/2のシフト数乗倍が得られるという性質を利用しています（図13.7）。

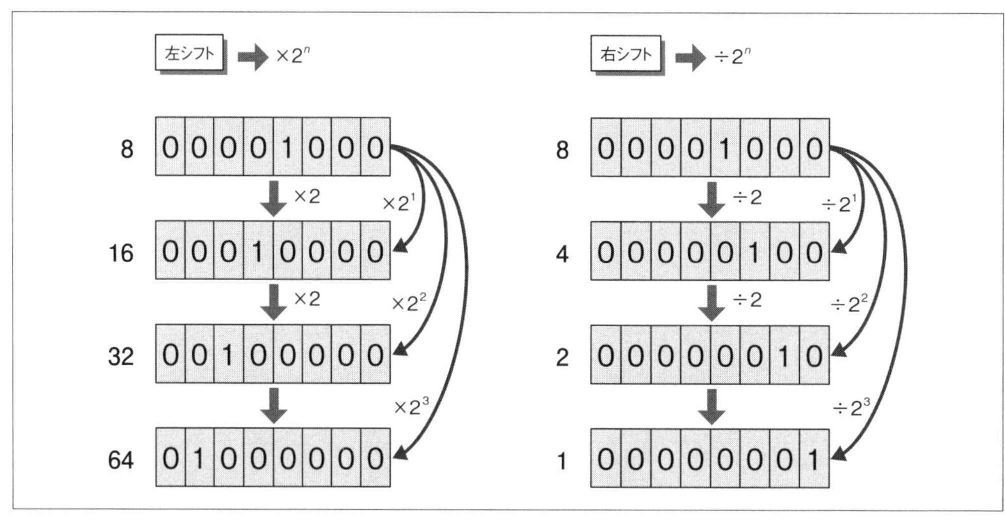

❖図13.7　シフト演算を用いた乗算と除算

たとえば、nを8倍するということは、nを2の3乗倍する（$n * (2 * 2 * 2)$）ことです。また、nを10倍するということは、nを2の3乗倍（$n * (2 * 2 * 2)$）した値にnの2の1乗倍を加える（$n * (2 * 2 * 2) + n * (2)$）ことです。

これをCで記述すると以下のようになります。シフト演算子は加算演算子よりも優先順位が低いので+に与える場合は( )で囲む必要がある点に注意してください。

```
int n = 1234;
printf("n * 8 = %i¥n", n << 3);                  // => 9872
printf("n * 10 = %i¥n", (n << 3) + (n << 1));  // => 12340
```

リスト13.8のプログラムは、最初のコマンドライン引数で指定された数をコマンドライン引数で乗じた値を出力します。2番目の引数には1以上15以下の値のみを許します。

▶リスト13.8　ch13-07.c

```
#include <stdio.h>
#include <stdlib.h>
// 15倍までを求める原始的な計算機
int mult(int x, int multiplier)
{
    int result = 0;
    if (multiplier & 1) {
        result = x;
        multiplier -= 1;
    }
    for (; multiplier > 0;) {
        if (multiplier >= 8) {
            result += x << 3;
            multiplier -= 8;
        } else if (multiplier >= 4) {
            result += x << 2;
            multiplier -= 4;
        } else {
            result += x << 1;
            multiplier -= 2;
        }
    }
    return result;
}
int main(int argc, char *argv[])
{
    if (argc != 3) {
```

```
        puts("被乗数と乗数を指定してください。");
        return 1;
    }
    int x = atoi(argv[1]);
    int multiplier = atoi(argv[2]);
    if (multiplier <= 0 || multiplier > 15) {
        puts("乗数は1から15の範囲で指定してください。");
        return 2;
    }
    printf("%i * %i = %i¥n", x, multiplier, mult(x, multiplier));
}
```

2. Cを含め16進数を文字で表す場合、0～f（F）までの文字を使用します。printfの指定子で%xなどを指定する場合でおなじみの方法です。この方法では、4ビットを1文字で示します。つまり、「4a」であれば4は1バイトの上位4ビットを、aは下位4ビットとなります。

そして、Cの最小のビット幅を持つ型（ビットフィールドは特殊なので除外した場合）はchar型の8ビットです。したがって、"4a"という2文字の文字列から数値を復元するには4ビットという単位から8ビットを作り出す必要があります（図13.8）。

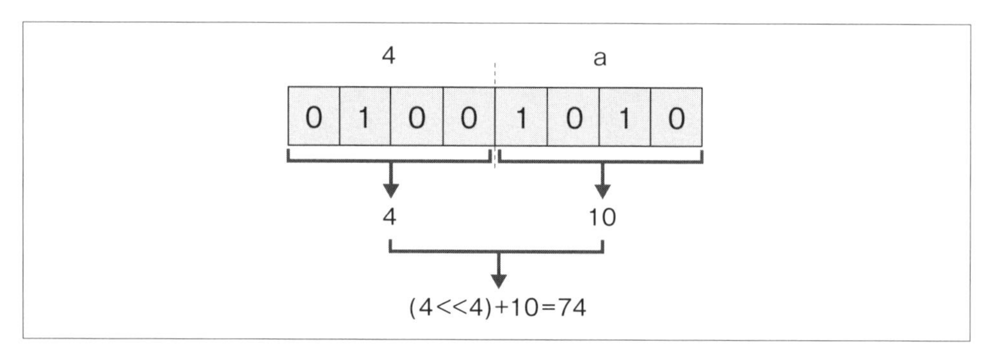

❖図13.8　16進数文字列から数値を復元する

リスト13.9のプログラムは、コマンドラインで与えられた2文字の16進数から1バイトの数値を復元します。

▶リスト13.9　ch13-08.c

```
#include <stdio.h>
#include <stdint.h>
#include <string.h>
#include <ctype.h>
// 文字から数値への変換表
```

```
static char Hto10[] = "0123456789abcdef";
static int HtoNum[] = {0, 1, 2, 3, 4, 5, 6, 7, 8, 9, 10, 11, 12, 13, 14, 15};
int main(int argc, char *argv[])
{
    if (argc != 2 || strlen(argv[1]) != 2) {
        puts("2文字の16進数を与えてください。");
        return 1;
    }
    uint8_t number = 0;
    for (int i = 0; i < 2; i++) {
        // 現在の値を4ビット上位へ移動する
        number <<= 4;
        // 大文字小文字を区別せずに扱えるように小文字に揃える
        char ch = tolower(argv[1][i]);
        if ((ch < '0' || ch > '9') && (ch < 'a' || ch > 'z')) {
            puts("0-9, A-F, a-fの範囲で指定してください。");
            return 2;
        }
        for (size_t n = 0; n < sizeof(Hto10) / sizeof(char); n++) {
            if (ch == Hto10[n]) {
                number += HtoNum[n];
                break;
            }
        }
    }
    printf("number = %i(%x)¥n", number, number);
}
```

この実装では、4ビット左シフトするために左シフト演算子を使用して、「number <<= 4;」と記述しています。これは「number *= 16;」としても同じ結果を得られます。同様に、変換後の4ビット分の数値を結果の値に追加するには加算演算子を使用して「number += HtoNum[n];」と記述していますが、「number |= HtoNum[n];」と記述しても同じ結果を得られます。

どちらの書き方を選択するかは一律には言えません。ナノ秒の単位での最適化が必要ならばコンパイラが生成するコードとCPUの演算命令に必要な処理速度から判断するとよいでしょう。そこまでの最適化が必要なければ（ほとんどの場合がそうだと思います）、コードの意味を重視するのがよいと思います。

筆者は上のプログラム（ch13-08.c）を書くにあたって、前段は4ビット上位にシフトする処理なので左シフト演算子を使用し、後段はHtoNumから得た結果を加算するので加算演算子を使用しました。

練習問題　13.3

1. 次の各問に答えてください。

（1） 0x80を0x8000にするシフト演算子とシフトするビット数を答えてください。

（2） 0x8000を右に8ビットシフトしたら0xff80になりました。0x8000を格納していた元の型を答えてください。

（3） 0x80000000を右に1ビットシフトしたら0x40000000となる処理系非依存の最小の型を答えてください。

2. 32ビットリトルエンディアン整数であれば32ビットビッグエンディアン整数、32ビットビッグエンディアン整数であれば32ビットリトルエンディアン整数へ変換する関数change_endianを作成してください。

```
int32_t change_endian(int32_t x)
{
    （ここに内容を記述する）
}
```

元のデータと変換後のデータが以下の例のようになれば正解です。

```
0x00bc614e => 0x4e61bc00
0x00000020 => 0x20000000
0x00300000 => 0x00003000
0x00010000 => 0x00000100
0x01000000 => 0x00000001
```

☑ この章の理解度チェック

1. ビット演算子とシフト演算子だけを使用して（ヒント参照）、コマンドライン引数で与えられたint型の値の符号を反転した数を出力するプログラムを作ってください。

ヒント 頓智のようですが、与えられた文字列の先頭に「-」を付加するというのは、実用プログラムではあり得ます。ここではビット演算子とシフト演算子の使い方を確認したいので、int型の値に変換したあとでビット操作で求めてください。
x86、x64用のclangが採用しているint型の負数は2の補数です。2の補数は元の値の最も下の1の桁以下は元の値のままで、その桁よりも上の桁のビットが反転したものとみなせます。

例：

10進数		2進数
12	→	00001100
−12	→	11110100
13	→	00001101
−13	→	11110011

実行例は以下のとおりです。

```
> a.exe 8
-8
> a.exe 5890
-5890
```

2. シフト演算を用いて割り算プログラムを作ってください。コマンドライン引数で与えられた被除数と除数から、商と余りを出力してください。なお被除数は正の数、除数は1から15の範囲に限定してもかまいません。加算と減算は利用してもかまいませんが、乗算と除算は利用しないでください。
実行例は以下のとおりです。

```
> a.exe 352 15
352 / 15 = 23 ... 7
> a.exe 529 8
529 / 8 = 66 ... 1
```

プリプロセッサ

この章の内容

14.1 プリプロセッサディレクティブの原則
14.2 ソースファイル制御
14.3 関数的マクロのパラメータ
14.4 関数的マクロの注意点
14.5 既定のマクロと#error

プリプロセッサのディレクティブには、これまでに使用してきたソースファイルのインクルード（#include）、マクロ定義（#define）の他に、条件によってソースコードの有効／無効を切り替えるものや、ソースファイルの情報をプログラムに埋め込むものなどがあります。

本章では、これまで使用してきた#includeディレクティブや#defineディレクティブ以外のプリプロセッサの主なディレクティブについて説明します。

前章の復習問題

1. 次の（1）（2）に合ったenumを定義してください

（1）HOTなら1、COLDなら-1を取る型TEMPERATURE

（2）トランプのハート、ダイヤ、スペード、クラブを示すHEART、DIAMOND、SPADE、CLUBを定義したSUIT型

2. 次のenumの定義から、各問いに答えてください。

```
enum ch14_0q2 {
    LISTEN,
    SYN_RECVED,
    SYNACK_SEND,
    SYNACK_RECVED,
    CONNECTING = 10,
    FIN_RECVED = 20,
    FINACK_SEND,
    FIN_SEND,
    FINACK_RECVED,
};
```

（1）LISTENの値を答えてください。

（2）SYNACK_SENDの値を答えてください。

（3）FIN_SENDの値を答えてください。

3. 前章で学習した演算子を使用して次の（1）～（4）に合う式を答えてください。ただし、ビット0は最下位ビット（0または1）、ビット1はビット0の2進数の次の桁（0または2）、……とします。なお、すべての変数の型はunsigned intとします。

（1）変数xのビット1とビット4のいずれかが1

(2) 変数xのビット1とビット4がともに1

(3) 変数xのビット1、2、3と変数yのビット2、3、4が等しい

(4) 変数xが偶数ならば1を足す

14.1 プリプロセッサディレクティブの原則

最初に、プリプロセッサディレクティブの書式の大原則について説明します。以下の2つがあります。

1. プリプロセッサディレクティブの行は#で開始する
2. プリプロセッサディレクティブは1行に記述する

この2点がプリプロセッサディレクティブをソースファイルに入力するときの大原則です。
たとえば、次の例はいずれも正しい記述です。

```
#define ZERO 0
        #define ONE 1
```

2行目の場合、#defineディレクティブの開始前に空白文字やタブ文字が入力されています。これらの文字はいずれもCでは区切り以外の意味を持たないため、問題ありません。

プリプロセッサディレクティブの書式が問題となるのは、特に関数的マクロ（第3章）を定義するときの大原則の2です。なぜなら、複数行にまたがる関数呼び出しをマクロとする場合、1行に収めるとソースコードが非常に読みにくくなるからです。

このような場合、改行の直前に「¥」を入力します。プリプロセッサは「¥」の直後が改行コードの場合、「¥」と改行コードを削除して読み取りを継続します。したがって、次の記述は正しい関数的マクロの記述です。

```
#define STRING_EQUAL(s0, s1) (¥
  (!strcmp(s0, s1)) ¥
    ? true ¥
    : false ¥
)
```

練習問題　14.1

1. 次のマクロ定義のうち正しくないものを答えてください。

   a. `#define TEST test`

   b. `#define 3 THREE`

   c. `          #define   x    y`

   d. `#¥`
      `define Zero 0`

2. リスト14.1のソースファイルをコンパイルするとエラーとなります。エラーとならないように修正してください。

▶リスト14.1　ch14-1q1.c

```
#include <stdio.h>
#define PRINT_INT(x)
    printf("%i¥n", x)
int main(int argc, char *argv[])
{
    PRINT_INT(argc);
}
```

14.2 ソースファイル制御

プリプロセッサの重要な機能の1つに、ソースファイルの有効／無効の切り替えがあります。ソースファイルの切り替えが必要となる理由としては、デバッグ用コードの有効化／無効化、特定プラットフォーム用のコードの切り替えなどがあります。

ソースファイルの有効／無効の切り替えには2つの方法があります。1つは単独のマクロ定義の有無によって切り替える#ifdef～#else～#endifディレクティブです。もう1つは複数のマクロ定義の組み合わせによって切り替える#if～#elif～#else～#endifディレクティブです。

#ifdefディレクティブは、後続のマクロが定義されているかどうかで後続のソースコードをコンパイラへ与えるかどうかを決定するディレクティブです。対象となるソースコードは、#elseディレクティブまたは#endifディレクティブが出現するまでの範囲です（図14.1）。

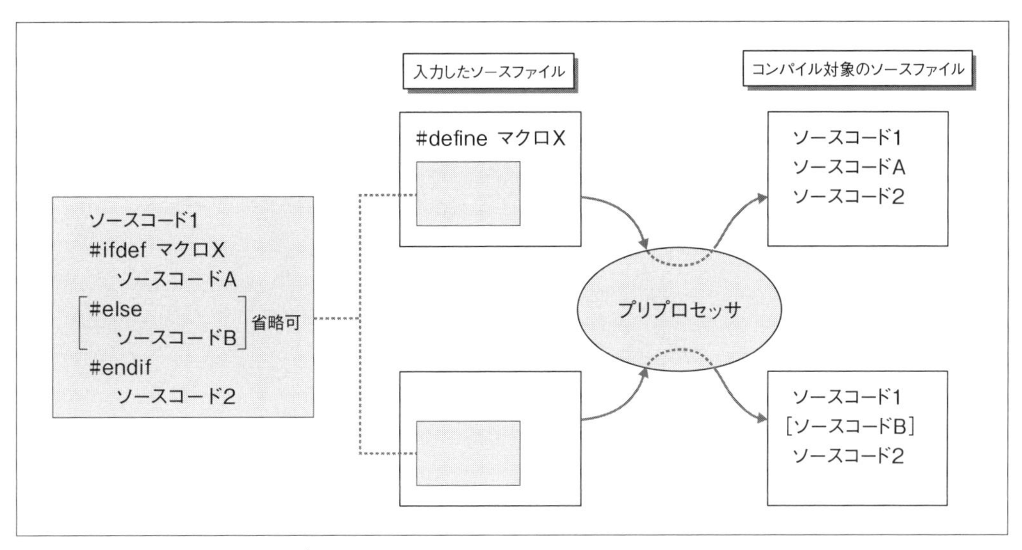

❖図14.1　#ifdefディレクティブ

次のコードは、DEBUG_VERSIONマクロが定義されているかどうかで#ifdefから#endifの間のソースをコンパイルするかどうかが決まります。

```
#ifdef DEBUG_VERSION
    printf("current x=%i, y=%i¥n", x, y);
    printf("next x=%i, y=%i¥n", x_next, y_next);
#endif
```

もし、#ifdefディレクティブより前にDEBUG_VERSIONマクロが定義（#define DEBUG_VERSION）されていれば、#ifdefの条件がマッチするため、後続の2行をプリプロセスしたソースファイルへ出力します。未定義であれば出力しません。

コンパイラは、プリプロセスされたソースファイルをコンパイルするので、生成される実行ファイルは、次のようになります。

- もしDEBUG_VERSIONマクロが定義されていれば、後続の2行のprintfの呼び出しが含まれる
- もしDEBUG_VERSIONマクロが定義されていなければ、後続の2行のprintfの呼び出しは含まれない

#ifdefディレクティブの書式は以下のようになります。

書式 #ifdefディレクティブ

```
#ifdef マクロ名（改行）
マクロ定義時に有効となるソースコード（改行）
...
#else（改行）                                      ┐
マクロ未定義時に有効となるソースコード（改行）    ├── 省略可
...                                                ┘
#endif（改行）
```

#ifdefディレクティブの逆に、指定したマクロが未定義の場合に後続のソースコードを有効化するのが**#ifndefディレクティブ**です。

書式 #ifndefディレクティブ

```
#ifndef マクロ名（改行）
マクロ未定義時に有効となるソースコード（改行）
...
#else（改行）                                      ┐
マクロ定義時に有効となるソースコード（改行）      ├── 省略可
...                                                ┘
#endif（改行）
```

#ifdefディレクティブの例として取り上げたDEBUG_VERSIONマクロを参照するコード片を#ifndefディレクティブを使用して書き換えると次のようになります。

```
#ifndef DEBUG_VERSION
#else
    printf("current x=%i, y=%i¥n", x, y);
    printf("next x=%i, y=%i¥n", x_next, y_next);
#endif
```

#ifdef（#ifndef）ディレクティブは、次の例のように実行時に現在の実行モードを参照して処理を切り替えるのとは異なります。

```
if (debug_flag) {
    printf("current x=%i, y=%i¥n", x, y);
    printf("next x=%i, y=%i¥n", x_next, y_next);
}
```

この例では、debug_flag変数が偽（0）ならばif文の複合文を実行せず、真（0以外）ならば実行します。実行ファイルには常に上記のソースコードに対応する機械語が含まれ、printfを呼び出すかどうかはコンパイル時ではなく、実行時に判断されます。

ソースコードの有効／無効を切り替えるもう1つの方法は、**#ifディレクティブ**を使用する方法です。#ifディレクティブは条件式として整数値を取り、式の評価結果が0であれば偽、それ以外であれば真とします。#ifdefディレクティブと異なり、式を記述できるため、次に示すように別条件件を判断するための#elifディレクティブが用意されています。なお#elifは「else if」の意味です。

書式 #ifディレクティブ

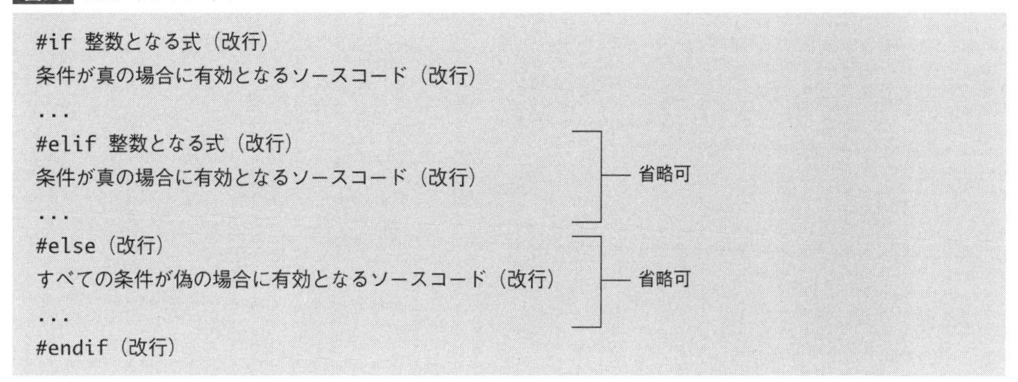

#ifディレクティブおよび#elifディレクティブの式に指定できるのは、整数の定数および整数の定数に置き換えられるマクロです。また、演算子にはCの論理演算子と比較演算子が使えます。条件はコンパイル前のプリプロセス時に判断するため、ソースコード内で使用している変数などの実行時でなければ有効とならない要素は使用できません。

次の例はコンパイルに使用するライブラリのバージョンをチェックして、1より小さければコンパイルエラーとし、2より小さければ古いライブラリ用のユーティリティ関数を読み込み、そうでなければ最新ライブラリ用のユーティリティ関数を読み込む例です。

2行目で使用している#errorディレクティブは、コンパイルエラーを発生させるディレクティブです。#errorディレクティブについては本章のあとの節で取り上げます。

```
#if LIBRARY_VERSION < 1
  #error "not supported. update compile environment!"
#elif LIBRARY_VERSION < 2
  #include <tools_for_oldlib.h>
#else
  #include <tools_for_newlib.h>
#endif
```

#ifdefディレクティブよりも、#ifディレクティブのほうが機能が豊富です。たとえば#elifが使用できる、条件式が書けるなど充実しています。このため、#ifdefディレクティブの代替に使用するための演算子が用意されています。

書式 defined演算子

```
defined(マクロ名)
または
defined マクロ名
```

defined演算子は指定されたマクロが定義されていれば1、そうでなければ0を返します。

#ifディレクティブとdefined演算子を使用すると、複数の条件を一度に判断できます。次の例は、マクロAとマクロBが同時に定義されているかどうかを判定してソースコードを切り替えます。

```
#if defined(A) && defined(B)
    puts("use AB special");
#endif
```

同じことを#ifdefディレクティブで行うには次の例のようにネストが必要となります。

```
#ifdef A
    #ifdef B
        puts("use AB special");
    #endif
#endif
```

#ifndefに相当する未定義の場合を指定したい場合は、単項「!」を適用して

```
#if !defined(A)
```

のように記述してください。

例14.1 ソースファイル制御

1. ソースコードの切り替え用のマクロは、ソースファイル内に直接記述する必要はありません。というのは、コンパイラのオプションでマクロを受け付けるようになっているからです。

   リスト14.2のプログラムは、TESTが定義されていれば、コマンドライン引数を無視して既定の文字列を使用してコンソール出力を行います。定義されていなければ、コマンドライン引数を使用してコンソール出力を行います。

▶リスト14.2　ch14-01.c

```
#include <stdio.h>
int main(int argc, char *argv[])
{
#ifdef TEST
```

```
    char* magic = "test value";
#else
    if (argc != 2) {
        puts("引数を指定してください。");
        return 1;
    }
    char* magic = argv[1];
#endif
    printf("Hello %s!¥n", magic);
}
```

実行例は以下のようになります。

```
> clang -std=c11 ch14-01.c
> a.exe  abc
Hello abc!
> clang -std=c11 ch14-01.c -DTEST
> a.exe  abc
Hello test value!
```

clangの場合、「-D」に続けて「マクロ名」で指定したマクロが定義されます。マクロに値を設定する場合は「-Dマクロ名=値」と指定します。clangはコマンドラインで与えられた-Dオプションを元に

```
#define マクロ名 値
```

という行を生成して、ファイルの先頭に書かれているかのように扱います。

なお、文字列をマクロに割り当てたい場合は、コンソールが「"」を処理しないように、「\"」でエスケープします。空白を含む場合、Windowsのcmd.exeではコマンドライン引数ごとに「"」で囲みます。macOSを含むUnixでは空白を「\ 」(バックスラッシュに続けて空白)のようにエスケープします。リスト14.3のプログラムは、"test value"という文字列をTESTに割り当てて実行しています。

▶リスト14.3　ch14-02.c

```
#include <stdio.h>
int main(int argc, char *argv[])
{
#ifdef TEST
    char* magic = TEST;
#else
```

```
    if (argc != 2) {
        puts("引数を指定してください。");
        return 1;
    }
    char* magic = argv[1];
#endif
    printf("Hello %s!¥n", magic);
}
```

実行例は以下のようになります。

```
> clang -std=c11 ch14-02.c
> a.exe  abc
Hello abc!
> clang -std=c11 ch14-02.c "-DTEST=¥"test value¥""
> a.exe  abc
Hello test value!
```

Unixの場合は、以下のように実行します。

```
$ clang -std=c11 ch14-02.c -DTEST=\"test\ value\"
```

2. #defineディレクティブで定義したマクロの有無によってソースコードの有効無効を切り替える場合、定義済みのマクロを必要に応じて未定義状態に変更する必要があります。このとき使用するのが**#undefディレクティブ**です。

書式 #undefディレクティブ

```
#undef 識別子
```

リスト14.4のプログラムは、#defineと#undefを組み合わせた例です。

▶ リスト14.4　ch14-03.c

```
#include <stdio.h>
#define TEST
int main()
{
#ifdef TEST
    puts("test is 1");
#endif
```

```
#undef TEST
#ifdef TEST
    puts("test is also here");
#endif
#define TEST 1
#if TEST == 1
    puts("test is 1");
#else
    puts("test is not 1");
#endif
}
```

実行例は以下のようになります。

```
> a.exe
test is 1
test is 1
```

ch14-03.cはプリプロセッサによって以下のように処理されます。

最初にTESTマクロを定義します。置換対象が省略されているため、TESTマクロは値を持ちません（置換すると空白となります）。値を持たなくとも定義されているので、最初の#ifdefディレクティブ内のコードは有効となります。

次にTESTマクロを#undefで未定義状態に変えているため、2つ目の#ifdefディレクティブは偽となります。したがって、"test is also here"のputs関数呼び出しのソースコードは無効となります。マクロの再定義はエラーですが、すでにTESTマクロを#undefによって未定義状態に変えたため、#define TEST 1は有効となり、TESTは1に置換されます。そのため、#if TEST == 1は真となって、後続のputs("test is 1");が有効なソースコードとなります。

最終的にmain関数には、2つのputs("test is 1"); のみが含まれます。

練習問題 14.2

1. 次のソースコードを#ifを使って最もネストが少なくなるように書き直してください。

```
#ifdef A
  #ifdef B
    #ifndef C
      puts("no C");
    #else
      puts("with C");
    #endif
  #else
    puts("no B");
  #endif
#else
  puts("no A");
#endif
```

14.3 関数的マクロのパラメータ

#defineディレクティブで定義したマクロはパラメータを取れます。これを関数的マクロと呼ぶことは第3章で説明しました。関数的マクロが関数と決定的に異なるのは、評価が行われるのが実行時ではなく、コンパイル前のプリプロセス時だということです。そもそも行われることも値の評価ではなく式の展開です。

当然、パラメータの扱いも関数とマクロではまったく異なります。関数に与えた引数が変数の場合、該当変数が示すアドレスから型に従ったサイズの値を取り出して関数へ与えます。しかし、マクロについて言えば、単にパラメータの位置に記述したテキストが、展開後のパラメータの位置に埋め込まれるにすぎません。つまり、関数的マクロへ与えるパラメータは、単にソースコードに記述したテキストの置き換えのためのプレースホルダの役割しか持ちません（図14.2）。

この性質を使用すると、関数では不可能なソースファイルに対する操作、たとえば変数名の名前の取り出しといったことが可能となります。

プリプロセッサはそのような処理のために、次の2種類の演算子を提供します。

—— 右項に指定したパラメータの両脇に「"」を付加してCの文字列リテラルとする

—— 左項と右項を合成して1つの語を作る

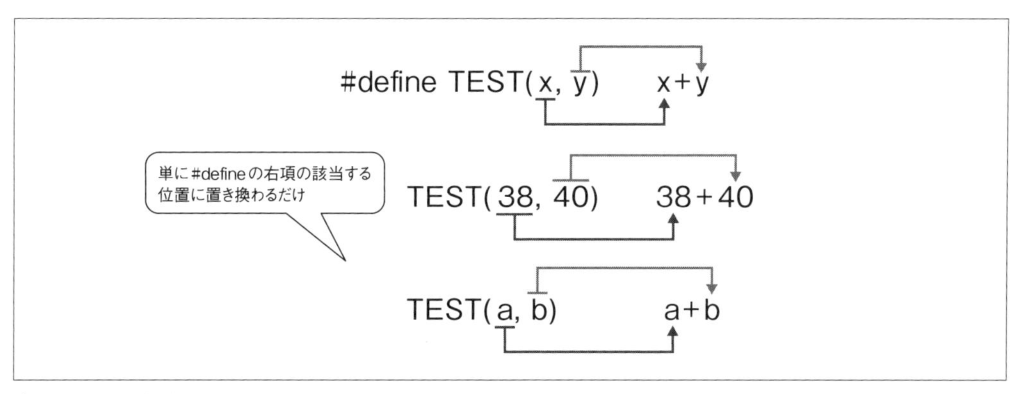

❖図14.2　関数的マクロのパラメータ

次の例は、int型の変数名を与えると変数名と値をコンソールへ出力するマクロです。

```
#define VAR_OUT(x)  printf("%s=%i¥n", # x, x)

int n = 32;
VAR_OUT(n);    // => printf("%s=%i¥n", "n", n); => n=32
```

VAR_OUTマクロは、与えられたパラメータを「"」で囲んだ文字列と、パラメータそのものをprintf関数へ与えます（図14.3）。

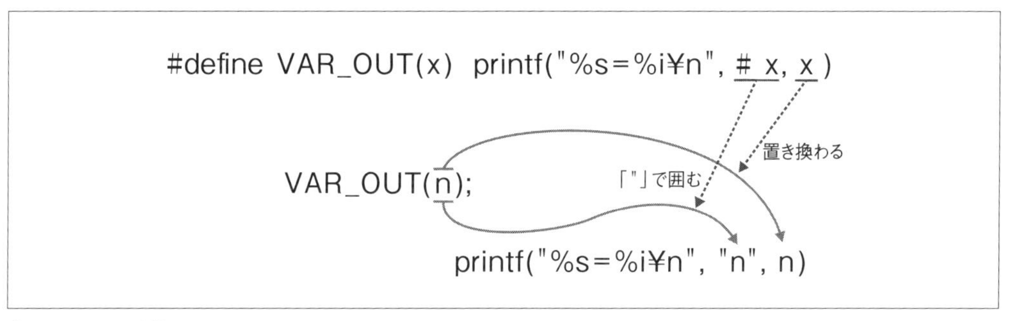

❖図14.3　#演算子

次の例のP関数的マクロは、fputs関数の出力先としてstderrとstdoutの指定を末尾3文字のerrかoutで済ませます。また文字列の最後に改行コードを付けるように簡略化しています。

```
#define P(dest, str) fputs(#str "¥n", std ## dest)

P(err, error message); // => fputs("error message" "¥n", stderr);
P(out, ok message);    // => fputs("ok message" "¥n", stdout);
```

例14.2 関数的マクロのパラメータ

1. Cの文字列リテラルを複数並べると、1つの文字列として扱われます。

```
char *s = "a" "b" "c";  // s=>"abc"
```

この仕組みと#演算子を組み合わせると前に示したVAR_OUTマクロをより汎用的にできます。

リスト14.5のプログラムは、出力対象の変数と、その変数の型に合ったprintfの書式指定子を引数に取る関数的マクロPRINTを示します。

▶リスト14.5 ch14-04.c

```
#include <stdio.h>
#define PRINT(var, sp) printf("%s=" # sp "¥n", #var, var)
int main(int argc, char *argv[])
{
    PRINT(argc, %i);
    PRINT(argv[0], %s);
}
```

実行例は以下のようになります。

```
> a.exe
argc=1
argv[0]=a.exe
```

ch14-04.cでは、マクロの2つ目の引数（書式指定子）に「"」を記述しなくても済むように、#演算子を使って、

```
printf("%s=" "引数で与えた書式指定子" "¥n", "変数名", 変数名)
```

を組み立てます。

文字列リテラルを複数並べると1つの文字列リテラルとなるため、これは、

```
printf("%s=引数で与えた書式指定子¥n", "変数名", 変数名)
```

としてコンパイルされます。

入力する文字をより省略したければ、共通要素の「%」までマクロに含めることができます。

```
#define PRINT(var, sp) printf("%s=%" # sp "¥n", #var, var)
```

この場合、ch14-04.cのmain関数の中は以下のように記述すればよいことになります。

```
    PRINT(argc, i);
    PRINT(argv[0], s);
```

2. ##演算子を使うと、ソースコード内に出現する識別子を合成できます。リスト14.6のプログラムは、ある数をn倍した変数varを宣言するマクロの使用例です。

▶リスト14.6　ch14-05.c

```
#include <stdio.h>

#define DEF_VAR(var, x)  int var ## x = n * x

int main()
{
    int n = 32;
    DEF_VAR(n, 2);
    DEF_VAR(n, 4);
    DEF_VAR(n, 8);
    printf("%i, %i, %i, %i¥n", n, n2, n4, n8); // => 32, 64, 128, 256
}
```

DEF_VARマクロは、最初のパラメータを次のパラメータで乗じた値を、最初のパラメータと次のパラメータを組み合わせた変数名で宣言します（図14.4）。

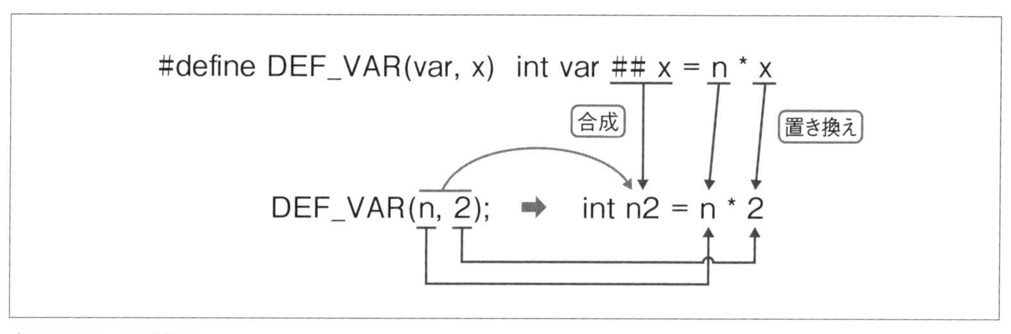

❖図14.4　##演算子

マクロを多用すると、そのマクロを定義した人以外には呪文のようなプログラムとなるという欠点があります。上のDEF_VARの例では、DEF_VAR(n, 2);という記述が変数nの2倍の値で初期化した変数n2の宣言だとは、マクロの定義を見ない限りわかるはずがありません。

その一方、マクロを使用するとコードの入力作業を極度に減らすことができます。また、似たようなソースコードを生成するためにコピー＆ペーストして少しずつ修正するという、いかにもバグが入りそうな作業をなくすこともできます。

したがって、マクロを多用すると読みにくくなるというのもCプログラミングの側面であり、マクロを多用すると少ないコード量のバグが入りにくいプログラムを書けるというのもCプログラミングの側面です。どちらがよい悪いではなく、必要に応じて両方の考え方のバランスを取ってプログラミングしましょう。

3. 関数的マクロで可変長引数を実現するには、「...」と__VA_ARGS__識別子を使用します。

リスト14.7のプログラムでは、マクロ定義の引数リスト内の「...」に対応するマクロ呼び出しの各引数は、置換対象に記述した__VA_ARGS__の位置に展開されます。

▶ リスト14.7　ch14-06.c

```
#include <stdio.h>

#define P(tmpl, ...) printf(tmpl, __VA_ARGS__)
int main()
{
    P("%i, %i, %i¥n", 1, 2, 3); // => printf("%i, %i, %i¥n", 1, 2, 3);
}
```

練習問題　14.3

1. 次のマクロ定義について、(1) (2) の展開時のソースコードを記述してください。

```
#define INITSTR(x, y, z) x ## y = # z
```

(1) `char *INITSTR(c, ptr, hello);`

(2) `char INITSTR(c, array[], bye);`

2. 次のソースコードをマクロを定義して簡易に記述してください。

```
int x0 = 1;
int x1 = 2;
int x2 = 3;
int x3 = 4;
int x4 = 5;
int y0 = 10;
int y1 = 20;
int y2 = 30;
int y3 = 40;
int y4 = 50;
```

3. 次のマクロ呼び出しと展開例に適合するマクロを定義してください。

（1）
```
VP(x, y, z, 0, 1, 2);
// => printf("%i, %i, %i, %i¥n", x, y, z, (0 + 1 + 2));
```
（2）
```
VP2("%i, %i, %i, %i¥n", a, b, c, d);
// => printf("%i, %i, %i, %i¥n", a, b, c, d);
```
（3）
```
MOVE_PROPERTY(a, b, id); // => a.id = b.id;
```
（4）
```
SAVE_STRUCT(struct box, box_a);
// => struct box box_a_save = box_a;
```

14.4 関数的マクロの注意点

関数的マクロは、関数と異なり、ソースコードに直接埋め込まれるソースコードが生成されます。このため、関数と同様に考えると痛い目に遭います。本節では、関数的マクロを定義する場合のベストプラクティスを紹介します。

ヒント 以降の例14.3で紹介しているテクニック（特に2と3）を使用するのであれば、第3章（89ページ）で簡単に紹介した**インライン関数**を使うべきです。古いCのソースファイルを読むと、不思議なマクロ定義（特に例14.3－3）を見ることがあるため説明しますが、インライン関数が使用できる現在、あえてこれらのマクロ使用のためのノウハウを使う必要はありません。

インライン関数は、宣言の最初にinlineキーワードを記述する以外は通常の関数と同様に定義します。

```
inline int swap(int *x, int *y)
{
    int tmp = *x;
    *x = *y;
    *y = tmp;
}
```

コンパイラは関数の呼び出し対象がinlineで指定されていると、関数を呼び出すアセンブリを生成する代わりに直接関数の内容を実行するアセンブリを生成します。ただし、inline関数が極度に複雑であったり巨大であったりする場合にはコンパイラが指定を無視することもあります。

例14.3 関数的マクロの注意点

1. 関数的マクロの値を使う場合、置換対象を()で囲みます。リスト14.8のプログラムは、マクロの置換対象を()で囲まずに定義した関数的マクロBAD_IIFと()で囲んだ関数的マクロIIFの2つを示します。

▶リスト14.8　ch14-07.c

```
#include <stdio.h>

#define BAD_IIF(cond, t, f) (cond) ? t : f
#define IIF(cond, t, f) ((cond) ? t : f)

int main()
{
    int x = 10;
    int y = 12;
    printf("%i¥n", BAD_IIF(x > y, x, y) + 3); // => 15 (正しい)
    printf("%i¥n", IIF(x > y, x, y) + 3);     // => 15 (正しい)
    x = 24;
    y = 5;
    printf("%i¥n", BAD_IIF(x > y, x, y) + 3); // => 24 (期待と異なる)
    printf("%i¥n", IIF(x > y, x, y) + 3);     // => 27 (正しい)
}
```

通常の感覚では、

```
BAD_IIF(x > y, x, y) + 3
```

というソースを読めば、BAD_IIFの結果に3を加算した値が得られると期待します。しかしこの式を展開すると、

```
int n = (x > y) ? x : y + 3;
```

となります。なぜでしょうか？

条件演算子の?:よりも加算演算子の+のほうが結合優先度が高いため、「+ 3」が適用されるのは:の後ろの式のみです。つまり、xがyより大きければx、yがxより大きいか等しければyに3を加えた値がnに代入されます。

したがって、期待どおりの動作を行わせるには、

```
#define IIF(cond, t, f) ((cond) ? t : f)
```

と修正して、関数マクロが展開した式が最初に評価されるようにします。

2. ローカル変数を使用する場合は全体を{}で囲みます。関数的マクロは、そのままでは関数のように変数の有効範囲を持ちません。このため、関数マクロ内でのみ使用する変数が必要な場合、マクロを{}で囲んで自分で有効範囲を作る必要があります（リスト14.9）。

▶リスト14.9　ch14-08.c

```
#include <stdio.h>
#define BAD_SWAP(t, x, y)  t tmp = x; x = y; y = tmp
#define SWAP(t, x, y)  {t tmp = x; x = y; y = tmp;}
int main()
{
    int x = 8;
    int y = 10;
    BAD_SWAP(int, x, y);
    printf("x=%i, y=%i¥n", x, y);
    /*
    BAD_SWAP(int, x, y);
    printf("x=%i, y=%i¥n", x, y);
    */
    SWAP(int, x, y);
    printf("x=%i, y=%i¥n", x, y);
}
```

ch14-08.cはコンパイル、実行が可能で、BAD_SWAP、SWAPのどちらの関数的マクロも機能します。実行例は以下のようになります。

```
> a.exe
x=10, y=8
x=8, y=10
```

しかし、コメントアウトを外すとコンパイルエラー（redefinition of 'tmp'：tmp変数の再定義）となります。これはBAD_SWAP(int, x, y)が展開されると、

```
int tmp = x; x = y; y = tmp
```

と、呼び出した複合文の内部に変数tmpを再定義してしまうからです。

一方、SWAPは置換対象全体を{}で囲んでいるため、変数tmpの有効範囲が1つのSWAP関数的マクロ内に閉じられます。

なお、関数的マクロで{}を記述するときは、「¥（改行）」を使って以下のように記述するほうが読

みやすいソースコードになると思います。

```
#define SWAP(t, x, y) {¥
    t tmp = x;¥
    x = y;¥
    y = tmp;¥
}
```

3. 関数的マクロをさらに厳密に定義するなら置換対象をdo {} while (0)で囲みます。例14.3－2のSWAPをリスト14.10のように複合文を使用しないif文で使用するとコンパイルエラーとなります。

▶リスト14.10　ch14-09.c

```
#include <stdio.h>
#define SWAP(t, x, y) {¥
    t tmp = x;¥
    x = y;¥
    y = tmp;¥
}
int main()
{
    int x = 8;
    int y = 10;
    if (0)
        SWAP(int, x, y);
    else
        puts("hello!");
}
```

このソースコードを展開すると次のようになります。

```
if (0) {
    int tmp = x;
    x = y;
    y = tmp;
};            //「;」によってif文が完了する
else          // 独立したelseキーワードで始まる文はないため文法エラー
        puts("hello!");
```

このエラーを防止するには、SWAPの行の末尾の「;」を外せばよいのですが、記述量を減らして楽をするためのマクロによってかえって面倒なルールが導入されてしまいます。

このような場合、「;」を末尾に付けても全体に影響しないdo while文を使用して次のように記述します。do while文はループですが、while (0) を指定しているので実行回数は1回で済みます。

```
#define SWAP(t, x, y) do {¥
    t tmp = x;¥
    x = y;¥
    y = tmp;¥
} while (0)
```

練習問題 14.4

1. 次の関数的マクロは期待どおりの動作をしなかったりコンパイルエラーになったりする問題を持ちます。修正してください。

   (1) `#define sum(x, y, z) x + y + z`

   (2) `#define do_greater_than(x, y, proc) if (x > y) proc()`

14.5 既定のマクロと#error

プリプロセッサは標準で便利なマクロをいくつか用意しています（表14.1）。

❖表14.1 既定のマクロ

マクロ	型	内容
__FILE__	文字列リテラル	コンパイル中のソースファイル名
__LINE__	int定数	このマクロを記述した行番号
__DATE__	文字列リテラル	Mmm dd yyyy形式のプリプロセスしている日付。Mmmは、Jan、Febなどの英語月名の省略形、dd（日）は10より小さい場合は空白と数字となる
__STDC__	int定数	標準Cであれば1（Visual Studio 2017用clnagでは未定義）
__STDC_VERSION__	long定数	標準Cのバージョン（年月）
__TIME__	文字列リテラル	hh:mm:ss形式のプリプロセスしている時刻

これらは、ログを出力するときや、プログラムのバージョン番号を定義するときに役に立ちます。

#errorディレクティブは、コンパイルエラーを生成して、引数で指定した文字列をコンソールに出力します。#ifdefディレクティブを使って定義必須のマクロが未定義状態であったり、値が条件に合わないときに強制的にコンパイルを中止するときに使います。

書式 #errorディレクティブ

```
#error(エラーメッセージ)
```

例 14.4 既定のマクロと#error

1. 既定のマクロをすべて表示してみましょう（リスト14.11）。

▶リスト14.11　ch14-10.c

```
#include <stdio.h>
int main()
{
    printf("this file is %s, this line is %i¥n", __FILE__, __LINE__);
    printf("compile datetime: %s %s¥n", __DATE__, __TIME__);
    printf("standard C version = %li¥n", __STDC_VERSION__);
}
```

実行例は以下のようになります。

```
> clang -std=c11 ch14-10.c
> a.exe
this file is ch14-10.c, this line is 4
compile datetime: Nov 10 2017 23:32:36 ――― コンパイルを実行した日付時刻
standard C version = 201112
> clang -std=c99 ch14-10.c ――― C99でコンパイル
> a.exe
this file is ch14-10.c, this line is 4
compile datetime: Nov 10 2017 23:35:18 ――― コンパイルを実行した日付時刻
standard C version = 199901
```

2. リスト14.12のプログラムは、C11以上の標準でコンパイルしていなければコンパイルを中止します。

▶リスト14.12　ch14-11.c

```
#if __STDC_VERSION__ < 201112
#error("need C11")
#endif
int main()
{
}
```

実行例は以下のようになります。

```
> clang -std=c11 ch14-11.c ―――――――――― エラーにならない
> clang -std=c99 ch14-11.c
ch14-11.c:3:2: error: ("need C11");―――――― エラーになる
#error("need C11");
 ^
1 error generated.
```

#errorディレクティブを使うことで、コンパイルに必要なライブラリのバージョン（ヘッダーに定義してある場合）が合致しないといった開発環境の不備をコンパイル作業の早い段階で検出できます。

練習問題　14.5

1. 標準Cコンパイラでコンパイルしていなければコンパイルエラーで停止するプログラムを作ってください。ただし、Visual Studio 2017用のclangではコンパイルエラーとなってもかまいません。

☑ この章の理解度チェック

1. 例14.2-1のch14-04.cを修正して、argvをすべて出力するようにしてみましょう。argc用のマクロとargv用のマクロは別にしなければなりません。なお、argvはcharへのポインター配列ですが、解答では配列の型を問わず使えるマクロを定義してください。
   実行例は以下のようになります。

```
> a.exe a 333 abc
argc=4
argv[0]=a.exe
argv[1]=a
argv[2]=333
argv[3]=abc
> a.exe x y
argc=3
argv[0]=a.exe
argv[1]=x
argv[2]=y
```

2. コンパイルした日付時刻をyyyy/mm/dd hh:mm:ss形式でコンソールに表示するプログラムを作ってください。
実行例は以下のようになります。

```
> a.exe -v
2017/09/20 23:31:07
>
```

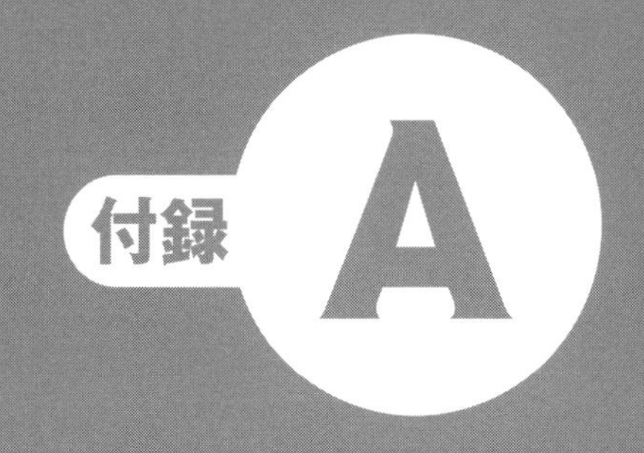

「練習問題」
「前章の復習問題」
「この章の理解度チェック」
解答

第2章の解答

練習問題　2.1　P.36

1.　解答例：

　コマンドライン引数なしに実行したかどうかを判定している。

別解：

　argcが1かどうかを判定している。

2.　リスト2.1の10行目を以下のように変更します。

```
puts("Hello World!");
```

練習問題　2.2　P.39

1.　リスト2.1の先頭3行を以下のように変更します。

```
//
// 最初のCプログラム
//
```

2.　（省略）

練習問題　2.3　P.41

1.　(1)　コンパイラの出力は以下のように変化します。

利用しているコンパイラによって出力は異なるが、「暗黙のうちに宣言されたatoi関数は不正」などの警告メッセージが出力される。ただし、a.exeは生成される。

(2)　コンパイラの出力が変化した理由は以下のとおりです。

//を先頭に挿入したことで#include <stdlib.h>の行はコメントとして扱われることになった。つまり、atoi関数を定義したstdlib.hに対する#includeディレクティブが無効になった。これによりコンパイラはatoi関数の存在を確認できなくなり警告を出力した。

練習問題　2.4　P.48

1.
- a.　エラー。「;」で終了していないので文になっていない。
- b.　エラー。変数名は英大文字、小文字、_または国際文字で開始する必要がある。
- c.　エラーではない。先頭文字が「_」なので正しい変数名である。
- d.　エラー。「-」は変数名に利用できない。

2.
- a.　`that's all`
- b.　出力なし
- c.　`that's all`　※こういうコードの書き方をしていはいけません。
- d.　出力なし
- e.　`that's all`

練習問題 2.5 P.51

1. 他の関数を参照していないから。
2. 以下のものがコンソールに出力されます。

```
main
```

「main」が出力される理由は以下のとおりです。

Cは大文字小文字を区別するため、Main関数やMAIN関数はどこからも呼び出されないため、出力を行わない。main関数だけが実行されるためmainと出力される。

練習問題 2.6 P.53

1. `return 10;`
2. 次の3つがエラーになります。

   b. 終端に「;」がないため、文になっていない。
   c. returnの右には式を書く必要があるが、文を書いている。
   d. 大文字と小文字は区別されるため、RETURNはreturnキーワードではない。

3. 解答例は以下のとおりです。

   int型の値を返す関数と宣言しているがreturn文がない。
   ※main関数だけはreturn文を記述する必要がありません。

4. 解答例は以下のとおりです。

▶リストA.1 ch02-6q02.c

```
int main(void)
{
    return 3;
}
```

または

```
int main(int argc, char *argv[])
{
    return 3;
}
```

練習問題 2.7 P.55

1. `func();`
2. `func2(1, 1, 1);`

3. func2(one(), one(), one());

この章の理解度チェック P.56

1. 以下のものがコンソールに表示されます。

```
Good morning!
Good night!
```

このように表示される理由は以下のとおりです。

puts("Hello!") と puts("Good afternoon!"); はコメント内に記述されているため、コンパイル対象ではないから。

2. 解答例は以下のとおりです。

▶リストA.2 ch02-8q02.c

```
#include <stdio.h>
int main(void)
{
    puts("Hello world!");
    return 0;
}
```

または

```
#include <stdio.h>
int main(int argc, char *argv[])
{
    puts("Hello world!");
    return 0;
}
```

いずれの場合も、関数本体の最後の return 0; は省略可能です。

3. 解答例は以下のとおりです。

▶リストA.3 ch02-8q03.c

```
#include <stdio.h>
#include <stdlib.h>
int sum(int x, int y)
{
    return x + y;
}
int main(int argc, char *argv[])
{
    return sum(atoi(argv[1]), atoi(argv[2]));
}
```

argvの順番は以下のように逆でもかまいません。

```
int main(int argc, char *argv[])
{
    return sum(atoi(argv[2]), atoi(argv[1]));
}
```

4. それぞれ以下のような問題があります。

(1) キーワードvoidは、関数名には使用できない。
(2) キーワードreturnは、パラメータ名には使用できない。
(3) 「-」は識別子（関数名）には使用できない。
(4) 文を構成する末尾の「;」がない。

第3章の解答

前章の復習問題 P.58

1. (1) 7
(2) 8
(3) 16

2. 解答例は以下のとおりです。

▶リストA.4　ch03-0q01.c

```
#include <stdio.h>
int main(void)
{
    puts("C is nice!");
    return 0;
}
```

説明：関数宣言は

```
int main(int argc, char* argv[])
```

でもかまいません。ただし、関数本体でargc、argvのいずれのパラメータも使用していないので、voidとするほうがよいでしょう。
return 0; の行は省略可能です。

3. 1行目:　#includeディレクティブに指定するヘッダーファイル名は<>または「"」で囲む必要があります。
2行目:　実行可能なプログラムにはmain関数が必要です。
3、6行目:　関数本体の複合文は{}で囲みます。
4行目:　文字列は「"」で囲みます。
4、5行目:　文が必要なので末尾に「;」を付けます。

解答例は以下のとおりです。

▶リストA.5　ch03-0q02a.c

```
#include <stdio.h>
int main(void)
{
    puts("hello!");
    return 0;
}
```

練習問題　3.1　P.60

1.　a、b、c

練習問題　3.2　P.63

1.　▶リストA.6　ch03-2q01.c

```
#include <stdio.h>
#include <stdlib.h>
int main(int argc, char *argv[])
{
    printf("%d¥n", atoi(argv[1]) - atoi(argv[2]));
}
```

2.　▶リストA.7　ch03-2q02.c

```
#include <stdio.h>
#include <stdlib.h>
int main(int argc, char *argv[])
{
    printf("%d¥n", atoi(argv[1]) * atoi(argv[2]));
}
```

3.　▶リストA.8　ch03-2q03.c

```
#include <stdio.h>
#include <stdlib.h>
int main(int argc, char *argv[])
{
    printf("%d...%d¥n", atoi(argv[1]) / atoi(argv[2]), atoi(argv[1]) % atoi(argv[2]));
}
```

練習問題　3.3　P.65

1.　a.　正しい。xには8が代入される。
　　b.　正しい。funcの引数は8となる。xにも8が代入される。
　　c.　誤り。関数呼び出しには代入できない。

d. 誤り。定数には代入できない。

e. 正しい。xにはfunc(10)の実行結果が代入される。

f. 誤り。「3 * y」には代入できない。

2. a. `sum = x + y;`

b. `diff = x - y;`

c. `prod = x * y;`

d. `quot = x / y;`

➡ch03-3q01a.c

練習問題 3.4 P.67

1.

```
int x = 8;
x *= 5;
```

2. (1) 13

(2) 7

(3) 30

(4) 3

(5) 1

練習問題 3.5 P.69

1. (1) x = x + 1;

(2) x += 1;

(3) ++x;

(4) x++;

2. (1) 11

(2) 10

(3) 10

3. (1) 誤り。--- という演算子はない。

(2) 9

(3) 9

(4) 誤り。デクリメント演算子の適用対象が単項演算式 -x である。これは変数（lvalue）ではないため、デクリメント演算子を適用できない。

(5) 誤り。後置デクリメント式 x-- によって得られた値の9は変数（lvalue）ではないため、前置デクリメント演算子を適用できない。

練習問題 3.6 P.72

1. 0060は8進数の48であるため。

練習問題　3.7　P.74

1. 解答例は以下のとおりです。

▶リストA.9　ch03-7q01.c

```
#include <stdio.h>
int main(void)
{
    int x = 0x00A0;
    printf("%d¥n", x);
}
```

説明：初期化に記述する定数は、0xA0、0x000000A0、0xa0、0x00a0、0XA0、0X00A0などでもかまいません。また int型のバイト数については説明していないのでこの解答例では0x00A0としていますが、本文の解説に従えば、0x000000A0と記述するのがよいでしょう。本書の以降の解答では本文での解説に従って、前置には「0x」、数値の記述には大文字、桁数は型のバイト数の2倍を利用します。

練習問題　3.8　P.77

1. ▶リストA.10　ch03-8q01.c

```
#include <stdio.h>
#include <stdint.h>
int main(void)
{
    int16_t x = -10;
    int32_t y = x;
    printf("%d, %d¥n", x, y);
}
```

2. ▶リストA.11　ch03-8q02.c

```
#include <stdio.h>
#include <stdint.h>
int main(void)
{
    uint16_t x = -10;
    uint32_t y = x;
    printf("%d, %d¥n", x, y);
}
```

3. ▶リストA.12　ch03-8q03.c

```
#include <stdio.h>
#include <stdint.h>
int main(void)
{
    int32_t x = -10;
```

```
    uint16_t y = x;
    printf("%d, %d¥n", x, y);
}
```

4. ▶リストA.13　ch03-8q04.c

```
#include <stdio.h>
#include <stdint.h>
int main(void)
{
    uint32_t x = -10;
    int16_t y = x;
    uint16_t z = y;
    x = z;
    printf("%d, %d¥n", x, y);
}
```

練習問題 3.9 P.81

1. ch03-9q01.cのprintfのある6行目を、以下のように修正します。2つのうち、いずれでもかまいません。

- `printf("%lli¥n", value);`
- `printf("%lld¥n", value);`

2. unsignedでは最小値が0なのは自明なため。

3. 解答例は以下のとおりです。この問題の主眼は正しい型名を利用して変数を宣言する点にあります。したがって、変数名は異なってもかまいません。

▶リストA.14　ch03-9q02.c

```
#include <stdio.h>
#include <limits.h>
int main(void)
{
    int i = INT_MAX;
    unsigned int u = UINT_MAX;
    long l = LONG_MAX;
    unsigned long ul = ULONG_MAX;
    long long ll = LLONG_MAX;
    unsigned long long ull = ULLONG_MAX;
    printf("%i¥n", i);
    printf("%u¥n", u);
    printf("%li¥n", l);
    printf("%lu¥n", ul);
    printf("%lli¥n", ll);
    printf("%llu¥n", ull);
}
```

4. 定数に左辺がないため、32と48はint型（32ビット）でコードが生成されます。しかし、書式指定は引数をlong long型（64ビット）とunsigned long long型（64ビット）として取り出しているため正しく処理できません。定数に接尾辞を付けて書式指定の型に合わせる必要があります。
解答例は以下のとおりです。

▶リストA.15　ch03-9q03a.c

```
#include <stdio.h>
int main(void)
{
    printf("%lli,%llu¥n", 32LL, 48ULL);
}
```

練習問題 3.10 P.84

1. ▶リストA.16　ch03-10q01.c

```
#include <stdio.h>
#include <stdlib.h>
int main(int argc, char *argv[])
{
    double x = atof(argv[1]);
    double y = atof(argv[2]);
    printf("%f¥n", x + y);
    printf("%f¥n", x - y);
    printf("%f¥n", x * y);
    printf("%f¥n", x / y);
}
```

2. ▶リストA.17　ch03-10q02.c

```
#include <stdio.h>
#include <float.h>
int main(void)
{
    printf("%Lf¥n", LDBL_MAX);
}
```

練習問題 3.11 P.90

1. 以下のようにコンソール出力されます。

```
> Hello world!
> 2017
```

2. ▶リストA.18　ch03-11q02a.c

```
#include <stdio.h>
#include <stdlib.h>
#define P(o) printf("%i¥n", x o y);
int main(int argc, char *argv[])
{
    int x = atoi(argv[1]);
    int y = atoi(argv[2]);
    P(+)
    P(-)
    P(*)
    P(/)
}
```

説明：4行にわたる共通箇所のprintf("%i¥n", x ? y);をマクロにすることを考えます。各行で異なるのは?の箇所（演算子）なので演算子を関数的マクロのパラメータとします。「;」もマクロに含まれているため、Pマクロを利用した行末に「;」を記述する必要はありません。

練習問題　3.12 P.91

1. int型の変数に代入し、それをprintfに与えて出力します。

▶リストA.19　ch03-12q01.c

```
#include <stdio.h>
int main(void)
{
    double d = 321.253;
    int n = d;
    printf("%i¥n", n);
}
```

2. 解答例は以下のとおりです。

▶リストA.20　ch03-12q02.c

```
#include <stdio.h>
#include <limits.h>
int main(void)
{
    printf("%lli¥n", (long long)(unsigned)INT_MIN);
}
```

または

```
#include <stdio.h>
#include <stdint.h>
#include <limits.h>
int main(void)
```

```
{
    printf("%lli¥n", (int64_t)(uint32_t)INT_MIN);
}
```

この章の理解度チェック P.92

1. (1) ▶リストA.21 ch03-12q03.c

```
#include <stdio.h>
#include <limits.h>
int main(void)
{
    long long ll = INT_MAX;
    ll *= INT_MAX;
    printf("%lli¥n", ll);
}
```

(2) ▶リストA.22 ch03-12q04.c

```
#include <stdio.h>
#include <limits.h>
int main(void)
{
    printf("%lli¥n", (long long)INT_MAX * INT_MAX);
}
```

説明：printfの行は以下のいずれでもかまいません。

- `printf("%lli¥n", INT_MAX * (long long)INT_MAX);`
- `printf("%lli¥n", (long long)INT_MAX * (long long)INT_MAX);`

2. (1) ▶リストA.23 ch03-12q05.c

```
#include <stdio.h>
int main(void)
{
    char ch = 0xff;
    printf("%i¥n", ch + ch);
}
```

(2) ▶リストA.24 ch03-12q06.c

```
#include <stdio.h>
int main(void)
{
    printf("%i¥n", (char)0xff + (char)0xff);
}
```

3. 以下のようにコンソール出力されます。

```
10
12
12
10
10
```

4. (1) ▶リストA.25 ch03-12q08a.c

```
#include <stdio.h>
#include <stdlib.h>
#define MUL(x, y) atoi(x) * atoi(y)
int main(int argc, char *argv[])
{
    printf("%i¥n", MUL(argv[1], argv[2]));
    printf("%i¥n", MUL(argv[1], "8"));
}
```

(2) ▶リストA.26 ch03-12q08b.c

```
#include <stdio.h>
#include <stdlib.h>
#define MUL(x, y) atoi(x) * (y)
int main(int argc, char *argv[])
{
    printf("%i¥n", MUL(argv[1], atoi(argv[2])));
    printf("%i¥n", MUL(argv[1], 8));
}
```

第４章の解答

前章の復習問題 P.94

1. a. `#define ONE_TWO_THREE "123"`

b. `#define FOUR_FIVE_SIX 456`

2. ▶リストA.27 ch04-0q01.c

```
#include <stdio.h>
#include <limits.h>
#include <float.h>
int main(void)
{
    printf("%i¥n", INT_MIN);
    printf("%i¥n", INT_MAX);
    printf("%f¥n", -DBL_MAX);
    printf("%f¥n", DBL_MAX);
}
```

3. 最大の整数はLLONG_MAXではなくULLONG_MAXです。解答例は以下のとおりです。

▶ リストA.28　ch04-0q02.c

```
#include <stdio.h>
#include <limits.h>
int main(void)
{
    printf("%llu¥n", ULLONG_MAX);
    printf("%lli¥n", LLONG_MIN);
}
```

4. printfはそれぞれの変数ごとに記述してもかまいません。解答例は以下のとおりです。

▶ リストA.29　ch04-0q03.c

```
#include <stdio.h>
#include <stdint.h>
int main(void)
{
    int8_t i8 = -1;
    int16_t i16 = i8;
    int32_t i32 = i16;
    int64_t i64 = i32;
    printf("%i, %i, %i, %lli¥n", i8, i16, i32, i64);
}
```

5. printfはそれぞれの変数ごとに記述してもかまいません。解答例は以下のとおりです。

▶ リストA.30　ch04-0q04.c

```
#include <stdio.h>
#include <stdint.h>
int main(void)
{
    uint8_t i8 = -1;
    uint16_t i16 = i8;
    uint32_t i32 = i16;
    uint64_t i64 = i32;
    printf("%u, %u, %u, %llu¥n", i8, i16, i32, i64);
}
```

練習問題　4.1 P.96

1. c

説明：bool、trueはstdbool.hで定義された識別子です。

2. 1

説明：_Boolは0または1のみを取る特殊な型なので整数型とは異なります。整数型では、代入演算の左項の変数のビット数を超える右項のビットは切り捨てられます。下のリストのように、int8_tを利用すると、代入した定数の下位8ビットの0が出力されます。

```
#include <stdio.h>
#include <stdint.h>
int main(void)
{
    int8_t i8 = 1234500000000000LL;
    printf("%i¥n", i8);
}
```

➡ch04-1q02.c

練習問題 4.2 P.98

1. -1+1は0なので何も出力されない。
2. 何も出力されない。unsigned int型のUINT_MAXは、int型の-1となるため、条件式は-1+1で0となる。
3. 何も出力されない。unsigned int型のUINT_MAXに1を加算するとオーバーフローする。unsigned int型のビット数分は0となるため、条件式は偽と判断される。
4. 2個。argcは実行したコマンド分の1から始まるため、コマンドライン引数が2個で3となる。

練習問題 4.3 P.101

1. ▶リストA.31 ch04-3q01a.c

```
#include <stdio.h>
int main(int argc, char *argv[])
{
    if (argc - 3) {
        puts("not two!");
    } else {
        puts("two!");
    }
}
```

2. ▶リストA.32 ch04-3q02a.c

```
#include <stdio.h>
int main(void)
{
    if (0)
        puts("not here");
    else {
        puts("here I come");
        puts("hello world!");
    }
}
```

練習問題 4.4 P.104

1. ▶リストA.33 ch04-4q01.c

```
#include <stdio.h>
int main(int argc, char *argv[])
{
    if (argc == 3) {
        puts("Bingo!");
    } else {
        puts("Oops!");
    }
}
```

2. ▶リストA.34 ch04-4q02.c

```
#include <stdio.h>
#include <stdlib.h>
int main(int argc, char *argv[])
{
    if (argc != 2) {
        puts("specify a number");
    } else {
        int n = atoi(argv[1]);
        if (n > 123) {
            puts("greater");
        } else if (n < 123) {
            puts("less");
        } else {
            puts("Bingo!");
        }
    }
}
```

3. 意味を持たないのはargc == 2。argcが2と等しいかを判断する前にargcが1より大きいかが判断されるため。解答例は以下のとおりです。

▶リストA.35 ch04-4q03a.c

```
#include <stdio.h>
int main(int argc, char *argv[])
{
    if (argc > 5) {
        puts("argc > 5");
    } else if (argc == 2) {
        puts("argc == 2");
    } else if (argc > 1) {
        puts("argc > 1");
    } else {
        puts("not match");
    }
```

```
}
```

または

```
#include <stdio.h>
int main(int argc, char *argv[])
{
    if (argc == 2) {
        puts("argc == 2");
    } else if (argc > 5) {
        puts("argc > 5");
    } else if (argc > 1) {
        puts("argc > 1");
    } else {
        puts("not match");
    }
}
```

4. ▶リストA.36　ch04-4q04.c

```
#include <stdio.h>
#include <stdlib.h>
int main(int argc, char *argv[])
{
    if (argc != 2) {
        puts("no arguments");
        return 1;
    }
    int n = atoi(argv[1]);
    if (n % 15 == 0) {
        puts("FizBaz");
    } else if (n % 5 == 0) {
        puts("Baz");
    } else if (n % 3 == 0) {
        puts("Fiz");
    } else {
        puts(argv[1]);
    }
}
```

練習問題　4.5　P.108

1. argcが3より小さくかつargcが4より大きいということはあり得ないため。

2. (1)　`!(x == 3 || x == 2)`

(2)　`!(x <= 3 && x >= 2)`

3. 以下のものがコンソールに出力されます。

```
t
f
f
t
t
true
```

練習問題 4.6 P.112

1. 以下のような問題点があります。

- 最初のx + 1というcaseラベルは定数ではないのでコンパイルできない。
- 識別子Xのcaseラベルはbreak文がないため後続の識別子Yのcaseラベルも実行される。しかしputsする内容から、これはバグと考えられる。putsの行と識別子Yのcaseラベルの行の間にbreak文の行が必要である。
- defaultラベルが途中にあることと、最後の識別子Yのcaseラベルのあとにbreak文がないことは文法的には問題はない。ただし、defaultラベルが途中にあるのはあまりよい書き方ではない。
- 識別子Yは定数（X + 1はXが8に置き換えられるため9となる）なので問題ない。

2. ▶リストA.37　ch04-6q01.c

```
#include <stdio.h>
#include <stdlib.h>
int main(int argc, char *argv[])
{
    if (argc != 4) {
        return 1;
    }
    int x = atoi(argv[2]);
    int y = atoi(argv[3]);
    switch (atoi(argv[1])) {
    case 0:
        x += y;
        break;
    case 1:
        x -= y;
        break;
    case 2:
        x *= y;
        break;
    case 3:
        x /= y;
        break;
    default:
        puts("1st argument should be 0 to 3");
        return 2;
    }
    printf("%d¥n", x);
    return 0;
}
```

練習問題　4.7　P.113

1.　解答例は以下のとおりです。

```
bool even(int n)
{
    return (n % 2 == 0) ? true : false;
}
```

2.　解答例は以下のとおりです。

```
bool even(int n)
{
    return n % 2 == 0;
}
```

以下のように記述しても間違いではありません。

```
bool even(int n)
{
    if (n % 2 == 0) {
        return true;
    } else {
        return false;
    }
}
```

この章の理解度チェック　P.114

1.　▶リストA.38　ch04-8q01.c

```
#include <stdio.h>
#include <stdbool.h>
bool odd(int n)
{
    return n % 2 == 1;
}
int main(int argc, char *argv[])
{
    if (odd(argc - 1)) {
        puts("odd");
    } else {
        puts("even");
    }
}
```

説明：argcはコマンド自身を示す1から始まるため、コマンドライン引数の数はargcから1を引く必要があります。

2. ▶リストA.39　ch04-8q02.c

```
#include <stdio.h>
#include <stdlib.h>
int main(int argc, char *argv[])
{
    if (argc != 2) {
        puts("specify a number");
    } else {
        int n = atoi(argv[1]);
        if (n % 30 == 0) {
            puts("C");
        } else if (n % 10 == 0) {
            puts("A");
        } else if (n % 3 == 0) {
            puts("B");
        } else {
            puts("D");
        }
    }
}
```

3. ▶リストA.40　ch04-8q03.c

```
#include <stdio.h>
#include <stdlib.h>
int main(int argc, char *argv[])
{
    if (argc != 2) {
        puts("specify a number");
    } else {
        switch (atoi(argv[1]) % 5) {
        case 0:
            puts("ZERO");
            break;
        case 1:
            puts("ONE");
            break;
        case 2:
            puts("TWO");
            break;
        case 3:
            puts("THREE");
            break;
        case 4:
            puts("FOUR");
            break;
        }
    }
}
```

4. ▶リストA.41　ch04-8q04.c

```
#include <stdio.h>
#include <stdlib.h>
int main(int argc, char *argv[])
{
    if (argc != 2) {
        puts("specify a number");
    } else {
        int n = atoi(argv[1]);
        if (n <= 10) {
            puts("too small");
        } else if (n > 20) {
            puts("too large");
        } else if (n == 15) {
            puts("good");
        } else {
            puts("OK");
        }
    }
}
```

第5章の解答

前章の復習問題　P.116

1. 解答例は以下のとおりです。

(1)　`x > 8`

(2)　`x < 8`

(3)　`x > 0 && x <= 3`

(4)　`x >= 0 && x <= 3`

(5)　`x >= 0 && x < 3`

(6)　`x >= 0 &&  y >= 4`

(7)　`x == 0 || x == 3`

(8)　`x != 5`

2. ▶リストA.42　ch05-0q01.c

```
#include <stdio.h>
int main(int argc, char *argv[])
{
    if (argc == 1) {
        puts("Hello world!");
    } else {
        puts(argv[1]);
    }
}
```

3. ▶リストA.43　ch05-0q02.c

```
int main(int argc, char *argv[])
{
    return (argc == 1) ? 0 : 1;
}
```

4. stdbool.h

練習問題　5.1　P.123

1. 初期化子リストを使う方法は以下のとおりです。

```
int x[] = { 10, 20, 30, 40, 50 };
```

初期化子リストを使わない方法は以下のとおりです。

```
int x[5];
x[0] = 10;
x[1] = 20;
x[2] = 30;
x[3] = 40;
x[4] = 50;
```

2. 2番目の要素の値は「0」です。

3. 以下のような誤りがあります。

- 要素数3の配列の初期化子リストに4つの要素が含まれている。この誤りはコンパイラによって警告され、4番目の要素の代入は無視される。
- a[3]は配列の宣言した要素の上限を超えている。この誤りはコンパイラによって警告されるが、実際にアクセスするコードが生成され、コンソールには不定値が出力される。
- a[-1]はインデックスとして負値を与えている。この誤りはコンパイラによって警告されるが、実際にアクセスするコードが生成され、コンソールには不定値が出力される。

練習問題　5.2　P.128

1. 式2でiとargcの比較を<ではなく<=で行っている。
++iは問題ない。

2. ▶リストA.44　ch05-2q02a.c

```
#include <stdio.h>
int main(int argc, char *argv[])
{
    for (int i = 1; i < argc; i++) {
        puts(argv[i]);
    }
}
```

3. for文に継続判定式がないため、ループが終了しない。for文を以下のように修正する。

```
for (int i = 1; i < argc; i++) {
    puts(argv[i]);
}
```

4. ▶リストA.45　ch05-2q04.c

```
#include <stdio.h>
#include <stdlib.h>
int main(int argc, char *argv[])
{
    if (argc != 2) {
        puts("usage: a.exe number");
        return 1;
    }
    int sum = 0;
    for (int i = 1; i <= atoi(argv[1]); i++) {
        sum += i;
    }
    printf("%i¥n", sum);
}
```

練習問題　5.3　P.132

1. intが32ビットならば、結果は-808182895となります。解答例は以下のとおりです。

▶リストA.46　ch05-3q01.c

```
#include <stdio.h>
int main(void)
{
    for (int value = 1;;) {
        value += value * 2;
        if (value < 0) {
            printf("%i¥n", value);
            break;
        }
    }
}
```

あるいは、無限ループとbreak文を使わず以下のように作成してもかまいません。

```
#include <stdio.h>
int main(void)
{
    int value = 1;
    for (; value >= 0; value += value * 2);
```

```
    printf("%i¥n", value);
}
```

説明：この解答で使用しているfor (節1; 式2; 式3); はループ本体が不要な特定の計算の繰り返しを実行するためにまれに使われることがある書き方です。ループ本体は()に続く「;」によって空の文が設定されています。書いた本人以外にはパッと見ただけでは構造がわかりにくいので通常のプログラミングでは使わないほうがよいでしょう。

原則としてfor文内での計算に使用する変数はfor文の節1で宣言するのが望ましいという観点から判断すると、最初の解答例のほうがよいことになります。

一方、できるだけ式2の継続判定を設定して無限ループは使用しないようにするという考え方も間違いではありません。条件設定のミスで本物の無限ループとなるバグは致命的だからです。その観点からは後者の解答例のほうがよいということになります。

2. ▶リストA.47　ch05-3q02.c

```
#include <stdio.h>
#include <stdlib.h>
#include <limits.h>
int main(int argc, char *argv[])
{
    int value = INT_MAX;
    for (int i = 1; i < argc; i++) {
        int divisor = atoi(argv[i]);
        if (!divisor) {
            puts("divisor is 0");
            return 1;
        }
        value /= divisor;
    }
    printf("%i¥n", value);
}
```

練習問題 5.4 P.134

1. ▶リストA.48　ch05-4q01.c

```
#include <stdio.h>
int main(void)
{
    for (int i = 1; i <= 30; i++) {
        if (i % 6 == 0) {
            continue;
        }
        printf("%i¥n", i);
    }
}
```

説明：このプログラムでは、if文の条件式を(!(i % 6))と書かずに(i % 6 == 0)と書いて()の数を減らしており、読みやすくなっています。もし、記述方法にできる限り一貫性を持たせたいのであれば、== 0は避けるべきなので(!(i % 6))を使ってください。

2. ▶リストA.49　ch05-4q02.c

```
#include <stdio.h>
int main(void)
{
    for (int i = 1; i <= 50; i++)
    {
        if (i % 15 == 0) {
            puts("FizzBuzz");
            continue;
        }
        if (i % 5 == 0) {
            puts("Buzz");
            continue;
        }
        if (i % 3 == 0) {
            puts("Fizz");
            continue;
        }
        printf("%i¥n", i);
    }
}
```

練習問題 5.5 P.137

1. ▶リストA.50　ch05-5q01.c

```
#include <stdio.h>
#include <stdbool.h>
int main(void)
{
    bool need_break = false;
    for (int x = 0; x < 5; x++) {
        for (int y = 0; y < 5; y++) {
            for (int z = 0; z < 5; z++) {
                printf("x:%i, y:%i, z:%i¥n", x, y, z);
                if (x == 1 && y == 2 && z == 3) {
                    need_break = true;
                    break;
                }
            }
            if (need_break) {
                break;
            }
        }
        if (need_break) {
```

```
                break;
            }
        }
        puts("end");
    }
```

説明：この問題では、各for文の式2をx < 5 && !need_breakのように記述する方法もあります。ただし、フラグを使ってループを抜ける処理が例外的なのであれば、通常のループの継続条件には含めずに、ここで示したようにif文とbreak文の組み合わせとするほうが、特殊性が明らかになるため望ましい書き方です。

また、このような方法でループを抜ける場合は、外側のループ本体に別の処理が続く可能性があるため、解答例のように内側のループから抜け出した直後にチェックするほうがバグを防止できます。

2. ▶リストA.51　ch05-5q02.c

```
#include <stdio.h>
#include <stdbool.h>
int main(void)
{
    bool end_loop = false;
    for (int i = 0; i < 8; i++) {
        switch (i % 3) {
        case 0:
            puts("Fizz");
            break;
        case 1:
            puts("Fizz + 1");
            break;
        case 2:
            end_loop = true;
            break;
        default:
            puts("bug! never come here");
        }
        if (end_loop) {
            break;
        }
    }
    puts("end");
}
```

説明：ループからの脱出用に導入したフラグ（end_loop）のチェックをfor文の式2（継続条件）に記述することも可能です。ただし一般論として、switch文の直後にチェックしてbreakするようにしたほうがバグを防止できます。

この章の理解度チェック P.139

1. 解答例は以下のとおりです。

▶リストA.52　ch05-6q01.c

```
#include <stdio.h>
#include <stdbool.h>
#define RANGE_BEGIN 30
#define RANGE_END 80
int main()
{
    bool multiples[RANGE_END + 1] = {}; // ある数の倍数なら真に設定する
    // 2以上の数について別の数の倍数かどうかを調べる
    for (int i = 2; i <= RANGE_END; i++) {
        if (multiples[i]) { // 倍数ならばスキップ
            continue;
        }
        if (i >= RANGE_BEGIN) {  // 出力範囲なら出力する
            printf("%i¥n", i);
        }
        // この数の倍数を真に設定する
        for (int j = 1; i * j <= RANGE_END; j++) {
            multiples[i * j] = true;
        }
    }
}
```

説明：解答にあたって解答例のように#defineを使って定数に名前を付ける必要はありませんが、すでに倍数として設定されたかどうかを判定するためのbool配列の上限値の意図（+1することで0からのインデックスと1からの数値の位置が一致する）は明確になります。

2.　(1)　▶リストA.53　ch05-6q02.c

```
#include <stdio.h>
#include <stdint.h>
int main(void)
{
    int32_t result16 = 1;
    for (int i = 2; ; i++) {
        if (result16 * i > INT16_MAX) {
            printf("16bit = %i, last multiplier=%i¥n", result16, i - 1);
            break;
        }
        result16 *= i;
    }
    int64_t result32 = 1;
    for (int i = 2; ; i++) {
        if (result32 * i > INT32_MAX) {
            printf("32bit = %lli, last multiplier=%i¥n", result32, i - 1);
            break;
        }
        result32 *= i;
    }
}
```

説明：インデックス変数の型がint32_tなどでも問題ありません。筆者はビット数を意識しない適当な大きさの整数にはCの基本的な型のintを利用するのがよいと考えているので、解答例もそうしています。stdint.hを利用するのであれば、正確なビット数の整数を利用するというのも見識です。

(2) ▶リストA.54 ch05-6q03.c

```
#include <stdio.h>
#include <stdint.h>
#include <stdbool.h>
int main(void)
{
    bool end16 = false;
    int64_t result = 1;
    for (int i = 2; ; i++) {
        if (!end16 && result * i > INT16_MAX) {
            printf("16bit = %lli, last multiplier=%i¥n", result, i - 1);
            end16 = true;
        }
        if (result * i > INT32_MAX) {
            printf("32bit = %lli, last multiplier=%i¥n", result, i - 1);
            break;
        }
        result *= i;
    }
}
```

第6章の解答

前章の復習問題 P.142

1. a. 誤り。
b. 3要素。各要素は1、2、3。
c. 3要素。各要素は1、2、3。
d. 4要素。各要素は不定。
e. 4要素。すべての要素は0。
f. 4要素。各要素は1、0、0、0。
g. C11に準拠して可変長配列をサポートしていれば正しい。要素数は9。各要素は不定。

2. 解答例は以下のとおりです。

▶リストA.55 ch06-0q01.c

```
#include <stdio.h>
int main(void)
{
    int a[10];
    for (int i = 0; i < 10; i++) {
        a[i] = (i % 2) ? i * 10 : i * 2;
```

```
    }
    for (int i = 0; i < 10; i++) {
        printf("%i¥n", a[i]);
    }
}
```

説明：最初のfor文の本体は以下のようにしてもかまいません。ただし、このように左項が同一の2分岐は条件演算を使用したほうがプログラムが読みやすくなります。if～else文よりも条件演算子を使用したほうがよいでしょう。

```
if (i % 2) {
    a[i] = i * 10;
} else {
    a[i] = i * 2;
}
```

3. ▶リストA.56　ch06-0q02.c

```
int main(void)
{
    int a[10];
    for (int i = 0, j = 9; i < 10; i++, j--) {
        a[i] = j;
    }
}
```

説明：変数宣言で「,」を使って複数の変数を宣言する方法については、第2章で解説しました。

4. ▶リストA.57　ch06-0q03.c

```
#include <stdio.h>
#include <stdlib.h>
#include <limits.h>
int main(int argc, char *argv[])
{
    if (argc == 1) {
        puts("no argument");
        return 1;
    }
    long long result = 1;
    for (int i = 1; i < argc; i++) {
        int val = atoi(argv[i]);
        if (!val) {
            continue;
        }
        if (result * val > INT_MAX) {
            puts("overflow!");
            break;
        }
        result *= val;
```

```
    }
    printf("%lli¥n", result);
}
```

練習問題 6.1 P.146

1. ▶リストA.58 ch06-1q01a.c

```
#include <stdio.h>
int main(int argc, char *argv[])
{
    int i = 0;
    while (i < argc) {
        puts(argv[i]);
        i++;
    }
}
```

2. ▶リストA.59 ch06-1q02.c

```
#include <stdio.h>
int main(int argc, char *argv[])
{
    if (argc != 3) {
        puts("specify from and to");
        return 1;
    }
    FILE *src = fopen(argv[1], "r");
    FILE *dst = fopen(argv[2], "w");
    int ch;
    while ((ch = fgetc(src)) != EOF) {
        fputc(ch, dst);
    }
    fclose(src);
    fclose(dst);
}
```

練習問題 6.2 P.149

1. 2

2. (1) ▶リストA.60 ch06-2q02.c

```
#include <stdio.h>
int main(void)
{
    for (int n = 1; n <= 10; n++) {
        printf("%i¥n", n);
```

```
    }
}
```

(2) 解答例は以下のとおりです。

▶リストA.61　ch06-2q03.c

```
#include <stdio.h>
int main(void)
{
    int n = 0;
    while (++n <= 10) {
        printf("%i¥n", n);
    }
}
```

または

▶リストA.62　ch06-2q04.c

```
#include <stdio.h>
int main(void)
{
    int n = 0;
    while (n++ < 10) {
        printf("%i¥n", n);
    }
}
```

(3) ▶リストA.63　ch06-2q05.c

```
#include <stdio.h>
int main(void)
{
    int n = 1;
    do {
        printf("%i¥n", n);
    } while (++n <= 10);
}
```

練習問題　6.3　P.153

1. ● コンソールに出力される値：

```
> a.exe
a0(0, 0, 0) = 1
a1(0, 0, 0) = 1
a0(0, 0, 1) = 2
a1(0, 0, 1) = 2
a0(0, 0, 2) = 3
a1(0, 0, 2) = 3
a0(0, 0, 3) = 4
a1(0, 0, 3) = 4
a0(0, 1, 0) = 4
a1(0, 1, 0) = 4
a0(0, 1, 1) = 5
a1(0, 1, 1) = 5
a0(0, 1, 2) = 6
a1(0, 1, 2) = 6
a0(0, 1, 3) = 7
a1(0, 1, 3) = 7
a0(1, 0, 0) = 7
a1(1, 0, 0) = 7
a0(1, 0, 1) = 8
a1(1, 0, 1) = 8
a0(1, 0, 2) = 9
a1(1, 0, 2) = 9
a0(1, 0, 3) = 10
a1(1, 0, 3) = 10
a0(1, 1, 0) = 10
a1(1, 1, 0) = 10
a0(1, 1, 1) = 11
a1(1, 1, 1) = 11
a0(1, 1, 2) = 12
a1(1, 1, 2) = 12
a0(1, 1, 3) = 1561854074 ……（不定）
a1(1, 1, 3) = 1
```

- 条件式(int z = 0; z < 3; z++)を(int z = 0; z < 4; z++)と書き換えた場合に出力結果が異なる理由：
  解答例は以下のとおりです。

  a0、a1とも共通なので以下、インデックスの組み合わせを使用する。

- 出力される値の解答例

  zインデックスで示される次元の要素数を超えた。
  (0, 0, 3)には(0, 1, 0)の値が出力される。
  (0, 1, 3)には(1, 0, 0)の値が出力される。
  (1, 1, 3)には不定値が出力される。ただしclangの変数の配置では、a1の上限を超えた位置にa0が配置されるため a1(1, 1, 3)は常に1となる。これはa0(0, 0, 0)の内容である。

- なぜそうなるかの解答例

  なぜならば、zインデックスが要素数の上限を超えたため、インデックス変数yで示される次元の次の位置以降およびインデックス変数yで示される次元の上限に達するとインデックス変数xで示される次元の次の位置以降にアクセスするからである。

この章の理解度チェック P.153

1. (1) 解答例は以下のとおりです。

▶ リストA.64　ch06-4q01.c

```
#include <stdio.h>
int main(void)
{
    for (int n = 9; n >= 0; n--) {
        printf("%i¥n", n);
    }
}
```

(2) 解答例は以下のとおりです。

▶ リストA.65　ch06-4q02.c

```
#include <stdio.h>
int main(void)
{
    int n = 10;
    while (--n >= 0) {
        printf("%i¥n", n);
    }
}
```

または

```
#include <stdio.h>
int main(void)
{
    int n = 10;
    while (n--) {
        printf("%i¥n", n);
    }
}
```

(3) ▶ リストA.66　ch06-4q03.c

```
#include <stdio.h>
int main(void)
{
    int n = 9;
    do {
        printf("%i¥n", n);
    } while (n--);
}
```

2. 解答例は以下のとおりです。

▶リストA.67　ch06-4q04.c

```
#include <stdio.h>
int main(void)
{
    int lf = 0;
    do {
        int ch = getchar();
        printf("%c", ch);
        if (ch == '¥n') {
            lf++;
        }
    } while (lf < 3);
}
```

3. 解答例は以下のとおりです。

```
int m[2][3];
m[0][0] = 1;
m[0][1] = 2;
m[0][2] = 3;
m[1][0] = 4;
m[1][1] = 5;
m[1][2] = 6;
int r = 0;
do {
    int c = 0;
    while (c < 3) {
        printf("%i¥n", m[r][c++]);
    }
} while (++r < 2);
```

4. 解答例は以下のとおりです。

```
int m[][3] = { { 1, 2, 3 }, { 4, 5, 6 } };
```

または、以下のとおりです。

```
int m[][3] = { { 1, 2, 3, }, { 4, 5, 6, } };
```

説明：mの宣言はm[2][3]でもかまいません。ただし、問題の趣旨から、

```
int m[][3] = { 1, 2, 3, 4, 5, 6, };
```

は望ましくありません。

第7章の解答

前章の復習問題 P.156

1. ▶リストA.68　ch07-0q1.c

```
#include <stdio.h>
```

```
int main(void)
{
    int i = 0;
    while (i++ < 10) {
        printf("%i¥n", i);
    }
}
```

2. ▶リストA.69　ch07-0q2.c

```
#include <stdio.h>
int main(void)
{
    int i = 0;
    do {
        printf("%i¥n", i);
    } while (++i < 10);
}
```

3. ▶リストA.70　ch07-0q3.c

```
#include <stdio.h>
int main(void)
{
    int a[][3] = { 1, 2, 3, 4, 5, 6, 7, 8, 9 };
    for (int i = 0; i < 3; i++) {
        for (int j = 0; j < 3; j++) {
            printf("%i¥n", a[i][j]);
        }
    }
}
```

練習問題 7.1 P.166

1. a.　誤り。文字は""ではなく''で囲む。

b.　正しい。

c.　誤り。¥はエスケープ文字'¥¥'と記述する。

d.　正しい。

2. 解答例は以下のとおりです。

▶リストA.71　ch07-1q01.c

```
#include <stdio.h>
int main(void)
{
    for (char c = 'A'; c <= 'Z'; c++) {
        printf("%c¥n", c);
    }
```

```
}
```

3. 解答例は以下のとおりです。

● Windows、macOS用

▶ リストA.72　ch07-1q02.c

```
#include <stdio.h>
#include <uchar.h>
#include <locale.h>
int main(void)
{
    setlocale(LC_CTYPE, "ja");
    for (wchar_t c = L'な'; c <= L'の'; c++) {
        printf("%lc¥n", c);
    }
}
```

説明：for文の()内は文字コードを指定して、以下のようにしてもかまいません。

```
for (wchar_t c = L'¥x306A'; c <= L'¥x306E'; c++)
```

● Linux用

▶ リストA.73　ch07-1q02-linux.c

```
#include <stdio.h>
#include <wchar.h>
#include <locale.h>
int main(void)
{
    setlocale(LC_CTYPE, "ja_JP.utf-8");
    for (wchar_t c = L'な'; c <= L'の'; c++) {
        printf("%lc¥n", c);
    }
}
```

4. 解答例は以下のとおりです。なお、以下のリストはUTF-8で保存する必要があります。また、Windowsで実行する場合はコンソールのコードページを65001に変更する必要があります。

▶ リストA.74　ch07-1q03.c

```
#include <stdio.h>
#include <ctype.h>
int main(int argc, char *argv[])
{
    if (argc < 2) {
        puts("英大文字または数字を入力してください");
    } else {
        char c = argv[1][0];
        if (isupper(c)) {
            printf("%c¥n", tolower(c));
```

```
        } else if (isdigit(c)) {
            printf("%i¥n", c - '0' + 3);
        } else {
            puts("英大文字または数字を入力してください");
        }
    }
}
```

説明：表7.2「ASCII文字セット」から、数字は'0'の文字コードからの連番であることがわかります。したがって、数字の値はその文字コードから'0'の文字コードを減じたものとなります。その結果に3を加えると答えが求まります。

練習問題 7.2 P.173

1. 解答例は以下のとおりです。

▶リストA.75 ch07-2q01.c

```
#include <stdio.h>
int main(void)
{
    char a[] = "This is a string.";
    int len = 0;
    for (int i = 0; a[i]; i++) {
        len++;
    }
    printf("%d¥n", len);
}
```

説明：ナル文字は整数0なので、配列のインデックスがナル文字に到達するとfor文の条件部が偽となります。そこでループを抜けることで文字数を取得できます。

配列のインデックスを省略して、以下のようなプログラムとしてもかまいません。この場合、for文の本体は不要なので空の{ }を記述します。

▶リストA.76 ch07-2q02.c

```
#include <stdio.h>
int main(void)
{
    char a[] = "This is a string.";
    int len = 0;
    for (; a[len]; len++) {
    }
    printf("%d¥n", len);
}
```

2. Thi

3. (1) 11バイト

(2) 16ビットのユニコードの場合は22バイト。32ビットのユニコードの場合は44バイト

(3) 44バイト

(4) 22バイト

練習問題 7.3 P.182

1. 解答例は以下のとおりです。

▶リストA.77 ch07-3q02.c

```
#include <stdio.h>
#include <string.h>
#define MAX_STR_LEN 4
int main(int argc, char *argv[])
{
    char buff[MAX_STR_LEN + 1];
    for (int i = 1; i < argc; i++) {
        strncpy(buff, argv[i], MAX_STR_LEN);
        buff[MAX_STR_LEN] = '¥0';
        puts(buff);
    }
}
```

説明：文字列コピー用に確保する配列のサイズを1文字分大きく取り、strncpyの実行後にbuffの最後の要素にナル文字を設定します。

2. 解答例は以下のとおりです。

▶リストA.78 ch07-3q04.c

```
#include <stdio.h>
#include <string.h>
int main(int argc, char *argv[])
{
    if (argc == 3) {
        int result = strcmp(argv[1], argv[2]);
        if (result > 0) {
            puts(argv[1]);
        } else if (result < 0) {
            puts(argv[2]);
        } else {
            puts("same!");
        }
    }
}
```

3. 解答例は以下のとおりです。

▶リストA.79 ch07-3q05.c

```
#include <stdio.h>
```

```
#include <string.h>
#include <ctype.h>
int main(int argc, char *argv[])
{
    if (argc < 2) {
        return 1;
    }
    size_t len = 0;
    for (int i = 1; i < argc; i++) {
        len += strlen(argv[i]);
    }
    char result[len + 1];
    result[0] = '¥0';
    for (int i = 1; i < argc; i++) {
        strcat(result, argv[i]);
    }
    for (size_t i = 0; i < strlen(result); i++) {
        result[i] = tolower(result[i]);
    }
    puts(result);
}
```

説明：この解答例では、最初の文字列として長さ0（先頭がナル文字）を作成してstrcatで結合していますが、以下のように最初にargv[1]をstrcpyでコピーしたあとに残りのコマンドライン引数をstrcatで結合しても問題ありません。

▶ リストA.80　ch07-3q06.c

```
#include <stdio.h>
#include <string.h>
#include <ctype.h>
int main(int argc, char *argv[])
{
    if (argc < 2) {
        return 1;
    }
    size_t len = 0;
    for (int i = 1; i < argc; i++) {
        len += strlen(argv[i]);
    }
    char result[len + 1];
    strcpy(result, argv[1]);
    for (int i = 2; i < argc; i++) {
        strcat(result, argv[i]);
    }
    for (size_t i = 0; i < strlen(result); i++) {
        result[i] = tolower(result[i]);
    }
    puts(result);
}
```

この章の理解度チェック P.183

1. b、c、d、f

2. (1) '¥Ø'

(2) '¥t'

(3) '¥n'

(4) '¥r'

(5) '¥x1B'

3. 解答例は以下のとおりです。

▶リストA.81　ch07-4q01.c

```
#include <stdio.h>
int main(void)
{
    char hello[] = {'H', 'e', 'l', 'l', 'o', '!', '¥Ø' };
    puts(hello);
}
```

4. 解答例は以下のとおりです。

▶リストA.82　ch07-4q02.c

```
#include <stdio.h>
#include <string.h>
#include <ctype.h>
int main(int argc, char *argv[])
{
    if (argc != 2) {
        return 1;
    }
    if (strlen(argv[1]) == 1) {
        if (isalpha(argv[1][Ø])) {
            puts("A");
        } else if (isdigit(argv[1][Ø])) {
            puts("B");
        } else {
            puts("C");
        }
    }
}
```

5. 解答例は以下のとおりです。

▶リストA.83　ch07-4q03.c

```
#include <stdio.h>
#include <string.h>
#include <ctype.h>
```

```
void strtoupper(char s[])
{
    size_t len = strlen(s);
    for (int i = 0; i < len; i++) {
        s[i] = toupper(s[i]);
    }
}

int main(int argc, char *argv[])
{
    if (argc != 3) {
        return 1;
    }
    char s1[strlen(argv[1]) + 1];
    char s2[strlen(argv[2]) + 1];
    strcpy(s1, argv[1]);
    strcpy(s2, argv[2]);
    strtoupper(s1);
    strtoupper(s2);
    int diff = strcmp(s1, s2);
    if (diff > 0) {
        puts("1");
    } else if (diff == 0) {
        puts("0");
    } else {
        puts("-1");
    }
}
```

第8章の解答

前章の復習問題 P.186

1. (1) `char three = '3';`

(2) `wchar_t a = L'あ';`

(3) `char hello[] = "Hello";`

(4) `char hello[] = { 'H', 'e', 'l', 'l', 'o', '¥0' };`

2. 終端のナル文字分の1

3. (1) `size_t len = strlen(x);`

(2)
```
size_t len = strlen(x) + 1;
char y[len];
strcpy(y, x);
```

(3)
```
if (!strcmp(x, y)) {
    puts("match!");
}
```

または

```
if (strcmp(x, y) == 0) {
    puts("match!");
}
```

4. この設問のポイントは、逆順用の文字配列の要素数としてstrlen関数で取得したコマンドライン引数の文字数に1を加算することと、逆順用の文字配列の最後の要素にナル文字を設定することです。

▶リストA.84　ch08-0q04.c

```
#include <stdio.h>
#include <string.h>
int main(int argc, char *argv[])
{
    if (argc > 1) {
        size_t len = strlen(argv[1]);
        char rev[len + 1];
        rev[len] = '¥0';
        for (size_t i = 0; i < len; i++) {
            rev[len - i - 1] = argv[1][i];
        }
        printf("%s => %s¥n", argv[1], rev);
    }
}
```

練習問題　8.1　P.196

1. (1) `int16_t x;`
`int16_t *y = &x;`

(2) `int32_t x;`
`int32_t *y = &x;`

2. (1) `*chp = 'A';`

(2) `*p = 128;`

3. (1) `int32_t *xp = &x;`

(2) `*xp += 4;`

(3) `printf("%i¥n", *xp);`

(4) `printf("%p¥n", xp);`

4. 変数aは40、変数bは3

5. 8
説明：変数xのアドレスに対して間接演算を適用しているので元の変数xの値の8となります。

練習問題　8.2　P.201

1. a、b、d

2. d、e

説明：b（ポインター変数）は格納しているアドレスを取り出すことができるので、その意味であれば正解です。しかし、ポインター変数自身のアドレスを取得するにはアドレス演算が必要です。

3. ポインター変数bはポインター変数apの内容、つまり、変数aのアドレスで初期化されている。そのためポインター変数bに間接演算を適用すると、変数aが格納する値（=32）を取得できるため。

4. 解答例は以下のとおりです。

▶リストA.85　ch08-2q04.c

```
#include <stdio.h>
#include <stdint.h>
#include <stdlib.h>
int main()
{
    int32_t array[] = { 1, 2, 3, 4 };
    unsigned char u = 'x';
    int32_t *p0 = array;  // &array[0]も可
    int32_t *p3 = &array[2];
    unsigned char *up = &u;
    printf("%i, %i, %c¥n", *p0, *p3, *up);
}
```

練習問題 8.3 P.208

1. (1) 1

(2) 2

(3) 8

2. a. `for (size_t i = 0; i < sizeof a / sizeof a[0]; i++) {`

または

`for (size_t i = 0; i < sizeof a / sizeof(int32_t); i++) {`

b. `}`

3. (1) 解答例は以下のとおりです。

▶リストA.86　ch08-3q03a.c

```
#include <stdio.h>
#include <stdint.h>
int main()
{
    int32_t x = 0x01234567;
    uint8_t *p = (uint8_t *)&x;
    if (*p == 0x01) {
        puts("ビッグエンディアンです");
    } else {
        puts("リトルエンディアンです");
    }
}
```

説明：ch08-3q03a.cは、変数xのアドレスがint32_t（4バイト）の最初のバイトのアドレスだということを使用しています。最初のバイトに格納された値が0x01であればビッグエンディアン、0x67であればリトルエンディアンです。

最初のバイトを取り出すために、uint8_t型へのポインターを使用します。ただし、int32_t型へのポインターはそのままではuint8_t型へのポインターへは代入できません。そのため、キャスト演算を使用してuint8_t型へのポインターに変換しています。

ここでは0x01でなければ0x67となるため、elseの後ろに条件を付けていません。もしそれ以外のCPUアーキテクチャの存在も想定するのであれば次のようにしてもかまいません。

```
} else if (*p == 0x67) {
    puts("リトルエンディアンです");
} else {
    puts("どちらでもありません");
}
```

(2) 解答例は以下のとおりです。

▶リストA.87　ch08-3q03b.c

```
#include <stdio.h>
#include <stdint.h>
#include <stdlib.h>
int main(int argc, char *argv[])
{
    if (argc < 2) {
        return 1;
    }
    int32_t x = atoi(argv[1]);
    uint8_t *p = (uint8_t *)&x;
    printf("0x%08x¥n", p[0] * 0x1000000 + p[1] * 0x10000 + p[2] * 0x100 + p[3]);
}
```

4. 解答例は以下のとおりです。

▶リストA.88　ch08-3q04.c

```
#include <stdio.h>
#include <string.h>
int main(int argc, char *argv[])
{
    if (argc < 2) {
        return 1;
    }
    char *p = argv[1] + strlen(argv[1]) - 1;
    while (p >= argv[1]) {
        printf("%c", *p);
        p--;
    }
    puts("");
}
```

別解は以下のとおりです。こちらの方法であれば、ポインター変数pを使用せずに、printf("%c", argv[1][i - 1]);を使うこともできます。

▶リストA.89　ch08-3q04-2.c

```
#include <stdio.h>
#include <string.h>
int main(int argc, char *argv[])
{
    if (argc < 2) {
        return 1;
    }
    size_t len = strlen(argv[1]);
    char *p = argv[1];
    for (size_t i = len; i >= 1; i--) {
        printf("%c", p[i - 1]);
    }
    puts("");
}
```

練習問題　8.4　P.214

1.
a. `int32_t (*a)(int32_t, int32_t, int32_t);`
b. `double (*b)(double, double);`
c. `char* (*c)(char*, char*, char*);`
d. `int (*d)(int, char* []);`
e. `void (*e)(char, char*, int[]);`
f. `int (*f)(int (*)(int, int), int (*)(int, int));`

2.
a. `void afunc();`
b. `int32_t bfunc(int32_t []);`
説明：int32_t bfunc(int32_t a[]);のようにパラメータ名を入れてもかまいません。
c. `char* cfunc(const char *p0, const char *p1);`
説明：char* cfunc(const char *, const char *); のようにパラメータ名を省略してもかまいません。

3. 解答例は以下のとおりです。

▶リストA.90　ch08-4q03.c

```
#include <stdio.h>
#include <stdlib.h>
#include <string.h>
int compare(const void *p0, const void *p1)
{
    return strcmp(*(char **)p0, *(char **)p1);
}
int main(int argc, char *argv[])
{
    if (argc < 2) {
```

```
        return 1;
    }
    char *array[argc - 1];
    for (int i = 1; i < argc; i++) {
        array[i - 1] = argv[i];
    }
    qsort(array, argc - 1, sizeof(char *), compare);
    for (int i = 0; i < argc - 1; i++) {
        puts(array[i]);
    }
}
```

この章の理解度チェック P.215

1. b、c（ただし変数argcにアクセスできる場合）、e

2. a. `int *p`

b. `p[2]` または `*(p + 2)`

3. int32_tは4バイトなのでint32_t *のp0に1を加算したint32_t *のp1はp0より4バイト先をポイントしている。charは1バイトなのでchar *の演算はバイト単位である。そのため、char *へキャストしたp1とchar *へキャストしたp0の差はバイト単位の差の4となる。

4. a. 2

b. 8

c. 12345

d. 12345

e. 1

f. 16

g. 3

5. 解答例は以下のとおりです。

▶リストA.91　ch08-5q05.c

```
#include <stdio.h>
#include <stdlib.h>
int compare(const void *p0, const void *p1)
{   // 降順なのでp0が小さければ負を返すようにする
    return *(int *)p1 - *(int *)p0;
}
int main(int argc, char *argv[])
{
    if (argc < 2) {
        return 1;
    }
    int array[argc - 1];
    for (int i = 1; i < argc; i++) {
        array[i - 1] = atoi(argv[i]);
```

```
    }
    qsort(array, argc - 1, sizeof(int), compare);
    for (int i = 0; i < argc - 1; i++) {
        printf("%i¥n", array[i]);
    }
}
```

第9章の解答

前章の復習問題 P.218

1. a. int32_t *

b. char *

2. a. 0x12345678（または305419896）

b. 0x5678（または22136）

c. 0x78（または120）

3. a. 'a'

b. 'b'

c. 'd'

d. 'e'

4. a. 8

b. 13

c. 64ビットOSであれば8、32ビットOSであれば4

d. 5

5. (1) int (*fp)(int *, int *);

(2) void (*fp)(char **);

(3) int (*fp)(int (*)(int));

練習問題 9.1 P.225

1. a. 誤り。関数本体は複合文の中に記述する必要がある。

b. 誤り。void型の関数は値を返せない。

c. 誤り。関数名を数字で始めることはできない。

d. 誤ってはいない。しかしreturnを書き忘れたバグがあると考えられる。

2. (1)

```
void print(/* X座標の値 */ int x, /* Y座標の値 */ int y)
{
    printf("x=%i, y=%i¥n", x, y);
}
```

説明：パラメータに対するコメントは仮引数名の後ろや関数定義の直前に移動してもかまいません。

(2)

```
int call_other(int (*fun)(int, int), void *arg1, void *arg2)
{
```

```
    return fun(*(int *)arg1, *(int *)arg2);
}
```

3. ▶リストA.92　ch09-1q03.h

```
extern int ex1(int x, int y);
extern int ex2(int x, int y);
```

▶リストA.93　ch09-1q03-01.c

```
#include <stdio.h>
#include "ch09-1q03.h"
int ex1(int x, int y)  // ソース内のexternは冗長なので削除したほうがよい
{
    printf("ex1: %i¥n", x + y);
    return x + y;
}
int main()
{
    ex2(5, 6);
}
```

▶リストA.94　ch09-1q03-02.c

```
#include <stdio.h>
#include "ch09-1q03.h"
int ex2(int x, int y)
{
    printf("ex2: %i¥n", x * y);
    return ex1(x, y);
}
```

練習問題 9.2 P.232

1. (1) ▶リストA.95　ch09-2q01a.c

```
#include <stdio.h>
int add(int x, int y);
int main()
{
    printf("%i¥n", add(1, 2));
}
int add(int x, int y)
{
    return x + y;
}
```

または

```
#include <stdio.h>
```

```
int add(int x, int y)
{
    return x + y;
}
int main()
{
    printf("%i¥n", add(1, 2));
}
```

(2) ▶リストA.96　ch09-2q02a.c

```
#include <stdio.h>
int ping(int x, int y);
int pong(int x, int y);
int main()
{
    printf("%i¥n", ping(10, 20));
}
int ping(int x, int y)
{
    return pong(x, y - 1);
}
int pong(int x, int y)
{
    if (y == 0) {
        return x;
    }
    return ping(x * y, y);
}
```

説明：pingとpongは相互に呼び出し合っているので、関数プロトタイプを使わなければ参照を解決できません。

2. a.　正しい。

b.　正しい。

c.　正しい。

d.　正しくない。typedefで型定義が必要になる。

例：
```
typedef void (*VFUNC)(void);
VFUNC vfunc(void);
```

e.　正しくない。関数は配列を返すことはできないためtypedefで配列型を定義してもエラーとなる。

3. main関数がないので、このファイルは他のソースファイルから参照される前提と考えられる。しかし唯一の関数testはstatic指定されているため、他のソースファイルの関数からは参照できない。これは矛盾であり、間違いと考えられる。

練習問題 9.3 P.239

1. (1) 完成したプログラムを次に示します。

▶リストA.97　ch09-3q01a.c

```
#include <stdio.h>
void swap(int *x, int *y)
{
    int z = *x;
    *x = *y;
    *y = z;
}
int main()
{
    int x = 8;
    int y = 18;
    swap(&x, &y);
    printf("%i, %i¥n", x, y);  // => 18, 8
}
```

(2)　完成したプログラムを次に示します。

▶リストA.98　ch09-3q02a.c

```
#include <stdio.h>
#include <stdlib.h>
int add(const char *x, const char *y)
{
    return atoi(x) + atoi(y);
}
int main(int argc, char *argv[])
{
    if (argc != 3) {
        puts("usage: a.exe number number");
        return 1;
    }
    printf("%i¥n", add(argv[1], argv[2]));
}
```

2.　(1)　mainの第2パラメータは、char型へのポインターの配列である。配列は要素の型に対するポインターとして記述できる。したがってchar型へのポインターに対するポインターとして書くことができる。char型へのポインターへのポインターはchar ** なので、char *argv[]の代わりにchar **argvと書いてもよい。

(2)　▶リストA.99　ch09-3q03a.c

```
#include <stdio.h>
#include <stdlib.h>
int add(const char *x, const char *y)
{
    return atoi(x) + atoi(y);
}
int main(int argc, char **argv)
{
    if (argc != 3) {
```

```
        puts("usage: a.exe number number");
        return 1;
    }
    printf("%i¥n", add(argv[1], argv[2]));
    // printf("%i¥n", add(*(argv + 1), *(argv + 2)));
    // でも間違いではないが配列演算子を使用するほうがよい
}
```

3. 解答例は以下のとおりです。

```
int div(int x, int y, int *rem)
{
    *rem = x % y;
    return x / y;
}
```

4. ▶リストA.100 ch09-3q04a.c

```
#include <stdio.h>
#include <stdarg.h>
void x(int *np, ...)
{
    va_list ap;
    va_start(ap, np);
    for (int i = 0;; i++) {
        int *p = va_arg(ap, int *);
        if (!p) {
            break;
        }
        *p = i;
    }
    va_end(ap);
}
// 次は呼び出し用
int main()
{
    int a, b, c, d, count = 4;
    x(&count, &a, &b, &c, &d, NULL);
    printf("%i, %i, %i, %i¥n", a, b, c, d); // => 0, 1, 2, 3
}
```

練習問題 9.4 P.246

1. ▶リストA.101 ch09-4q01.c

```
#include <stdio.h>
#include <stdlib.h>
#include <stdint.h>
// int64_tを使う場合、printfの書式指定子にx86版であれば%lli、x64版であれば%liを指定しないと
// コンパイル時に警告が出力される
```

```
int64_t fact(int64_t x)
{
    if (!x) {    // 0なら1を返す
        return 1;
    }
    return x * fact(x - 1); // 与えられた数と与えられた数から1を引いたfactの結果を乗ずる
}
int main(int argc, char *argv[])
{
    if (argc != 2) {
        return 1;
    }
    printf("%lli¥n", fact(atoi(argv[1])));
}
```

▶リストA.102　ch09-4q02.c

```
#include <stdio.h>
#include <stdlib.h>
#include <stdint.h>
int64_t fact(int64_t x)
// int64_tを使う場合、printfの書式指定子にx86版であれば%lli、x64版であれば%liを指定しないと
// コンパイル時に警告が出力される
{
    int64_t result = 1;
    for (int64_t n = x; n > 0; n--) {
        result *= n;
    }
    return result;
}
int main(int argc, char *argv[])
{
    if (argc != 2) {
        return 1;
    }
    printf("%lli¥n", fact(atoi(argv[1])));
}
```

2. (1) create_hello関数で確保したhello文字配列は、create_hello関数を抜けた時点で使用できなくなるため。正確には、同じ領域が次に呼び出されるputs関数によって使用されて破壊されるため。

(2) 呼び出し元のmain関数で文字配列を確保するようにします。解答例は以下のとおりです。

▶リストA.103　ch09-4q03a.c

```
#include <stdio.h>
#include <string.h>
#define HELLO "hello "
char *create_hello(char *dest, const char *name)
{
```

```
    strcpy(dest, HELLO);
    strcat(dest, name);
    return dest;
}
int main(int argc, char *argv[])
{
    if (argc != 2) {
        return 1;
    }
    char hello[strlen(HELLO) + strlen(argv[1]) + 1];
    puts(create_hello(hello, argv[1]));
}
```

3. ▶リストA.104　ch09-4q04.c

```
#include <stdio.h>
#include <stdlib.h>
#include <stdint.h>
// int64_tを使う場合、printfの書式指定子にx86版であれば%lli、x64版であれば%liを指定しないと
// コンパイル時に警告が出力される
int64_t fact(int64_t x)
{
    static int64_t last = 0;
    if (!x) {
        return 1;
    }
    int64_t current = x * fact(x - 1);
    if (!current) {
        return 0;
    } else if (current < last) {
        printf("failed at x = %li¥n", x);
        return 0;
    } else {
        last = current;
        return current;
    }
}
int main(int argc, char *argv[])
{
    if (argc != 2) {
        return 1;
    }
    printf("%lli¥n", fact(atoi(argv[1])));
}
```

練習問題 9.5 P.250

1. バグがあるのはeとf

説明：eは返しているアドレスが関数add内の変数のアドレスです。fはパラメータのconstポインターをキャストして値を代入していますが、関数宣言に対する仕様違反＝仕様バグです。呼び出し側は変数aが3から11に変わることを予期できないので極めて悪質なバグとなっています。

なお、fの関数宣言のconst修飾は、返り値の型int *に対する修飾であって、関数に対する修飾子ではありません。

dは、fと同様に呼び出し側の変数を破壊していますが問題ありません。const修飾していないポインターパラメータの内容は、呼び出し先で破壊される可能性があることを示しているためです。

練習問題　9.6 P.256

1. (1) 5

(2) 理屈の上では内側の複合文に閉じた変数のアドレスを使用するのは正しくない。なぜなら、変数の有効範囲を超えているからである。

(3)

▶リストA.105　ch09-6q01a.c

```
#include <stdio.h>
int main()
{
    int p;                          // 1
    for (int i = 0; i < 5; i++) {
        if (i == 3) {
            p = i;                  // 2
        }
    }
    printf("%i¥n", p);              // 3
}
```

または

```
#include <stdio.h>
int main()
{
//    int *p = NULL;                    1
    for (int i = 0; i < 5; i++) {
        if (i == 3) {
            printf("%i¥n", i);      // 2
        }
    }
//    printf("%i¥n", p);                3
}
```

2. ▶リストA.106　ch09-6q02a.c

```
#include <stdio.h>
#include <stdlib.h>
int main(int argc, char *argv[])
{
```

```
    int x;
    int i = 0;
    if (argc > 3) {
        x = 2;
    } else {
        return 1;
    }
    for (int y = x; y < argc; y++) {
        if (atoi(argv[y]) >= 10) {
            int z = atoi(argv[y]) % 10;
            i += z;
        } else {
            i += atoi(argv[y]);
        }
    }
    printf("%i¥n", i);
}
```

この章の理解度チェック P.257

1. 複数の解答例があります。

▶リストA.107　ch09-7q01.h

①

```
extern void odd(int index, int number);
extern void even(int index, int number);
```

②

```
void odd(int index, int number);
void even(int index, int number);
```

③

```
extern void odd(int, int);
extern void even(int, int);
```

説明：転記ミスを防ぐには、ソースファイルの関数宣言部分をヘッダーファイルへコピー&ペーストして「;」で閉じます。その点からは、2番目の解答例を推奨します。

2. (1) の解答例は省略します。

(2) の解答例は以下のとおりです。

▶リストA.108　ch09-7q02a.c

```
#include <stdio.h>
#include <stdlib.h>     // atoiが定義されている標準ヘッダーをincludeする
int add(int x, int y)
{
    return x + y;
}
```

```
int sub(int x, int y)
{
    return x - y;
}
int mul(int x, int y)
{
    return x * y;
}
int idiv(int x, int y)   // divという関数名はstdlib.hの関数と衝突するので名前を変える
{
    return x / y;
}
typedef int (*CALC)(int, int); // 関数ポインターに型名を付ける
CALC select(char ch)            // 関数定義には返り値の型名が必要
{
    switch (ch) {
    case '+':
        return add;
    case '-':
        return sub;
    case 'X':
    case 'x':
        return mul;
    case '/':
        return idiv;
    default:
        return NULL;
    }
}
int main(int argc, char *argv[])
{
    if (argc != 4) {
        puts("usage: a.exe +/- number number");
        return 1;
    }
    int (*calc)(int, int) = select(argv[1][0]);
    // CALC calc = select(argv[1][0]); としてもよい
    if (calc) {
        int x = atoi(argv[2]);
        int y = atoi(argv[3]);
        printf("%i %c %i = %i¥n", x, argv[1][0], y, calc(x, y));
    } else {
        puts("wrong operator");
    }
}
```

(3)

▶ リストA.109　ch09-7q02.h

```
#include <stdio.h>  // ソースファイル共通で必要なヘッダーファイル
```

```
typedef int (*CALC)(int, int);
CALC select(char ch);
```

▶リストA.110　ch09-7q02-1.c

```
#include <stdlib.h>
#include "ch09-7q02.h"
int main(int argc, char *argv[])
{
    if (argc != 4) {
        puts("usage: a.exe +/- number number");
        return 1;
    }
    int (*calc)(int, int) = select(argv[1][0]);
    // CALC calc = select(argv[1][0]); としてもよい
    if (calc) {
        int x = atoi(argv[2]);
        int y = atoi(argv[3]);
        printf("%i %c %i = %i¥n", x, argv[1][0], y, calc(x, y));
    } else {
        puts("wrong operator");
    }
}
```

▶リストA.111　ch09-7q02-2.c

```
#include "ch09-7q02.h"
static int add(int x, int y)
{
    return x + y;
}
static int sub(int x, int y)
{
    return x - y;
}
static int mul(int x, int y)
{
    return x * y;
}
static int div(int x, int y)
{
    return x / y;
}
CALC select(char ch)    // 関数定義には返り値の型名が必要
{
    switch (ch) {
    case '+':
        return add;
    case '-':
        return sub;
```

```
    case 'X':
    case 'x':
        return mul;
    case '/':
        return div;
    default:
        return NULL;
    }
}
```

3. (1) if文とelse文のブロックで変数xを新たに宣言しているので、printf関数呼び出し時にはこれらの変数が使われない。

▶ リストA.112　ch09-7q03-1a.c

```
#include <stdio.h>
#include <stdlib.h>
int main(int argc, char *argv[])
{
    int x = -1;
    if (argc == 1) {
        x = 0;
    } else {
        x = atoi(argv[1]);
    }
    printf("%i¥n", x * 2);
}
```

(2) create_message関数で確保した文字配列を呼び出し元へ返している。

▶ リストA.113　ch09-7q03-2a.c

```
#include <stdio.h>
#include <string.h>
char *create_message(const char *name, const char *greeting, char *message)
{
    strcpy(message, greeting);
    strcat(message, " ");
    strcat(message, name);
    return strcat(message, "!");
}
#define MAX_GREETING  6
int main(int argc, char *argv[])
{
    if (argc != 2) {
        return 1;
    }
    char message[strlen(argv[1]) + MAX_GREETING + 2];
    puts(create_message(argv[1], "hello", message));
    puts(create_message(argv[1], "bye", message));
```

```
}
```

(3) add関数で定義したtotal変数は自動変数なので、呼び出されるたびに0に初期化される。また、これまでの呼び出しの値を保持しない。

▶リストA.114　ch09-7q03-3a.c

```
#include <stdio.h>
#include <stdlib.h>
int add(int x)
{
    static int total = 0;
    total += x;
    return total;
}
int main(int argc, char *argv[])
{
    for (int i = 1; i < argc; i++) {
        printf("%i¥n", add(atoi(argv[i])));
    }
}
```

4. 再帰関数を使ったバージョン：

▶リストA.115　ch09-7q04-1.c

```
#include <stdio.h>
#include <stdlib.h>
#include <stdint.h>
int64_t calc_int(int64_t num)
{
    if (num == 0) {
        return 1;
    }
    return 6 * calc_int(num - 1);
}
double calc_dbl(int64_t num)
{
    if (num == 0) {
        return 1;
    }
    return 6 * calc_dbl(num - 1);
}
int main(int argc, char *argv[])
{
    if (argc < 2) {
        return 1;
    }
    printf("1/%lli(%f)¥n", calc_int(atoi(argv[1])), 1 / calc_dbl(atoi(argv[1])));
}
```

ループを使ったバージョン：

▶リストA.116　ch09-7q04-2.c

```
#include <stdio.h>
#include <stdlib.h>
#include <stdint.h>
int main(int argc, char *argv[])
{
    if (argc < 2) {
        return 1;
    }
    int64_t n = 1;
    double d = 1;
    for (int i = 0; i < atoi(argv[1]); i++) {
        n *= 6;
        d /= 6;
    }
    printf("1/%lli(%f)¥n", n, d);
}
```

第10章の解答

前章の復習問題　P.262

1. 解答例は以下のとおりです。

▶リストA.117　ch10-0q01.c

```
#include <stdio.h>
#include <stdlib.h>
void print_count(void)
{
    static int counter = 1;
    printf("%i¥n", counter++);
}
int main(int argc, char *argv[])
{
    if (argc != 2) {
        return 1;
    }
    for (int i = 0; i < atoi(argv[1]); i++) {
        print_count();
    }
}
```

2. a.　誤り。パラメータにextern指定子は付けられない。

b.　正しい。

c.　誤り。関数は配列を返せない。

d.　正しい。const char name[]は、const char *nameと同等。

e.　正しい。ポインターはint型へのポインターへのポインターへの……、と重ねることが可能。

f.　誤り。可変長引数の前に名前を持つパラメータが最低1つは必要。

3.　解答例は以下のとおりです。

▶リストA.118　ch10-0q02.c

```
#include <stdio.h>
#include <stdarg.h>
#include <string.h>
void func(const char *type, ...)
{
    va_list ap;
    va_start(ap, type);
    int total = 0;
    int count = 0;
    for (;;) {
        int n = va_arg(ap, int);
        if (n < 0) {
            break;
        }
        if (count) {
            printf(", ");
        }
        printf("%i", n);
        total += n;
        count++;
    }
    va_end(ap);
    if (!strcmp(type, "平均")) {
        total /= count;
    }
    printf("の%sは%iです。¥n", type, total);
}
int main()
{
    func("合計", 1, 2, 3, -1);
    func("平均", 1, 2, 3, -1);
    func("合計", 1, 2, 3, 4, 5, -1);
    func("平均", 1, 2, 3, 4, 5, 6, 7, 8, 9, 10, -1);
}
```

練習問題　10.1　P.276

1.　(1) a

(2) b

(3) b

(4) b

(5) c

2. (1) `%.1f`

(2) `%04i`

(3) `%.3s`

(4) `%8.2f`

(5) `%#X`

3. 解答例は以下のとおりです。

▶リストA.119　ch10-1q02.c

```
#include <stdio.h>
int main()
{
    char name[32];
    int born;
    int died;
    for (;;) {
        int ret = scanf("%*i,%31[^,],%i,%i", name, &born, &died);
        if (ret == EOF) {
            break;
        }
        printf("%-11s %4d-%4d¥n", name, born, died);
    }
}
```

説明：ここでのチェックポイントは、scanfで2番目のフィールドの読み取りに文字配列長-1を指定しているかという点です。

練習問題　10.2 P.292

1. (1) 解答例は以下のとおりです。

▶リストA.120　ch10-2q01-1.c

```
#include <stdio.h>
#include <errno.h>
#include <string.h>
int main()
{
    FILE *fp = fopen("all_a.txt", "w");
    if (fp) {
        for (int i = 0; i < 128; i++) {
            if (fputc('a', fp) == EOF) {
                fprintf(stderr, "put error at %i, cause: %s¥n", i, strerror(errno));
                break;
            }
        }
        fclose(fp);
```

```
    } else {
        fprintf(stderr, "filed to open all_a.txt, cause: %s¥n", strerror(errno));
    }
}
```

(2) 解答例は以下のとおりです。

▶リストA.121　ch10-2q01-2.c

```
#include <stdio.h>
#include <errno.h>
#include <string.h>
#include <ctype.h>
int main()
{
    FILE *fp = fopen("all_a.txt", "r+");
    if (fp) {
        long update_pos[] = { 8, 16, 32, 64 };
        for (int i = 0; i < sizeof update_pos / sizeof update_pos[0]; i++) {
            if (fseek(fp, update_pos[i], SEEK_SET)) {
                fprintf(stderr, "failed to seek to %li, cause: %s¥n", ➡
                        update_pos[i], strerror(errno));
                break;
            }
            int ch = fgetc(fp);
            if (ch == EOF) {
                fprintf(stderr, "failed to get, cause: %s¥n", strerror(errno));
                break;
            } else {
                if (fseek(fp, -1, SEEK_CUR)) {
                    fprintf(stderr, "failed to seek to -1,
                            cause: %s¥n", strerror(errno));
                    break;
                } else if (fputc(toupper(ch), fp) == EOF) {
                    fprintf(stderr, "failed to put, cause: %s¥n", strerror(errno));
                    break;
                }
            }
        }
        fclose(fp);
    } else {
        fprintf(stderr, "filed to open all_a.txt, cause: %s¥n", strerror(errno));
    }
}
```

2. 解答例は以下のとおりです。

▶リストA.122　ch10-2q02.c

```
#include <stdio.h>
int main()
```

```
{
    int a, b, c;
    a = b = c = 0;
    // 3個未満の入力時に正しく和を求められるように0で初期化
    char buff[128];
    int n = scanf("%i %i %i", &a, &b, &c);
    if (!n) {
        fputs("不正な入力です。¥n", stderr);
    } else if (n == 3) {
        printf("%i¥n", a + b + c);
    } else {
        fprintf(stderr, "%i個の合計は%iです。¥n", n, a + b + c);
    }
}
```

3. 解答例は以下のとおりです。

▶リストA.123　ch10-2q03.c

```
#include <stdio.h>
#include <errno.h>
#include <string.h>
int main()
{
    FILE *fp = fopen("test.txt", "r");
    if (!fp) {
        fprintf(stderr, "failed to open test.txt, cause:%s¥n", strerror(errno));
        return 1;
    }
    char name[32];
    int born;
    int died;
    char buffer[128];
    while (fgets(buffer, sizeof buffer, fp)) {
        int ret = sscanf(buffer, "%*i,%31[^,],%i,%i", name, &born, &died);
        if (ret != 3) {
            continue;
        }
        printf("%-11s %4d-%4d¥n", name, born, died);
    }
    fclose(fp);
}
```

この章の理解度チェック P.294

1. 解答例は以下のとおりです。

(1) `printf("%15.8f¥n", 10.00001);`

(2) `printf("%.16s¥n", "123456789012345678901234567890`

```
            1234567890123456789012345678901234567890");
```

(3) `printf("%08i¥n", 1234567);`

(4) `printf("%#06x¥n", 33);`

2. 解答例は以下のとおりです。

▶リストA.124　ch10-3q01.c

```
#include <stdio.h>
#include <errno.h>
#include <string.h>
int main(int argc, char *argv[])
{
    FILE *fp;
    if (argc >= 2) {
        fp = fopen(argv[1], "r");
        if (!fp) {
            fprintf(stderr, "オープン時にエラー(%s)が発生しました。¥n", strerror(errno));
            return 1;
        }
    } else {
        fp = stdin;
    }
    int ch;
    while ((ch = fgetc(fp)) != EOF) {
        if (fputc(ch, stdout) == EOF) {
            fprintf(stderr, "書き込み時にエラー(%s)が発生しました。¥n", strerror(errno));
            return 1;
        }
    }
    if (argc >= 2) {
        if (fclose(fp)) {
            fprintf(stderr, "クローズ時にエラー(%s)が発生しました。¥n", strerror(errno));
            return 1;
        }
    }
}
```

3. 解答例は以下のとおりです。

▶リストA.125　ch10-3q02.c

```
#include <stdio.h>
#include <errno.h>
#include <string.h>
int fail(const char *location, const char *name)
{
    fprintf(stderr, "%sの%sに失敗(%s)しました。¥n", name, location, strerror(errno));
    return 2;
}
int main(int argc, char *argv[])
```

```
{
    FILE *inp;
    FILE *outp;
    if (argc > 1) {
        if (!(inp = fopen(argv[1], "r"))) {
            return fail(argv[1], "オープン");
        }
        if (argc > 2) {
            if (!(outp = fopen(argv[2], "w"))) {
                return fail(argv[2], "オープン");
            }
        } else {
            outp = stdout;
        }
    } else {
        fputs("入力ファイルを指定してください。¥n", stderr);
        return 1;
    }
    fputs("項番 都道府県 人口¥n", outp);
    char buffer[128];
    while (fgets(buffer, sizeof buffer / sizeof buffer[0], inp)) {
        int no, population;
        char prefecture[16];
        if (sscanf(buffer, "%i,%16[^,],%*16[^,],%i", &no, prefecture, &population) != 3) {
            continue;
        }
        size_t chars = strlen(prefecture);
        if (chars == 6) { // utf-8では漢字は3文字になるのでフィールド長を調整する
            chars = 10;
        } else {
            chars = 11;
        }
        if (fprintf(outp, "%4i %-*s %8i¥n", no, (int)chars, prefecture, population) < 0) {
            return fail((argc > 2) ? argv[2] : "標準出力", "書き出し");
        }
    }

    if (fclose(inp)) {
        return fail(argv[1], "クローズ");
    }
    if (argc > 2) {
        if (fclose(outp)) {
            return fail(argv[2], "クローズ");
        }
    }
}
```

第11章の解答

前章の復習問題 P.298

1. 解答例は以下のとおりです。

▶ リストA.126　ch11-0q01.c

```
#include <stdio.h>
#include <stdint.h>
int main()
{
    int32_t n;
    double d;
    int32_t h;
    char buffer[64];
    char d4[8];  // 実際には7文字確保すればよい。
    for (;;) {
        int ret = scanf("%d %lf %x %63s", &n, &d, &h, buffer);
        if (ret == EOF) {
            break;
        }
        printf("%06i,", n);
        snprintf(d4, sizeof d4, "%6.3f", d);
        d4[5] = '¥0';
        printf("%s,%#010x,%s!¥n", d4, h, buffer);
    }
}
```

説明：double型の引数をprintfで出力する場合、処理系依存の方法で丸めが発生します。たとえばclangで単に%5.2fを指定すると、56.856は56.86と出力されます。この解答例では、小数点以下3桁までの文字列を作成してから3桁目をナル文字で消す方法を使用しています。

2. 解答例は以下のとおりです。

▶ リストA.127　ch11-0q02.c

```
#include <stdio.h>
#include <stdlib.h>
#include <string.h>
#include <errno.h>
#define RESULT_FILE "last-result.data"
int main(int argc, char *argv[])
{
    int n;
    if (argc > 1) {
        n = atoi(argv[1]);
    } else {
        FILE *fin = fopen(RESULT_FILE, "rb");
        if (!fin) {
            n = 0;
```

```
        } else {
            size_t ret = fread(&n, sizeof(int), 1, fin);
            if (ret != 1) {
                fprintf(stderr, "fread ret:%zu, err:%s¥n", ret, strerror(errno));
            }
            fclose(fin);
        }
    }
    n += 10;
    printf("%i¥n", n);
    FILE *fout = fopen(RESULT_FILE, "wb");
    if (!fout) {
        fprintf(stderr, "fopen for writing: %s¥n", strerror(errno));
        return 2;
    }
    size_t ret = fwrite(&n, sizeof(int), 1, fout);
    if (ret != 1) {
        fprintf(stderr, "fwrite ret:%zu, err:%s¥n", ret, strerror(errno));
    }
    fclose(fout);
}
```

3. (1) 解答例は以下のとおりです。

▶リストA.128　ch11-0q03a.c

```
#include <stdio.h>
#include <string.h>
#include <errno.h>
int main()
{
    FILE *fout = fopen("1K.data", "wb");
    if (!fout) {
        fprintf(stderr, "open error: %s¥n", strerror(errno));
        return 2;
    }
    fseek(fout, 999, SEEK_SET);
    char c = 0;
    fwrite(&c, sizeof(char), 1, fout);
    fclose(fout);
}
```

(2) 解答例は以下のとおりです。

▶リストA.129　ch11-0q03b.c

```
#include <stdio.h>
#include <string.h>
#include <errno.h>
int main()
```

```
{
    FILE *fout = fopen("1K.data", "rb+");
    if (!fout) {
        fprintf(stderr, "open failed: %s¥n", strerror(errno));
        return 2;
    }
    char a = 'A';
    for (int i = 32; i < 1000; i += 32) {
        fseek(fout, 31, SEEK_CUR);
        fwrite(&a, sizeof(char), 1, fout);
    }
    fclose(fout);
}
```

(3) 以下の解答例ではfread関数を使用していますが、fgetc関数を使用してもかまいません。

▶リストA.130　ch11-0q03c.c

```
#include <stdio.h>
#include <string.h>
#include <errno.h>
int main()
{
    FILE *fin = fopen("1K.data", "rb");
    if (!fin) {
        fprintf(stderr, "open failed: %s¥n", strerror(errno));
        return 2;
    }
    puts("0--1--2--3--4--5--6--7--8--9--A--B--C--D--E--F-");
    for (int i = 0; i < 1000; i++) {
        char c;
        if (fread(&c, sizeof(char), 1, fin) != 1) {
            fprintf(stderr, "fread err:%s¥n", strerror(errno));
            break;
        }
        printf("%02x ", c);
        if (i % 16 == 15) {
            puts("");
        }
    }
    puts("");
    fclose(fin);
}
```

練習問題 11.1 P.314

1. (1)
```
struct cube {
    int width;
    int height;
```

```
        int depth;
    };
```

(2)
```
    typedef struct {
        char name[32];
        int name_length;
    } NAME;
```

(3)
```
    typedef struct {
        double latitude;
        double longitude;
        char *landmark;
    } GEOPOINT;
```

2. (1) ① (2) NAME

② (1) struct cube

③ (3) GEOPOINT

(2) ① name[0] = 't'、name[1] = 'e'、name[2] = 's'、name[3] = 't'、
name[4]、～name[31]までは'¥0'、name_length = 0

② width = 3、height = 4、depth = 5

③ latitude = 0.0、longitude = 0.0、landmark = "TokyoTower"

3. 解答例は以下のとおりです。

▶リストA.131　ch11-1q01.c

```
#include <stdio.h>
typedef struct {
    int x;
    int y;
} POINT;
POINT move_to(POINT p, int x, int y)
{
    printf("&p=%p¥n", &p);   // pのアドレスを出力
    p.x += x;
    p.y += y;
    return p;
}
int main()
{
    POINT p = {1, 2};
    printf("&p=%p¥n", &p);  // pのアドレスを出力
    printf("%i, %i¥n", p.x, p.y);
    POINT pp = move_to(p, 10, -10); // pポイントをx軸を右へ10、y軸を下へ10移動
    printf("&pp=%p¥n", &pp);// ppのアドレスを出力
    printf("%i, %i¥n", p.x, p.y);
    printf("%i, %i¥n", pp.x, pp.y);
}
```

説明：実行すると、追加したprintfにより、move_toのパラメータp、mainのp、ppすべてが異なる値（ポインターの値＝アドレス）であることが示されます。

4. 解答例は以下のとおりです。

▶リストA.132　ch11-1q02.c

```
#include <stdio.h>
#include <stdlib.h>
typedef struct bin_node { // 定義内で自構造体を使用するのでタグが必要
    int value;
    struct bin_node *less_equal; // 構造体指定子が完了していないので「struct タグ」で参照
    struct bin_node *bigger;     // 構造体指定子が完了していないので「struct タグ」で参照
} BIN_NODE;                  // 型名
// 設定先のノードよりも値が大きければright、
// 小さいか等しければleftに設定する関数
// パラメータの構造体自体を書き換えるので、ポインターで受け取る必要がある
void set(BIN_NODE *src, BIN_NODE *dest) {
    if (src->value > dest->value) {
        if (dest->bigger) { // すでに他の構造体をポイントしていれば
                            // その構造体に設定
            set(src, dest->bigger);
        } else {
            dest->bigger = src;
        }
    } else {
        if (dest->less_equal) { // すでに他の構造体をポイントしていればその構造体に設定
            set(src, dest->less_equal);
        } else {
            dest->less_equal = src;
        }
    }
}
void print(BIN_NODE* bn)
{
    if (bn) {
        print(bn->less_equal);
        printf("%i ", bn->value);
        print(bn->bigger);
    }
}

int main(int argc, char *argv[])
{
    BIN_NODE nums[argc];  // 要素0を起点とする
    nums[0].value = 0;
    nums[0].less_equal = nums[0].bigger = NULL;
    for (int i = 1; i < argc; i++) {
        nums[i].value = atoi(argv[i]);
        nums[i].less_equal = nums[i].bigger = NULL;
        // 起点の要素0から小さい(less_equal)、大きい(bigger)に振り分ける
```

```
        set(&nums[i], &nums[0]);
    }
    print(nums[0].less_equal); // 起点の0より小さいか
                               // 等しい値を出力
    print(nums[0].bigger);     // 起点の0より大きい値を出力
    puts("");
}
```

練習問題 11.2 P.324

1. (1) create_X関数内の変数のポインターは、関数から返ったあとは無効となる。

(2) create_X関数内でX用にヒープを割り当てるようにします。解答例（修正箇所をコメントで示します）は以下のとおりです。

```
#include <stdlib.h>   // 追加

X* create_X(int x, int y)
{
    X* p = malloc(sizeof(X));  // mallocでヒープを割り当てる
    if (!p) {
        fputs("no memory for X", stderr);
        exit(2);
    }
    p->x = x;
    p->y = y;
    return p;
}
```

main関数の最後でメモリーを解放します。

```
for (int i = 0; i < MAX_XS; i++) {
    free(xs[i]);
}
```

(3) 以下のコメントで示したように修正します。

```
#include <stdio.h>
typedef struct {
  int x;
  int y;
} X;
// 構造体Xを作成して返す関数create_X
X create_X(int x, int y)
{
    X xs = { x, y };
```

```
    return xs;
}
#define MAX_XS 8
int main()
{
    X xs[MAX_XS];          // ポインター配列ではなくX配列とする
    for (int i = 0; i < MAX_XS; i++) {
        xs[i] = create_X(i, i);
    }
    for (int i = 0; i < MAX_XS; i++) {
        // ロケット演算子からドット演算子に修正する
        printf("%i, %i¥n", xs[i].x, xs[i].y);
    }
}
```

2. (1) 解答例は以下のとおりです。

▶リストA.133　ch11-2q02-1.c

```
#include <stdio.h>
#include <stdlib.h>
#include <string.h>
#include <errno.h>
#define INIT_SIZE 4
#define INC_SIZE 4
typedef struct emp {
    int born;
    int died;
    char name[];
} EMP;
int main()
{
    FILE *fin = fopen("ch11-10.data", "r");
    if (!fin) {
        fprintf(stderr, "open error: %s¥n", strerror(errno));
        return 2;
    }
    char name[32];
    int born;
    int died;
    EMP **emps = malloc(sizeof(EMP *) * INIT_SIZE); // EMPへのポインターの配列
    size_t csize = INIT_SIZE;
    size_t last = 0;
    for (;;) {
        int ret = fscanf(fin, "%*i,%31[^,],%i,%i", name, &born, &died);
        if (ret == EOF) {
            break;
        }
        EMP *emp = malloc(sizeof(EMP) + strlen(name) + 1);
        if (!emp) {
```

```
            fprintf(stderr, "no memory for %s¥n", name);
            break;
        }
        strcpy(emp->name, name);
        emp->born = born;
        emp->died = died;
        emps[last] = emp;
        last++;
        if (last == csize) {
            EMP **nemps = realloc(emps, sizeof(EMP *) * (csize + INC_SIZE));
            if (!nemps) {
                fprintf(stderr, "no memory, use only %zu emps¥n", csize);
                break;
            } else {
                emps = nemps;
                csize += INC_SIZE;
            }
        }
    }
    fclose(fin);
    for (size_t i = 0; i < last; i++) {
        printf("%s %i-%i¥n", emps[i]->name, emps[i]->born, emps[i]->died);
    }
    // 終了処理
    for (size_t i = 0; i < last; i++) {
        free(emps[i]);
    }
    free(emps);
}
```

(2) 解答例は以下のとおりです。

▶リストA.134　ch11-2q02-2.c

```
#include <stdio.h>
#include <stdlib.h>
#include <string.h>
#include <errno.h>
#define INIT_SIZE 4
#define INC_SIZE 4
typedef struct emp {
    int born;
    int died;
    char name[];
} EMP;

int compare_born(const void *p0, const void *p1)
{
    return (*(EMP **)p0)->born - (*(EMP **)p1)->born;
}
```

```
int compare_died(const void *p0, const void *p1)
{
    return (*(EMP **)p0)->died - (*(EMP **)p1)->died;
}
int compare_name(const void *p0, const void *p1)
{
    return strcmp((*(EMP **)p0)->name, (*(EMP **)p1)->name);
}
int main(int argc, char *argv[])
{
    // 関数ポインター変数compareに、ソート用の比較関数を保持しておく
    int (*compare)(const void *, const void *) = compare_name;
    if (argc == 2) {
        if (!strcmp(argv[1], "1")) {
            compare = compare_born;
        } else if (!strcmp(argv[1], "2")) {
            compare = compare_died;
        }
    }

    FILE *fin = fopen("ch11-10.data", "r");
    if (!fin) {
        fprintf(stderr, "open error: %s¥n", strerror(errno));
        return 2;
    }
    char name[32];
    int born;
    int died;
    EMP **emps = malloc(sizeof(EMP *) * INIT_SIZE); // EMPへのポインターの配列
    size_t csize = INIT_SIZE;
    size_t last = 0;
    for (;;) {
        int ret = fscanf(fin, "%*i,%31[^,],%i,%i", name, &born, &died);
        if (ret == EOF) {
            break;
        }
        EMP *emp = malloc(sizeof(EMP) + strlen(name) + 1);
        if (!emp) {
            fprintf(stderr, "no memory for %s¥n", name);
            break;
        }
        strcpy(emp->name, name);
        emp->born = born;
        emp->died = died;
        emps[last] = emp;
        last++;
        if (last == csize) {
            // エラーが返ってもよいように別の変数で結果を受ける
            EMP **nemps = realloc(emps, sizeof(EMP *) * (csize + INC_SIZE));
            if (!nemps) {
```

```
                fprintf(stderr, "no memory, use only %zu emps¥n", csize);
                break;
            } else {
                emps = nemps;  // 割り当てに成功したのでempsを更新する
                csize += INC_SIZE;
            }
        }
    }
    fclose(fin);
    // コマンドライン引数で指定されたソートを行う
    qsort(emps, last, sizeof(EMP *), compare);
    for (size_t i = 0; i < last; i++) {
        printf("%s %i-%i¥n", emps[i]->name, emps[i]->born, emps[i]->died);
    }
    // 終了処理
    for (size_t i = 0; i < last; i++) {
        free(emps[i]);
    }
    free(emps);
}
```

この章の理解度チェック P.325

解答例は以下のとおりです。

▶リストA.135　ch11-3q.c

```
#include <ctype.h>
#include <errno.h>
#include <stdbool.h>
#include <stdio.h>
#include <stdlib.h>
#include <string.h>

#define BUFFSIZE 128
// 現在編集中のファイルのパス名
char *filename = NULL;

typedef struct editline {
    int no;
    struct editline *prior;
    struct editline *next;
    char line[];
} EDITLINE;

// 1行分のデータを読み込み、EDITLINE構造体へのポインターを返す。
//    pf 読み込むファイル
//    lineno 読み込む行の行番号
EDITLINE *read_line(FILE *pf, int lineno)
```

```
{
    char buffer[BUFFSIZE];
    char *p = fgets(buffer, BUFFSIZE, pf);
    if (!p) {
        return NULL;
    }
    size_t len = strlen(p);
    size_t elsize = sizeof(EDITLINE) + len + 1;
    EDITLINE *elp = malloc(elsize);
    if (!elp) {
        // メモリーを確保できなかったので処理を中断する。
        fprintf(stderr, "no memory for line %i¥n", lineno);
        exit(2);
    }
    elp->no = lineno;
    elp->next = elp->prior = NULL;
    strcpy(elp->line, p);
    while (p[len - 1] != '¥n') {
        // 1行分を読み込んでいなかったら後続のデータを読み込む。
        p = fgets(buffer, BUFFSIZE, pf);
        if (!p) {
            // 後続データがないので最終行が改行なしだったとみなして改行を追加する。
            EDITLINE *nelp = realloc(elp, elsize + 1);
            strcat(elp->line, "¥n");
            break;
        }
        len = strlen(p);
        EDITLINE *nelp = realloc(elp, elsize + len);
        if (!nelp) {
            // メモリーを確保できなかったので処理を中断する。
            fprintf(stderr, "no memory for line %i¥n", lineno);
            exit(3);
        }
        elp = nelp;
        strcat(elp->line, p);
        elsize += len;
    }
    return elp;
}
EDITLINE *read_all(FILE *pf)
{
    EDITLINE *top = read_line(pf, 1);
    EDITLINE *line = top;
    while (line) {
        EDITLINE *p = read_line(pf, line->no + 1);
        if (p) {
            line->next = p;
            p->prior = line;
        }
        line = p;
```

```
    }
    return top;
}

// 指定行番号への移動コマンド
EDITLINE *move(int line, EDITLINE *top, EDITLINE *current)
{
    if (line < 1) {
        fprintf(stderr, "行番号%iへは移動できません。¥n", line);
        return current;
    }
    EDITLINE *dest = NULL;
    if (line >= current->no) {
        dest = current;
    } else if (line < current->no / 2) {
        dest = top;
    } else {
        // 現在の行から前方へ移動する
        while (current->no != line) {
            current = current->prior;
        }
        return current;
    }
    // 指定した行番号が大きすぎる場合は最後まで進む（エラーとはしない）
    while (dest->next && dest->no != line) {
        dest = dest->next;
    }
    return dest;
}

bool edit_end(EDITLINE *newp, EDITLINE *current)
{
    if (!newp || (strlen(newp->line) == 2 && newp->line[0] == '.')) {
        free(newp);
        for (EDITLINE *p = current; p->next; p = p->next) {
            // 行番号を再設定
            p->next->no = p->no + 1;
        }
        return true;
    }
    return false;
}

void append_line(EDITLINE *newp, EDITLINE *current)
{
    newp->next = current->next;
    if (newp->next) {
        newp->next->prior = newp;
    }
    current->next = newp;
```

```
    newp->prior = current;
}

// 移動以外のコマンドの関数プロトタイプ
// 返り値がNULLならば実行終了。そうでなければ現在の行を返り値で置き換える
typedef EDITLINE *(*COMMANDFUN)(const char *arg, EDITLINE *current);

EDITLINE *list(const char *arg, EDITLINE *current)
{
    if (!current) {
        return current;
    }
    EDITLINE *start = current;
    for (size_t i = 0; i < 2; i++) {
        if (start->prior) {
            start = start->prior;
        } else {
            break;
        }
    }
    while (start != current) {
        printf("%i %s", start->no, start->line);
        start = start->next;
    }
    printf("%i*%s", current->no, current->line);
    start = current->next;
    for (size_t i = 0; start && i < 2; i++) {
        printf("%i %s", start->no, start->line);
        start = start->next;
    }
    return current;
}

EDITLINE *write(const char *arg, EDITLINE *current)
{
    FILE *fp = fopen(arg, "w");
    if (!fp) {
        fprintf(stderr, "%sのオープンに失敗しました(%s)。¥n", arg, strerror(errno));
    } else {
        EDITLINE *p = current;
        while (p->prior) {
            p = p->prior;
        }
        for (; p; p = p->next) {
            if (fputs(p->line, fp) == EOF) {
                fprintf(stderr, "%sの保存に失敗しました(%s)。¥n", arg, strerror(errno));
                break;
            }
        }
        if (fclose(fp)) {
```

```
            fprintf(stderr, "%sの保存に失敗しました(%s)。¥n", arg, strerror(errno));
        }
        free(filename);
        filename = strcpy(malloc(strlen(arg) + 1), arg);
    }
    return current;
}

EDITLINE *save(const char *arg, EDITLINE *current)
{
    if (!filename) {
        fputs("ファイル名が指定されていません。¥n", stderr);
        return current;
    }
    // 現在のファイル名でwriteコマンドを実行する
    return write(filename, current);
}

EDITLINE *delete(const char *arg, EDITLINE *current)
{
    EDITLINE *ret = NULL;
    if (current->prior) {
        current->prior->next = current->next;
        ret = current->prior;
    }
    if (current->next) {
        current->next->prior = current->prior;
        ret = current->next;
    }
    int no = current->no;
    for (EDITLINE *p = current->next; p; p = p->next) {
        p->no = no++;
    }
    free(current);
    return ret;
}

EDITLINE *append(const char *arg, EDITLINE *current)
{
    EDITLINE *top = current;
    EDITLINE *p = NULL;
    for (;;) {
        p = read_line(stdin, (current) ? current->no + 1 : 1);
        if (edit_end(p, current)) {
            break;
        }
        if (!top) {
            current = top = p;
        } else {
            append_line(p, current);
```

```
            current = p;
        }
    }
    return current;
}

EDITLINE *replace(const char *arg, EDITLINE *current)
{
    if (!current) {
        // 現在の行が存在しなければ追加処理を行う
        return append(arg, current);
    }
    EDITLINE *top = NULL;
    EDITLINE *p = NULL;
    for (;;) {
        p = read_line(stdin, current->no + 1);
        if (edit_end(p, current)) {
            break;
        }
        if (!top) {
            if ((p->next = current->next)) {
                p->next->prior = p;
            }
            p->prior = current;
            current->next = p;
            current = top = delete(arg, current);
        } else {
            append_line(p, current);
            current = p;
        }
    }
    return top;
}

// コマンドを一括して扱うための構造体と配列
typedef struct {
    char *name;          // コマンド名
    COMMANDFUN cfun;  // 編集関数
} COMMAND;

COMMAND commands[] = {
    { "list", list },
    { "save", save },
    { "write", write },
    { "delete", delete },
    { "append", append },
    { "replace", replace },
    { "quit", NULL },
};
```

```
int main(int argc, char *argv[])
{
    EDITLINE *current = NULL;
    EDITLINE *top = NULL;
    if (argc >= 2) {
        FILE *pf = fopen(argv[1], "r");
        if (!pf) {
            fprintf(stderr, "open error: %s¥n", strerror(errno));
            return 1;
        }
        current = top = read_all(pf);
        fclose(pf);
        filename = strcpy(malloc(strlen(argv[1]) + 1), argv[1]);
    }

    char commandbuffer[BUFFSIZE];
begin_edit:
    while (fgets(commandbuffer, BUFFSIZE, stdin)) {
        // 末尾の改行を削除する
        size_t len = strlen(commandbuffer);
        if (len > 0 && commandbuffer[len - 1] == '¥n') {
            commandbuffer[len - 1] = '¥0';
        }
        int line;
        int ret = sscanf(commandbuffer, "%i", &line);
        if (ret == 1) {
            current = move(line, top, current);
            continue;
        }
        char command[16];
        ret = sscanf(commandbuffer, "%15[^ ]", command);
        if (ret == 1) {
            char *arg = &commandbuffer[strlen(command)];
            // コマンドの後ろに引数があればコマンドのあとの空白をスキップして引数を先頭にする
            while (*arg && isspace(*arg)) {
                arg++;
            }
            // コマンドは先頭1文字またはフルスペルを認める（フルスペルは問題にはない）
            for (size_t i = 0; i < sizeof commands / sizeof(COMMAND); i++) {
                if ((strlen(command) == 1 && command[0] == commands[i].name[0])
                    || !strcmp(command, commands[i].name)) {
                    // while文内のfor文から抜けるのでgotoを利用する
                    if (!commands[i].cfun) {
                        goto end_edit;   // 処理を終了
                    }
                    current = commands[i].cfun(arg, current);
                    if (current && current->no == 1) {
                        top = current;
                    }
                    goto begin_edit; // fgetsから再実行
```

```
                }
            }
        }
        fputs("不正なコマンドです。¥n", stderr);
    }
end_edit:
    while (top) {
        EDITLINE *p = top->next;
        free(top);
        top = p;
    }
    free(filename);
}
```

第12章の解答

前章の復習問題 P.328

1. (1)
```
struct ch12q0 {
    int32_t i32;
    char *cp;
    char ch;
    int16_t fa[];
};
```

(2)
```
typedef struct {
    int32_t i32;
    char *cp;
    char ch;
    int16_t fa[];
} CH12Q0;
```

(3)
```
struct {
    int32_t i32;
    char *cp;
    char ch;
    int16_t fa[];
} ch12q0;
```

2. 空欄部分を埋めたソースコード全体は以下のとおりです。

```
#include <stdio.h>
#include <stdlib.h>
#include <string.h>
typedef struct {
    int argc;
    char *argv[];
} ARG;
void print_arg(ARG* arg)
{
    for (int i = 0; i < arg->argc; i++) {
        puts(arg->argv[i]);
```

```
        }
    }
    int main(int argc, char *argv[])
    {
        ARG* pa;
        pa = malloc(sizeof(ARG) + sizeof(char *) * argc);
        pa->argc = argc;
        for (int i = 0; i < argc; i++) {
            pa->argv[i] = malloc(strlen(argv[i] + 1));
            strcpy(pa->argv[i], argv[i]);
        }
        print_arg(pa);
        for (int i = 0; i < argc; i++) {
            free(pa->argv[i]);
        }
        free(pa);
    }
```

練習問題 12.1 P.335

1. (1) 8バイト

(2) 512バイト

(3) 64バイト

2.

```
typedef strcut {
    int account;
    union {
        char name[32];
        struct {
            char first_name[16];
            char family_name[16];
        };
    };
    int age;
    char address[64];
} PERSON;
```

練習問題 12.2 P.340

1. (1)

```
typedef struct {
    bool eco_mode : 1;
    unsigned int shift_position : 3;
    bool side_break : 1;
    int current_rpm;
    int winker_position : 2;
    unsigned int switch_position : 3;
} CAR;
```

(2) 解答例は以下のとおりです。

▶リストA.136 ch12-2q1.c

```
#include <stdio.h>
#include <stdbool.h>
```

```
typedef struct {
    bool eco_mode : 1;
    unsigned int shift_position : 3;
    bool side_break : 1;
    int current_rpm;
    int winker_position : 2;
    unsigned int switch_position : 3;
} CAR;
static char *ECO_MODE[] = {"OFF", "ON"};
static char *SHIFT_POSITION[] = {"P", "R", "N", "D", "L"};
static char *SIDE_BREAK[] = {"OFF", "ON"};
static char *WINKER_POSITION[] = {"左", "中", "右"};
static char *SWITCH_POSITION[] = {"停止", "電源ON", "エンジンON", "スターター"};
void print_car(const CAR *p)
{
    printf("エコモード:%s, シフト位置:%s, サイドブレーキ:%s, ➡
           エンジン回転数:%i, ウィンカー位置:%s, スイッチ:%s¥n",
           ECO_MODE[p->eco_mode], SHIFT_POSITION[p->shift_position],
           SIDE_BREAK[p->side_break], p->current_rpm,
           WINKER_POSITION[p->winker_position + 1],
           SWITCH_POSITION[p->switch_position]);
}
int main()
{
    CAR car[] = {
        {0, 0, 1, 0, 0, 0},
        {1, 3, 0, 1500, 0, 2},
        {0, 2, 0, 800, -1, 2},
    };
    for (int i = 0; i < sizeof car / sizeof car[0]; i++) {
        print_car(&car[i]);
    }
}
```

この章の理解度チェック P.341

1. 解答例は以下のとおりです。

▶リストA.137 ch12-3q.c

```
#include <ctype.h>
#include <stdbool.h>
#include <stdint.h>
#include <stdio.h>
#include <stdlib.h>

// セル用構造体の先行宣言
struct cell;
```

```
// CARの種別値
// ここで利用しているenumキーワードについては第13章で学習します。
// 意味はマクロで以下を定義したのとほぼ同様ですが、マクロと異なり型として利用できるという違いがあります。
// #define CATOM 0
// #define CFUNC 1
// #define CCELL 2
typedef enum {
    CATOM,  // CARはアトム（このプログラムの場合は整数値）
    CFUNC,  // CARは関数
    CCELL,  // CARはセル（別のリスト）
} CAR_TYPE;

typedef int32_t (*CALC)(struct cell *); // 計算関数の型

// carは整数値、関数、他のリストのいずれか
typedef union {
    int32_t value;
    CALC calfun;
    struct cell *cell;
} CAR;

// セルはCARの種別とCAR、CDRをメンバーに持つ
typedef struct cell {
    CAR_TYPE car_type;
    CAR car;
    struct cell *cdr;
} CELL;

CELL *read(bool);       // セルを読み取る関数
int32_t eval(CELL *p); // 与えられたセルの値を返す関数

int32_t add(CELL *p)
{
    if (!p) {
        return 0;
    }
    return eval(p) + add(p->cdr);
}

int32_t sub(CELL *p)
{
    if (!p) {
        return 0;
    }
    return eval(p) - add(p->cdr);
}

int32_t mul(CELL *p)
{
    if (!p) {
```

```
        return 1;
    }
    return eval(p) * mul(p->cdr);
}

int32_t divide(CELL *p)
{
    if (!p) {
        return 1;
    }
    return eval(p) / mul(p->cdr);
}

// 与えられたCARからセルを作成する。CDRはNULLを設定する
CELL *create_cell(CAR_TYPE type, CAR car)
{
    CELL *p = malloc(sizeof(CELL));
    p->car_type = type;
    p->car = car;
    p->cdr = NULL;
    return p;
}

#ifdef DEBUG
void print(CELL *p)
{
    putc('(', stdout);
    bool f = false;
    do {
        if (!f) {
            f = true;
        } else {
            putc(' ', stdout);
        }
        switch (p->car_type) {
        case CATOM:
            printf("%i", p->car.value );
            break;
        case CFUNC:
            printf("%p", p->car.calfun);
            break;
        case CCELL:
            print(p->car.cell);
            break;
        }
        p = p->cdr;
    } while (p);
    putc(')', stdout);
}
#endif
```

```
// 数値の読み取り関数
int32_t val_reader(char ch)
{
    bool error = false;
    int32_t val = 0;
    do {
        if (isspace(ch)) {
            break;
        } else if (ch == ')') {
            ungetc(ch, stdin);
            break;
        } else if (!isdigit(ch)) {
            error = true;
            fputc(ch, stderr);
        }
        val *= 10;
        val += ch - '0'; // ASCIIの数字からバイナリー数値を求める
    } while ((ch = getchar()) != EOF);
    if (error) {
        fputs(" is not a number¥n", stderr);
        exit(1);
    }
    return val;
}

// 演算子の読み取り関数
CALC func_reader(char ch)
{
    CALC fun = NULL;
    switch (ch) {
    case '+':
        fun = add;
        break;
    case '-':
        fun = sub;
        break;
    case '*':
        fun = mul;
        break;
    case '/':
        fun = divide;
        break;
    default:
        fputc(ch, stderr);
    }
    while ((ch = getchar()) != EOF) {
        if (isspace(ch)) {
            break;
        } else if (ch == ')') {
```

「練習問題」「前章の復習問題」「この章の理解度チェック」解答

A

```
            ungetc(ch, stdin);
            break;
        } else {
            fputc(ch, stderr);
        }
    }
    if (!fun) {
        fputs(" is unknown¥n", stderr);
        exit(1);
    }
    return fun;
}

// セルの読み取り関数
CELL *cell_reader(char ch)
{
    CELL *top = NULL;
    CELL *p = NULL;
    for (;;) {
        ch = getchar();
        if (ch == EOF) {
            fputs("syntax error¥n", stderr);
            exit(2);
        } else if (isspace(ch)) {
            continue;
        } else if (ch == ')') {
            break;
        } else {
            ungetc(ch, stdin);
            if (p) {
                p->cdr = read(false);
                p = p->cdr;
            } else {
                top = p = read(true);
            }
        }
    }
    return top;
}

// 汎用読み取り関数
// top: 直後に演算子（関数）が来る場合は真。被演算数が来る場合は偽
CELL *read(bool top)
{
    char ch;
    while ((ch = getchar()) != EOF) {
        if (ch == '(') {
            CAR car = { .cell = cell_reader(ch) };
            return create_cell(CCELL, car);
        } else if (isdigit(ch) || !top) {
```

```
            CAR car = { .value = val_reader(ch) };
            return create_cell(CATOM, car);
        } else if (isspace(ch)) {
            continue;
        } else if (top) {
            CAR car = { .calfun = func_reader(ch) };
            return create_cell(CFUNC, car);
        } else {
            fputs("syntax error¥n", stderr);
            exit(2);
        }
    }
    return NULL;
}

// 最初の読み取り関数。「(」以外を読み取ったらエラーとする
CELL *top_reader()
{
    char ch = getchar();
    if (ch == '(') {
        return cell_reader(ch);
    } else {
        fputs("syntax error¥n", stderr);
        exit(2);
    }
    return NULL;
}

// 指定されたリストのCARを評価して数値を得る
int32_t eval(CELL *p)
{
    switch (p->car_type) {
    case CATOM:
        return p->car.value;
    case CFUNC:
        return p->car.calfun(p->cdr);
    case CCELL:
        return eval(p->car.cell);
    default:
        fputs("bug!¥n", stderr);
        exit(1);
    }
}

// リンクされているすべてのセルを解放する関数
void release(CELL *p)
{
    if (p) {
        if (p->car_type == CCELL) {
            release(p->car.cell);
```

```
        }
        release(p->cdr);
        free(p);
    }
}

int main()
{
    CELL *root = top_reader();
    if (root) {
#ifdef DEBUG
        print(root);
        puts("");
#endif
        printf("%i¥n", eval(root));
    }
    release(root);
}
```

第13章の解答

前章の復習問題 P.344

1.

```
typedef struct {
    unsigned int seven : 3;
    unsigned int heaven : 1;
    unsigned int given : 5;
} SIN;
```

2.

```
struct person {
    int age;
    int experienced;
    union {
        char member_id[8];
        char *member_ptr;
    };
};
```

3. 解答例は以下のとおりです。

▶リストA.138　ch13-0q1a.c

```
#include <stdio.h>
#include <stdbool.h>
// struct personの定義
struct person {
    int age;
    int experienced;
    union {
        char member_id[8];
        char *member_ptr;
```

```
    };
};

void print_person(struct person *p, bool use_id)
{
    if (use_id) {
        printf("age:%i, experienced:%i, id:%s¥n", p->age, p->experienced, p->member_id);
    } else {
        printf("age:%i, experienced:%i, name:%s¥n", p->age, p->experienced, p->member_ptr);
    }
}
int main()
{
    struct person p0 = { 24, 8, "Tako M" };
    print_person(&p0, true);
    struct person p1 = { 35, 1, .member_ptr = "Akiyama Jiro" };
    print_person(&p1, false);
}
```

練習問題　13.1　P.350

1. (1)　1

(2)　2

(3)　101

2. 列挙定数名が重複しているから。変数numbersの宣言のようにタグ名なしのenumを型として変数へ与えることは問題ありません。

3. 解答例は以下のとおりです。

```
typedef enum {
    NONE,
    INITIALIZED,
    ACTIVE,
    FIXED,
    DELETED
} STATUS_VALUE;

STATUS_VALUE check_status();
```

練習問題　13.2　P.357

1. (1)　3

(2)　3

(3)　-2

(4)　13

2. 解答例は以下のとおりです。

▶リストA.139　ch13-2q01.c

```
#include <stdio.h>
#include <stdlib.h>
int main(int argc, char *argv[])
{
    if (argc == 2) {
        if (atoi(argv[1]) & 1) {
            puts("!");
        } else {
            puts("?");
        }
    } else {
        return 1;
    }
}
```

3. 解答例は以下のとおりです。

▶リストA.140　ch13-2q02.c

```
#include <stdio.h>
int main(int argc, char *argv[])
{
    if (argc != 2) {
        return 1;
    }
    char ch = argv[1][0];
    if (ch >= 'A' && ch <= 'Z') {
        printf("%c¥n", ch | 0x20);
    } else {
        puts("not a capital letter!");
    }
}
```

練習問題　13.3　P.364

1. (1) 左シフト。ビット数は8

(2) shortまたはint16_t

(3) uint32_t。unsigned intは処理系によってビット幅が異なるため正解ではない。

2. 解答例は以下のとおりです。

```
int32_t change_endian(int32_t x)
  int32_t change_endian(int32_t x)
  {
      return (x & 0xff000000) >> 24
           | (x & 0x00ff0000) >> 8
           | (x & 0x0000ff00) << 8
           | (x & 0x000000ff) << 24;
  }
```

この章の理解度チェック P.365

1. 解答例は以下のとおりです。

▶リストA.141 ch13-4q1.c

```
#include <stdio.h>
#include <stdlib.h>
int main(int argc, char *argv[])
{
    if (argc != 2) {
        fputs("数を指定してください。¥n", stderr);
        return 1;
    }
    int n = atoi(argv[1]);
    if (!n) {
        puts("0");
    } else {
        int npositive = n;
        int shift = 0;
        for (; (npositive & 1) == 0; shift++) {
            npositive >>= 1;
        }
        printf("%i¥n", ~npositive << shift | 1 << shift);
    }
}
```

2. 解答例は以下のとおりです。

▶リストA.142 ch13-4q2.c

```
#include <stdio.h>
#include <stdlib.h>

// 15分の1（整数丸め）までを求める原始的な計算機
int divide(int x, int divisor, int *remainder)
{
    int result = 0;
    int shift = 0;
    // 上の桁を揃える
    while (x > (divisor << 1)) {
        divisor <<= 1;
        shift++;
    }
    for (int i = 0; i <= shift; i++) {
        if (x >= divisor) {
            x -= divisor;
            result <<= 1;
            result++;
            // 偶数の場合
```

```
            if (x == divisor) {
                x = Ø;
                result++;
            }
        } else {
            // 結果だけを繰り上げる
            result <<= 1;
        }
        // 次の位へ進める
        divisor >>= 1;
    }
    *remainder = x;
    return result;
}
int main(int argc, char *argv[])
{
    if (argc != 3) {
        puts("被除数と除数を指定してください。");
        return 1;
    }
    int x = atoi(argv[1]);
    int divisor = atoi(argv[2]);
    if (divisor <= Ø || divisor > 15) {
        puts("除数は1から15の範囲の整数で指定してください。");
        return 2;
    }
    if (x < Ø) {
        puts("被除数は正の整数で指定してください。");
        return 2;
    }
    int remainder;
    int result = divide(x, divisor, &remainder);
    printf("%i / %i = %i ... %i¥n", x, divisor, result, remainder);
}
```

第14章の解答

前章の復習問題 P.368

1. (1)
```
typedef enum {
    HOT = 1,
    COLD = -1
} TEMPERATURE;
```

(2)
```
typedef enum {
    HEART,
    DIAMOND,
    SPADE,
    CLUB
} SUIT;
```

2. (1) 0
(2) 2
(3) 22

3. (1) `x & 0x12`
(2) `(x & 0x12) == 0x12`
(3) `(x & 0x0e) == (y & 0x1c) >> 1`
または
`(x & 0x0e) << 1 == (y & 0x1c)`
(4) `x |= 1`

練習問題 14.1 P.370

1. b
説明：dは「¥(改行)」を削除して読み取るため、「#define Zero 0」と記述してあるものとして扱われます。これは文法的には正しいためエラーとはなりません。

2. 次のように2行目の末尾に「 ¥」を追加します。
`#define PRINT_INT(x) ¥`
または、2～3行目を次のように繋げて1行にします。
`#define PRINT_INT(x) printf("%i¥n", x)`

▶リストA.143 ch14-1q1a.c

```
#include <stdio.h>
#define PRINT_INT(x) ¥
    printf("%i¥n", x)
int main(int argc, char *argv[])
{
    PRINT_INT(argc);
}
```

練習問題 14.2 P.378

1. 解答例は以下のとおりです。

```
#if !defined(A)
  puts("no A");
#elif !defined(B)
  puts("no B");
#elif !defined(C)
  puts("no C");
#else
  puts("with C");
#endif
```

練習問題 14.3 P.382

1. (1) `char *cptr = "hello";`

   (2) `char carray[] = "bye";`

2.
```
#define INITXY(nm, val) int x ## nm = val, y ## nm = val ## 0
INITXY(0, 1);
INITXY(1, 2);
INITXY(2, 3);
INITXY(3, 4);
INITXY(4, 5);
```

3. (1) `#define VP(x, y, z, a, b, c) printf("%i, %i, %i, %i¥n", x, y, z, (a + b + c))`

   (2) `#define VP2(tmpl, ...) printf(tmpl, __VA_ARGS__)`

   (3) `#define MOVE_PROPERTY(a, b, prop) a.prop = b.prop`

   (4) `#define SAVE_STRUCT(s, a) s a ## _save = a`

練習問題 14.4 P.387

1. (1) `#define sum(x, y, z) (x + y + z)`

   説明：たとえば、sum(10, 11, 12) * 3 と記述した場合、99ではなく57となります。

   (2)
```
#define do_greater_than(x, y, proc) do {¥
        if (x > y) {¥
            proc();¥
        }¥
    } while (0)
```

   説明：do ～ whileで囲む理由については、例14.3-3を参照してください。

練習問題 14.5 P.389

1. 解答例は以下のとおりです。

▶リストA.144　ch14-5q01.c

```
#if !defined(__STDC__) || __STDC__ != 1
#error("use standard C")
#endif
int main()
{
}
```

この章の理解度チェック P.389

1. 解答例は以下のとおりです。

▶リストA.145　ch14-6q01.c

```
#include <stdio.h>
#define PRINT(var, sp) printf("%s=%" # sp "¥n", #var, var)
#define PRINTV(var, i, sp) printf("%s[%i]=%" # sp "¥n", #var, i, var[i])
int main(int argc, char *argv[])
{
    PRINT(argc, i);
    for (int i = 0; i < argc; i++) {
        PRINTV(argv, i, s);
    }
}
```

2.　解答例は以下のとおりです。

▶リストA.146　ch14-6q02.c

```
#include <stdio.h>
#include <string.h>
static char *MNAME[] = {
    "Jan", "Feb", "Mar", "Apr", "May", "Jun", "Jul", "Aug", "Sep", "Oct", "Nov", "Dec"
};
int main()
{

    for (size_t i = 0; i < sizeof MNAME / sizeof(char *); i++) {
        if (!strncmp(__DATE__, MNAME[i], 3)) {
            printf("%.4s/%02zu/%c%c %s¥n", &__DATE__[7], i + 1,
                   (__DATE__[4] == ' ') ? '0' : __DATE__[4], __DATE__[5], __TIME__);
            break;
        }
    }
}
```

付録 B

標準ヘッダーファイル

B.1 標準ヘッダーファイル

C11（ISO/IEC 9899:2011）では、表B.1の29ファイルが標準ヘッダーファイルとして定義されています。

❖表B.1　C11の標準ヘッダーファイル

ヘッダーファイル	種類	説明※
<assert.h>	表明	付録B、C
<complex.h>	複素数／虚数	付録C
<ctype.h>	文字	第7章
<errno.h>	エラー	第10章
<fenv.h>	浮動小数点環境	付録B
<float.h>	浮動小数点数	第3章
<inttypes.h>	整数型	付録B
<iso646.h>	代替記号	付録B
<limits.h>	最大値／最小値／範囲	第2章／第3章
<locale.h>	地域情報	第7章
<math.h>	数学	付録B
<setjmp.h>	大域脱出	付録B
<signal.h>	シグナル／割り込み	付録B
<stdalign.h>	変数配置	付録C
<stdarg.h>	引数	第9章
<stdatomic.h>	アトミック操作	付録C
<stdbool.h>	ブール型	第2章
<stddef.h>	標準マクロ	第7章／第8章
<stdint.h>	整数型	第2章／第3章
<stdio.h>	標準IO	第10章
<stdlib.h>	標準ライブラリ	第2章
<stdnoreturn.h>	noreturnマクロ	付録C
<string.h>	文字列	第7章
<tgmath.h>	ジェネリック数学関数	付録B
<threads.h>	スレッド	付録B
<time.h>	日付／時刻	第10章
<uchar.h>	ユニコード	第7章
<wchar.h>	ワイド文字	第7章
<wctype.h>	ワイド文字型	付録B

※ 単にヘッダー名と定義されているマクロに対して言及しただけのものを含みます。

本付録では、上記のヘッダーファイルに定義された関数／マクロのうち、これまで説明していないもので特に重要と考えられるものについて説明します。

B.1.1　表明

書式

```
#include <assert.h>
void assert(式);
```

解説

式が真ならば何も行いません。偽であれば発生したファイル、行番号などをコンソールに出力し実行を中断します。

assert関数（実際は関数的マクロです）は、開発段階では、実装した関数が事前条件、事後条件、不変条件を満たしているかをチェックします。それと同時に、それらの条件のドキュメントとしての意味も持ちあわせます。

事前条件などの表明は、「条件」であってパラメータの「検証」とは異なります。たとえば、同じプログラム内の関数呼び出しであれば検証は不要なはずです。なぜならば、その関数の呼び出し方法や返り値を知っている人間がコードを記述しているからです。しかしバグや書き間違いなどはあります。表明は正しい条件を示す（ドキュメンテーションだというのはこの点です）ことでバグや書き間違いがないことをチェックする仕組みです。

その一方、ユーザー入力、読み込んだファイル内容などは、プログラムの外部から持ち込まれるデータです。データが正しいかどうかは検証が必要なので、表明の適用対象ではありません。

NDEBUGマクロを定義してコンパイルすると、assert関数の呼び出しは無効となります（リストB.1）。

▶リストB.1　cha-01.c

```
#include <stdio.h>
#include <assert.h>
// foo関数は、NULL以外のポインター pを取り、0以上の値を返す。――― コメント（実行時には意味がない）
int foo(char *p)
{
    assert(p != NULL); ――― 表明：引数pはNULLであってはならない（実行時にチェックされる）
    int ret = 0;
    puts(p);
    assert(ret >= 0); ――― 表明：戻り値は0以上（実行時にチェックされる）
    return ret;
}
int main(int argc, char *argv[])
{
    if (!foo("hello")) { // 正しいfooの呼び出し
```

```
        foo(NULL);        // 不正なfooの呼び出し
    }
}
```

実行例は以下のようになります。なお、NDEBUGを定義した場合、2番目のputs関数呼び出しにNULLを与えることになります。これはバグなので、異常終了します。異常終了時のメッセージや終了方法はOSによって変わります。

```
> clang -std=c11 cha-01.c
> a.exe
hello
a.exe: cha-01.c:7: int foo(char *): Assertion `p != NULL' failed. ── 表明違反を検出
Aborted (core dumped)
> clang -std=c11 cha-01.c -DNDEBUG ──────── NDEBUGを定義することで表明を無効化
> a.exe
hello
Segmentation fault (core dumped) ──────── NULLポインターをputsに与えたので例外となる
>
```

B.1.2　浮動小数点数環境

書式

```
#include <fenv.h>
```

解説

浮動小数点数環境とは、浮動小数点数の演算の結果生じた例外情報や浮動小数点数演算の状態を意味します。fenv.hにはプログラム実行中のコンピュータの浮動小数点数環境を取得するためのマクロや関数が定義されています。

B.1.3　整数型

書式

```
#include <inttypes.h>
```

解説

inttypes.hは、整数型を定義したstdint.hをインクルードし、整数型に対する拡張を提供します。

PRIマクロ

PRIで始まるマクロは、fprintf/printf用の書式指定子です。PRIに続く1文字で出力形式を示したあとにビット数が続きます。

```
PRIi8
```

説明：int8_t用の書式指定子

```
PRIi16
```

説明：int16_t用の書式指定子

```
PRIi32
```

説明：int32_t用の書式指定子

```
PRIi64
```

説明：int64_t用の書式指定子

```
PRIu32
```

説明：uint32_t用の書式指定子

```
PRIu64
```

説明：uint64_t用の書式指定子

```
PRIx64
```

説明：uint64_t用の16進表記用書式指定子

▶リストB.2　cha-02.c

```
#include <stdio.h>
#include <inttypes.h>
int main(void)
{
    int8_t i8 = 32;
    printf("%" PRIi8 "¥n", i8);
}
```

B.1.4　代替記号

書式

```
#include <iso646.h>
```

解説

iso646.hを利用すると、&&などの論理演算子やビット演算子の代わりに利用できるキーワード（マクロ）が提供されます（表B.2、リストB.3）。

❖表B.2　代替記号

マクロ	演算子
and	&&
and_eq	&=
bitand	&
bitor	|
compl	~
not	!
not_eq	!=
or	||
or_eq	|=
xor	^
xor_eq	^=

▶リストB.3　cha-03.c

```
#include <stdio.h>
#include <iso646.h>
int main(int argc, char *argv[])
{
    if (argc bitand 1) {
        puts("argc is odd");
    } else {
        puts("argc is even");
    }
}
```

B.1.5 数学

書式

```
#include <math.h>
```

math.hには以下の関数が含まれます。Unixではmath.hをインクルードするプログラムは、コンパイル時に数学ライブラリ（libm）をリンクする必要があります。

```
double sin(double x);
```

説明：xラディアンのサインを求めます。

```
double cos(double x);
```

説明：xラディアンのコサインを求めます。

```
double tan(double x);
```

説明：xラディアンのタンジェントを求めます。

```
double exp(double x);
```

説明：eのx乗を求めます。

```
double log(double x);
```

説明：eを底としたxの対数を求めます。

```
double log10(double x);
```

説明：10を底としたxの対数を求めます。

```
double hypot(double x, double y);
```

説明：xとyの2乗和の平方根を求めます。

```
double sqrt(double x);
```

説明：xの平方根を求めます。

```
double trunc(double x);
```

説明：xを0に向けて整数値へ丸めます。

▶ リストB.4　cha-04.c

```
#include <stdio.h>
#include <stdlib.h>
#include <math.h>
int main(int argc, char *argv[])
{
    if (argc != 3) {
        puts("直角3角形の底辺と高さを指定してください");
        return 1;
    }
    double x = atof(argv[1]);
    double y = atof(argv[2]);
    printf("斜辺の長さは%fです。¥n", hypot(x, y));
}
```

実行例は以下のようになります。

```
> clang -std=c11 cha-04.c
> a.exe 3 4
斜辺の長さは5.000000です。
```

Linuxなどでコンパイルする場合は以下のようにlibm（数学ライブラリ）のリンクを指定します。

```
$ clang -std=c11 cha-04.c -lm
```

B.1.6　大域脱出

書式

```
#include <setjmp.h>
```

型： jmp_buf ……大域脱出用の環境保存領域型

```
int setjmp(jmp_buf env);
```

説明：大域脱出とは、複数の関数呼び出しをまたがって、特定位置へ実行の制御を戻すことです。setjmpは大域脱出の環境を引数で指定したjmp_bufへ保存します。後述するlongjmp関数は引数で指定したjmp_bufを保存したsetjmp位置へ脱出します。setjmpの戻り値が0ならば、環境保存のための初回呼び出しからの復帰を示します。0以外の場合はlongjmpからの復帰を示します。

```
_Noreturn void longjmp(jmp_buf env, int val);
```

説明：envで指定した環境を保存したsetjmpの呼び出し位置へ復帰します。valで指定した値がsetjmp関数の戻り値となります。valに0を設定した場合、setjmp関数は1を返します。

Cのsetjmp／longjmpは、他のモダンなプログラミング言語の大域脱出機構（主に例外）と異なり、呼び出し途中でmalloc関数などを利用して確保した領域の解放やIO用にオープンしたファイルのクローズは行いません。

▶リストB.5　cha-05.c

```
#include <stdio.h>
#include <setjmp.h>
jmp_buf root_env;
void last()
{
    longjmp(root_env, 32);
}
void third()
{
    puts("enter 3rd");
    last();
    puts("exit 3rd");
}
void second()
{
    puts("enter 2nd");
    third();
    puts("exit 2nd");
}
void first()
{
    puts("enter 1st");
    second();
    puts("exit 1st");
}
```

```
int main(void)
{
    int n = setjmp(root_env);
    printf("setjmp=%i¥n", n);
    if (!n) {
        first();
    } else {
        puts("bye");
    }
}
```

実行例は以下のようになります。

```
> a.exe
setjmp=0
enter 1st
enter 2nd
enter 3rd
setjmp=32
bye
```

B.1.7　シグナル／割り込み

書式

```
#include <signal.h>
```

シグナルは、実行中のプログラムに割り込むことで、特殊なルーチンに実行を一時的に移動させます。Unixの標準的なプロセス間の通知機構ですが、Windows（Win32サブシステム）には疑似的にしか存在しません。signal.hには、シグナル処理用の関数をプログラムへ組み込むための関数などが定義されています。

B.1.8　ジェネリック数学関数

書式

```
#include <tgmath.h>
```

プログラミングの文脈でジェネリック（総称）とは、式に対して型をパラメータとして与える機能のことです。ジェネリック数学関数は、パラメータの型によってmath.hに定義された関数とcomplex.hに定義された関数を同じ名前で呼び分けるためのマクロを提供します。

B.1.9　スレッド関数

書式

```
#include <threads.h>
```

threads.hは、プロセス内でスレッドを実行したり、スレッドの情報を取得したりする関数やマクロを提供します。

B.1.10　ワイド文字型

書式

```
#include <wctype.h>
```

型： wint_t

---

wint_tはワイド文字型でwchar_tを含みます。WEOFマクロ（EOFマクロのワイド文字版）を検出できる型です。

wctype.hで定義されている関数は、主にctype.hで定義されている関数のワイド文字版です。以下の関数はロケールに影響されます。

```
int iswalnum(wint_t wc);
```

説明：指定した文字がアルファベットか数字ならば0以外を返します。

```
int iswalpha(wint_t wc);
```

説明：指定した文字がアルファベットならば0以外を返します。

```
int iswblank(wint_t wc);
```

説明：指定した文字がタブなどを含む空白文字ならば0以外を返します。

```
int iswcntrl(wint_t wc);
```

説明：指定した文字が制御文字であれば0以外を返します。

```
int iswdigit(wint_t wc);
```

説明：指定した文字が数字であれば0以外を返します。

```
int iswgraph(wint_t wc);
```

説明：指定した文字が表示文字であれば0以外を返します。

▶リストB.6　cha-06.c

```
#include <stdio.h>
#include <locale.h>
#include <wctype.h>
int main(void)
{
#ifdef WIN32
    setlocale(LC_CTYPE, "ja");
#else
    setlocale(LC_CTYPE, "ja_JP.utf-8");
#endif
    printf("%i¥n", iswdigit(L'5'));
    printf("%i¥n", iswalpha(L'A'));
    printf("%i¥n", iswalpha(L'Ａ'));
}
```

実行例は以下のようになります。なお、ここで重要なのは0ではない数、つまりCの真が出力されるということです。環境によっては、上から4、257、257が出力されたり、1、1024、1が出力されたりします。他にも異なる数が表示される可能性がありますが、いずれにしても0（つまり偽）とはなりません。

```
> a.exe
1
1
1
```

付録 C

キーワード

C.1 キーワード

C11（ISO/IEC 9899:2011）のキーワードとして、表C.1の44個が定義されています。

❖表C.1　C11のキーワード

キーワード	種類	説明
auto	記憶クラス指定子	第9章
break	ジャンプ文	第4章（switch文）、第5章（ループ）
case	ラベル文	第4章
char	型指定子	第3章
const	型修飾子	第8章、第13章
continue	ジャンプ文	第5章
default	ラベル文	第4章
do	繰り返し文	第6章
double	型指定子	第3章
else	選択文	第4章
enum	列挙体指定子	第13章
extern	記憶クラス指定子	第9章
float	型指定子	第3章
for	繰り返し文	第5章
goto	ジャンプ文	第5章
if	選択文	第4章
inline	関数指定子	第3章、第9章
int	型指定子	第3章
long	型指定子	第3章
register	記憶クラス指定子	第9章
restrict	型修飾子	第9章
return	ジャンプ文	第2章
short	型指定子	第3章
signed	型指定子	第3章
sizeof	単項演算子	第8章
static	記憶クラス指定子	第9章
struct	構造体指定子	第11章
switch	選択文	第4章
typedef	記憶クラス指定子	第9章
union	共用体指定子	第12章
unsigned	型指定子	第3章
void	型指定子	第2章
volatile	型修飾子	第9章
while	繰り返し文	第6章

（続き）

キーワード	種類	説明
_Alignas	アラインメント（配置）指定子	付録C
_Alignof	単項演算子	付録C
_Atomic	型修飾子	第9章
_Bool	型指定子	第4章、付録C
_Complex	型指定子	付録C
_Generic	ジェネリック選択文	付録C
_Imaginary	型指定子	付録C
_Noreturn	関数指定子	第9章、付録C
_Static_assert	静的表明	付録C
_Thread_local	記憶クラス指定子	付録C

本書ではこれらのキーワードすべてについて、詳細な説明は行いません。ただし、これまでの章で説明しなかったキーワードのうち_Genericと_Static_assertについては後述します。残りのキーワードは高度な知識が前提となるため、本書では簡単な説明にとどめます。

C.1.1　なぜboolではなく_Boolなのか

ほとんどのキーワードは英小文字で構成されますが、デファクトスタンダード（事実上の標準）を追認するために追加されたキーワードについては、先頭を「_」、その直後の文字を英大文字で開始し、以降を小文字としています。これは、キーワードを従来どおりの英小文字のみとした場合、デファクトスタンダードで記述されたCのソースコードがコンパイルできなくなることを避けるためです。すべて小文字の標準的なキーワードの形式は、標準ヘッダーファイルによって提供されます。

▶ _Boolによって互換性が守られるコードの例

```
typedef char bool;
#define true 1
#define false 0
```

上のコードを含むソースファイルは、Cコンパイラにとってはキーワード_Boolを利用していないためコンパイル可能です。もしboolがキーワードであれば、typedefの行でコンパイルエラーとなります。

新規に作成するプログラムは、stdbool.hをインクルード（#include <stdbool.h>）することで、bool型やtrue、false定数を利用できます。

これはstdbool.hの中で、

```
#define bool _Bool
```

などを定義しているからです。

C.1.2 キーワードの種類

C11のキーワードは、次の15種類に分かれます。

- **アラインメント（配置）指定子（alignment specifier）**

アラインメント指定子キーワードは、変数やビットフィールド以外の構造体メンバーの宣言に対して指定することで、メモリー上での配置に影響を与えます。

アラインメント指定子に属するのは_Alignasキーワードです。_Alignasに続けて()内に型名またはバイト数を示す定数を記述することで、_Alignasを付けた変数や構造体メンバーを指定した型と同様のメモリー位置に割り当てます。stdalign.hをインクルードすることで、alignasをキーワードとして利用できます。

- **型指定子（type specifier）**

型指定子キーワードは、Cの既定の型名です。int、signed、unsigned、longなどの型名はすべてキーワードです。

_Complex（複素数）は、complex.hをインクルードすることで、complexと記述できます。またcomplex.hをインクルードするとマクロとして定数I（虚数単位）が提供されます。

_Imaginary（虚数）は、complex.hをインクルードすることで、imaginaryと記述できます。またcomplex.hをインクルードするとマクロとして定数I（虚数単位）が提供されます。

- **型修飾子（type qualifier）**

型修飾子キーワードは、変数や構造体メンバーの宣言に対して指定することで、修飾された変数のコンパイル方法に影響を及ぼします。型修飾子には、const（定数として扱う）、restrict（参照先に対する唯一のポインター変数であることを宣言して最高度の最適化を要求）、volatile（最適化せずに記述どおりにコンパイルする）、_Atomic（1CPU命令でアクセスするようにコンパイラに指示する）の4種類があります。

_Atomicキーワードを使う場合は、型を直接に修飾するのではなく、stdatmoic.hをインクルードしてatomic_flag型変数を利用したロックフリーな排他制御を記述するか、提供されている関数を利用してください。

- **関数指定子（function specifier）**

関数指定子キーワードは、関数定義に対して指定することで、コンパイル方法に影響を及ぼします。関数指定子にはinline（呼び出し箇所に直接埋め込むことで高速化）、_Noreturn（呼び出し元へ復帰しないことを宣言）の2種類があります。なお、stdnoreturn.hをインクルードするとnoreturnと記述できます。

- **記憶クラス指定子（storage-class specifier）**

記憶クラス指定子キーワードは関数定義や変数定義に適用し、関数や変数の有効範囲や持続性に影響を及ぼします。

記憶クラス指定子にはauto（自動変数）、extern（外部変数／関数。全ソースファイルに対して有効）、register（現在は指定しても効果を持たない）、static（宣言した位置内に閉じた可視性を持つ。持続的）、typedef（ユーザー型の定義。便宜上、記憶クラス指定子として分類される）、_Thread_local（スレッドごとに固有。持続的）があります。_Thread_localは、threads.hをインクルードすることでthread_localと記述できます。

● 共用体指定子（union specifier）

共用体指定子キーワードには、共用体の定義を開始するunionキーワードがあります。

● 繰り返し文（iteration statements）

繰り返し文はループ用の制御構文のキーワードです。繰り返し文のためのキーワードには、while、do～while、forがあります。

● 構造体指定子

構造体指定子キーワードには、構造体の定義を開始するstructキーワードがあります。

● ジェネリック選択文（generic selection statements）

ジェネリック（総称）は、プログラミングの文脈では式に対して型をパラメータとして与える言語機能です。Cでは_Genericキーワードによってジェネリックを提供します。_Genericについては後述します。

● ジャンプ文（jump statements）

ジャンプ文は、プログラムの実行制御を次の文以外の位置へ移動します。ジャンプ文のためのキーワードには、break、continue、goto、returnがあります。

● 静的表明（static assertions）

表明は、プログラムのこの部分ではこうあるべきという状態を主にデバッグあるいはドキュメンテーション目的で記述するものです。静的表明には、_Static_assertキーワードがあります。_Static_assertはコンパイル時に参照されて、指定した状態と異なる場合にメッセージを出力してコンパイルを中止します。_Static_assertキーワードについては後述します。

● 選択文（selection statements）

選択文は、条件判断用の制御構文キーワードです。選択文用のキーワードは、if、else、switchです。

● 単項演算子（unary operator）

キーワードのsizeofと_Alignofは単項演算子です。sizeofキーワードは被演算子の式が示すバイト数または()内に指定した型が取るバイト数をsize_t型で返します。_Alignofキーワードは()内に指定した型の配置情報をsize_t型で返します。stdalign.hをインクルードすることで、alignofをキーワードとして利用できます。

● **ラベル文（labeled statements）**

ラベル文のためのキーワードとして、switch制御構文のラベルを示すcaseキーワードとdefaultキーワードが含まれます。

● **列挙体指定子（enumeration specifiers）**

列挙体指定子キーワードには、列挙体の定義を開始するenumキーワードがあります。

C.1.3 _Generic

_Genericは、関数的マクロ定義でジェネリックを実現するためのキーワードです。

書式 _Generic

```
_Generic(型判定の対象式, ジェネリック連想リスト)
```

_Genericは最初の引数で指定した式の型に従って、ジェネリック連想リストから適切なものを選択して置き換えます。ジェネリック連想リストは、型名と置換先の式を「:」で結合したものを「,」で区切って並べます。適切な型が存在しない場合は「default：式」が選択されます。

この説明ではわかりにくいので、実際の例をリストC.1に示します。このプログラムでは、関数的マクロのパラメータの型に応じた共用体メンバーに対する代入への置換（SETUマクロ）と、型に応じた関数呼び出し（PRINTマクロ）の2つの関数的マクロで_Genericを利用しています。

▶リストC.1　chb-01.c

```
#include <stdio.h>
typedef union {
    int nvalue;
    char *strvalue;
    char chvalue;
} U;
#define SETU(u, x) _Generic((x), char: u.chvalue, char *: u.strvalue, ➡
default: u.nvalue) = x
#define PRINT(x) _Generic((x), void *: pvoid, char *: pchp, char: pch, ➡
default: pint)(x)

void pvoid(void *p)
{
    printf("%p¥n", p);
}
void pchp(char *p)
{
```

```
    printf("%s¥n", p);
}
void pch(char c)
{
    printf("%c¥n", c);
}
void pint(int n)
{
    printf("%i¥n", n);
}
int main()
{
    U u0;
    SETU(u0, "abc");
    PRINT(u0.strvalue);
    SETU(u0, 48);
    PRINT(u0.nvalue);
    U u1;
    SETU(u1, 'X');
    PRINT(u1.chvalue);
}
```

実行例は以下のようになります。

```
> a.exe
abc
48
X
```

共用体Uは、int型のメンバーnvalue、char型へのポインターメンバーstrvalue、char型のメンバーchvalueの3つのメンバーを持ちます。

SETUマクロは、最初のパラメータで指定された共用体U型変数のメンバーに対する代入を次のパラメータの型によって決定します。SETU(u0, "abc");は、"abc"がchar型へのポインターなので、ジェネリック連想リストのchar *: u.strvalueが選択されます。

```
_Generic((x), char: u.chvalue, char *: u.strvalue, default: u.nvalue) = x
```

次にパラメータuとxが関数的マクロへの引数u0と"abc"に置換されるため、最終的に、

```
u0.strvalue = "abc"
```

が生成されます。

同様にSETU(u0, 48);は、48がint型なのでcharでもchar *でもないため、defaultのu.nvalueが選択されます。

```
_Generic((x), char: u.chvalue, char *: u.strvalue, default: u.nvalue) = x
```

次にパラメータuとxが関数的マクロへの引数u0と48に置換されるため、最終的に、

```
u0.nvalue = 48
```

が生成されます。

PRINTマクロは、パラメータの型によって、void型へのポインターであればpvoid、char型へのポインターであればpchp、char型であればpch、それ以外であればpintに置き換えられます。pvoid、pchpなどの関数は自前で用意する必要があります。

PRINT(u0.strvalue)は、u0.strvalueがchar型へのポインターなので、pchpが選択されます。その後の(x)のxはマクロ引数のu0.strvalueに置き換えられるため、最終的に得られるのはpchp(u0.strvalue)となります。

C.1.4 _Static_assert

_Static_assertは最初のパラメータで指定した定数式が0（偽）ならば、コンパイルエラーとなり、2番目のパラメータで指定した文字列を出力します。

リストC.2のプログラムは、コンパイル時に与えたBUFFSIZEマクロが100より大きくなければ"too few buffer size"エラーでコンパイルを中止します。

▶リストC.2　chb-02.c

```
#include <stdio.h>
int main(int argc, char *argv[])
{
    _Static_assert(BUFFSIZE > 100, "too few buffer size");
    printf("buffsize = %i¥n", BUFFSIZE);
}
```

実行例は以下のようになります。

```
> clang -std=c11 chb-02.c -DBUFFSIZE=200 ———— 100より大きいので正常にコンパイル終了
> clang -std=c11 chb-02.c -DBUFFSIZE=50
chb-02.c:4:5: error: static_assert failed "too few buffer size"
    _Static_assert(BUFFSIZE < 100, "too few buffer size");
    ^
1 error generated.
```

なお、assert.hをインクルードすると、_Static_assertはstatic_assertと記述できます（リストC.3）。

ただしVisual Studio 2017版clangでは_Static_assertへの置き換えが行われないため、コンパイルエラーとなります。

▶リストC.3　chb-03.c

```
#include <stdio.h>
#include <assert.h>
int main(int argc, char *argv[])
{
    static_assert(BUFFSIZE > 100, "too few buffer size");
    printf("buffsize = %i¥n", BUFFSIZE);
}
```

索　引

記号

! ……… 105
!= ……… 101, 103
#演算子 ……… 31, 378, 380
#defineディレクティブ ……… 84
#elseディレクティブ ……… 370
#endifディレクティブ ……… 370
#errorディレクティブ ……… 387
#ifdefディレクティブ ……… 370, 371, 372
#ifndefディレクティブ ……… 372
#ifディレクティブ ……… 373
#includeディレクティブ ……… 32, 39, 40
#undefディレクティブ ……… 376
##演算子 ……… 378, 381
$（プロンプト） ……… 24
$? ……… 50, 127
%（剰余算） ……… 61
%（変換指定子） ……… 266
%= ……… 67
%d ……… 75, 81
%i ……… 81
%lf ……… 82
%ls ……… 172
%p ……… 189
%u ……… 75
&（ビット積） ……… 351
& 単項演算子 ……… 187, 189
&& ……… 105
&= ……… 352
'¥"' ……… 160
'¥'' ……… 160
'¥0' ……… 158, 160
'¥n' ……… 160
'¥r' ……… 160
'¥t' ……… 160
'¥x1b' ……… 160
'¥x5C' ……… 161
'¥¥' ……… 160
( )（キャスト式） ……… 90
(;;) ……… 127
*（乗算） ……… 60
*（単項演算子） ……… 187
*（ポインター変数） ……… 197, 199
*（パラメータ） ……… 272
*（間接演算子） ……… 191
*= ……… 66
+（加算） ……… 60
+（単項演算子） ……… 59
++ ……… 59, 67
+= ……… 66
,（カンマ） ……… 44
-（単項演算子） ……… 59, 60
-- ……… 59, 67
-= ……… 66
->（アロー）演算子 ……… 303
.（演算子） ……… 301
./a.out ……… 25
.a ……… 8
.c ……… 29
.exe ……… 25
.h ……… 39
.lib ……… 8
.o ……… 8
.obj ……… 8
/ ……… 60
/* ～ */ ……… 36
// ……… 37
/= ……… 66
<（小なり） ……… 101
<（標準入力） ……… 267
<<（左シフト演算子） ……… 358
<<= ……… 359
<=（小なりイコール） ……… 101, 102
=（代入演算子） ……… 63
=（等号） ……… 102
== ……… 101, 102
>（コマンドプロンプト） ……… 30
>（大なり） ……… 101, 102
>（標準出力） ……… 267
>（プロンプト） ……… 25
>（リダイレクション） ……… 145
>=（大なりイコール） ……… 101, 102
>>（右シフト演算子） ……… 358
>>= ……… 359, 360
[]（配列） ……… 119, 200, 207
^（排他的ビット和） ……… 351, 356
^= ……… 352
_ ……… 84

_Alignas 35, 504
_Alignof 35, 505
_Atomic 35, 237, 504
_Bool 35, 95, 503
_Bool型 95
_Complex 35, 504
_Generic 35, 505, 509
_Imaginary 35, 504
_Noreturn 35, 221, 504
_Static_assert 35, 505, 508
_Thread_local 35, 505
__DATE__ 387
__FILE__ 387
__LINE__ 387
__STDC_NO_VLA__ 123
__STDC_VERSION__ 387
__STDC__ 387
__TIME__ 387
__restrict 237
|（パイプ） 267
|（ビット和） 351
||（論理和演算子） 105
|= 352
~（単項ビット補数演算子） 354
¥（エスケープ） 158
¥n 149
¥x 157, 164

数字

0（8進数） 72
0x（16進数） 73, 80
0X（16進数） 73
2の補数 74
2項演算 60
2項論理演算子 107
2進数 71
2分木構造 314
8進数 71
10進数 70
16進数 72

A

a.exe 8, 25
alignof 505
and_eqマクロ 494
andマクロ 494
a.out 8
API Index（MSDN） 277
argc 50
argv 50
ASCIIコード 161
ASCII文字セット 158
assert 491
assert.h 491, 509
atol 285
ATOM 10
auto 35, 245, 505
a（変換指定子） 266
A（変換指定子） 266

B

bitandマクロ 494
bitorマクロ 494
bool 503
break 35, 505
break文 109, 129, 145

C

c（変換指定子） 266
C 2
　～のキーワード 35
　～の規格 4
　～の配列（問題点） 168
　～の文字型 157
C学習の壁 4
C言語処理系 6
Cプログラム 29, 35
C11 4, 122, 123, 164, 221, 224, 237, 490, 502
C90 41
C99 4, 41
case 35, 506
caseラベル 109
char 35, 78, 157
char16_t 164
char32_t 164
CHAR_BIT 79
CHAR_MAX 79
CHAR_MIN 79
chcp 285
clang 10
　Visual Studio 2017版 509
　Windows用 144
　実行ファイルを作成する方法 19
　マクロ 375
clangのインストール
　Linux用 18
　macOS用 16
　Windows用 10
compare 213
complex 504

complex.h 499, 504
complマクロ 494
const 35, 236, 237, 504
continue 35, 505
continue文 132, 133, 145
cos 499
CP932 162
ctype.h 165, 166

D

d（変換指定子） 265
DBL_MIN 82
default 35, 506
default文 109
defined演算子 374
deprecated関数 262
do 35
do文 142, 147
double 35
do ～ while 505
do ～ while文 142, 147

E

e（変換指定子） 266
E（変換指定子） 266
EBCDIC 149, 161
else 35, 505
else文 34, 99
enum 35, 345, 506
EOF 342
errno 281
ERRORLEVEL 50, 127
exit関数 315
exp 495
extern 35, 221, 222, 253, 505

F

f（変換指定子） 265
F（変換指定子） 265
false定数 503
fclose 145
fenv.h 492
fgetc 145
fgetpos 281, 284
fgets 268, 281
float 35, 82
float.h 82
FLT_MIN 82
fopen 144, 145, 278
　"a" 278, 283
　"ab" 280
　"r" 278, 281
　"rb" 280
　"w" 278, 282
　"wb" 280
　位置情報 284
　モード 278
for 35, 505
for文 34, 124
fprintf 290
fputc 145
fread 286
free関数 315
fseek 281, 284, 285
fsetpos 281, 284
ftell 281, 284
fwrite 286

G

g（変換指定子） 266
G（変換指定子） 266
gcc 10
　実行ファイルを作成する方法 24
　～のインストール 19
getchar 148, 268
gets_s 268
goto 35, 505
goto文 134, 135
　使ってはいけない～ 138

H

Haskell 29
HostX64 21
hypot 495

I

i（変換指定子） 265
I定数 504
IDE 6, 25
if 35, 505
if文 34, 97
if ～ else文 99
imaginary 504
INCLUDE環境変数 40
inline 35, 89, 221, 383, 504
int 35, 78
int8_t 76
int16_t 76, 77
int32_t 76, 77
int64_t 76

INT_MAX 79
INT_MIN 79
inttypes.h 492
IO関数 264
isalnum 166
isalpha 166
isblank 166
iscntrl 166
isdigit 166
isgraph 166
islower 166
iso646.h 494
ISO/IEC 9899:1999 4
ISO/IEC 9899:2011 ..... 4, 490, 502
isprint 166
ispunct 166
isspace 166
isupper 166
iswalnum 499
iswalpha 499
iswblank 499
iswcntrl 500
iswdigit 500
iswgraph 500
isxdigit 166

J

JIS 3010:2003 4

K

K&Rスタイル 47

L

L（接尾辞） 79
L（ワイド文字列） 173
LDBL_MIN 82
libm 495, 496
limits.h 41, 79
link.exe 23
Linux用clangのインストール 18
Linux用gccのインストール 19
LISP 342
LLONG_MAX 79
LLONG_MIN 79
log 495
log10 495
long 35, 78
　～型定数の接尾辞 80
longjmp 497
long long 78
LONG_MAX 79
LONG_MIN 79
lvalue 64, 198

M

macOS用clangのインストール 16
main関数 48
　～のパラメータ名 50
　～の書き方 49
malloc関数 315
math.h 495
memset関数 316

N

n（変換指定子） 266
nil 198
NIL 198
noreturn 504
notマクロ 494
not_eqマクロ 494
NULL 197

O

o（変換指定子） 265
orマクロ 494
or_eqマクロ 494

P

p（変換指定子） 266
PATH環境変数 21
PRIi8 493
PRIi16 493
PRIi32 493
PRIi64 493
printf 62, 269, 290
　書式指定子 264
PRIu32 493
PRIu64 493
PRIx64 493
PRIマクロ 493
putchar 268
puts 168, 169, 268

Q

qsort 212, 213, 320

R

realloc 319, 320
register 35, 237, 505
restrict 35, 237, 504

return 35, 247, 505
return文 34, 51, 52, 53, 127, 146

S

s（変換指定子） 266
scanf 273
　%s（最大フィールド長を指定） 274
　[]変換指定子 274
SCHAR_MAX 79
SCHAR_MIN 79
SEEK_CUR 285
SEEK_END 285
SEEK_SET 285
setjmp 496
setjmp.h 496
setlocale 172
short 35, 78
SHRT_MAX 79
SHRT_MIN 79
signal.h 498
signed 35
signed char 78, 157
SIMD 83
sin 495
sizeof 35, 203, 206, 505
snprintf 271, 275, 290
sprintf 264
sqrt 495
sscanf 275
static 35, 221, 224, 245, 505
static指定子 222
　メリット 223
stdalign.h 504, 505
stdarg.h 238
stdatmoic.h 504
stdbool.h 41, 95, 166, 503
stddef.h 164, 197
stderr 290
stdin 290
stdint.h 40, 76, 78
stdio.h 40
stdlib.h 40
stdnoreturn.h 504
stdout 290
strcat 175, 177
strcmp 181
strcpy 175, 176, 177, 179
strerror 281
string.h 40, 281
strlen 175, 176
strncat 180
strncmp 182
strncpy 179, 180
struct 35, 300, 505
Sublime Text 10
switch 35, 505, 506
switch文 109

T

tan 495
tgmath.h 498
threads.h 499, 505
tolower 166
toupper 166
true 166
true定数 503
trunc 496
typedef 35, 229, 505
typedef指定子 230

U

u（UTF-16） 173
u（変換指定子） 265
U（UTF-32） 173
U（接尾辞） 80
uchar.h 164
UCHAR_MAX 79
uint8_t 76
uint16_t 76, 77
uint32_t 76
uint64_t 76
UINT_MAX 79
ULLONG_MAX 79
ULONG_MAX 79
ungetc 342
union 35, 329, 505
Unix 2
unsigned 35
　～型の数値定数 80
unsigned char 78, 157
unsigned int 78
unsigned long 78
unsigned long long 78
unsigned short 78
USHRT_MAX 79
UTF-8 .... 43, 160, 161, 162, 220, 338
UTF-16 .... 160, 162
UTF-32 162

V

vfprintf 291, 292
Visual C++がサポートしているCのバージョン 16
Visual Studio
  clang 175
  2017版clang 509
  ～のバージョン 11
Visual Studio Code 10
VLA 122
void 35, 49
void * 213
voidポインター 213
volatile 35, 237, 504
vprintf 291
vsnprintf 291

W

wchar.h 164
wchar_t 164
wctype.h 499
while 35, 505
while文 142, 143
  無限ループ 144
Windows Subsystem for Linux 16
Windows用clang 144
  ～のインストール 10
WSL 16

X

x（変換指定子） 265
X（変換指定子） 265
Xcode 16
Xcode 8.2.1 164
xorマクロ 494
xor_eqマクロ 494

Z

ZERO 86

あ行

アセンブラ 8
アセンブリ 8, 186
アトム 341
アドレス 203
アドレス演算子 187, 189
アラインメント指定子 504
インクリメント演算子 59, 67
インデックス値 119
  配列の～ 121
  負値 118
インライン関数 89, 383
  ～を明示した関数宣言 89
右辺値 199
エスケープ 160, 375
エスケープ文字 62, 157, 160
エディター 6, 9
演算 34
  ～の優先順位 61
演算子 34, 59
  ～を用いた式 42
オートインデント 9
オブジェクトファイル 8

か行

改行 160
改行コード 149
外部関数 505
外部変数 505
書き込みモード 279
加算 60
型 70
型指定子 504
型修飾子 504
可変長配列 122
可変長引数関数 290
仮引数 33
関係演算子 101
関数 32, 201
  ～のインライン展開 89
  ～の返り値 247
  ～の定義 220, 221
  ～の本体 241
  ～の呼び出し 54
  配列型 230
  引数を持たない～ 54
関数型プログラミング言語 29
関数指定子 504
関数宣言 32, 43, 44, 226
関数定義 32
  古い形式の～ 224
関数的マクロ 87, 89, 384
  厳密に定義 386
  注意点 383
  ～のパラメータ 378
  ローカル変数 385
関数の返り値
  構造体 306
  ～の型 32
関数のパラメータ 233
  ポインター変数 194

関数プロトタイプ 39, 44, 226
関数ポインター 210
　～がポイントしている関数の呼び出し 211
　～の型 210
関数ポインター変数の宣言 210
関数本体 32
関数名 32
関数名の衝突 228
関数呼び出し 33, 43
間接演算子 187, 191, 192
　ポインター変数 193
キーワード 35
記憶クラス指定子 504
機械語 8, 201
既定のマクロ 387
キャスト 331
キャスト式 90, 91
　～を使わない 91
共用体 329
共用体指定子 505
虚数 504
空行 32
繰り返し文 505
グローバル変数 126, 251, 254
桁揃え 269
結合強度 103, 104
言語処理系 6
減算 60
更新モード 281
構造体 299
　初期化 304
　～のメンバー 300
　～メンバーの並び順 309
　不完全な～ 312
　文字列 321, 322
構造体リテラル 304
構造体指定子 299, 300, 505
構造体宣言 300
後置インクリメント演算子 67, 68
後置デクリメント演算子 67
構文木 342
コーディングスタイル 47, 135
コードページ 162
互換性 224
国際文字 43, 220
コサイン 495
固定小数点 83
コマンド 30
コマンドプロンプト 30
コマンドライン引数 30, 49
コメント 31, 36
　記述のルール 38
コンソール 6, 24
コンソールIO 263, 266
コンソール出力 266
コンソールプログラム 266
コンパイルエラー 7, 37, 228
コンパイルする 8

さ行

再帰関数 244
サイン 495
左辺式 64
左辺値 198, 199
三項演算子 113
ジェネリック 499
ジェネリック数学関数 498, 499
ジェネリック選択文 505
ジェネリック連想リスト 506
式 41, 42, 43
識別子 43
シグナル 498
四則演算 60
実行ファイルを作成する方法 19
指定子 220
自動変数 245, 505
シフト演算子 358
シフトJIS 162
ジャンプ文 505
出力ファイル名の変更方法 25
条件演算子 113
条件式 97, 143
乗算 42, 60
剰余算 61
初期化子 43, 63
初期化子リスト 119, 122
　配列 122
除算 42, 60
書式指定子 62, 81
真偽値 95
シングルクォーテーション 160
シンタックスハイライト 9, 29
数学 495
数値定数 34
図形文字 157
スパゲッティコード 138
スレッド関数 499
制御構文 34, 138
制御文 34, 45, 46
制御文字 157

整数型 ... 78, 492
　符号付き整数型 ... 75
　符号なし整数型 ... 75
整数の大きさ ... 78
静的表明 ... 505
精度 ... 264
　パラメータ指定 ... 272
精度指定 ... 270
絶対パス名 ... 278
節 ... 124
接尾辞 ... 80
宣言 ... 41, 43
選択文 ... 505
前置インクリメント演算子 ... 67, 68
前置デクリメント演算子 ... 67
総称 ... 499, 505
相対パス名 ... 278
双方向リスト ... 314
添字 ... 119
ソースコード ... 6
ソースコードリスト ... 6
ソースファイル ... 6
　～から実行ファイルを作成する方法 ... 19

た行

ターミナル ... 24
大域脱出 ... 496, 497
対数 ... 495
代替記号 ... 494
代入 ... 44
代入演算子 ... 63, 64
代入可能 ... 307
多次元配列 ... 150
タブ ... 160
ダブルクォーテーション ... 160
単項演算 ... 59
単項演算子 ... 59, 505
単項ビット補数演算子 ... 354
タンジェント ... 495
単方向リスト ... 314, 317
端末 ... 24
追記モード ... 279
定数 ... 34, 198
　I ... 504
　固定小数点を使用する～ ... 83
　～の定義方法 ... 346
　浮動小数点を使用する～ ... 83
データ型 ... 74, 164
　文字列 ... 167
テキストエディット ... 9
テキストファイル
　～に書き込む方法 ... 279
　～に追加する方法 ... 279
　～の内容を読み取る方法 ... 279
デクリメント演算子 ... 59, 67
デバッグ ... 7
デファクトスタンダード ... 503
等価演算子 ... 101
統合開発環境 ... 6, 25
ドット演算子 ... 301

な行

長さ修飾子 ... 264, 265
ナルポインター定数 ... 197
ナル文字 ... 158, 160, 169, 172
日本語文字 ... 338

は行

排他的ビット和演算子 ... 351, 356
排他的ビット和代入演算子 ... 352
配置指定子 ... 504
バイナリーファイル
　～に書き込む方法 ... 280
　～に追加する方法 ... 280
　～の内容を読み取る方法 ... 280
　～を読み書きする場合 ... 280
パイプ ... 266
配列 ... 116, 118, 200
　Cの問題点 ... 168
　宣言 ... 150
　～のインデックス値 ... 121
　～の宣言 ... 117, 119, 120
　～の要素 ... 118
　～の要素数 ... 118, 122
　～を返す関数定義 ... 230
配列演算子 ... 207
配列宣言 ... 118
配列名 ... 118, 200
配列要素へのアクセス ... 119
バグ ... 7
バックスラッシュ ... 160
パラメータ ... 33
パラメータリスト ... 32
　void ... 231
ヒープ ... 315
引数 ... 33
　～のリスト ... 54
　～を持たない関数 ... 54
非推奨関数 ... 262
左シフト演算子 ... 358

左シフト代入演算子 359
ビット 71
ビット演算 352
ビット演算子 351
　～の結合優先順位 353
　論理演算子との違い 353
ビット和代入演算子 352
ビット積 351, 355
ビット積代入演算子 352
ビットフィールド 336
ビット和 351, 354
否定演算子 105
標準エラー 266
標準エラー出力 290
標準出力 263, 266, 290
標準入出力 40, 263, 266
標準入出力関数 264
標準入力 263, 266, 290
標準ヘッダーファイル 490
標準ライブラリ 40
表明 491
ファイルIO 277
ファイルの位置情報 286
フィールド長 264
　パラメータ指定 272
　フラグ（-） 271
ブール型 95
不完全な構造体 312
複合代入 65
複合代入演算 66
複合文 45, 97
　～のコーディングスタイル 47
複素数 504
符号拡張 76
符号付き整数型 75
符号なし整数型 75
負値 74
復帰 160
物理メモリーサイズ 189
浮動小数点 83
　～の定数 83
　～を出力する 270
浮動小数点数型 82
浮動小数点数環境 492
フラグ 264, 265
フラグ変数 136
プリプロセッサディレクティブ 31, 84, 369
フレキシブル配列 312
フレキシブル配列メンバー 308
プログラムコード 201
プログラムの構成要素 31
プロンプト 24
文 34, 41, 45
平方根 495
ヘッダーファイル 39
変換指定子 264, 265
変数 33, 199
　～の有効範囲 251, 252
変数宣言 33, 43
ポインター 186
ポインター演算 203
ポインター変数 187, 188, 199
　格納する値 192
　関数のパラメータ 194
　間接演算子 193
　記述 197
　～の初期化子 197
　～の宣言 189
補数 74

ま行

マクロ 84, 375
マルチバイト文字 161, 162
丸め 496
右シフト演算子 358
右シフト代入演算子 359, 360
無限ループ 126, 127
　while文 144
無名構造体 302
命令 29
メモ帳 9
メモリーの解放 315
メモリーの確保 315
モード 278
文字 156
文字型 156
文字型データの配列 167
文字コード 161
文字定数 157
文字配列 170
文字列 34, 156, 167, 169, 308
　構造体 321, 322
　～のコピー 176, 179
　～の最後 168
　～の長さ 175
　～の比較 181
　～ワイド文字 172
　～をコピー 175
　～を連結 175, 177
文字列操作 174

文字列リテラル 34, 167

や行

有効範囲 143, 251
ユーザー型の定義 505
優先順位 61
ユニコード 43, 160, 162, 220
読み取りモード 279

ら行

ライブラリ 8
ラインエディター 325
ラベル文 506
ラベル名 134
リスト 6
リダイレクション 145
リダイレクト 266
リテラル 199
　　ワイド文字列 173
ループ 116
　　return文 127
列挙型 345
列挙体指定子 506
列挙定数 345
　　使い方 348
　　定義 347
論理演算子 105
論理積 106
論理積演算子 105, 106
論理和 106
論理和演算子 105, 106

わ行

ワイド文字 162, 172
　　〜の宣言 164
ワイド文字型 503
ワイド文字列 173
割り込み 502

著者紹介

arton（アートン）

1980年代後半から垂直統合システムメーカーに勤務し、デバイス制御プログラムからセンターサーバー用アプリケーションプラットフォームまで多数のソフトウェアの開発に従事。2000年頃からRubyコミュニティに参加してASR、RJBなどのブリッジを公開するとともに、Ruby、Java、C#などの入門書を執筆。2017年12月からロボット投信株式会社に勤務。

装丁　　会津 勝久
編集・DTP　有限会社風工舎
編集協力　佐藤 弘文、村上 俊一

独習C（シー） 新版

2018年 2月16日　初版第1刷発行
2024年 2月20日　初版第4刷発行

著　　者　arton（アートン）
発 行 人　佐々木 幹夫
発 行 所　株式会社 翔泳社（https://www.shoeisha.co.jp）
印刷・製本　株式会社シナノ

本書のお問い合わせについては、iiページに記載の内容をお読みください。
乱丁・落丁はお取り替えいたします。03-5362-3705までご連絡ください。

ISBN978-4-7981-5024-6　Printed in Japan